物联网开发与应用丛书

物联网
工程应用技术

廖建尚 苏咏梅 桑世庆 / 编著

電子工業出版社
Publishing House of Electronics Industry
北京•BEIJING

内 容 简 介

本书基于智慧家居系统工程和智慧城市系统工程介绍物联网工程应用技术，主要内容包括物联网工程的应用设计、功能模块设计以及项目测试与总结。本书通过具体的实例将理论知识和实践开发结合起来，每个实例均给出了详细的开发代码，读者可以在开发代码的基础上快速地进行二次开发。

本书既可作为高等学校相关专业的教材或教学参考书，也可供相关领域的工程技术人员参考。对于物联网工程开发和嵌入式系统工程开发的爱好者来说，本书也是一本贴近实际应用的技术读物。

本书提供了物联网工程应用的相关资料、实例开发代码和 PPT 课件，读者可登录华信教育资源网（www.hxedu.com.cn）免费注册后下载。

图书在版编目（CIP）数据

物联网工程应用技术 / 廖建尚，苏咏梅，桑世庆编著. —北京：电子工业出版社，2020.12
（物联网开发与应用丛书）
ISBN 978-7-121-40160-2

Ⅰ. ①物… Ⅱ. ①廖… ②苏… ③桑… Ⅲ. ①物联网 Ⅳ. ①TP393.4②TP18

中国版本图书馆 CIP 数据核字（2020）第 244068 号

责任编辑：田宏峰
印　　刷：北京捷迅佳彩印刷有限公司
装　　订：北京捷迅佳彩印刷有限公司
出版发行：电子工业出版社
　　　　　北京市海淀区万寿路 173 信箱　邮编：100036
开　　本：787×1 092　1/16　印张：21　字数：537 千字
版　　次：2020 年 12 月第 1 版
印　　次：2025 年 1 月第 5 次印刷
定　　价：88.00 元

凡所购买电子工业出版社图书有缺损问题，请向购买书店调换。若书店售缺，请与本社发行部联系，联系及邮购电话：（010）88254888，88258888。

质量投诉请发邮件至 zlts@phei.com.cn，盗版侵权举报请发邮件至 dbqq@phei.com.cn。

本书咨询联系方式：tianhf@phei.com.cn。

FOREWORD 前言

近年来，物联网、移动互联网、大数据和云计算的迅猛发展，逐步改变了社会的生产方式，大大提高了生产效率和社会生产力。工业和信息化部发布的《信息通信行业发展规划物联网分册（2016—2020 年）》总结了“十二五”规划中物联网发展所获得的成就，并分析了“十三五”期间面临的形势，明确了物联网的发展思路和目标，提出了物联网发展的 6 大任务，分别是强化产业生态布局、完善技术创新体系、推动物联网规模应用、构建完善标准体系、完善公共服务体系、提升安全保障能力；提出了 4 大关键技术、6 大重点领域应用示范工程；指出要健全多层次、多类型的物联网人才培养和服务体系，支持高校、科研院所加强跨学科交叉整合，加强物联网学科建设，培养物联网复合型专业人才。该发展规划为物联网发展指出了一条鲜明的道路，同时也表明了我国在推动物联网应用方面的坚定决心，相信物联网的规模会越来越大。

本书详细介绍物联网工程应用技术，旨在大力推动物联网领域人才的培养。

本书基于智慧家居系统工程和智慧城市系统工程介绍物联网工程应用技术，主要内容包括物联网工程的应用设计、功能模块设计以及项目测试与总结。全书分为三篇：

第 1 篇是物联网工程应用基础，是入门篇，目的是引导读者初步了解物联网工程。本篇共 1 章（即第 1 章，物联网工程设计概述），主要包括物联网工程简介、物联网工程设计原则与设计阶段、物联网工程的开发平台、物联网系统的数据通信协议、云平台应用开发接口、物联网工程的常用调试工具。

第 2 篇是智慧家居系统工程，共 3 章：

第 2 章是智慧家居系统工程应用设计，共 4 个模块：智慧家居系统工程项目分析、项目开发计划、项目需求规格分析与设计，以及系统概要设计。

第 3 章是智慧家居系统工程功能模块设计，共 4 个模块：智慧家居门禁系统设计、智慧家居电器系统设计、智慧家居安防系统设计，以及智慧家居环境监测系统设计。

第 4 章是智慧家居系统工程测试与总结，共 4 个模块：系统集成与部署、系统综合测试、项目运行与维护，以及项目总结与汇报。

第 3 篇是智慧城市系统工程，共 3 章：

第 5 章是智慧城市系统工程应用设计，共 4 个模块：智慧城市系统工程项目分析、项目开发计划、项目需求规格分析与设计，以及系统概要设计。

第 6 章是智慧城市系统工程功能模块设计，共 4 个模块：智慧城市工地系统设计、智慧城市抄表系统设计、智慧城市洪涝系统设计，以及智慧城市路灯系统设计。

第 7 章是智慧城市系统工程测试与总结，共 4 个模块：系统集成与部署、系统综合测试试、项目运行与维护，以及项目总结与汇报。

本书通过具体的实例将理论知识和实践开发结合起来，读者可以边学习理论知识边进行实践开发，从而快速掌握物联网工程应用技术。本书既可作为高等学校相关专业的教材或教学参考书，也可供相关领域的工程技术人员参考。对于物联网工程开发和嵌入式系统工程开发的爱好者来说，本书也是一本贴近实际应用的技术读物。

本书由廖建尚负责总体内容的规划和定稿，廖建尚编写了第 3 章的 3.2 节、3.3 节和 3.4 节，第 4 章，第 5 章，以及第 6 章的 6.1 节、6.2 节和 6.3 节；苏咏梅编写了第 1 章、第 2 章和第 3 章的 3.1 节；桑世庆编写了第 6 章的 6.4 节和第 7 章。

本书在编写过程中，借鉴和参考了国内外专家、学者、技术人员的相关研究成果，我们尽可能按学术规范予以说明，但难免会有疏漏之处，在此谨向有关作者表示深深的敬意和谢意，如有疏漏，请及时通过出版社与作者联系。

感谢中智讯（武汉）科技有限公司在本书编写的过程中提供的帮助，特别感谢电子工业出版社在本书出版过程中给予的大力支持。

由于物联网工程应用技术涉及的知识面比较广泛，以及作者的水平和经验有限，疏漏之处在所难免，恳请广大专家和读者批评指正。

作　者

2020 年 11 月

CONTENTS 目录

第1篇　物联网工程应用基础

第2篇　智慧家居系统工程

第 1 篇

物联网工程应用基础

本篇是物联网工程应用技术的前导内容，引导读者初步了解物联网工程。本篇主要介绍物联网工程的基本概念、基本架构、常用技术、组织方式、设计原则和设计阶段、开发平台、数据通信协议、调试工具，以及云平台应用开发接口，为后续物联网工程的应用设计打下坚实的基础。

第1章 物联网工程设计概述

1.1 物联网工程简介

1.1.1 物联网的概念与特征

物联网（Internet of Things）是指利用各种信息传感设备，如射频识别（RFID）装置、无线传感器、红外感应器、全球定位系统、激光扫描器等，对现有物体的信息进行感知、采集，通过网络支撑下的可靠传输技术，将各种物体的信息汇入互联网，并基于海量信息资源进行智能决策、安全保障、管理与服务的全球公共信息综合服务平台。物联网示意图如图 1.1 所示。

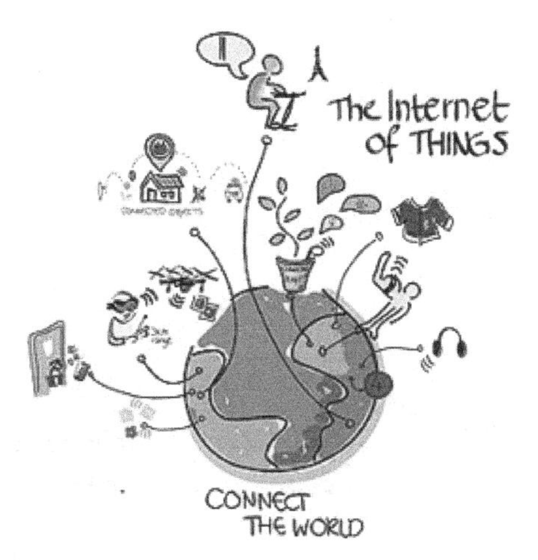

图 1.1 物联网示意图

作为新一代信息技术的重要组成部分，物联网具有三方面的特征：第一，物联网具有互联网的特征，接入物联网的物体要由能够实现互连互通的网络来支撑；第二，物联网具有识别与通信的特征，接入物联网的物体要具备自动识别和物物通信的功能；第三，物联网具有智能化的特征，基于物联网构造的网络应该具有自动化、自我反馈和智能控制的功能。

1.1.2 物联网工程概念

物联网系统的规划、设计和实施是一项复杂的系统工程，了解其主要过程、方法与要素，是完成物联网系统的前提和基础。物联网工程是研究物联网系统的规划、设计、实施与管理的工程科学，要求物联网工程技术人员根据既定的目标，依照国家、行业或企业规范，制订物联网系统的建设方案，协助工程招投标，开展设计、实施、管理与维护等工程活动。物联网工程除了具有一般工程的特点，还需要物联网工程技术人员掌握以下内容：

（1）了解物联网系统的原理、技术、安全等知识，了解物联网技术的现状和发展趋势。

（2）熟悉物联网工程设计与实施的步骤、流程，熟悉物联网系统设备及其发展趋势，具有设备选型与集成的经验和能力。

（3）掌握信息系统开发的主流技术，具有基于无线通信、Web 服务、海量数据处理、信息发布与信息搜索等的综合开发的经验和能力。

（4）熟悉物联网工程的实施过程，具有协调评审、监理、验收等各环节的经验和能力。

1.1.3 物联网架构

物联网架构一般分为感知层、网络层、平台层和应用层，如图 1.2 所示。

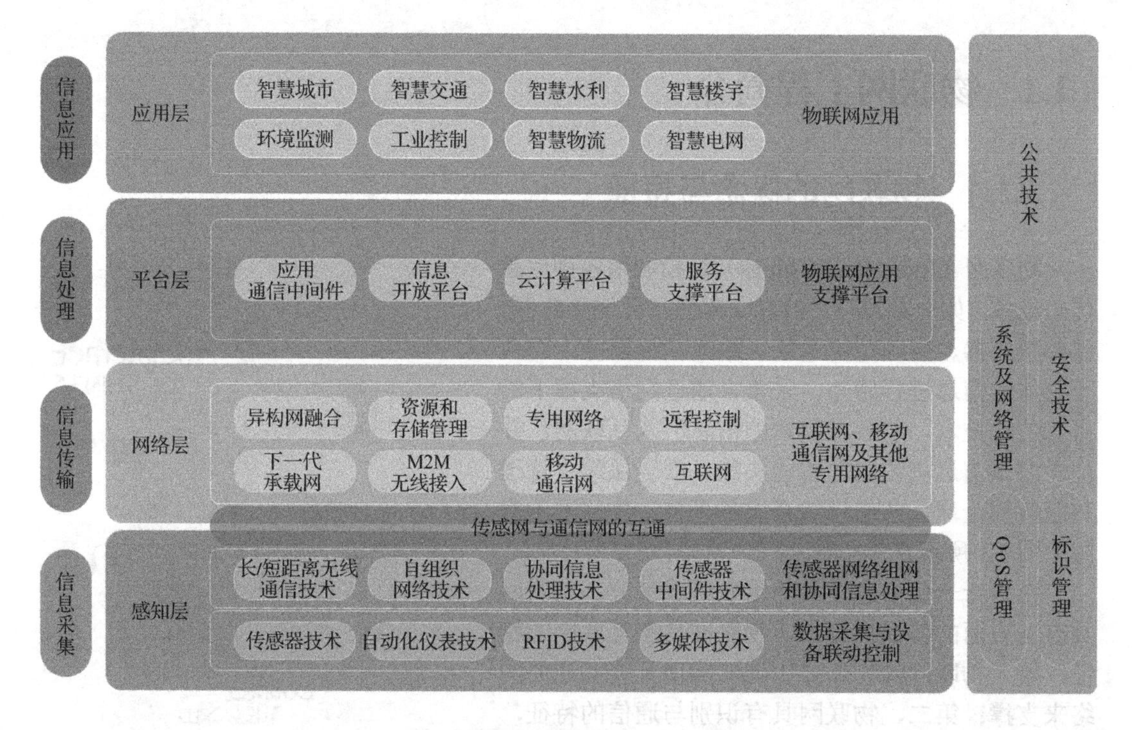

图 1.2　物联网的架构

感知层：负责信息采集和物物之间的信息传输，信息采集的技术包括传感器技术、自动化仪表技术、RFID 技术、多媒体技术等，信息传输技术包括长/短距离无线通信技术、自组织网络技术、协同信息处理技术、传感器中间件技术等。感知层的功能是实现物联网全面感知的核心能力，是物联网中关键技术、标准化、产业化等方面亟待突破的部分，关键在于具备更精确、更全面的感知能力，并解决低功耗、小型化和低成本的问题。

网络层：利用无线网络和有线网络对采集的信息进行编码、认证和传输，广泛覆盖的移动通信网络是实现物联网的基础设施。网络层是物联网中标准化程度最高、产业化能力最强、技术最成熟的部分，关键在于对物联网进行优化和改进，形成协同感知的网络。

平台层：主要对信息进行处理，采用模式识别、数据融合、数据压缩等技术提高信息的精度，降低信息冗余度，实现原始级、特征级、决策级的信息处理。

应用层：提供丰富的基于物联网的应用，是物联网发展的根本目标，将物联网技术与行业信息化需求相结合，实现广泛智能化应用的解决方案，关键在于行业融合、信息资源的开发利用、低成本高质量的解决方案、信息安全的保障，以及有效的开发模式。

1.1.4　物联网工程的内容

因具体应用的不同，不同物联网工程的内容也不相同，但通常都包括以下内容：

（1）感知系统。感知系统是物联网工程的最基本组成部分，感知系统可能是自动条码识读系统、RFID 系统、无线传感器网络等。

（2）传输系统。将感知的信息接入 Internet 或数据中心，需要建设接入系统与传输系统。接入系统可能包括无线接入（如 Wi-Fi、ZigBee 和 NB-IoT 等）系统及有线接入系统。

（3）存储系统。通常使用数据库管理系统和高性能并行文件系统。

（4）处理系统。物联网工程会收集大量的原始信息，各类信息的格式、含义、用途各不相同。为了有效处理、管理和利用这些信息，需要有通用的处理系统。处理系统通常采用模式识别、数据融合、数据压缩等技术提高信息的精度，降低信息冗余度，实现原始级、特征级、决策级的信息处理。

（5）应用系统。应用系统是最顶层的内容，是用户看到的物联网功能的集中体现，如智慧家居、智慧电网、智慧农业和智慧交通等。

（6）机房。机房是信息汇聚、存储、处理和分发的核心，任何物联网工程都需要一个机房。

1.1.5　物联网工程的组织

1．组织方式

物联网工程通常有两种组织方式：

（1）政府工程：由政府拨款，这类工程具有示范性质，一般通过招标或直接指定承担单位和负责人，并组织工程管理机构，自上向下进行组织实施。

（2）普通工程：一般采用项目经理制，通过投标等方式获取工程的承建权，组织施工队伍按照合同组织项目实施。

2．组织机构

物联网工程的组织机构如下：

（1）领导小组：负责协调各部门的工作、解决重大问题、进行重大决策、指导总体的工作、审批各类方案、组织项目验收。

（2）项目小组：进行系统需求分析，制订项目总体方案、工程实施方案，确定所使用的标准、规范，设计全局性的技术方案，对项目的实施进行宏观管理和控制，进行质量管理。

（3）技术开发小组：根据制订的总体方案，完成具体的设计、开发、安装与测试工作，制作各种技术文档，并进行技术培训。

3. 工程监理

工程监理的作用是指在物联网工程的建设过程中，为论证建设方案、确定系统集成商、控制工程质量等提供服务，其核心作用是控制工程质量，包括工程材料的质量、设备的质量、施工的质量等。

工程监理通常是具有相关资质的第三方，可通过招标确定。工程监理的主要工作包括：

（1）审查建设方案是否合理、所选设备质量是否合格。

（2）审查基础建设是否完成、通信线路敷设是否合理。

（3）审查信息硬件平台是否合理、是否具有可扩展性，软件平台是否统一、合理。

（4）审查应用软件的功能和使用方式是否满足需求。

（5）审查培训计划是否完整、培训效果是否达到预期目标。

（6）协助用户进行测试和验收。

1.2 物联网工程的设计原则与设计阶段

工程设计是指在一定工程需求和目标的指导下，根据对拟建工程的要求，采用科学的方法统筹规划、制订建设方案，采用设计图纸与设计说明书的方式来完整地表现设计者的思想、设计原理、外形和内部结构、设备安装等。

随着物联网技术不断走向应用，对各种物联网技术进行综合集成与应用应当在一个整体的框架下进行，这个框架就是物联网工程。物联网工程属于信息系统，但比传统的信息系统包含了更多内容。

1.2.1 物联网工程的设计原则

物联网工程的设计是在系统工程的指导下，根据用户需求优选各种技术和产品，将各个分离的子系统集合成一个完整可靠、经济和有效的整体，并使之能彼此协调工作，发挥整体效益，达到整体性能最优。

1. 工程项目的设计原则

（1）统一设计原则：需要统筹规划和设计系统的结构，尤其是在设计应用系统结构、数据模型结构、数据存储结构及系统扩展规划等内容时，均需从全局出发，从长远的角度考虑。

（2）先进性原则：系统结构必须采用成熟、具有国内先进水平，并符合国际发展趋势的技术和软/硬件产品。在设计过程中要充分依照国际上的规范、标准，借鉴国内外目前成熟的主流网络和综合信息系统的体系结构，以保证系统具有较长的生命力和较强的扩展能力。在保证先进性的同时还要保证技术的稳定性和安全性。

（3）高可靠原则：在系统和数据结构的设计中要充分考虑系统的安全性和可靠性。

（4）标准化原则：系统采用的各项技术要遵循国际标准、国家标准、行业标准和规范。

（5）成熟性原则：系统要采用国际主流、成熟的体系结构，以实现跨平台的应用。

（6）适用性原则：在满足应用需求的前提下，尽量降低建设成本。

（7）可扩展性原则：系统的设计要考虑到业务未来发展的需要，尽可能设计得简明，降低各功能模块的耦合度，并充分考虑兼容性。系统应当能够支持对多种格式数据的存储。

2. 系统结构的设计原则

（1）多样性原则：系统结构应能满足物联网节点的不同类型，应有多种类型的物联网系统结构。

（2）互联性原则：系统结构应能够平滑地与互联网连接。

（3）安全性原则：系统结构应能够防御大范围内的网络攻击。

1.2.2 物联网工程的设计阶段

物联网工程的设计主要分为三个阶段，每个阶段又可分为不同步骤，如图1.3所示。

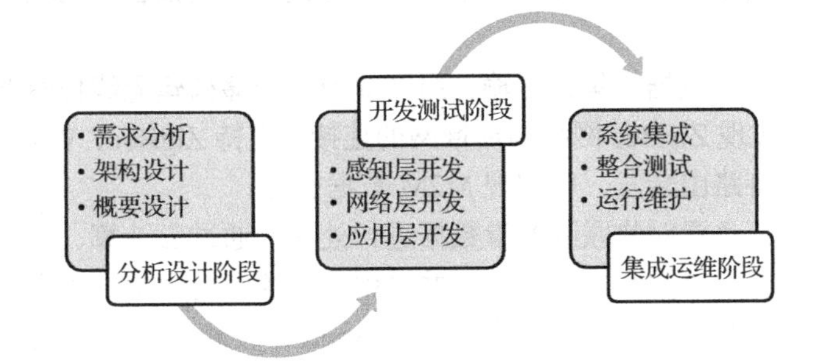

图1.3 物联网工程的设计阶段

1. 分析设计阶段

分析设计阶段主要包括工程项目可行性研究及需求分析；系统软/硬件总体架构设计，确定项目技术框架及云平台类型；系统的概要设计，如通信协议、数据结构、软件UI的设计。该阶段可分为需求分析、架构设计、概要设计三个步骤。

2. 开发测试阶段

开发测试阶段主要包括工程硬件设备选型，感知层设备驱动开发与测试；无线通信架构设计，无线通信程序开发与调试；应用端软件设计与测试。该阶段可分为感知层开发、网络层开发、应用层开发三个步骤。

3. 集成运维阶段

集成运维阶段主要包括项目系统集成，软/硬件整合测试与调优；项目交付，运行与维护。该阶段可分为系统集成、整合测试、运行维护三个阶段。

1.3 物联网工程的开发平台

1.3.1 物联网工程中的常用硬件

物联网工程中的常用硬件如图 1.4 所示。

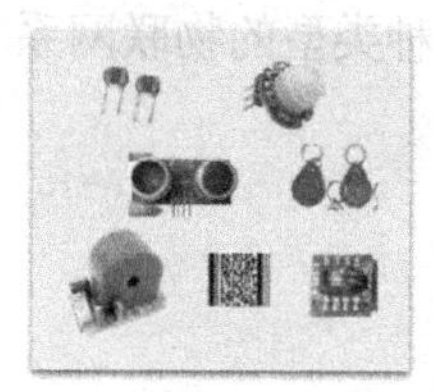

传感器

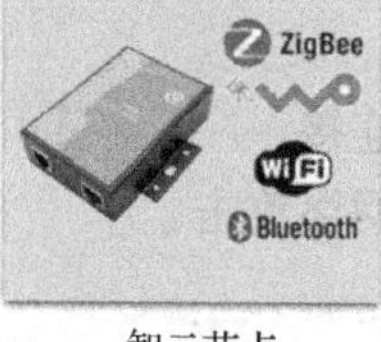

智云节点

智能网关

智云服务器

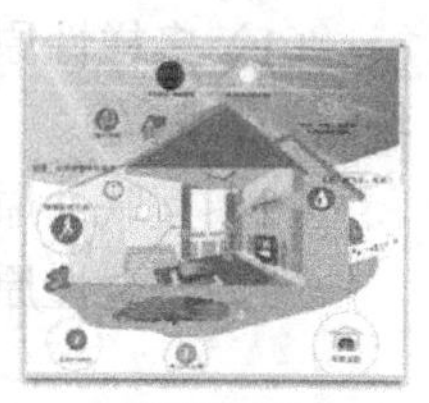

应用终端

图 1.4 物联网工程中的常用硬件

（1）传感器：主要用于采集物理世界中的事件和数据，包括各类物理量、标识、音频、视频等。

（2）智云节点：具备数据采集、传输、组网能力，能够构建无线传感器网络。

（3）智能网关：实现 ZigBee 网络与局域网的连接，支持 ZigBee、Wi-Fi、RF433M、IPv6 等多种通信协议，支持路由转发，可实现 M2M 数据交互。

（4）智云服务器：负责对物联网海量数据进行处理，通过云计算、大数据技术实现对数据的存储、分析、计算、挖掘和推送功能，并采用统一的应用层接口为上层应用提供服务。

（5）应用终端：运行物联网应用的终端，如 Android 手机、平板电脑等设备。

1.3.2 物联网工程开发平台的功能

物联网工程开发平台包含了完整的物联网架构，支持 Android 应用和 Web 应用的开发。开发平台针对物联网的应用提供了以下软/硬件支撑：

（1）硬件：包含智能网关、智云节点，支持无线传感器网络、ZigBee 网络、Wi-Fi 网络、3G 无线通信、Android 移动开发、嵌入式开发、Web 开发、JavaScript 开发等。

（2）模块：采用高精度传感器或执行器，基于行业的具体应用进行功能模块的设计，提供了完整的硬件驱动层、应用层（Android 端和 Web 端）、协议调试。

（3）项目：可形成各种应用场景。

（4）综合案例：提供具体行业的应用案例，以及完整的案例开发手册及相关源码。

1.3.3 物联网工程开发平台中的传感器

物联网工程开发平台构建了完整的物联网项目硬件模型，可支持传感器、智云节点、智云网关、智云服务器和应用终端的开发，物联网工程开发平台中的传感器如图 1.5 所示。

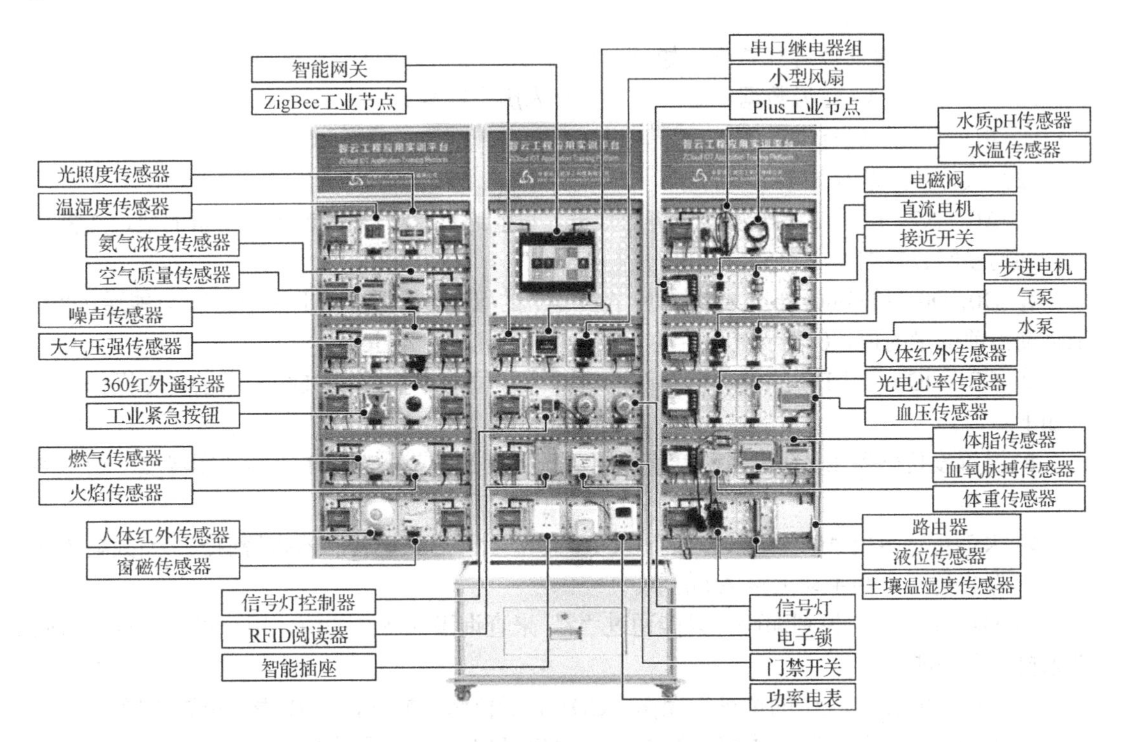

图 1.5　物联网工程开发平台中的传感器

1.4　物联网系统的数据通信协议

一个完整的物联网系统，数据贯穿了感知层、网络层、平台层和应用层的各个部分，数据在这四层之间层层传递。要使数据在每一层能够被正确识别就需要在构建物联网系统时建立一套完整的数据通信协议。

数据通信协议是指通信双方完成通信或服务所必须遵循的规则和约定。通过通信信道和设备连接起来的处于多个不同地理位置的数据通信系统，按照数据通信协议能够协同工作，实现信息交换和资源共享。

1.4.1　ZXBee 数据通信协议

1. ZXBee 数据通信协议的格式及参数

ZXBee 数据通信协议的格式为“{参数=值,参数=值…}”。

2. ZXBee 数据通信协议参数说明

（1）ZXBee 数据通信协议参数说明如下：

① 参数名称如下：

- 变量：A0～A7、D0、D1、V0～V3。
- 指令：CD0、OD0、CD1、OD1。
- 特殊参数：ECHO、TYPE、PN、PANID、CHANNEL。

② 可以对变量的值进行查询，如“{A0=?}”。

③ 变量 A0～A7 在云数据中心中可以保存为历史数据。

④ 指令是按位进行操作的。

（2）具体参数解释如下：

① A0～A7：用于传递传感器采集的数据，只能通过“?”来查询当前变量的值，并将其上传到物联网云数据中心存储。

② D0：D0 中的 bit0～bit7 分别对应 A0～A7 的状态（是否主动上报状态），只能通过“?”来查询当前变量的值，0 表示禁止主动上报，1 表示允许主动上报。

③ CD0/OD0：对 D0 的位进行操作，CD0 表示位清 0 操作，OD0 表示位置 1 操作，示例如下。

- 温湿度传感器用 A0 表示温度值，用 A1 表示湿度值，CD0=1 表示关闭温度值的主动上报。
- 火焰传感器用 A0 表示报警状态，OD0=1 表示开启火焰传感器报警监测，当火焰传感器报警时，会主动上报 A0 的值。

④ D1：D1 表示控制编码，只能通过“?”来查询当前变量的值，用户可根据传感器属性来自定义功能。

⑤ CD1/OD1：对 D1 的位进行操作，CD1 表示位清 0 操作，OD1 表示位置 1 操作。

⑥ V0～V3：用于表示传感器的参数，用户可根据传感器属性自行定义参数，权限为可读写。

⑦ 特殊参数：ECHO、TYPE、PN、PANID、CHANNEL。

- ECHO：用于检测节点是否在线的指令，若在线则将发送的值进行回显。例如，发送“{ECHO=test}”，若节点在线则回复“{ECHO=test}”。
- TYPE：表示节点类型，该信息包含了节点类别、节点类型、节点名称，只能通过“?”来查询当前值。TYPE 的值由 5 个字节表示（ASCII 码），例如，1 1 001，第 1 字节表示节点类别（1 表示 ZigBee、2 表示 RF433、3 表示 Wi-Fi、4 表示 BLE、5 表示 IPv6、9 表示其他）；第 2 字节表示节点类型（0 表示协调器、1 表示路由节点、2 表示终端节点）；第 3～5 字节表示节点名称（编码由开发者自定义）。
- PN（仅针对 ZigBee、IEEE 802.15.4 IPv6 节点）：表示上行节点地址和所有邻居节点地址，只能通过“?”来查询当前值。PN 的值为上行节点地址和所有邻居节点地址的组合，其中每 4 个字节表示一个节点地址后 4 位，第 1 个 4 字节为上行节点后 4 位，第 2～n 个 4 字节为其所有邻居节点地址后 4 位。
- PANID：表示节点组网的 ID，权限为可读写，此处 PANID 的值为十进制数，而底层代码定义的 PANID 的值为十六进制数，需要自行转换。例如，8200（十进制数）= 0x2008（十六进制数），通过指令“{PANID=8200}”可将节点的 PANID 的值修改为 0x2008。PANID 的取值范围为 1～16383。
- CHANNEL：表示节点组网的通信通道，权限为可读写，此处 CHANNEL 的取值范围为 11～26（十进制数）。例如，通过指令“{CHANNEL=11}”可将节点的 CHANNEL 的值修改为 11。

1.4.2　ZXBee 数据通信协议参数定义

物联网工程开发平台部分传感器的 ZXBee 数据通信协议如表 1.1 所示。

表 1.1　部分传感器的 ZXBee 数据通信协议

编号	传感器名称	参　数	含　义	读写权限	说　明
1	温湿度传感器	A0	温度	R	温度值为浮点型数据，精度为 0.1，范围为 -40.0～105.0，单位为℃
		A1	湿度	R	湿度值为浮点型数据，精度为 0.1，范围为 0～100，单位为%
		D0(OD0/CD0)	主动上报使能	R/W	D0 的 bit0 和 bit1 对应 A0 和 A1 主动上报使能，0 表示不允许主动上报，1 表示允许主动上报
		V0	主动上报时间间隔	R/W	V0 表示主动上报时间间隔
2	光照度传感器	A0	光照度	R	浮点型数据，精度为 0.1，单位为 Lux
		D0(OD0/CD0)	主动上报使能	R/W	D0 的 bit0 对应 A0 主动上报使能，0 表示不允许主动上报，1 表示允许主动上报
		V0	主动上报时间间隔	R/W	V0 表示主动上报时间间隔
3	空气质量传感器	A0	CO_2 浓度	R	浮点型数据，精度为 0.1，单位为 ppm
		A1	VOC 等级	R	整型数据，取值为 0～4
		A2	湿度	R	浮点型数据，精度为 0.1，单位为%
		A3	温度	R	浮点型数据，精度为 0.1，单位为℃
		A4	PM2.5 浓度	R	整型数据，单位为$\mu g/m^3$
		D1(OD1/CD1)	PM2.5 变送器开关	R/W	D1 的 bit0 表示 PM2.5 变送器开关，0 表示关，1 表示开
		D0(OD0/CD0)	主动上报使能	R/W	D0 的 bit0～bit4 对应 A0～A4 是否能主动上报，0 表示不允许主动上报，1 表示允许主动上报
		V0	主动上报时间间隔	R/W	V0 表示主动上报时间间隔，单位为 s
4	大气压强传感器	A0	大气压强	R	浮点型数据，精度为 0.1，单位为 kPa
		D0(OD0/CD0)	主动上报使能	R/W	D0 的 bit0 对应 A0 是否能主动上报，0 表示不允许主动上报，1 表示允许主动上报
		V0	主动上报时间间隔	RW	V0 表示主动上报时间间隔

1.5　云平台应用开发接口

智云物联云平台（简称云平台）提供五大应用接口供开发者使用，包括实时连接（WSNRTConnect）接口、历史数据（WSNHistory）接口、摄像头（WSNCamera）接口、自动控制（WSNAutoctrl）接口、用户数据（WSNProperty）接口，针对 Web 应用开发，云平台提供 JavaScript 接口库，开发者直接调用相应的接口即可完成 Web 应用的开发。

1．实时连接接口

基于 Web 的实时连接接口如表 1.2 所示。

表 1.2　基于 Web 的实时连接接口

函　数	参 数 说 明	功　能
new WSNRTConnect(String myZCloudID, String myZCloudKey);	myZCloudID：智云账号。 myZCloudKey：智云密钥	创建实时数据，并初始化智云账号及密钥
connect()	无	建立实时数据推送服务的连接
disconnect()	无	断开实时数据推送服务的连接
onMessageArrive(mac, dat)	mac：传感器的 MAC 地址。 dat：发送的数据	监听收到的数据
sendMessage(mac, dat)	mac：传感器的 MAC 地址。 dat：发送的数据	发送数据
setServerAddr(String sa)	sa：数据中心服务器的地址及端口	设置/改变数据中心服务器的地址及端口号

2．历史数据接口

基于 Web 的历史数据接口如表 1.3 所示。

表 1.3　基于 Web 的历史数据接口

函　数	参 数 说 明	功　能
new WSNHistory(String myZCloudID, String myZCloudKey);	myZCloudID：智云账号。 myZCloudKey：智云密钥	初始化历史数据对象，并初始化智云账号及密钥
queryLast1H(channel, cal);	channel：传感器数据通道 cal：回调函数（处理历史数据）	查询最近 1 小时的历史数据
queryLast6H(channel, cal);	channel：传感器数据通道 cal：回调函数（处理历史数据）	查询最近 6 小时的历史数据
queryLast12H(channel, cal);	channel：传感器数据通道 cal：回调函数（处理历史数据）	查询最近 12 小时的历史数据
queryLast1D(channel, cal);	channel：传感器数据通道 cal：回调函数（处理历史数据）	查询最近 1 天的历史数据
query(cal);	cal：回调函数（处理历史数据）	获取所有通道的最后一次数据
query(channel, cal);	channel：传感器数据通道 cal：回调函数（处理历史数据）	获取该通道下的最后一次数据

3．摄像头接口

基于 Web 的摄像头接口如表 1.4 所示。

表 1.4　基于 Web 的摄像头接口

函　数	参 数 说 明	功　能
new WSNCamera(String myZCloudID, String myZCloudKey)	myZCloudID：智云账号。 myZCloudKey：智云密钥	初始化摄像头对象，并初始化智云账号及密钥

续表

函　数	参数说明	功　能
openVideo()	无	打开摄像头
closeVideo()	无	关闭摄像头
control(String cmd)	cmd：云台控制指令。参数如下： UP：向上移动。 DOWN：向下移动。 LEFT：向左移动。 RIGHT：向右移动。 HPATROL：水平巡航转动。 VPATROL：垂直巡航转动。 360PATROL：360°巡航转动	发送指令控制云台转动
checkOnline()	无	监测摄像头是否在线
snapshot()	无	抓拍照片
setDiv(divID);	divID：网页标签	设置展示摄像头视频图像的标签

4．自动控制接口

基于 Web 的自动控制接口如表 1.5 所示。

表 1.5　基于 Web 的自动控制接口

函　数	参数说明	功　能
new WSNAutoctrl(String myZCloudID, String myZCloudKey)	myZCloudID：智云账号。 myZCloudKey：智云密钥	初始化自动控制对象，并初始化智云账号及密钥
createTrigger(name, type, param, cal);	name：触发器名称。 type：触发器类型。 param：触发器内容，JSON 对象格式，创建成功后返回该触发器 ID（JSON 格式）。 cal：回调函数	创建触发器
createActuator(name, type, param, cal);	name：执行器名称。 type：执行器类型。 param：执行器内容，JSON 对象格式，创建成功后返回该执行器 ID（JSON 格式）。 cal：回调函数	创建执行器
createJob(name, enable, param, cal);	name：任务名称。 enable：true（使能任务）、false（禁止任务）。 param：任务内容，JSON 对象格式，创建成功后返回该任务 ID（JSON 格式）。 cal：回调函数	创建任务

5．用户数据接口

基于 Web 的用户数据接口如表 1.6 所示。

表 1.6　基于 Web 的用户数据接口

函　　数	参数说明	功　　能
new WSNProperty(String myZCloudID, String myZCloudKey)	myZCloudID：智云账号。 myZCloudKey：智云密钥	初始化用户数据对象，并初始化智云账号及密钥
put(key, value, cal);	key：名称。 value：内容。 cal：回调函数	创建用户应用数据
get(cal)	cal：回调函数	获取所有的键值对
get(key, cal)	key：名称。 cal：回调函数	获取指定 key 的 value 值
setServerAddr(String sa)	sa：数据中心服务器地址及端口	设置/改变数据中心服务器地址及端口号
setIdKey(String myZCloudID, String myZCloudKey)	myZCloudID：智云账号。 myZCloudKey：智云密钥	设置/改变智云账号及密钥

1.6　物联网工程的常用调试工具

1.6.1　xLabTools

为了方便读者进行物联网工程的学习和开发调试，本书根据物联网的特性开发了一款专门用于数据收发及调试的辅助开发和调试工具 xLabTools，该工具可以通过 ZigBee 无线节点的调试串口获取当前配置的网络信息。当协调器连接到 xLabTools 时，可以查看网络信息，以及该协调器所组建的网络中的无线节点反馈的信息，并能够通过调试窗口向网络内各无线节点发送数据；当终端节点或路由节点连接到 xLabTools 时，可以实现对终端节点数据的监测，并能够通过该工具向协调器发送指令。xLabTools 的工作界面如图 1.6 所示。

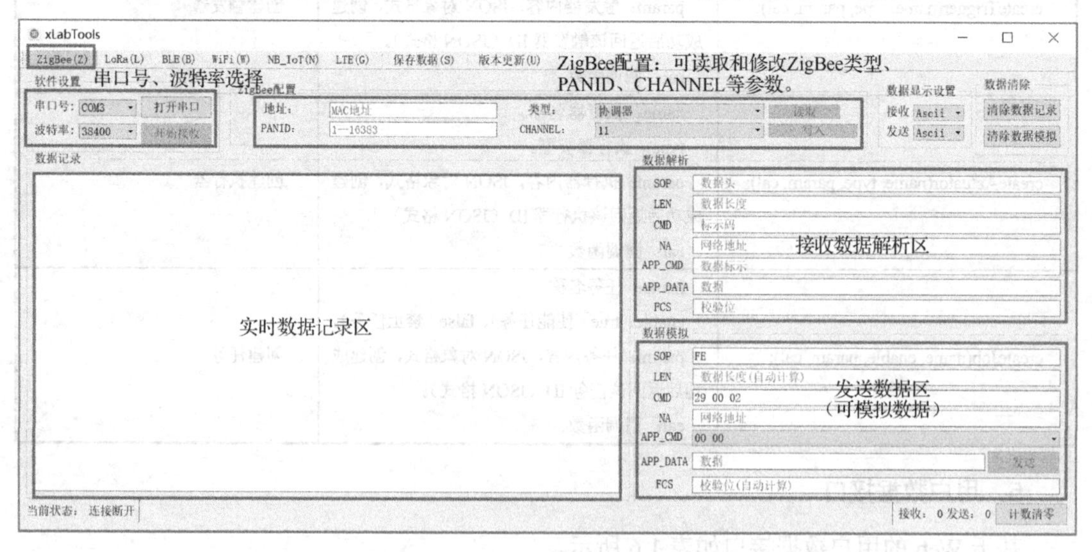

图 1.6　xLabTools 的工作界面

在物联网工程中，配置 ZigBee 无线节点的步骤如下：

（1）通过 xLabTools 读取和修改 ZigBee 无线节点的参数和类型。

（2）通过 xLabTools 读取 ZigBee 无线节点收到的数据包，并解析数据包。

（3）通过 xLabTools 向 ZigBee 无线节点发送自定义的数据包到应用层。

（4）通过连接协调器，xLabTools 可以分析协调器接收到的数据，并可下行发送数据进行调试。

1.6.2　ZCloudTools

ZCloudTools 是一款无线传感器网络综合分析测试工具，具有网络拓扑图生成、数据包分析、传感器信息采集和控制、传感器历史数据查询等功能。ZCloudTools 的工作界面如图 1.7 所示。

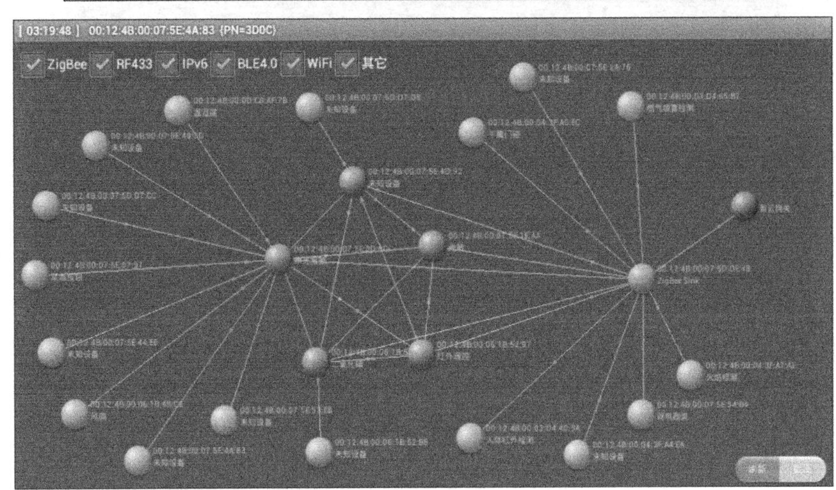

图 1.7　ZCloudTools 的工作界面

除了 Android 端的调试工具，本书还开发了 PC 端的调试工具。PC 端的调试工具为 ZCloudWebTools，该工具可直接在 PC 的浏览器中运行，功能与 ZCloudTools 工具类似。ZCloudWebTools 的工作界面如图 1.8 所示。

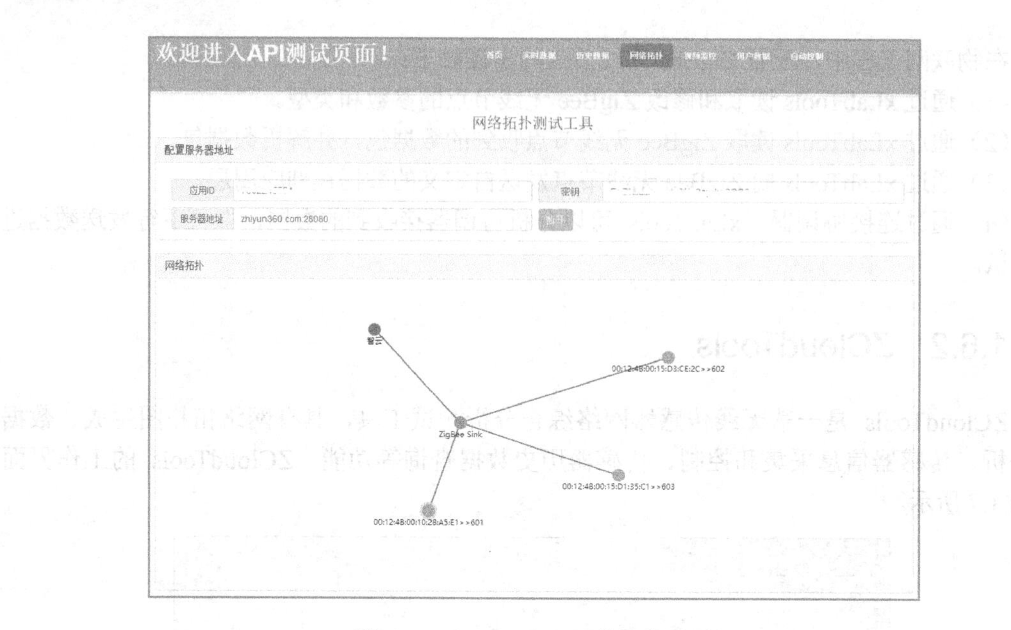

图 1.8　ZcloudWebTools 的工作界面

ZCloudTools 工具可以完成对 ZigBee 网络拓扑的监测，通过修改 ZStack 协议栈和源码可完成星状网、树状网、MESH 网的组网。通过 ZCloudTools 查看网络拓扑如图 1.9 所示。

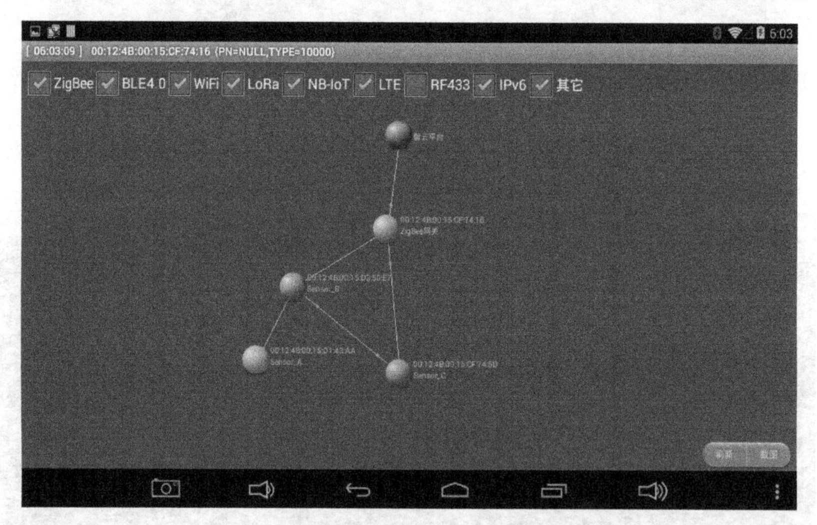

图 1.9　通过 ZCloudTools 查看网络拓扑

第 2 篇

智慧家居系统工程

本篇围绕智慧家居系统工程展开物联网工程设计，共 3 章，分别为：

第 2 章为智慧家居系统工程应用设计，共 4 个模块：智慧家居系统工程项目分析、项目开发计划、项目需求规格分析与设计，以及系统概要设计。

第 3 章为智慧家居系统工程功能模块设计，共 4 个模块：智慧家居门禁系统设计、智慧家居电器系统设计、智慧家居安防系统设计，以及智慧家居环境监测系统设计。

第 4 章为智慧家居系统工程项目测试与总结，共 4 个模块：系统集成与部署、系统综合测试、项目运行与维护，以及项目总结与汇报。

第2章 智慧家居系统工程应用设计

本章介绍智慧家居系统工程应用设计，共 4 个模块：

（1）智慧家居系统工程项目分析：主要分析智慧家居的功能和构成，分析智慧家居的常用关键技术（包括无线通信技术、嵌入式系统、云平台应用技术、Android 应用技术和 HTML5 技术）。

（2）项目开发计划：包括项目里程碑计划和项目沟通计划；制订项目人力资源与技能需求计划。

（3）项目需求规格分析与设计：进行项目需求分析，总结出智慧家居系统工程的功能需求、性能需求和安全需求。

（4）系统概要设计：进行总体架构设计、功能模块划分、界面设计分析、开发框架分析和 Web 图表分析。

2.1 智慧家居系统工程项目分析

2.1.1 智慧家居概述

智慧家居以住宅为平台，集系统、结构、服务、管理、控制于一体，利用网络通信技术、电力自动化技术、计算机技术、无线电技术，将与家居生活有关的各种设备有机地结合起来，通过网络管理家中设备，创造一个优质、高效、舒适、安全、便利、节能、健康、环保的居住生活环境空间。

智慧家居通过物联网技术将家中的各种设备连接到一起，提供家电控制、照明控制、电话远程控制、室内/外遥控、防盗报警、环境监测、暖通控制、红外转发，以及可编程定时控制等多种功能和手段。与普通家居相比，智慧家居不仅具有传统的居住功能，兼备建筑、网络通信、信息家电、设备自动化，可提供全方位的信息交互功能。

1. 国外智慧家居的发展

自 20 世纪 70 年代开始，国外许多国家开始针对家庭网络进行研究。美国、加拿大、欧洲、澳大利亚和东南亚等经济比较发达的国家和地区先后提出了各种智慧家居方案，智慧家居在美国等经济发达的国家都有广泛的应用。1984 年，美国 City Place Building 是全世界首栋智能型建筑，它是美国联合科技公司将建筑设备信息化的结果，开创了全世界智慧家居建设的历史。2013年微软、思科等公司组成All Seen联盟，目的是制定家庭联网设备标准，发布了All Joyn开源框架和免费服务接口。2014年苹果公司发布了Home Kit智慧家居平台，符合该平台标准的智能设备都能与iPhone手机连接，可通过iPhone手机内置的Siri语音助手控制各种设备；三星公司推出了Smart Home智慧家居平台，可以智能控制空调、洗衣机等设备，并远程查看家中设备的使用状况。2015年三星公司推出了OLED材质的智能眼镜，该智能眼镜不仅能够显示天气预报、交通路况、新闻等信息，还具备虚拟试衣间的功能。2016年Google公司推出了智能音响，在传统音响基础上引入了人工智能技术，除了可以播放音乐，还可以通过语音与音响的交互来控制电视、灯光等设备。2018年三星公司推出了基于人工智能技术和物联网技术的Smart Things智慧家居平台，通过该平台可连接该公司旗下的电视、洗衣机等设备，并可添加大量的第三方智能设备；同年Nest公司推出的第二代烟雾探测器可以检测空气中的烟雾。

2．国内智慧家居的发展

近几年，我国智慧家居行业进入了快速发展时期，为抢占市场先机，夺得智慧家居行业领跑者地位，一些企业制定了技术标准并且与其他公司展开深度合作，开始了智慧家居行业的布局。2014年，海尔公司在物联网的大背景下推出了U-home智慧家居平台，采用了无线和有线并存的方式，实现了对电器的智能控制；同年美的公司发布了M-Smart智慧家居，制定了统一的智慧家居平台标准，实现了家居设备之间互联互通；安吉星公司的汽车智能终端通过接入美的公司标准实现了车联网和智慧家居相互融合；科大讯飞公司利用人工智能相关技术研发的“灵犀语音助手”通过接入美的公司标准实现语音控制家用电器。2015年魅族、海尔、阿里巴巴公司组成联盟，展开深度合作，携手走进智慧家居行业，在海尔公司的产品上搭载了魅族公司的Life Kit系统，通过该系统客户端软件能够控制海尔公司的产品；同年华为公司提出了新的智慧家居战略，建立以路由器为核心的智慧家居解决方案，通过UX设计规范接入的欧普照明设备能够使用华为App控制灯光冷暖。2016年小米公司发布“米家”智慧家居全新品牌，通过构建房间地图，可为机器人路径规划提供保障，该公司推出的“小白摄像头”可精确识别人体移动，实现了智慧家居系统的智能安防。2017年，联想、海尔、阿里巴巴公司先后发布了智能音响，通过语音识别和人工智能等相关技术实现了客户与音响的智能对话，海尔公司发布的智能音响能够控制旗下的洗衣机、空调、冰箱等家用电器。

在知网搜索“智慧家居”关键词，可生成如图2.1所示的智慧家居应用饼图（饼图中按顺时针方向分别是智慧家居、……、远程控制，具体见图中右侧所列的技术），可以看出“物联网技术”“物联网”“ZigBee”“传感器”等物联网相关技术在智慧家居中的重要性。

2.1.2　智慧家居的关键技术

1．无线通信技术

（1）ZigBee网络。如果某只蜜蜂发现食物，则会采用类似Zig-Zag形状的舞蹈将具体位置告诉其他蜜蜂，这是一种简单的消息传输方式。蜜蜂是通过这种方式与同伴进行“无线”通信的，构成了通信网络，ZigBee由此而来。可以将ZigBee看成IEEE 802.15.4协议的代名词，它是根据这个协议实现的一种短距离、低功耗的无线通信技术。

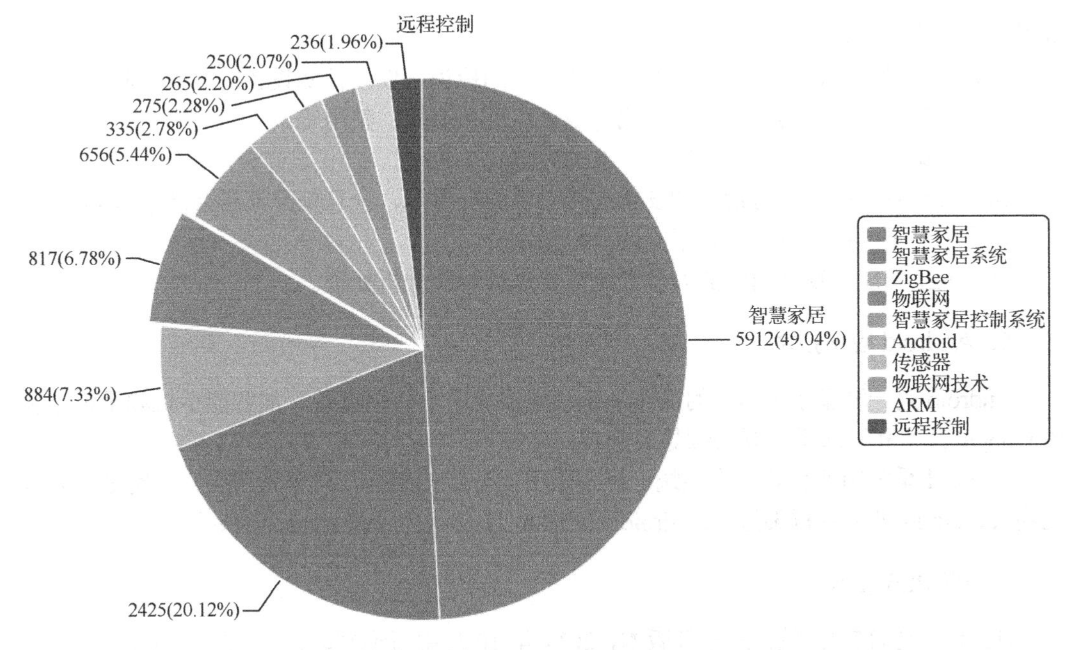

图 2.1　智慧家居应用饼状图

（2）低功耗蓝牙（BLE）。BLE 是一种短距离无线通信技术，最初是由爱立信公司于 1994 年提出的，用于实现设备之间的无线传输，以及降低移动设备的功耗和成本。

（3）Wi-Fi。Wi-Fi 是 IEEE 802.11b 标准的别名，它是一种本地局域无线网络技术，可使电子设备连接到网络，其工作频率为 2.4～2.48 GHz。许多终端设备，如笔记本电脑、视频游戏机、智能手机、数码相机、平板电脑等都配有 Wi-Fi 模块，这些终端设备可通过 Wi-Fi 模块连接到特定网络，如 Internet。Wi-Fi 技术可使用户获得方便快捷的无线上网体验，同时也使用户摆脱了传统的有线网络的束缚。与许多无线传输技术（如 ZigBee、BLE）一样，Wi-Fi 也是一种短距离无线通信技术，它支持移动设备在近 100 m 范围内接入互联网。

2. 嵌入式系统

嵌入式系统是计算机技术、半导体技术和电子技术与各个行业的具体应用相结合的产物，这决定了它是技术密集、资金密集、知识高度分散、不断创新的集成系统。同时，嵌入式系统又是针对特定应用需求而设计的专用计算机系统。

嵌入式系统一般由硬件系统和软件系统两大部分组成。其中，硬件系统包括嵌入式微处理器、外设和必要的外围电路；软件系统包括嵌入式操作系统和应用软件。

3. 云平台应用技术

物联网数据大小可以用海量来形容，如智能水/电/燃气表，以及家庭所有的智能家电等，物联网终端数量比普通互联网的手机、计算机终端要多得多，物联网接入方式包括以太网、长距离无线通信和短距离无线通信等多种方式。因此，通用物联网平台需要具备下面几个基本功能：

（1）设备通信：联网是最基本的功能，需要定义好数据通信协议，以便设备正常通信，提供不同网络的设备接入方式。

（2）设备管理：每个设备都需要有一个唯一的标识，以便控制设备的接入权限，管理设备的在线、离线状态，实现设备的在线升级、注册、删除、禁用等。

（3）数据存储：海量的数据需要可靠的存储。

（4）安全管理：需要对设备的安全连接做出充分保障，一旦信息泄露会造成极其严重的后果，需要对不同接入设备设置不同的权限级别。

（5）人工智能：物联网中的海量数据需要进行智能分析处理。

4．Android 应用技术

Android 是一种基于 Linux 的操作系统，主要应用于移动设备，如智能手机和平板电脑，由 Google 公司和开放手机联盟领导及开发。

Android 系统构架和其操作系统一样，采用了分层的架构，共分为四层，分别是 Android 应用层、Android 应用框架层、Android 系统库，以及运行层和 Linux 内核层。

5．HTML5 技术

HTML5 是 HTML 最新的修订版本，2014 年 10 月由万维网联盟（W3C）完成标准制定。HTML5 是构建 Web 内容的一种语言描述方式。HTML5 是互联网的下一代标准，是构建以及呈现互联网内容的一种语言方式，被认为是互联网的核心技术之一。HTML 产生于 1990 年，1997 年 HTML4 成为互联网标准，并广泛应用于互联网应用的开发。HTML5 是 W3C 与 WHATWG 合作的结果，WHATWG 指 Web Hypertext Application Technology Working Group。WHATWG 致力于 Web 表单和应用程序，而 W3C 专注于 XHTML 2.0，双方在 2006 年决定合作来创建一个新版本的 HTML。

HTML5 技术结合了 HTML4.01 的相关标准并进行了革新，符合现代网络发展的要求，在 2008 年正式发布。HTML5 由不同的技术构成，其在互联网中得到了非常广泛的应用，提供了更多增强网络应用的标准机制。与传统的技术相比，HTML5 的语法特征更加明显，并且结合了 SVG 的内容，可以更加便捷地处理多媒体内容，而且 HTML5 还结合了其他元素，对原有的功能进行了调整和修改，进行了标准化工作。HTML5 具有以下优势：

（1）跨平台性好，在 Windows、MAC、Linux 等操作系统上都可以运行。

（2）对于运行环境的硬件要求低。

（3）生成的动画、视频效果绚丽，同时 HTML5 增加了许多新特性，这些新特性支持本地离线存储功能，减少了对 Flash 等外部插件的依赖，并且取代了大部分脚本的标记，添加了一些特殊的元素，如 article、footer、header、nav 等，类似 email、url、search 等表单控件，video、audio 视频媒体元素，以及 canvas 绘画元素等相关内容。

（4）HTML5 在原来的基础上添加了丰富的标签。HTML5 的 App Cache 以及本地存储功能大大缩短了一些 App 的启动时间。HTML5 通过将内部和外部的数据直接连接，有效地解决了设备之间的兼容性问题。此外，HTML5 具有动画、多媒体、三维特性等模块，可以替代部分 Flash 和 Silverlight 的功能，并且具有更好的处理效率。

2.2　项目开发计划

2.2.1　项目开发流程

项目开发流程如图 2.2 所示。

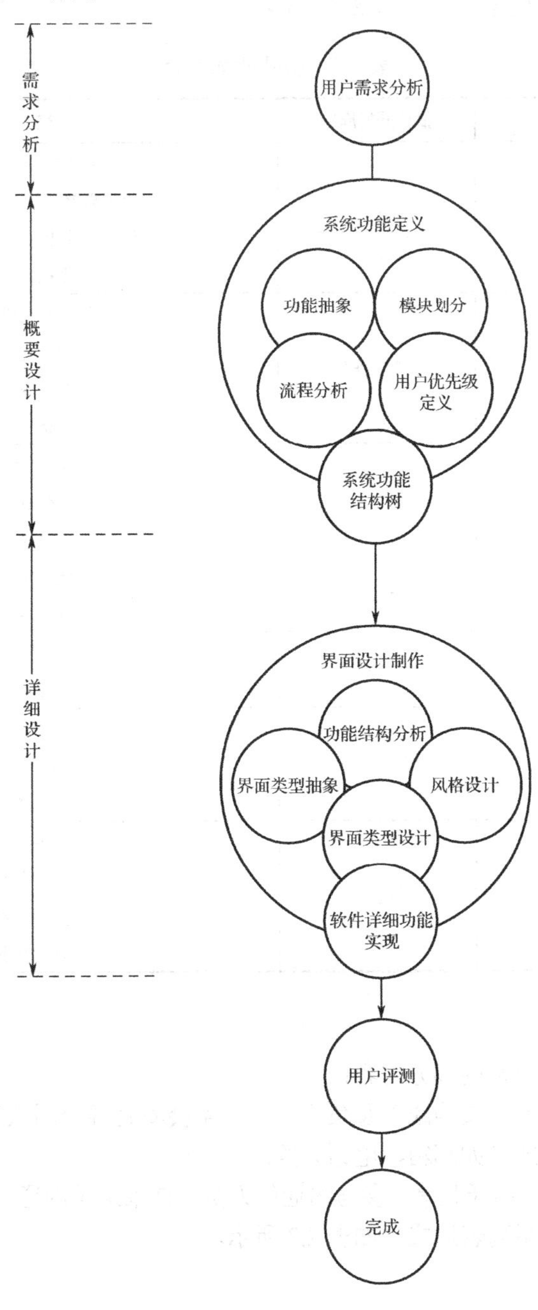

图 2.2　项目开发流程

2.2.2 项目计划

1. 项目里程碑计划

里程碑是项目中的标记，表示开发的变更或阶段，是沿着项目时间线出现的重要的、有标志的进度点。里程碑将项目时间线划分为几个阶段，设定里程碑有助于项目经理追踪大的事件和进行决策。项目里程碑计划如表 2.1 所示。

表 2.1 项目里程碑计划

阶　段	估计开发周期	交 付 件
TR1（需求评审）	3 个工作日	市场调研报告（立项阶段输出） 市场需求清单（立项阶段输出） 初始业务计划（立项阶段输出） 系统需求规格书
TR2（总体方案评审）	3 个工作日	项目可行性分析报告 项目开发计划 总体设计方案书 测试与验证计划
TR3（模块级概要设计）	4 个工作日	模块级概要设计/总体设计 模块框架设计 模块界面设计 模块交互式设计 各模块级测试方案
TR4（各模块开发与测试）	5 个工作日	独立功能模块开发 单元测试报告
TR5（系统集成与测试）	3 个工作日	项目整合系统集成 项目运行测试 系统测试报告
TR6（项目交付与总结汇报）	2 个工作日	项目交付报告 运维计划 项目总结报告 项目汇报 PPT

2. 项目沟通计划

项目沟通计划一般包括两部分内容：

（1）确定团队的主要人员构成以及负责人，通常会罗列各个团队的主要人员、团队负责人，以及他们的联系方式（如邮箱、电话）等。

（2）确定沟通计划、沟通频率、参与沟通的人员、谁来组织沟通、通过何种方式沟通等。

项目组会议可以采用列表形式，如表 2.2 所示。

表 2.2　项目组会议

No	会　议	频　度	参 加 人	跟踪机制
1	阶段结束会议	1 次	全体	会议记录
2	项目总结会议	1 次	全体	会议记录

项目报告机制也可以采用列表形式，如表 2.3 所示。

表 2.3　项目报告机制

No.	报　告	准 备 人	频　度	向谁汇报
1	项目状态报告	开发组长	每天	项目经理
2	项目阶段结束报告	开发组长	5 次	项目经理
3	项目总结报告	项目经理	1 次	客户

2.2.3　人力资源和技能需求

人力资源和技能需求如表 2.4 所示。

表 2.4　人力资源和技能需求

No.	人 力 资 源	TR1	TR 2	TR 3	TR 4	TR 5	TR 6
		（人数、技能要求）					
1	项目经理	1	1	1			
2	XX 业务代表	1					
3	开发组			1	2		
4	集成组					1	
5	测试组				1	1	1

2.3　项目需求规格分析与设计

2.3.1　项目概述

（1）项目背景。建立一个高效率、低成本的智慧家居系统可以让人们拥有智能舒适的居住环境，可以对家居进行远程控制。

（2）项目介绍。人们可以通过智能家居系统完成日常生活中的事务，并且享受高新技术带来的生活便利。

（3）目标范围。智能家居系统是家庭的智能化，主要用于家庭住宅，可实现智能舒适的居住环境。

（4）用户特性。智慧家居系统主要通过计算机或手机来控制整个系统的运行，硬件需要由专业的人士进行安装和调试，确定各个传感器的安装地点，用户只需要掌握软件的操作即可方便、简单地使用该系统。

2.3.2 功能需求

智慧家居的功能需求如下：

（1）温湿度实时采集和控制。温湿度采集和控制用于实时采集室内的温湿度，并以图形方式展示给用户。用户既可以根据需要自行控制室内温湿度，也可以把温湿度控制在一个范围之内；还可以根据系统提供的选择项，如舒睡模式、凉爽模式、温暖模式等，直接选择合适的模式。

（2）安防系统。安防系统通过 RFID 实现非法进门报警、远程开关门功能，配合视频监控系统可以让用户通过网络实时查看家里的情况，充分发挥监控的实时性和主动性。

为了能实时分析、跟踪、判别监控对象，并在发生异常事件时提示、上报，安防系统的智能化就显得尤为重要。

（3）家电系统。通过智能电器插座、定时控制器、语音电话远程控制器等智能产品及组合，无须对传统的家用电器进行改造，就能实现对家用电器的控制，如定时控制、无线遥控、集中控制、电话远程控制、场景控制、计算机控制等。

2.3.3 性能需求

智慧家居的性能需求如下：

（1）每 3 s 采集一次温度信息，精度为 0.1℃，系统对温度的控制应精确到 2～3℃。

（2）照明控制能得到实时响应，并可转换各种照明模式，反应时间应控制在 0.05～0.1 s。

（3）门窗控制和家电控制能得到实时响应，传感器对光照度应该非常灵敏。

（4）安防系统的要求更加严格，要求视频监控系统每秒拍摄 5 张图片，数据应自动保存在主机的数据库中，用户可定期进行清理。当出现紧急事故时，要求报警信息能够迅速发送到用户终端，并且自动报警。

（5）系统的硬件和软件应该互相独立，软件和硬件的连接通过 ZigBee 网络实现，若软件瘫痪，应当能够通过人工控制住宅的硬件设施。

（6）智慧家居系统面向的客户是个人，所以智慧家居系统的软件平台，特别是人机交流必须是可定制的，二次开发人员可以为客户定制个性化、风格各异的控制平台。

（7）由于每个家庭的需求不一样，因此要求智慧家居系统可以根据家庭的需求来进行模块化的组合，并实现软件和硬件的无缝配合。

（8）智慧家居系统必须能够在任何一个地方实现完全相同的控制功能，如在客厅和卧室可以实现完全相同的控制功能。

（9）智慧家居系统应支持多人控制，家庭成员往往不止一个人，所以需要实现多用户登录功能。

2.3.4 安全需求

智慧家居的安全需求如下：

（1）智慧家居系统和主机是通过特定的协议进行通信的，数据通信协议不对外公开，主机和智慧家居系统的连接需要密码。

（2）用户的个人信息应得到严格的保护。

2.4 系统概要设计

2.4.1 系统概述

人们对智慧家居的需求主要包含以下几点：

（1）室内环境感知需求：可以感知室内的环境信息，如室内的温湿度、空气质量、光照度等信息。

（2）室内环境舒适度调节需求：舒适度调节是重要的需求之一，通过控制相应的环境调节设备来调节室内的环境状态，可以使人们所处的环境变得舒适。例如，夏天温度较高，当打开空调并将空调制冷一段时间后，室内的温度可以慢慢降低到舒适的水平。

（3）家居设备自动控制需求：设备的自动控制需求是潜在的需求之一，这种需求是意向性的，人们希望一些设备提前完成一些动作。例如，人们晚上回家之前希望家里的客厅灯是开着的。

（4）安全需求：安全需求涉及的内容较多，如消防安全、燃气安全、安防安全等。消防安全要对室内环境的明火进行实时预警，以防发生火灾；燃气安全是指室内的燃气用气安全，需要对燃气的泄漏进行实时监控；安防安全则包括对门窗的监控和室内人体红外信号的监控。

（5）门禁安全需求：目前门禁的安全设计比较脆弱，如钥匙容易被仿制、锁芯容易被破坏，通常会造成较大的财产损失，因此需要更加先进的门禁系统。

（6）能耗管理需求：能耗管理对于家庭来说是非常必要的，用户可以实时掌握能耗信息。

（7）实时监控需求：用户通过实时监控不仅可以实时了解家中小孩和老人的生活情况，还可以配合安防设备和门禁系统来提高安全水平。

（8）特殊场景需求：特殊场景需求是一种动态的需求。例如，人们在聚会时需要一种热闹的环境氛围，在会客时需要一种安静放松的环境氛围，这种家居功能的多元化是一种潜在的动态需求。

2.4.2 总体架构设计

智慧家居系统是基于物联网四层架构设计的，其总体架构如图 2.3 所示，下面根据物联网四层架构模型进行说明。

感知层：主要包括采集类、控制类、安防类传感器，这些传感器由经典型无线节点中的 CC2530 控制。

网络层：感知层中的经典型无线节点同网关之间的无线通信是通过 ZigBee 网络实现的，网关同智云服务器、上层应用设备之间通过 TCP/IP 网络进行数据传输。

平台层：平台层提供物联网设备之间基于互联网的存储、访问和控制。

应用层：应用层主要是物联网系统的人机交互接口，通过 PC 端、Android 端提供界面友好、操作交互性强的应用。

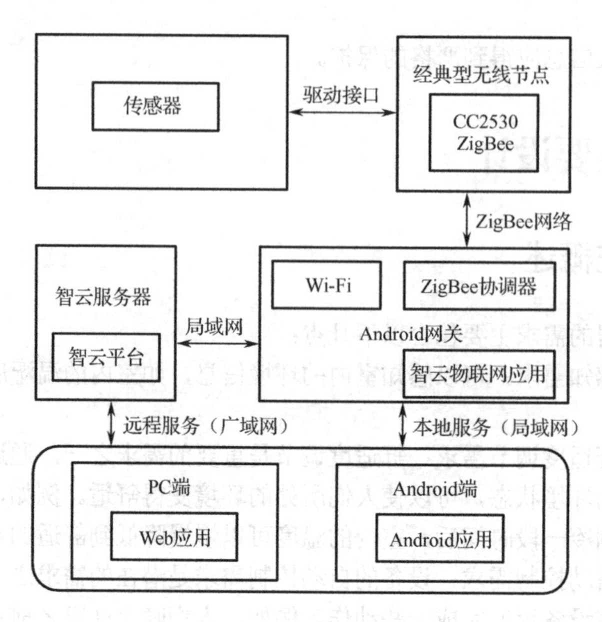

图 2.3　智慧家居的总体架构

图 2.4 所示为物联网工程框架结构，通过该图可知，智能网关、Android 客户端程序、Web 客户端程序通过云平台数据中心可以实现对传感器的远程控制，包括实时数据推送、传感器控制和历史数据查询。

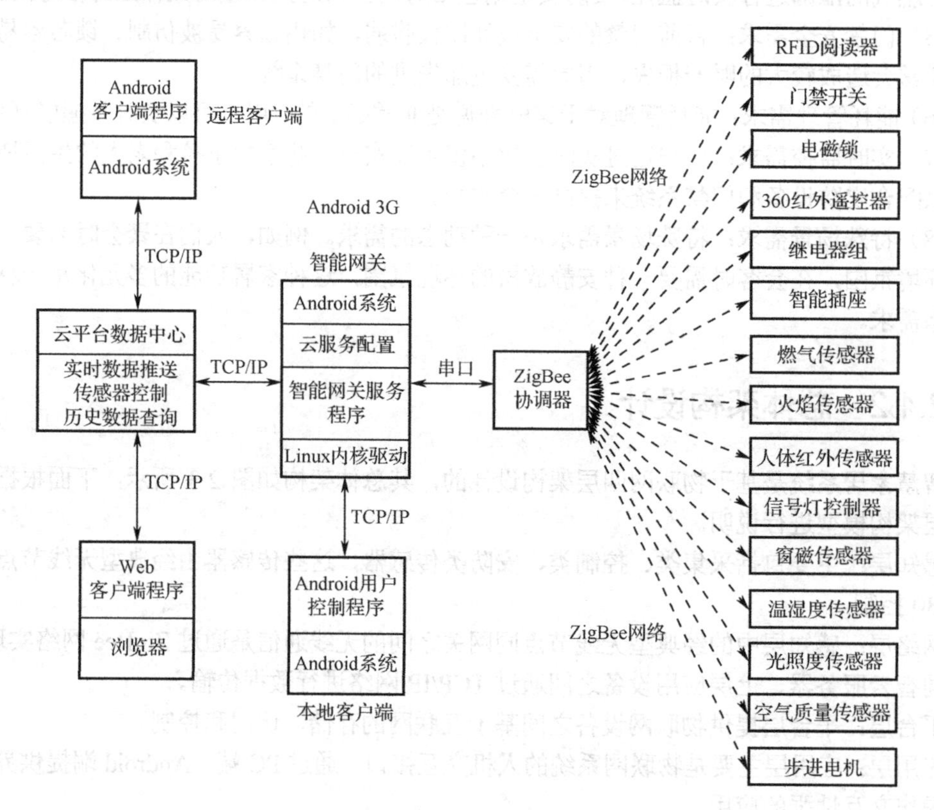

图 2.4　物联网工程框架结构

2.4.3　功能模块划分

根据服务类型，可将智慧家居系统分为以下几个功能模块：

（1）环境监测系统：可为用户提供准确的环境信息数据和数据展示服务，满足用户对室内环境的感知需求。该功能模块对应于室内环境感知服务。

（2）安防系统：提供常规的安全检测及预警服务，服务内容涵盖消防安全、燃气安全、安防安全等。该功能模块对应于家居防护安全服务。

（3）电器系统：提供设备的控制服务，设备包括开关类设备（如客厅灯、加湿器等），以及遥控类设备（如电视机、窗帘、环境灯等）。该功能模块对应于室内环境舒适度调节服务和家具设备自动控制服务。

（4）门禁系统：采用刷卡式的身份识别方式，能够为智慧家居系统提供合法 ID 存储、非法 ID 记录和远程电话通知等安全服务。该功能模块对应于家居门禁安全服务。

智慧家居系统的功能模块如图 2.5 所示。

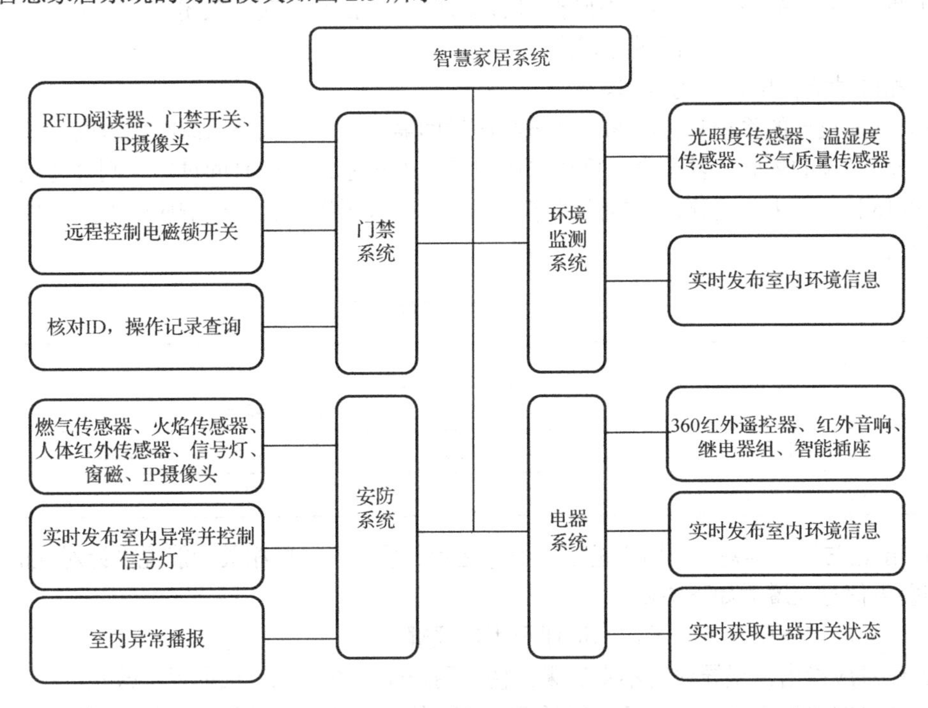

图 2.5　智慧家居系统的功能模块

2.4.4　界面设计分析

1. 界面风格分析

在项目开发阶段，界面开发人员在编写代码时必须遵循一定的界面设计原则与规范，以确保系统项目界面的一致性。

（1）界面设计的内涵。界面是用户浏览网站的重要媒介，用户可以通过切换界面、单击界面等来了解网站的内容，因此用户的相关需求会直接影响界面的设计。随着信息技术的发展，用户的需求也在向人性化发展，界面设计还涉及心理学、艺术学、设计学、人机工程学等多个领域。

（2）界面设计的一致性。为了使界面美观以及减少用户的使用记忆负担，在进行界面开发时需要保持界面的一致性。一致性包括界面布局（如国字形和厂字形，用来定位用户阅读的习惯性）以及标准的控件（指相同的信息显示方式，如字体样式、界面颜色、标签风格、术语、错误信息显示方式）等方面都需要确保界面的一致性，最终减轻用户的使用记忆负担。界面设计的一致性原则如下：

① 界面样式的相对统一。在进行具体的界面开发时可以根据操作的实用性和可实施性，对界面样式进行合理的调整，确保局部与全局之间协调统一，使界面主次关系明显，以便用户可以快捷地操作相关功能，减轻使用记忆负担。

② 界面色彩以及风格的相对统一。包括界面图片、按钮的颜色风格，界面风格，以及在不同操作下图片和按钮状态的不同视觉效果等都需要保持相对统一。

③ 导航、数据显示以及其他相同功能使用格式的统一。

④ 界面的协调一致，如界面不同按钮的排放方式，在开启或者关闭按钮时是在同一个按钮切换文字还是在两个按钮间进行切换。

⑤ 相同功能使用相同的操作。

（3）界面设计的系统响应时间。系统响应时间需要适中，如果系统响应时间过长，则会给用户一种卡顿的体验，甚至会消磨用户的耐性；如果系统响应时间过短，则会造成一种操作过快的体验，还未看清就已经响应完毕，可能会导致误操作。系统响应时间的设置原则如表 2.5 所示。

表 2.5　系统响应时间的设置原则

系统响应时间	界 面 设 计
0～3 s	显示处理动画
3 s 以上	模态框窗口的显示或者进度条、图表数据的更新
一个较长的处理完成时间	显示信息

（4）出错与警告信息。在用户进行误操作之后，系统应根据相关功能提供针对性的提示。出错和警告信息应遵循如下原则：

① 信息的描述应简单明了，术语便于用户理解。

② 信息应指出错误导致的不良后果，便于用户做出判断或者根据提示改正。

③ 信息应伴随视觉上的提示，如弹框、特殊的动画效果或者颜色、信息闪烁。

④ 信息不能带有判断性色彩，在任何情况下都不能指责用户等。

⑤ 只显示与当前用户语境环境有关的信息。

⑥ 使用一致的标记、标准缩写以及可预测的颜色，信息的含义要非常明确，便于用户理解，用户不需要参考其他信息。

⑦ 使用缩进或者其他文本等来辅助用户理解信息。

（5）界面视觉设计。

① 允许定制界面：用户可以根据需求更改默认的系统设置，进行个性化设置。

② 提供实时帮助：用户可以通过实时帮助熟悉系统的操作，在与系统进行交互时，界面

可提供操作的帮助，例如，可以采用提示文本来提供帮助，不影响正常的交互，当离开相应的功能区时可自动关闭帮助文本。

③ 提供相关的视觉线索：可通过图形符号帮助用户记忆，如小图标表示、下拉菜单列表中的相关选择等。

④ 界面色彩设计：使用同类色或者近似色作为色彩构成，采用色彩弱对比的方式，使整体色彩对比不强烈，保证用户在浏览界面时的舒适性。

2. 交互设计分析

对于现代的互联网的产品来讲，不论在Android端还是在Web端，在面向用户场景时，用户的体验对任何一个产品来说都变得越来越重要。针对产品界面的交互设计需要遵循一定的规律与原则，具体如下：

（1）交互的一致性：菜单选择、数据显示以及各种功能都需要采用统一的格式。

（2）确保具有明显后果的操作：需要用户完全明确进行下一步操作的结果。

（3）在界面录入数据时允许取消操作。

（4）允许用户操作的非恶意错误，系统应有相应的保护功能，保护自己不受致命操作的破坏。

（5）具有方便的退出按钮。

（6）导航功能：方便界面切换，用户可以很容易从一个功能模块跳转到另一个功能模块。

（7）用户可以了解自己当前的位置，以便进行下一步操作。

2.4.5 开发框架分析

1. 常用的开发框架

近几年，随着jQuery、Ext和CSS3的发展，以Bootstrap为代表的前端开发框架如雨后春笋般地进入了开发者的视野。不论桌面端还是移动端都涌现出很多优秀的框架，极大地丰富了开发素材，也方便了开发者的开发。目前，前端框架主要采用JavaScript+CSS模式。

（1）JavaScript框架。在目前主流的JavaScript框架中，jQuery和Ext可算是佼佼者，获得了广泛的应用，一些框架也仿照jQuery对JavaScript进行了包装。

jQuery是目前用的最多的前端JavaScript类库，是轻量级的类库，对DOM的操作也比较方便，支持的特效和控件也很多。同时，基于jQuery有很多扩展项目，包括jQuery UI（jQuery支持的一些控件和效果框架）、jQuery Mobile（移动端的jQuery框架）、QUnit（JavaScript的测试框架）、Sizzle（CSS的选择引擎）。这些补充使得jQuery框架更加完善。最让人欣喜的是，这些扩展项目与目前的框架基本都是兼容的，可以交叉使用，使得前端开发更加丰富。

（2）CSS。随着CSS3的推出，浏览器对样式的支持更加上了一个层次，效果更加出众。各种框架也纷纷开发出了基于CSS3的样式，让框架更加丰富。CSS3模块主要包括选择器、框模型、背景和边框、文本效果、2D/3D转换、动画、多列布局以及用户界面。

（3）常见的Web框架。

① jQuery UI。jQuery UI是jQuery对桌面端的扩展项目，包括丰富的控件和特效，可以与jQuery无缝兼容。同时，jQuery UI预置了多种风格可供用户选择，还可以通过jQuery UI

的可视化界面，非常方便地对 jQuery UI 的显示效果进行自主配置。

② jQuery Mobile。jQuery Mobile 是 jQuery 对移动端的扩展项目，目前支持 iOS、Android、Windows Phone、Black Berry 等主流平台，具体支持情况可以参考“http://jquerymobile.com/gbs/”。jQuery Mobile 包含了丰富的布局、控件和特效，在风格方面与 jQuery UI 类似，除了预置的风格效果，还支持用户可视化配置的效果。jQuery Mobile 还可与 Codiqa 无缝连接，用户可以直接通过拖曳的方式实现界面的设计，以及代码的生成。

③ Sencha Ext JS。Sencha Ext JS 是 Sencha 基于 Ext JS 开发的前端框架，内容极其丰富，包括控件、特效、表格、图画、报告、布局，甚至数据连接。基于 Sass 和 Compass，Sencha Ext JS 使得用户对格式的修改和特效制作更加方便。此外，Sencha 具有丰富的产品线，Sencha Desktop Packager 可以让用户的应用拥有桌面应用的效果；Sencha Animator 是基于 CSS3 开发的，可以方便用户对特效的制作，不仅支持桌面端，还支持移动端；Sencha Space 是基于 HTML5 开发的，是一种制作跨平台应用的利器。Sencha Ext JS 对主流浏览器的支持也非常理想。

2. Bootstrap 框架

Bootstrap 是目前桌面端一种流行的开发框架。Bootstrap 主要针对桌面端市场，并在 Bootstrap3 中提出了移动优先的策略。Bootstrap 主要是基于 jQuery 进行 JavaScript 处理的，可通过 LESS 来进行 CSS 的扩展。如果想要在 Bootstrap 框架中使用 Sass，则需要使用 Bootstrap-Sass 扩展项目。Bootstrap 框架在布局、版式、控件、特效方面都非常让人满意，预置了丰富的特效，极大地方便了用户的开发。在风格设置方面，还需要用户在下载时手动设置，可配置粒度非常细，相应也比较烦琐，不太直观，需要对 Bootstrap 非常熟悉才能在使用时得心应手。

在浏览器兼容性方面，Bootstrap 支持 Firefox、Chrome、Opera、Safari、IE8+等目前主流的浏览器，但对 IE6 和 IE7 支持不是特别理想。Bootstrap2 通过 BSIE 增加对 IE6 的支持，但也不能支持全部特效，Bootstrap3 甚至放弃了对 IE6、IE7 的支持。

在框架扩展方面，随着 Bootstrap 的广泛使用，扩展的插件和组件也非常丰富，涉及显示组件、兼容性、图表库等各个方面。

Bootstrap 框架的界面布局与特效示例如图 2.6 所示。

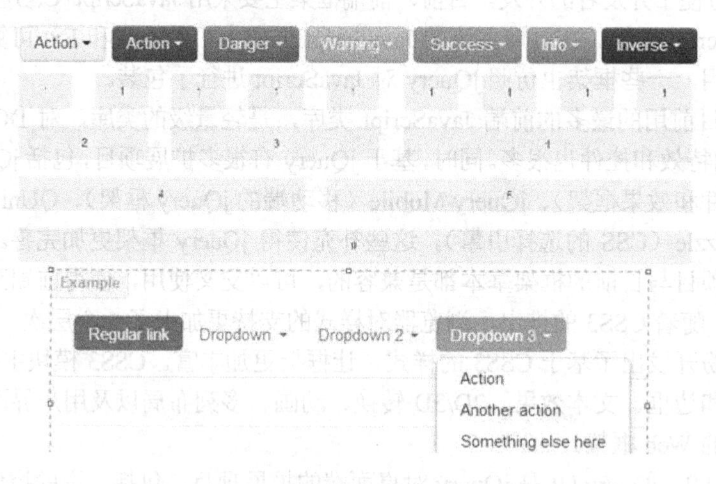

图 2.6　Bootstrap 框架的界面布局与特效示例

表 2.6 所示为 Bootstrap 框架栅格系统的说明，通过表 2.6 可以详细查看 Bootstrap 框架栅格系统是如何在多种屏幕设备上工作的。

表 2.6　Bootstrap 框架栅格系统的说明

	超小屏幕（如手机，<768 px）	小屏幕（如平板电脑，≥768 px）	中等屏幕（桌面显示器，≥992 px）	大屏幕（大桌面显示器，≥1200 px）
栅格系统行为	总是水平排列的	开始是堆叠在一起的，当大于这些阈值时将变为水平排列		
最大宽度	自动	750 px	970 px	1170 px
类前缀	.col-xs-	.col-sm-	.col-md-	.col-lg-
列数	12			
最大列宽	自动	约 62 px	约 81 px	约 97 px
槽宽	30 px （每列左右均有 15 px）			
可嵌套	是			
偏移	是			
列排序	是			

3. 智慧家居系统的开发框架

智慧家居系统采用 Bootstrap 框架设计，Bootstrap 是基于 HTML5 和 CSS3 开发的，它在 jQuery 的基础上进行了更为个性化和人性化的完善，形成一套自己独有的网站风格，并兼容大部分的 jQuery 插件。

Bootstrap 是一款免费的框架，可以直接从官网下载并使用，其界面如图 2.7 所示。

图 2.7　Bootstrap 的界面

在使用 Bootstrap 框架之前需要导入 jQuery 文件，因为 Bootstrap 框架的很多插件都是基于 jQuery 的。

2.4.6　Web 图表分析

1. 常用的 Web 开发图表

（1）HighCharts。HighCharts 让数据可视化变得更加简单，兼容 IE6+，完美支持移动端开发，其图表类型丰富，可方便快捷地与 HTML5 的图表库进行交互。

HighCharts 是用 JavaScript 开发的图表库，能够很便捷地在 Web 网站或 Web 应用程序中添加交互性的图表。HighCharts 支持的图表类型有直线图、曲线图、区域图、柱状图、饼状图、散状点图、仪表图、气泡图、瀑布流图等，多达 20 种，其中很多图表可以集成在同一个图形中并生成混合图。

（2）ECharts。ECharts 是一个纯 JavaScript 的图表库，可以流畅地在 PC 和移动设备上运行，兼容当前绝大部分浏览器。ECharts 的底层依赖轻量级的 Canvas 类库 ZRender，可提供直观、生动、可交互、可高度个性化定制的数据可视化图表。

ECharts 具有良好的自适应效果，在 ECharts3 中加入了更多丰富的交互功能，以及更多的可视化效果，并对移动端做了深度优化。

（3）Chartist。Chartist 是使用 SVG 构建的简单的响应式图表库，可以作为前端图表生成器，兼容当前绝大部分浏览器。

Chartist 中的每个图表，从大小到配色方案都是完全响应和高度可定制的，依靠 SVG 可将图表作为图像动态地呈现到界面上。Chartist 完全使用 Sass 构建，并且支持自定义。

（4）FusionCharts。FusionCharts 是一个 Flash 的图表组件，它可以用来制作数据动画图表。FusionCharts 提供了 90 多种不同的图表类型，它可以在 PC、平板电脑等多种设备上运行。FusionCharts 支持 JSON 和 XML 数据格式，生成的图表可通过 HTML5、SVG 和 VML 导出为 PNG、JPG 或 PDF 等格式，可以和 jQuery、AngularJS、PHP 和 Rails 等技术集成在一起。

（5）D3。D3 是一个应用广泛和功能强大的图形 JavaScript 库，它允许将任意数据绑定到文档对象模型（DOM），然后将数据驱动的转换应用于文档。D3 远远超出了普通的图表库，它包含了许多较小的技术模块，如轴、颜色、层次结构、轮廓、缓动、多边形等。

2．HighCharts 图表库

智慧家居系统采用 HighCharts 来设计用于远程查询采集类传感器的历史数据曲线图。HighCharts 曲线图效果如图 2.8 所示。

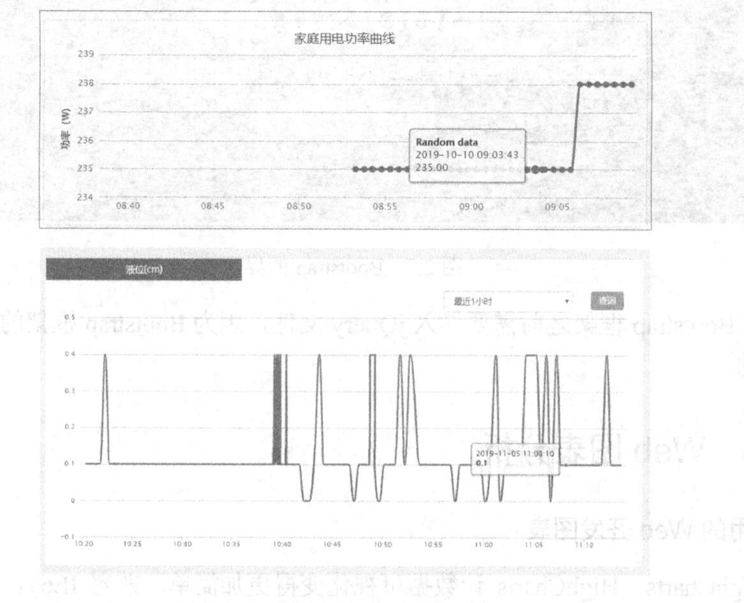

图 2.8　HighCharts 曲线图效果

HighCharts 的特性如下：

- 支持大多数主流浏览器和移动平台（如 Android、iOS 等）；
- 支持多种设备，如 PC 和平板电脑等；
- 使用 JSON 格式配置；
- 生成的图表可修改；
- 支持多维图表；
- 可以精确到毫秒；
- 可以将生成的图表导出为 PDF、PNG、JPG、SVG 等格式；
- 可放大图表的局部，以便近距离观察图表的细节；
- 可从服务器载入动态数据；
- 支持任意方向的旋转。

3. FusionCharts 图表库

智慧家居系统采用 FusionCharts 图表库来设计系统界面中的仪表盘，用来实时远程查看相关信息。FusionCharts 的图表显示效果如图 2.9 所示。

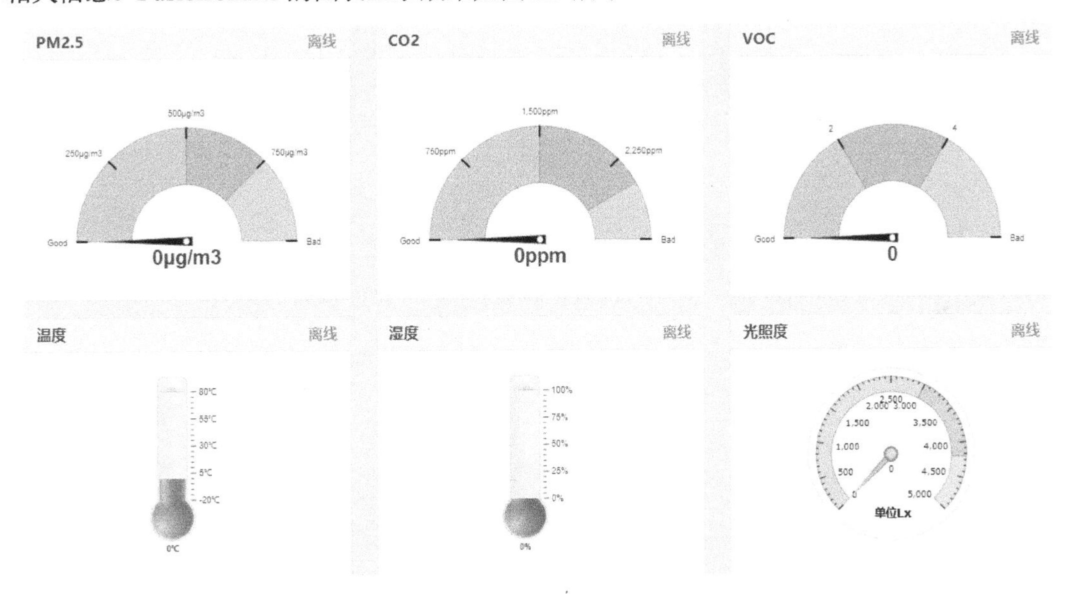

图 2.9　FusionCharts 的图表显示效果

FusionChartsFree 是 FusionCharts 提供的一个免费版本，其功能强大、图形类型丰富。FusionChartsFree 是一个跨平台、跨浏览器的 Flash 图表组件解决方案，其生成的图表能够被 ASP.NET、ASP、PHP、JSP、ColdFusion、Ruby on Rails、HTML 页面，甚至 PPT 调用。

第3章 智慧家居系统工程功能模块设计

本章介绍智慧家居系统工程的功能模块设计，共4个模块：

（1）智慧家居门禁系统设计：主要内容包括智慧家居门禁系统的系统分析、系统设计、系统界面实现、系统功能实现，以及系统部署与测试。

（2）智慧家居电器系统设计：主要内容包括智慧家居电器系统的系统分析、系统设计、系统界面实现、系统功能实现，以及系统部署与测试。

（3）智慧家居安防系统设计：主要内容包括智慧家居安防系统的系统分析、系统设计、系统界面实现、系统功能实现，以及系统部署与测试。

（4）智慧家居环境监测系统设计：主要内容包括智慧家居环境监测系统的系统分析、系统设计、系统界面实现、系统功能实现，以及系统部署与测试。

3.1 智慧家居门禁系统设计

3.1.1 系统分析

1. 系统功能分析

智慧家居门禁系统的功能如图3.1所示。

（1）通过RFID阅读器读取卡片并显示ID及姓名，避免非法用户开门。

（2）远程控制电磁锁开关。

（3）增删合法的ID列表，可用于核对ID，查询操作记录。

（4）通过IP摄像头查看门外情况。

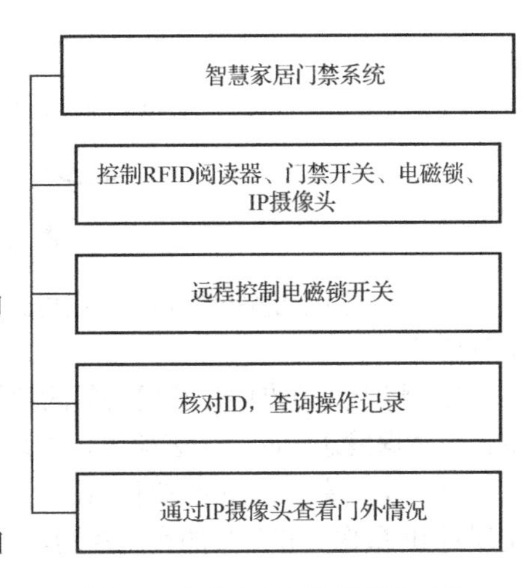

图3.1 智慧家居门禁系统的功能

2. 系统界面分析

智慧家居门禁系统界面分为两个部分，其组成如图3.2所示。

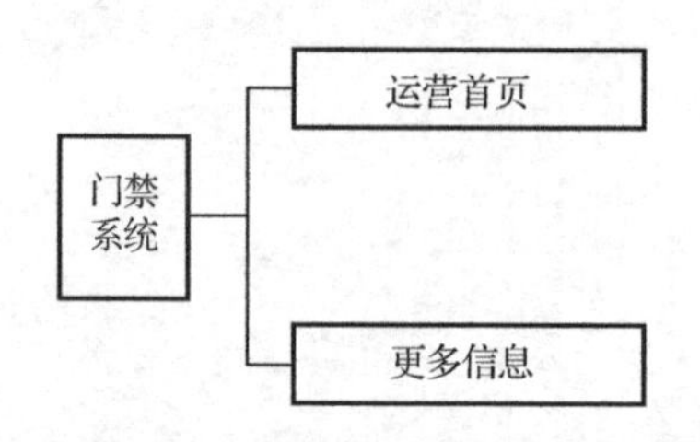

图 3.2　门禁系统界面的组成

（1）运营首页：该界面面向用户，主要显示各个硬件设备的在线状态，硬件设备被触发后界面响应状态，以及对硬件设备进行远程控制。

（2）更多信息：该界面用于设置登录信息，实现与云平台服务器（也称智云服务器）的连接，设置电磁锁、RFID 节点的 MAC 地址、IP 摄像头、版本信息等。

3．系统业务流程分析

从传输过程来看，门禁系统可分为三部分：传感器节点、网关、客户端（Android 端和 Web 端），其业务流程如图 3.3 所示，具体描述如下：

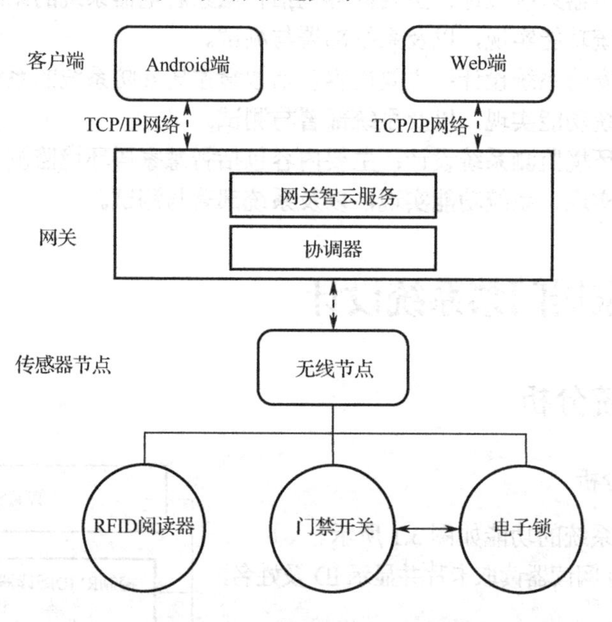

图 3.3　门禁系统业务流程

（1）搭载了传感器的无线节点可加入由协调器组建的 ZigBee 网络，并通过 ZigBee 网络进行通信。

（2）将无线节点中传感器采集的数据通过 ZigBee 网络发送到网关的协调器，协调器通过串口将数据发送给网关智云服务，然后通过实时数据推送服务将数据推送给客户端。

（3）客户端（Android 端和 Web 端）的应用通过云平台数据接口与云平台数据中心连接，实现对 IP 摄像头和门禁的实时控制。

3.1.2　系统设计

1. 系统界面框架设计

门禁系统界面的结构如图 3.4 所示。

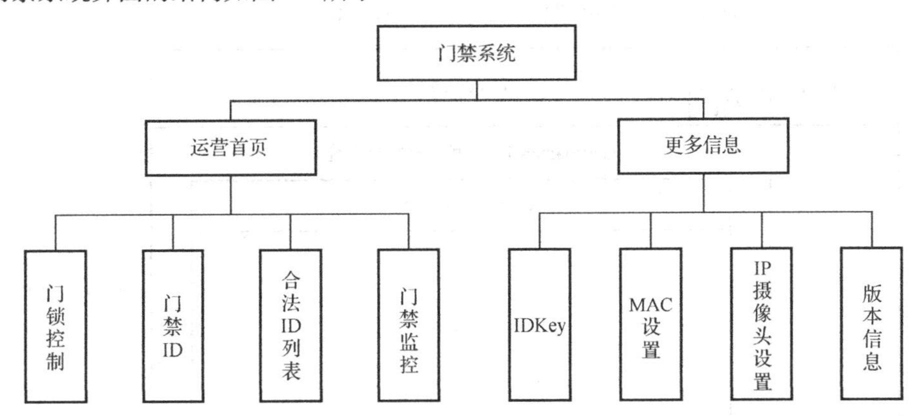

图 3.4　门禁系统界面结构

运营首页界面：该界面面向用户，主要用于显示各个设备节点的在线状态，以及设备节点被触发后的界面响应状态或对设备节点进行远程控制。运营首页界面包括门锁控制、门禁 ID、合法 ID 列表、门禁监控 4 个子界面。

更多信息界面：该界面通过导航控制 IDKey、MAC 设置、IP 摄像头设置和版本信息 4 个子界面。

（1）运营首页界面。门禁系统运营首页界面采用 DIV+CSS 布局，其结构如图 3.5 所示。

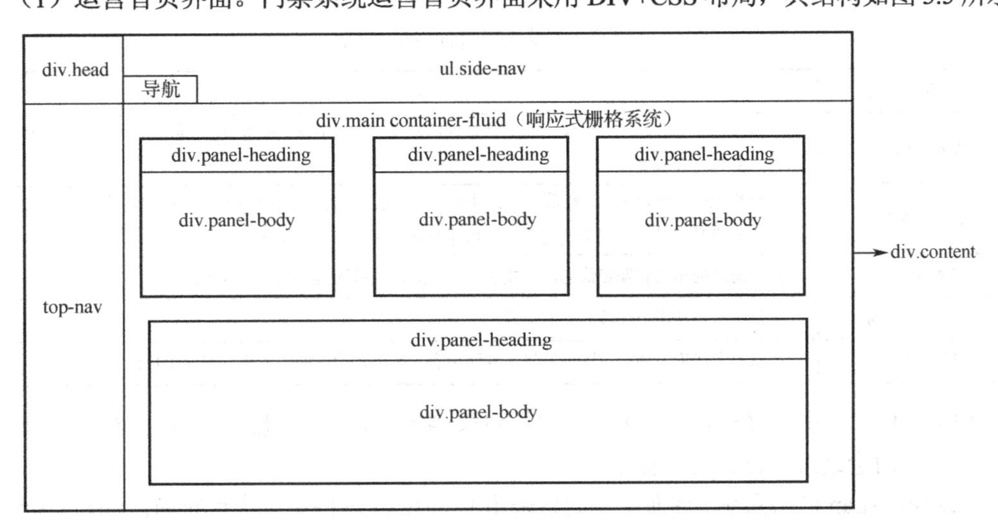

图 3.5　运营首页界面的结构

① 头部（div.head）：用于显示智慧家居门禁系统的名称。

② 顶级导航（top-nav）：用于切换运营首页界面和更多信息界面。

③ 内容的包裹（wrap）：分为导航和主体 1（div.content）。

（2）更多信息界面。根据界面设计的一致性原则，更多信息界面也采用 DIV+CSS 布局，其结构如图 3.6 所示。

① 头部（div.head）：用于显示智慧家居门禁系统的名称。

② 顶级导航（top-nav）：用于切换运营首页界面和更多信息界面。

③ 内容的包裹（wrap）：分为导航和主体 2（div.content）。

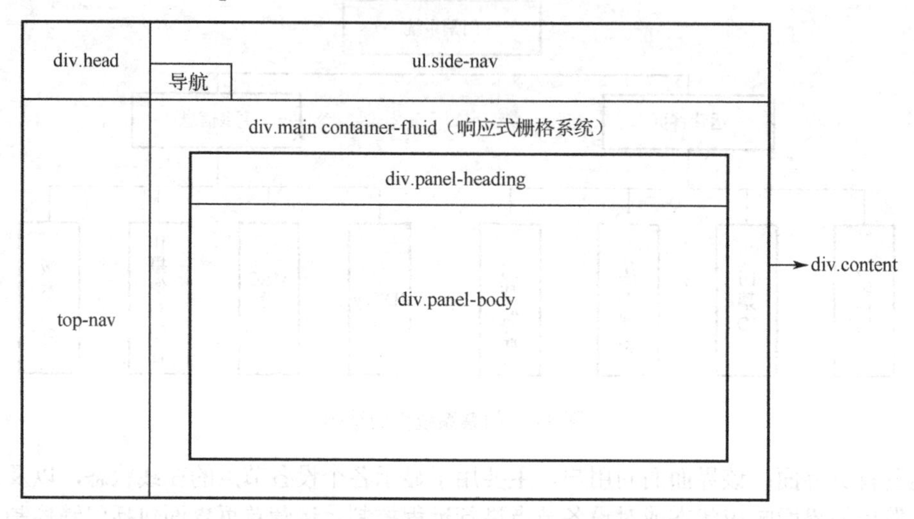

图 3.6　更多信息界面的结构

2．系统界面设计风格

门禁系统界面具有简洁明了易操作的特性，需要遵循如表 3.1 所示的设计风格。

表 3.1　门禁系统界面设计风格

界面设计风格	说　明
界面一致性	一致性包括标准的控件以及相同的信息表示方式（如在字体、标签风格、颜色、术语、错误信息显示方式）等方面应确保一致
系统响应时间	系统响应时间应该适中，若系统响应时间过长，用户就会感觉到界面卡顿，用户体验就会变得很差；若系统响应时间过短，则会使用户加快操作节奏，从而导致误操作
出错和警告信息	具有清楚的出错和警告信息，当发生误操作后，系统应提供有针对性的提示
信息显示原则	只显示与当前用户环境有关的信息
视觉设计	提供视觉线索，如通过图形符号、界面色彩、字体、边框的柔和性等帮助用户记忆

（1）导航。单击一级导航（见图 3.7）时背景、字体颜色会淡化或者高亮，单击二级导航（见图 3.8）时会通过下画线进行提示。

（2）Bootstrap 栅格系统。界面主体内容采用 Bootstrap 栅格系统进行布局，如图 3.9 所示。

① 行（row）必须包含在布局容器.container-fulid 类中。

② 通过行在水平方向创建列（column），并且只有列可以作为行的直接子元素。

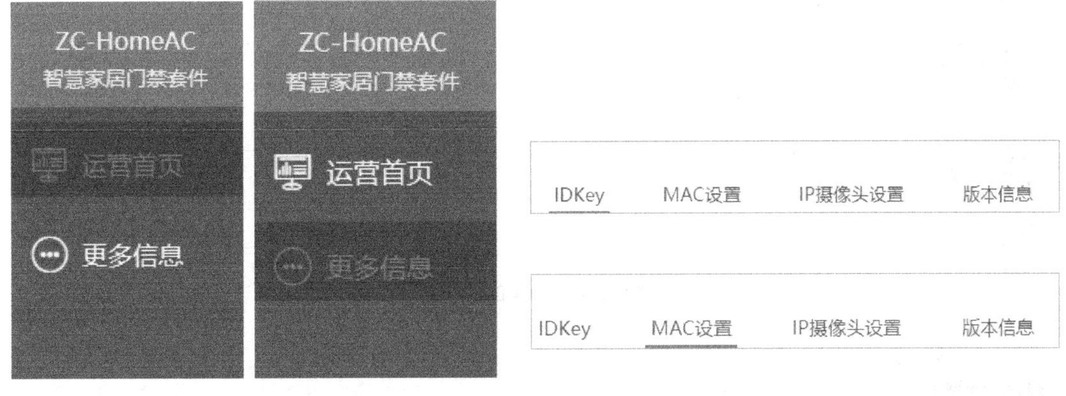

图 3.7　一级导航　　　　图 3.8　二级导航

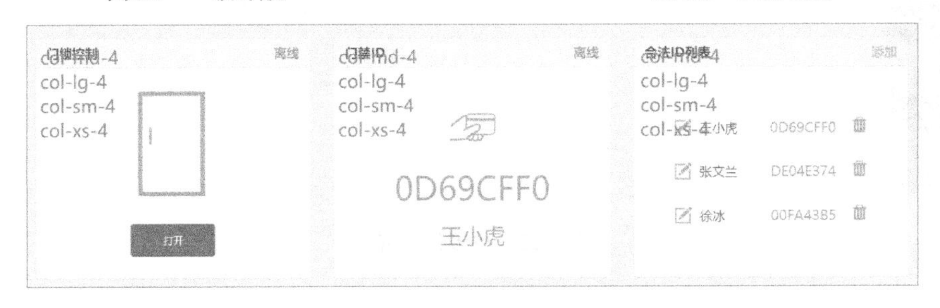

图 3.9　采用 Bootstrap 栅格系统对门禁系统界面的主体内容进行布局

③ 行使用样式“.row”，列使用样式“col-*-*”，内容放置在列中（如门禁开关图片、按钮），当列大于 12 时，将另起一行。

（3）三色搭配风格。

① 三色搭配原则是指一个设计作品中，颜色应保持在三种之内（拥有独立色值算一个颜色）。

② 色彩构成为主色+辅助色+点睛色。主色（主色调）约占 75%，决定了界面风格趋向的色彩或者色彩群，主色并不一定只能有一个颜色，它还可以是一种色调，最好选择同色系或邻近色系中的 1～3 个，只要保持协调即可。

一般饱和度高、颜色深、面积大、视觉中心等选取主色。智慧家居门禁系统的主色采用“#6a5cba”色调，界面标题、导航、控制按钮，以及二级导航（高亮时）也采用此主色。

③ 辅助色一般选取同类色或者近色，因为界面采用 Bootstrap 框架，颜色样式偏向灰色，因此辅助色以选取灰色系列为主。一般选择对比色或互补色作为辅助色，背景色也是一种特殊的辅助色，如按钮的字体颜色、背景颜色以及边框颜色等。按钮辅助色选取示例如图 3.10 所示。

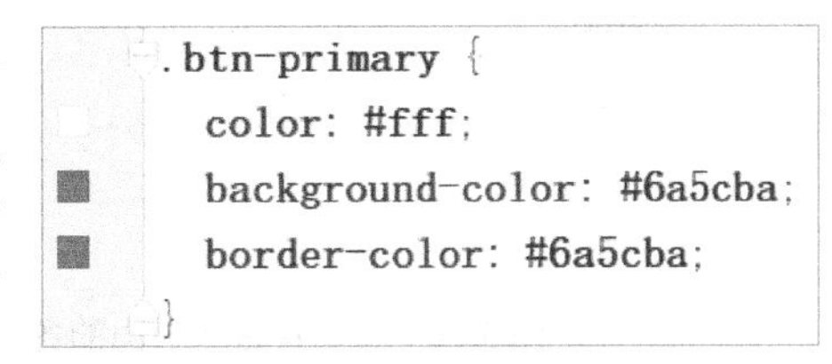

图 3.10　按钮辅助色选取示例

3．系统界面交互设计

（1）导航界面交互设计。门禁系统界面分为一级导航和二级导航，一级导航用于动态切换运营首页界面和更多信息界面（见图 3.11 和图 3.12），二级导航用于动态显示主体内容（见图 3.13）。

图 3.11　运营首页界面

图 3.12　更多信息界面

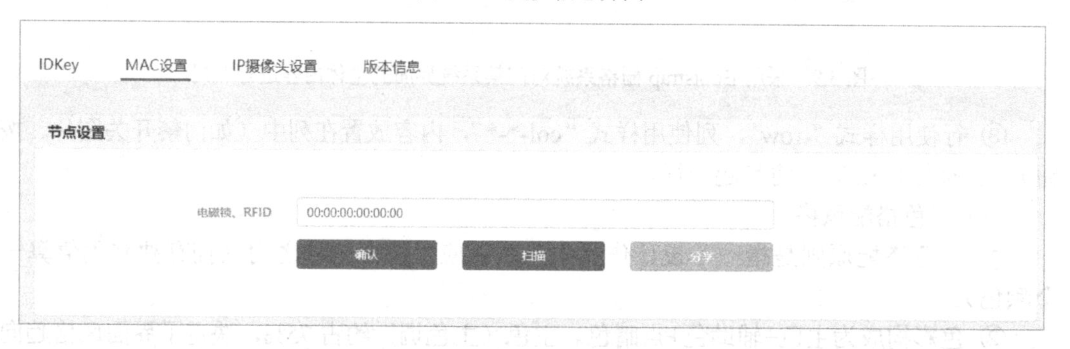

图 3.13　主体内容

（2）提示信息交互设计。当云平台服务器、设备节点的 MAC 地址，以及 IP 摄像头设置正确时，在运营首页界面的各个子界面头部会显示设备节点处于“在线”状态，如图 3.14 所示。

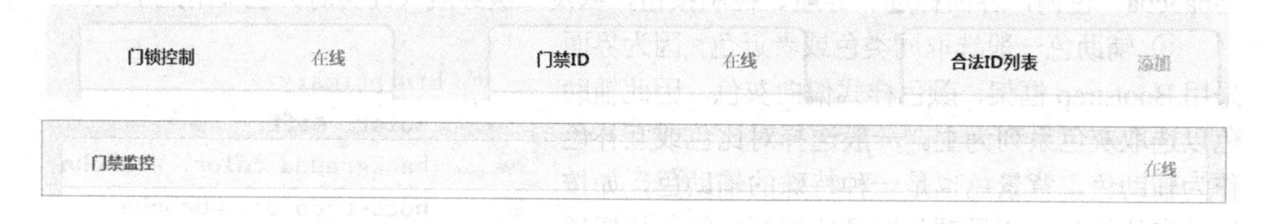

图 3.14　在运营首页界面的各个子界面头部显示设备节点处于“在线”状态

（3）按钮交互设计。在更多信息界面中，按钮的交互设计如下：

① 动态修改按钮的文字（如“断开”和“连接”）以及按钮背景颜色，如图 3.15 所示。

② 动态提示信息，如 IDKey 子界面动态显示设备节点与云平台服务器的连接情况，如图 3.16 所示。

③ 模态框的动态淡入和淡出，如图 3.17 所示。

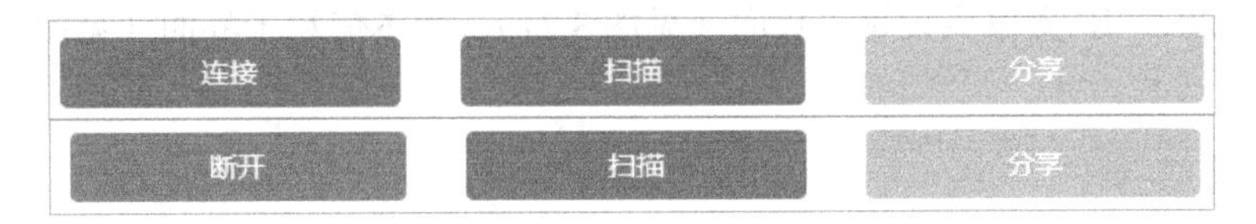

图 3.15　动态修改按钮上的文字以及按钮背景颜色

图 3.16　IDKey 子界面动态显示云平台的连接情况

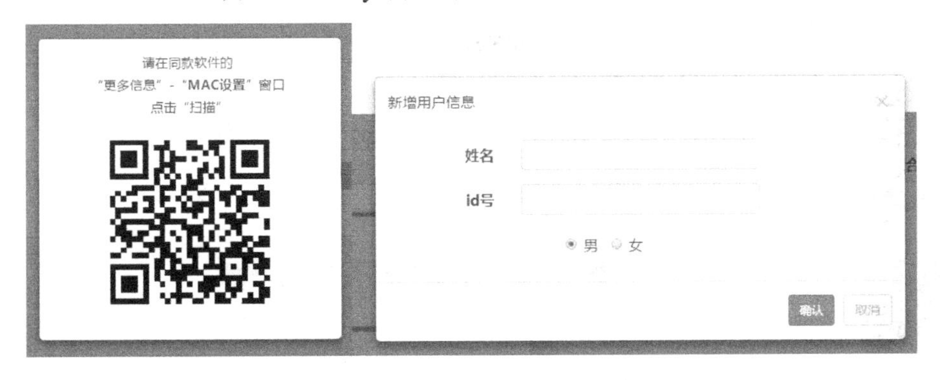

图 3.17　模态框的动态淡入和淡出

3.1.3　系统界面实现

1. 系统界面的布局

（1）运营首页界面的布局如图 3.18 所示。

图 3.18　运营首页界面的布局

（2）更多信息界面的布局。更多信息界面包括 IDKey 子界面（见图 3.19）、MAC 设置子界面（见图 3.20）、IP 摄像头设置子界面（见图 3.21）、版本信息子界面（见图 3.22）。

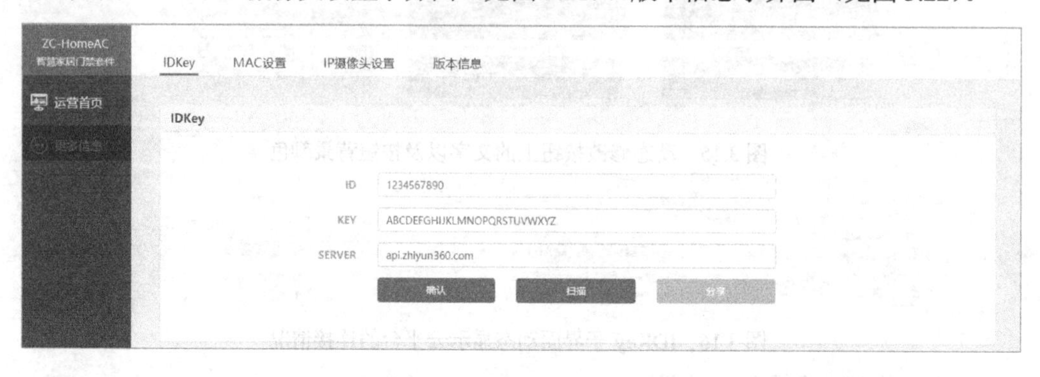

图 3.19　IDKey 子界面的布局

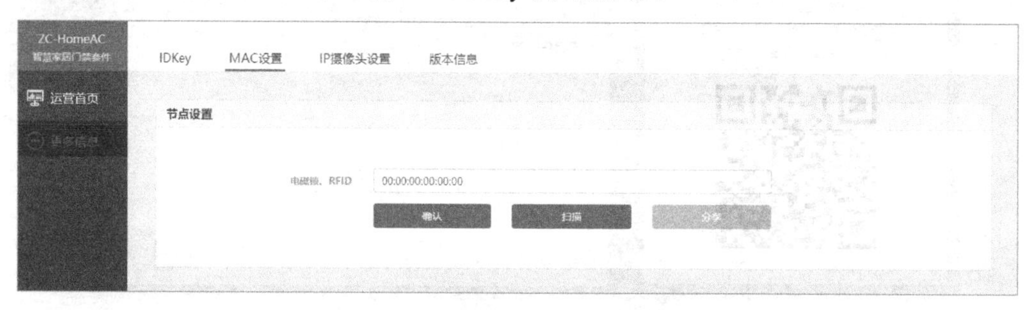

图 3.20　MAC 设置子界面的布局

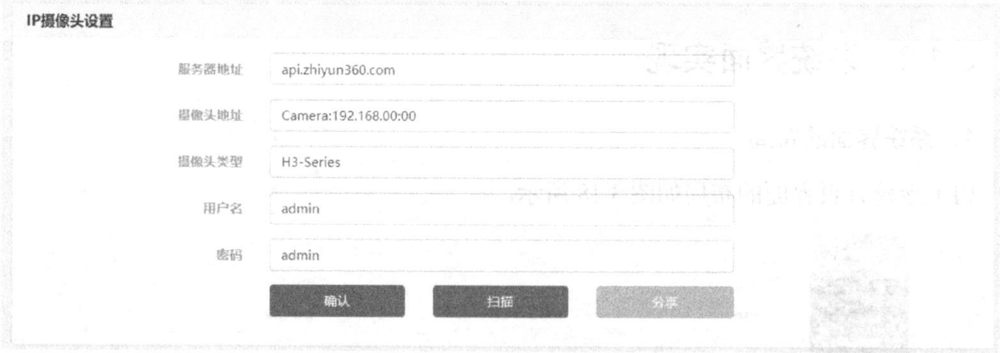

IP摄像头设置

服务器地址　api.zhiyun360.com

摄像头地址　Camera:192.168.00:00

摄像头类型　H3-Series

用户名　admin

密码　admin

确认　扫描　分享

图 3.21　IP 摄像头设置子界面的布局

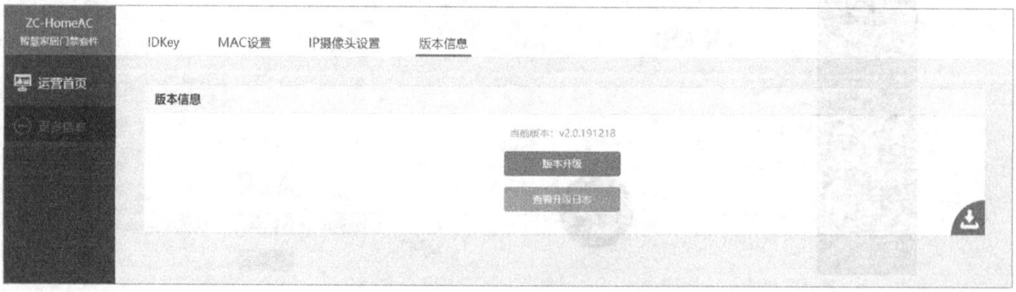

ZC-HomeAC 智慧家居门禁套件　运营首页　更多信息

IDKey　MAC设置　IP摄像头设置　版本信息

版本信息

当前版本：v2.0.191218

版本升级

查看升级日志

图 3.22　版本信息子界面的布局

2. 系统界面的设计

（1）IDKey 子界面的设计。IDKey 子界面如图 3.23 所示，该子界面通过调用 Bootstrap 表单控件的 form-group 类来实现文本输入框的输入，通过 button 类来实现按钮的单击。

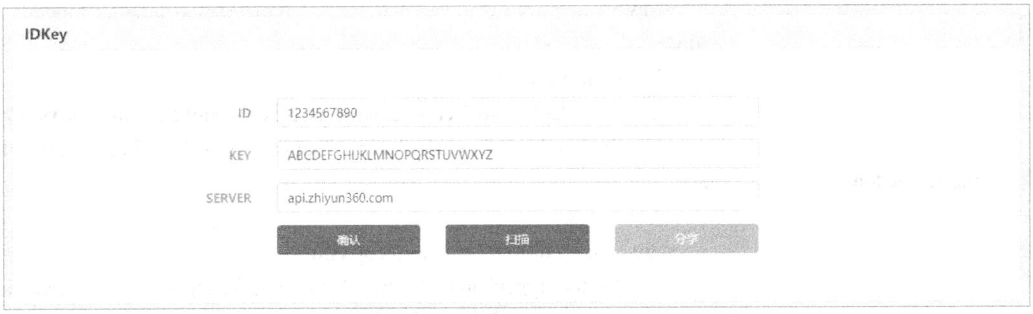

图 3.23　IDKey 子界面

IDKey 子界面由“ID”“KEY”“SERVER”标签（label）及其文本输入框，以及“确认”“扫描”“分享”按钮组成。IDKey 子界面的功能是输入 ID、KEY、SERVER（云平台服务器地址），如果都正确，则显示“数据服务连接成功！”；否则显示“数据服务连接失败，请检查网络或 ID、KEY”，提醒用户修改输入内容，直到输入内容都正确为止。

下面详细分析 IDKey（账号连接设置）子界面的设计。

IDKey 子界面直接调用 Bootstrap 中的样式进行布局，是二级导航的第一个子界面（div.main container-fluid），它由标题（panel-heading）及内容（panel-body）两个部分组成。内容部分为表单添加 form-horizontal 类，使用 Bootstrap 栅格系统将标签（label，如 ID、KEY、SEEVER）和控件进行水平并排布局。这样做将改变 form-group 的行为，使其表现为 Bootstrap 栅格系统中的行（row），因此无须再额外添加行。具体代码如下：

```
<div class="main container-fluid">
    <div class="row">
        <div class="col-md-12">
            <div class="panel panel-default IDKey">
                <div class="panel-heading">IDKey</div>
                    <div class="panel-body">
                        <div class="form-horizontal">
                            <div class="form-group">
                                <label class="col-md-3 col-sm-2 control-label">ID</label>
                                    <div class="col-md-6 col-sm-9">
                                        <input id="ID" type="text" class="form-control" value="">
                                    </div>
                                </div>
                            <div class="form-group">
                            <label class="col-md-3 col-sm-2 control-label">KEY</label>
                            <div class="col-md-6 col-sm-9">
                                <input id="KEY" type="text" class="form-control" value="">
                            </div>
                        </div>
```

```
                    <div class="form-group">
                        <label class="col-md-3 col-sm-2 control-label">SERVER</label>
                        <div class="col-md-6 col-sm-9">
                            <input id="server" type="text" class="form-control" value="">
                        </div>
                    </div>
                    <div class="form-group">
                        <div class="col-md-offset-3 col-sm-offset-2 col-md-2 col-sm-3 col-xs-6">
                            <button id="idkeyInput" type="button" class="btn btn-primary btn-
block">确认</button>
                        </div>
                        <div class="col-md-2 col-sm-3 col-xs-6">
                            <button type="button" class="btn btn-primary btn-block scan" id=
"idScan">扫描</button>    <!--用于 Android 版扫描获取数据，Web 版无效-->
                        </div>
                        <div class="col-md-2 col-sm-3 col-xs-6">
                            <button type="button" class="btn btn-warning btn-block share" id=
"idShare" data-toggle="modal" data-target="#qrModal">分享</button>
                        </div>
                    </div>
                </div>
            </div>
        </div>
    </div>
</div>
```

（2）MAC 设置子界面的设计。MAC 设置子界面如图 3.24 所示。

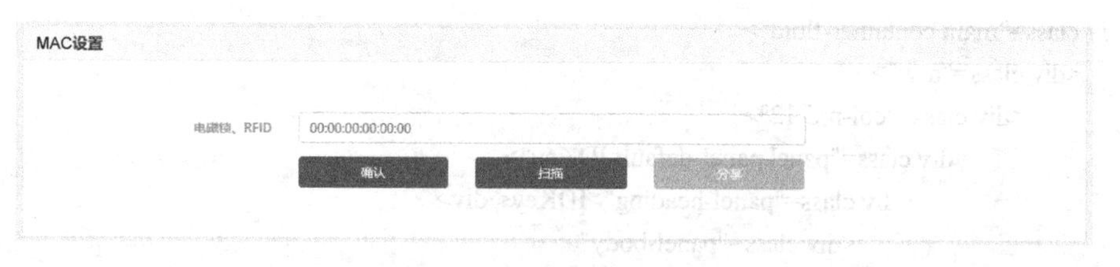

图 3.24　MAC 设置子界面

MAC 设置子界面由“电磁锁、RFID”标签（label）及其文本输入框，以及“确认”“扫描”“分享”按钮组成。MAC 设置子界面的功能是输入设备节点的 MAC 地址（如电磁锁、RFID），单击“确认”按钮后会显示“MAC 设置成功”，设备节点可以连接云平台服务器，用户也可以查看设备节点的连接状态。

MAC 设置子界面的设计与 IDKey 子界面的设计类似，都是二级导航中的子界面（div.main container-fluid），具体代码如下：

```
<div class="main container-fluid">
    <div class="row">
        <div class="col-md-12">
            <div class="panel panel-default MAC">
```

```
        <div class="panel-heading">MAC 设置</div>
        <div class="panel-body">
            <div class="form-horizontal">
                <div class="form-group">
                    <label class="col-md-3 col-sm-3 control-label">电磁锁、RFID</label>
                    <div class="col-md-6 col-sm-9">
                        <input id="magneticMAC" type="text" class="form-control" value=
"00:00:00:00:00:00:00:00">
                    </div>
                </div>
                <div class="form-group">
                    <div class="col-md-offset-3 col-sm-offset-2 col-md-2 col-sm-3 col-xs-6">
                        <button id="macInput" type="button" class="btn btn-primary btn-
block">确认</button>
                    </div>
                    <div class="col-md-2 col-sm-3 col-xs-6">
                        <button type="button" class="btn btn-primary btn-block scan" id=
"macScan">扫描</button>    <!--用于 Android 版扫描获取数据，Web 版无效-->
                    </div>
                    <div class="col-md-2 col-sm-3 col-xs-6">
                        <button type="button" class="btn btn-warning btn-block share" id=
"macShare" data-toggle="modal" data-target="#qrModal">分享</button>
                    </div>
                </div>
            </div>
        </div>
    </div>
  </div>
</div>
</div>
```

（3）IP 摄像头子界面的设计。IP 摄像头设置子界面如图 3.25 所示。

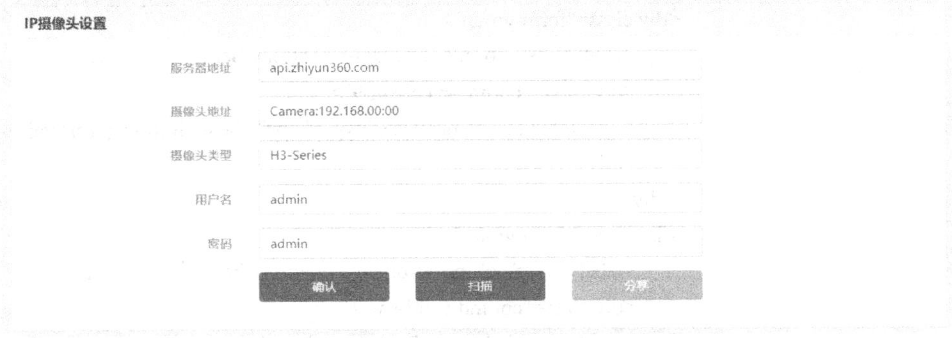

图 3.25　IP 摄像头设置子界面

IP 摄像头设置子界面由“服务器地址”“摄像头地址”“摄像头类型”“用户名”“密码”标签（label）及其文本输入框，以及“确认”“扫描”“分享”按钮组成。IP 摄像头设置子界面用于远程设置 IP 摄像头，方便用户通过控制 IP 摄像头来查看监控情况。IP 摄像头设置子界面的功能是：通过文本输入框来设置 IP 摄像头，“确认”按钮用于确认 IP 摄像头的信息，“扫描”“分享”按钮用于获取、分享 IP 摄像头的信息。

IP 摄像头子界面的设计和 IDKey 子界面的设计类似，都是二级导航的子界面（div.main container-fluid），具体代码如下：

```
<div class="main container-fluid">
    <div class="row">
        <div class="col-md-12">
            <div class="panel panel-default camera-form">
                <div class="panel-heading">IP 摄像头设置</div>
                <div class="panel-body">
                    <div class="form-horizontal">
                        <div class="form-group">
                            <label class="col-md-3 col-sm-3 control-label">服务器地址</label>
                            <div class="col-md-6 col-sm-9">
                                <input id="cameraServer" type="text" class="form-control" value="">
                            </div>
                        </div>
                        <div class="form-group">
                            <label class="col-md-3 col-sm-3 control-label">摄像头地址</label>
                            <div class="col-md-6 col-sm-9">
                                <input id="cameraIP" type="text" class="form-control" value="">
                            </div>
                        </div>
                        <div class="form-group">
                            <label class="col-md-3 col-sm-3 control-label">摄像头类型</label>
                            <div class="col-md-6 col-sm-9">
                                <input id="cameraType" type="text" class="form-control" value="">
                            </div>
                        </div>
                        <div class="form-group">
                            <label class="col-md-3 col-sm-3 control-label">用户名</label>
                            <div class="col-md-6 col-sm-9">
                                <input id="cameraUser" type="text" class="form-control" value="">
                            </div>
                        </div>
                        <div class="form-group">
                            <label class="col-md-3 col-sm-3 control-label">密码</label>
                            <div class="col-md-6 col-sm-9">
                                <input id="cameraPwd" type="text" class="form-control" value="">
                            </div>
                        </div>
                        <div class="form-group">
                            <div class="col-md-offset-3 col-sm-offset-2 col-md-2 col-sm-3 col-xs-6">
```

```
                    <button id="cameraInput" type="button" class="btn btn-primary btn-block">确认</button>
                  </div>
                  <div class="col-md-2 col-sm-3 col-xs-6">
                    <button type="button" class="btn btn-primary btn-block scan" id="cameraScan">扫描</button>    <!--同上-->
                  </div>
                  <div class="col-md-2 col-sm-3 col-xs-6">
                    <button type="button" class="btn btn-warning btn-block share" id="cameraShare" data-toggle="modal" data-target="#qrModal">分享</button>
                  </div>
                  <!--</div>-->
                </div>
              </div>
            </div>
          </div>
        </div>
      </div>
    </div>
```

（4）门锁控制子界面的设计。门禁锁控制子界面如图 3.26 所示，分为标题和内容两部分。前面已经通过 Bootstrap 栅格系统将主体内容布局成一行三列的形式，接下来将门锁控制的内容加进去。

门锁控制子界面功能如下：

- 标题用于显示门锁状态，如“在线”或者“离线”。
- 内容用于控制门锁状态，通过按钮动态切换图片（图片呈打开状态且按钮显示“关闭”说明门锁已打开，图片呈关闭状态且按钮显示“打开”说明门锁已关闭）。

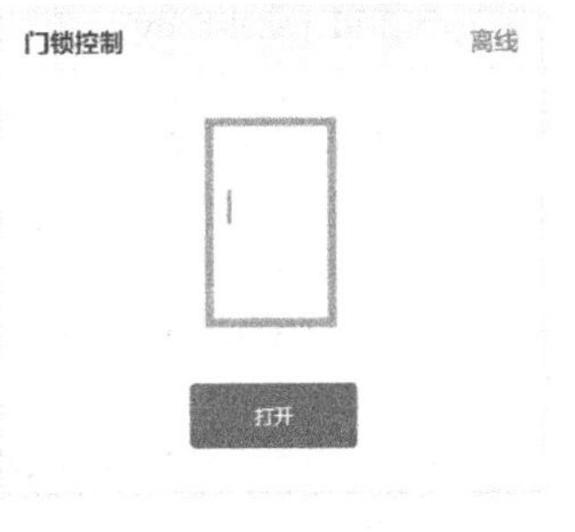

图 3.26　门锁控制子界面

下面详细分析门锁控制子界面的设计。门锁控制子界面分为标题（panel-heading）和内容（panel-body）两个部分，标题用于显示界面名称和门锁状态，内容用于显示门锁开关图片（通过<img>标签引入），以及通过单击按钮来切换门锁的开关。

```
    <div class="col-md-4 col-lg-4 col-sm-4 col-xs-4">
      <div class="panel panel-default door">
        <div class="panel-heading">门锁控制<span id="doorLink" class="float-right text-red">离线</span></div>
        <div class="panel-body text-center">
          <div class="doorImg"><img id="doorImg" src="img/door-off.png" alt=""/></div>
          <button id="doorStatus" type="button" class="btn btn-primary btn-block">打开</button>
<!--单击切换开关门效果-->
        </div>
      </div>
    </div>
```

图 3.27　门禁 ID 子界面

（5）门禁 ID 子界面的设计。门禁 ID 子界面如图 3.27 所示，门禁 ID 子界面是通过 Bootstrap 栅格系统进行布局的，需要将读取的门禁卡 ID 及姓名显示在门禁 ID 子界面中。

门禁 ID 子界面的功能如下：

- 标题用于显示门禁卡的连接状态，如“在线”或者“离线”。
- 内容用于显示门禁卡的 ID 及用户名。
- 背景图片用来显示该子界面是刷卡显示区。

门禁 ID 子界面包括标题（panel-heading）及内容（panel-body）两个部分，标题用于显示“门禁 ID”及状态（如在线或离线），内容用于显示门禁卡的 ID 以及用户名。

```
<div class="col-md-4 col-lg-4 col-sm-4 col-xs-4">
    <div class="panel panel-default panel-id">
        <div class="panel-heading">门禁 ID<span id="RFIDLink" class="float-right text-red">离线</span></div>
        <div id="getID" class="panel-body text-center">0D69CFF0</div>    <!--连接数据后台获取 id-->
        <div id="getName" class="">王小虎</div>
    </div>
</div>
```

当用户为非法用户时，背景图片会通过动画 animation 进行变化。

```
.panel-id .panel-body {
    font-size: 3vw;
    line-height: 20vw;
    background: url("../img/ic_swipe_in.png") no-repeat center 3vw;
    background-size: 70px;
    animation: wo 0.7s linear infinite 1s;
}
@keyframes animatedBackground {
    0%,
    100% {
        -webkit-transform: translateX(0);
    }
    10%,
    30%,
    50%,
    70%,
    90% {
        -webkit-transform: translateX(-5px);
    }
    20%,
    40%,
    60%,
    80% {
```

```
            -webkit-transform: translateX(5px);
        }
    }
```

（6）合法 ID 列表子界面的设计。合法 ID 列表子界面如图 3.28 所示，合法 ID 列表子界面也是通过 Bootstrap 栅格系统进行布局的，用户名、ID 的添加和删除是通过模态框（见图 3.29）进行设计的。

合法 ID 列表子界面的功能如下：

- 标题用于显示“合法 ID 列表”以及“添加”超链接，该超链接用于触发模态框（新增用户信息），从而添加用户名、ID 以及性别。
- 用户名及 ID 是通过无序列表进行布局的。
- 编辑用户信息操作及删除合法 ID 操作通过背景图片超链接来触发模态框，对已有的用户名和 ID 进行操作。
- 动画设置超链接是通过伪元素来设计样式的，当单击该超链接时可动态更改动画。

图 3.28　合法 ID 列表子界面

图 3.29　用户信息模态框

合法 ID 列表子界面也是通过 Bootstrap 栅格系统进行布局的，同样分为标题和内容两个部分。标题部分的“添加”用于控制模态框，当单击“添加”时，可触发模态框（# idNewModal）。内容部分用于显示合法用户的 ID，是通过无序列表进行排列的，列表的增添是通过超链接图片触发模态框来实现的，下面代码中的“href="#"”是一个假链接。

```
    <div class="col-md-4 col-lg-4 col-sm-4 col-xs-4 ">
        <div class="panel panel-default panel-id-form">
            <div class="panel-heading">合法 ID 列表<a class="float-right text-green" href="#" id="addId" data-toggle="modal" data-target="#idNewModal">添加</a></div>
            <div class="panel-body text-center">
                <ul class="addEffective_ID_ul" id="addEffective_ID_ul">
                    <li><a class="edit-id" href="#" data-toggle="modal" data-target="#userModal" >编辑</a>  <span>王小虎</span><span>0D69CFF0</span>    <a class="del-id" href="#"data-toggle="modal" data-target="#idDelModal" >删除</a></li>
                    <li><a class="edit-id" href="#" data-toggle="modal" data-target="#userModal" >编辑</a>  <span>张文兰</span><span>DE04E374</span>    <a class="del-id" href="#"data-toggle="modal" data-target="#idDelModal">删除</a></li>
                    <li><a class="edit-id" href="#" data-toggle="modal" data-target="#userModal" >编辑</a>  <span> 徐 冰 </span><span>00FA43B5</span>    <a class="del-id" href="#"data-toggle="modal" data-target="#idDelModal">删除</a></li>
```

```
            </ul>
        </div>
    </div>
</div>
```

添加、编辑用户信息，以及删除合法用户 ID 是通过触发模态框来实现的，代码如下：

```
<!--模态框：删除 ID 窗口-->
<div class="modal fade imgModal" id="idDelModal" tabindex="-1" role="dialog" aria-labelledby=
"myModalLabel" aria-hidden="true">
    <div class="modal-dialog modal-lg">
        <div class="modal-content">
            <div class="modal-header">
                <button type="button" class="close" data-dismiss="modal"><span aria-hidden="true">
&times; </span><span class="sr-only">Close</span></button>
                <h4 class="modal-title">删除合法用户 ID</h4>
            </div>
            <div class="modal-body">
                <div class="row text-center">
                    <div class="col-md-8 col-md-offset-2">
                        <br/>
                        <br/>
                        确认删除第 <b id="delIdIndex"></b>个 ID（<b id="delIdWait">xxxxxxxx
</b>）吗？
                        <br/>
                        <br/>
                    </div>
                </div>
            </div>
            <div class="modal-footer">
                <button type="button" class="btn btn-danger" id="delConfirm">确认</button>
                <button type="button" class="btn btn-default" data-dismiss="modal">取消</button>
            </div>
        </div>
    </div>
</div>
<!--模态框：ID 信息编辑窗口-->
<div class="modal fade imgModal" id="userModal" tabindex="-1" role="dialog" aria-labelledby=
"myModalLabel" aria-hidden="true">
    <div class="modal-dialog modal-lg">
        <div class="modal-content">
            <div class="modal-header">
                <button type="button" class="close" data-dismiss="modal"><span aria-hidden="true">
&times;</span><span class="sr-only">Close</span></button>
                <h4 class="modal-title">编辑用户信息</h4>
            </div>
            <div class="modal-body">
                <form class="form-horizontal" role="form">
                    <div class="form-group">
                        <label for="currentName" class="col-sm-3 control-label">姓名</label>
                        <div class="col-sm-6">
```

```
                        <input type="text" class="form-control" id="currentName" placeholder=
"name">
                    </div>
                </div>
                <div class="form-group">
                    <label for="currentId" class="col-sm-3 control-label">id 号</label>
                    <div class="col-sm-6">
                        <input type="text" class="form-control" id="currentId" disabled>
                    </div>
                </div>
                <div class="form-group" id="currentSexGroup">
                    <div class="col-sm-offset-4 col-sm-8">
                        <label class="radio-inline">
                            <input type="radio" name="inlineRadioOptions" id="currentSex1"
value="man" checked>男
                        </label>
                        <label class="radio-inline">
                            <input type="radio" name="inlineRadioOptions" id="currentSex2"
value="woman"> 女
                        </label>
                    </div>
                </div>
            </form>
        </div>
        <div class="modal-footer">
            <div class="checkIdSpan" id="editCheck"> </div>
            <button type="button" class="btn btn-danger" id="currentConfirm">确认</button>
            <button type="button" class="btn btn-default" data-dismiss="modal">取消</button>
        </div>
    </div>
</div>
</div>
```

（7）门禁监控子界面的设计。门禁监控子界面如图 3.30 所示。在默认情况下，内容部分显示摄像头图片。门禁监控子界面也是通过 Bootstrap 栅格系统进行布局的，分为左右两个部分。

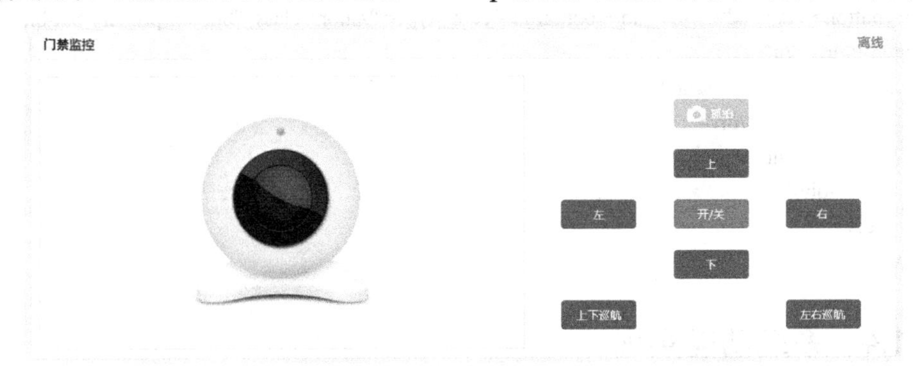

图 3.30 门禁监控子界面

门禁监控子界面的功能如下：

- 标题用于显示 IP 摄像头的连接状态，如“在线”或者“离线”。
- 内容部分左边显示门禁监控的画面，右边显示 IP 摄像头的控制按钮。
- 控制按钮采用表格布局方式。

门禁监控子界面的代码如下：

```
<div class="col-md-12 col-sm-12 col-xs-12">
    <div class="panel panel-default camera">
        <div class="panel-heading">门禁监控<span id="cameraLink" class="float-right text-red">离线
</span></div>
        <div class="panel-body text-center">
            <div class="row" style="display: flex;align-items: center;">
                <div class="col-md-7 col-sm-7 col-xs-7">
                    <img id="img1" class="cameraBlock" src="img/camera.jpg" alt="">
                    <img id="img2" class="cameraBlock2" src="img/camera.jpg">
                </div>
                <div class="col-md-5 col-sm-5 col-xs-5">
                    <table class="cameraBtn">
                        <tr> <td></td> <td><button id="photo-btn" type="button" class="btn btn-
primary btn-block" id="photo-btn">抓拍</button></td> <td></td> </tr>
                        <tr> <td></td> <td><button id="ct_up" type="button" class="btn btn-primary
btn-block">上</button></td> <td></td> </tr>
                        <tr>
                            <td><button id="ct_left" type="button" class="btn btn-primary btn-block">
左</button></td>
                            <td><button id="switch" type="button" class="btn btn-danger btn-block">
开/关</button></td>
                            <td><button id="ct_right" type="button" class="btn btn-primary btn-block">
右</button></td>
                        </tr>
                        <tr> <td></td> <td><button id="ct_down" type="button" class="btn btn-primary
btn-block">下</button></td> <td></td> </tr>
                        <tr> <td><button id="ct_v" type="button" class="btn btn-primary btn-block">
上下巡航</button></td> <td> </td> <td><button id="ct_h" type="button" class="btn btn-primary btn-block">左右
巡航</button></td> </tr>
                    </table>
                </div>
            </div>
        </div>
    </div>
</div>
```

3.1.4 系统功能实现

1. ZXBee 数据通信协议的设计

门禁系统采用的 ZXBee 数据通信协议如表 3.2 所示。

表 3.2　门禁系统的 ZXBee 数据通信协议

参　数	含　义	读写权限	说　明
D1(OD1/CD1)	门锁开关控制	R/W	D1 的 bit0 表示电磁锁的开关，0 表示关锁，1 表示开锁
A0	门禁卡 ID	R	字符串型，表示卡号
D0(OD0/CD0)	使能主动上报	R/W	D0 的 bit0 对应 A0 主动上报使能，0 表示不允许主动上报，1 表示允许主动上报
V0	主动上报时间间隔	RW	V0 主动上报时间间隔，单位为 s

2. 云平台服务器的连接

门禁系统是通过调用云平台的 Web 编程应用实时接口来连接云平台服务器的，门禁系统与云平台服务器的连接流程图如图 3.31 所示。

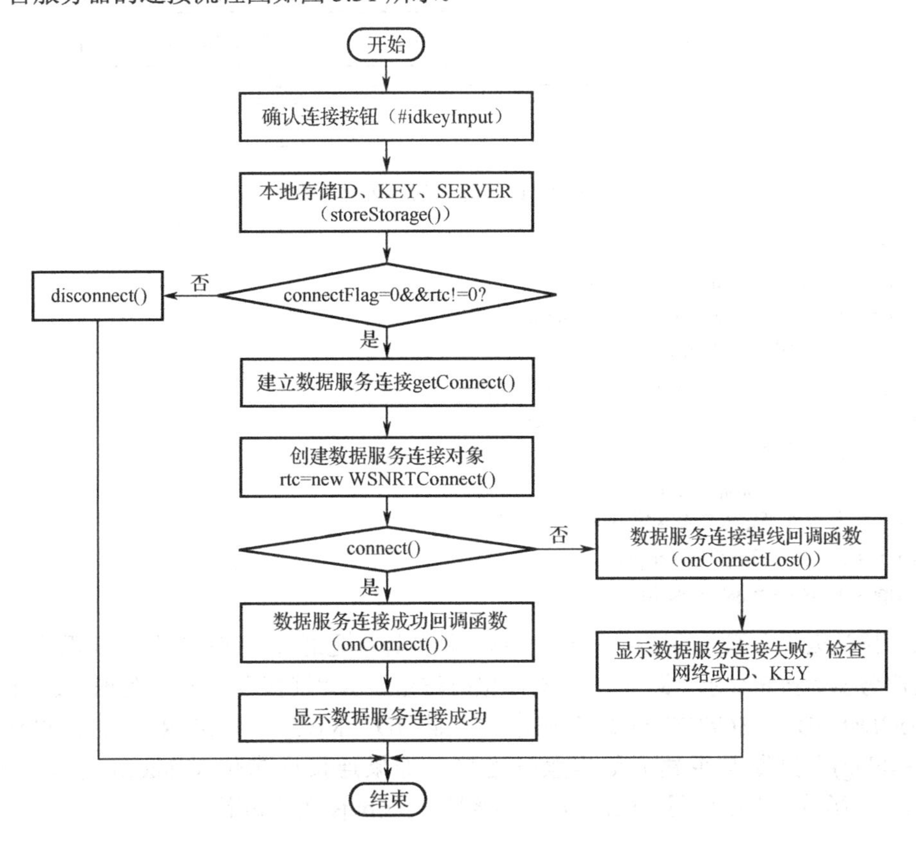

图 3.31　门禁系统与云平台服务器的连接流程图

IP 摄像头的连接流程图如图 3.32 所示。

（1）引入 HTML 文件。Web 程序首先要通过 Web 接口的 JS 文件 WSNRTConnect.js 以及用户数据函数接口来保存数据，因为使用到了 jQuery 库以及 Bootstrap 框架，因此也需要引入 HTML 文件。HTML 文件代码如下：

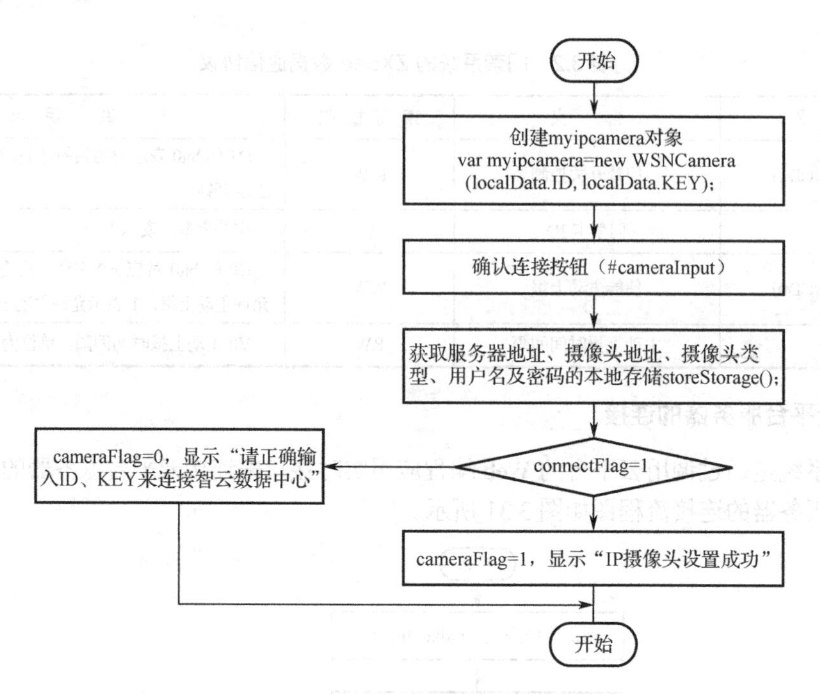

图 3.32　IP 摄像头的连接流程图

```
<!-- 引入 jQuery -->
<script src="js/jquery.min.js"></script>
<script src="js/WSN/camera-1.1.js" ></script>
<script src="js/WSN/WSNCamera.js" ></script>
<script src="js/WSN/WSNRTConnect.js"></script>
<script src="js/WSN/WSNProperty.js"></script>
<!--Bootstrap 插件-->
<script src="js/bootstrap.min.js"></script>
<!--主 js 及事件绑定及连接数据 js-->
<script src="js/config.js"></script>
<script src="js/script.js"></script>
```

（2）确认云平台服务器连接。云平台服务器的连接是通过“连接”按钮实现的，连接到云平台服务器后按钮显示“断开”，没有连接时按钮显示“连接”。单击按钮时，click 事件通过“localData.ID = $("#ID").val();”在本地存储 ID、KEY、SERVER 信息，再通过“if (!connectFlag)”判断是否建立数据服务连接，如果连接标志位 connectFlag=0，则调用 getConnect()函数；否则调用 rtc.disconnect()函数。script.js 文件如下：

```
//ID 与 KEY 连接按钮
$("#idkeyInput").click(function () {
    localData.ID = $("#ID").val();
    localData.KEY = $("#KEY").val();
    localData.server = $("#server").val();
    //本地存储 ID、KEY 和 SERVER
    storeStorage();
    //建立数据服务连接
```

```
    if (!connectFlag)
        getConnect();
    else
        rtc.disconnect();
});
```

（3）建立数据服务连接。getConnect()函数中包括 3 个函数，分别为 onConnect()、onConnectLost()、onmessageArrive()。在调用 getConnect()函数之后，首先需要创建数据服务连接对象 rtc，初始化 ID、KEY，设置云平台服务器地址和端口号。然后调用 rtc.connect()方法连接到云平台服务器，若连接成功则回调 rtc.onConnect()函数，该函数包括两个部分，一部分用于显示"数据服务连接成功！"，另一个部分用于动态切换按钮上的文字。如果数据服务掉线则回调 rtc.onConnectLost()函数，该函数有 3 个功能，第一个功能是显示连接状态信息，第二个功能是动态切换按钮上的文字及颜色，第三个功能是设置连接标志位 connectFlag = 0。最后调用 onmessageArrive()函数（暂时还未用到）。

```
//建立数据服务连接
function getConnect() {
    localData.ID = $("#ID").val();
    localData.KEY = $("#KEY").val();
    localData.server = $("#SERVER").val();
    //创建数据服务连接对象
    rtc = new WSNRTConnect(localData.ID, localData.KEY);
    rtc.setServerAddr(localData.server + ":28080");
    rtc.connect();
    //连接成功回调函数
    rtc.onConnect = function () {
        connectFlag = 1;
        message_show("数据服务连接成功！");
        if (connectFlag) {
            $("#idkeyInput").text("断开").addClass("btn-danger");
            var currentMac = localData.magneticMAC ? localData.magneticMAC : $("#magneticMAC").val();
            rtc.sendMessage(currentMac, sensor.all);
            macFlag = 1;
            cameraFlag = 1;
        } else {
            $("#idkeyInput").text("连接").removeClass("btn-danger");
            macFlag = 0;
            cameraFlag = 0;
            message_show("请正确输入 ID、KEY 和 MAC 地址连接云平台数据中心");
        }
        $("#macInput").click();
    };
    //数据服务掉线回调函数
    rtc.onConnectLost = function () {
        connectFlag = 0;
        $("#idkeyInput").text("连接").removeClass("btn-danger");
```

```
            message_show("数据服务连接失败，请检查网络或 ID、KEY");
            $("#doorLink").text("离线");
            $("#doorLink").css("color", "#e75d59");
            $("#RFIDLink").text("离线");
            $("#RFIDLink").css("color", "#e75d59");
        };
        //消息处理回调函数
        rtc.onmessageArrive = function (mac, dat) {
            //信息处理代码
        }
    }
```

3. 设备节点状态更新显示

（1）设备节点状态更新显示流程。设备节点状态更新显示流程如图 3.33 所示。通过设置设备节点 MAC 地址，可获取传感器节点数据，实现设备在线。

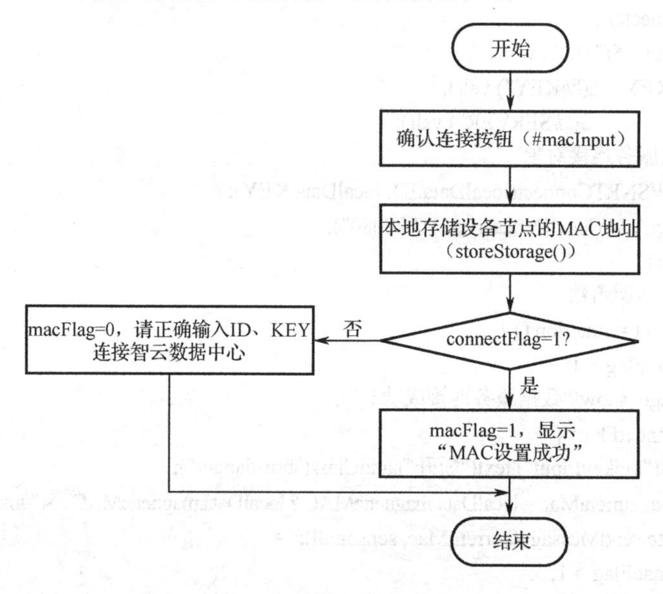

图 3.33　设备节点状态更新显示流程

当门禁系统连接到云平台服务器之后，云平台服务器会进行数据推送，推送的数据中包含设备节点的 MAC 地址。当设备节点的 MAC 地址同云平台服务器的 MAC 地址匹配后，云平台服务器可获取传感器采集的数据，所以需要先进行设备节点 MAC 地址的输入与确认。

设备节点连接功能是通过“确认”按钮实现的，当单击“确认”按钮时，触发“$("#macInput"). click()”事件，首先通过语句“localData. magneticMAC = $("# magneticMAC ").val();”在本地保存设备节点的 MAC 地址，再通过条件判断语句“if (!connectFlag){…}”判断连接标志位，从而判断是否与云平台服务器连接，如果没有，则重新调用 getConnect() 函数。

```
//单击“确认”按钮
$("#macInput").click(function () {
    localData.magneticMAC = $("#magneticMAC").val();
    //本地存储 MAC 地址
    storeStorage();
    message_show("MAC 设置成功");
    //建立数据服务连接
    if (!connectFlag)
        getConnect();
});
```

（2）设备节点信息处理。上层应用发送查询指令，当底层的设备节点接收到查询指令后，将更新后的数据包发送到云平台服务器，云平台服务器通过数据推送服务将数据包发送至 Web 端的上层应用，然后由上层应用对数据包进行处理。

上层应用是通过 rtc.onmessageArrive()来处理数据包的，该函数的两个参数是 mac 和 dat，在该函数内部通过两个嵌套的条件判断语句来对设备节点的 MAC 地址及状态信息进行解析。例如，门锁控制使用的条件判断语句是 if (mac == localData. magneticMAC){…}，mac 表示数据包中设备节点的MAC地址，在该条件判断语句内嵌套了另一个条件判断语句，即if (t[0] == sensor.lock.tag) {…}，其中的 t[0]表示门禁的标志位。

```
//消息处理回调函数
rtc.onmessageArrive = function (mac, dat) {
    //判断字符串首尾是否为"{" "}"
    if (dat[0] == '{' && dat[dat.length - 1] == '}') {
        dat = dat.substr(1, dat.length - 2);
        var its = dat.split(',');
        for (var x in its) {
            var t = its[x].split('=');
            if (t.length != 2) continue;
            if (mac == localData.magneticMAC) {
                if (t[0] == sensor.lock.tag) {
                    magneticData = parseInt(t[1]);
                    if (magneticData) {
                        doorFlag = 0;
                        $("#doorStatus").text("关闭");
                        $("#doorImg").attr("src", "img/door-on.png");
                        console.log("门禁打开");
                    } else {
                        doorFlag = 1;
                        $("#doorStatus").text("打开");
                        $("#doorImg").attr("src", "img/door-off.png");
                        console.log("门禁关闭");
                    }
                    $("#doorLink").text("在线");
                    $("#doorLink").css("color", "#6a5cba");
                    //更新图表
```

```
                console.log("magneticData=" + magneticData);
            }
            //判断参数 A0
            if (t[0] == sensor.rfid.tag) {
                RFIDData = t[1];
                RFIDDataNum++;
                //刷卡后自动截屏
                if (RFIDData && RFIDData != "0" && RFIDData != 0) {
                    $("#getID").text(RFIDData);
                    var matchId = 0;
                    for (var i in id2mess) {
                        if (i == RFIDData) {
                            var namee = id2mess[i]["user"];
                            rtc.sendMessage(localData.magneticMAC, sensor.lock.on);
                            console.log("检测到主人！");
                            $("#getName").text(namee).removeClass("text-danger");
                            $("#getID").removeClass("text-danger");
                            $(".panel-id .panel-body").css("animation-name", "wo");
                            matchId = 1;
                        }
                    }
                    if (matchId == 0) {
                        rtc.sendMessage(localData.magneticMAC, sensor.lock.off);
                        message_show("检测到非法 ID！");
                        $(".panel-id .panel-body").css("animation-name", "animatedBackground");
                        $("#getName").text("非法用户").attr("class", " ").addClass("text-danger");
                        $("#getID").addClass("text-danger");
                    }
                }
                else if (RFIDData == "0" && RFIDDataNum % 5 == 0) {
                    $("#getID").text("--------").removeClass("text-danger");
                    $("#getName").text("").attr("class", " ");
                    $(".panel-id .panel-body").css("animation-name", "wo");
                }
                $("#RFIDLink").text("在线");
                $("#RFIDLink").css("color", "#6a5cba");
                //更新图表
                console.log("RFIDData=" + RFIDData);
            }
        }
    }
  }
}
```

4．模块功能的实现

（1）RFID 模块读取门禁卡。rtc.onmessageArrive()函数通过接收到的数据包检测非法 ID

的代码如下所示，其中t[0]为用于存储RFID模块读取到的门禁卡信息的变量，先判断数组t[0]与config.js文件中的sensor.rfid.tag对象属性值是否一致，再通过if条件语句判断接收到的门禁卡ID是否为空，当判断结果均为真时，将门禁卡ID显示在界面上。

for循环语句用于遍历config.js文件中的id2mess对象属性，如果RFID模块读取到的门禁卡ID（RFIDData变量的值）在合法ID列表中，则发送打开门禁的指令，并执行“animation-name”为“wo”的动画，设置matchId=1。如果RFID模块读取到的门禁卡ID不在合法ID列表中，则通过条件语判断“if(matchId==0”，执行“rtc.sendMessage(localData.magneticMAC, sensor.lock.off);”来关闭门禁，并在界面中显示“检测到非法 ID”，并执行“animation-name”为“animatedBackground”的动画。如果RFIDData变量的值为0，则在界面中显示“--------”。

```
if (t[0] == sensor.rfid.tag) {
    RFIDData = t[1];
    RFIDDataNum++;
    //刷卡后自动截屏
    if (RFIDData && RFIDData != "0" && RFIDData != 0) {
        $("#getID").text(RFIDData);
        var matchId = 0;
        for (var i in id2mess) {
            if (i == RFIDData) {
                var namee = id2mess[i]["user"];
                rtc.sendMessage(localData.magneticMAC, sensor.lock.on);
                console.log("检测到主人！");
                $("#getName").text(namee).removeClass("text-danger");
                $("#getID").removeClass("text-danger");
                $(".panel-id .panel-body").css("animation-name", "wo");
                matchId = 1;
            }
        }
        if (matchId == 0) {
            rtc.sendMessage(localData.magneticMAC, sensor.lock.off);
            message_show("检测到非法 ID！");
            $(".panel-id .panel-body").css("animation-name", "animatedBackground");
            $("#getName").text("非法用户").attr("class", " ").addClass("text-danger");
            $("#getID").addClass("text-danger");
        }
    }
    else if (RFIDData == "0" && RFIDDataNum % 5 == 0) {
        $("#getID").text("--------").removeClass("text-danger");
        $("#getName").text("").attr("class", " ");
        $(".panel-id .panel-body").css("animation-name", "wo");
    }
    $("#RFIDLink").text("在线");
    $("#RFIDLink").css("color", "#6a5cba");
}
```

（2）在合法ID列表中添加用户信息。在合法ID列表中添加用户信息是通过append()函数实现的，通过 storeId()函数可将添加新用户信息后的合法 ID 列表保存到 localStorage。

```
//弹出模态框，添加新的用户信息（ID）并确认
$("#newConfirm").on("click", function () {
    var newId = $("#newId").val();
    var newName = $("#newName").val();
    var newSex = $("#newSexGroup input[name='inlineRadioOptions']:checked").val();
    var t = id2mess[newId];
    if (check_id(newId, newName) && isExist(newId)) {
        $("#addEffective_ID_ul").append("<li><a class='edit-id' href='#'data-toggle='modal' data-target='#userModal'> 编辑<\/a>  <span>" + newName + "<\/span><span>" + newId + "<\/span>    <a class='del-id' href='#'data-toggle='modal' data-target='#idDelModal'>删除<\/a><\/li>");
        $(".del-id").on("click", delId);
        $(".edit-id").on("click", edit);
        $('#idNewModal').modal('hide');
        if (!t) {
            id2mess[newId] = {
                user: newName,
                sex: newSex
            };
        }
        //保存当前合法 ID 列表到 localStorage
        storeId();
    }
})
function storeId() {
    //保存 localStorage 前清空
    var accessControlId = JSON.stringify(id2mess);
    var myProperty = new WSNProperty(localData.ID, localData.KEY);
    myProperty.setServerAddr(localData.server + ":8080");
    myProperty.put("accessControlId", accessControlId, function (dat) {
    });
}
```

获取本地保存的合法 ID 及对应信息的代码如下。

```
function getlocalIdForm() {
    var myProperty = new WSNProperty(localData.ID, localData.KEY);
    myProperty.setServerAddr(localData.server + ":8080");
    myProperty.get("accessControlId", function (dat) {
        //console.log("远程获取到的数据："+dat);
        if (dat.length > 0) {
            $("#addEffective_ID_ul").empty();
            id2mess = JSON.parse(dat);
            for (var i in id2mess) {
                if ($.inArray(i, localData.idList) == -1) {
                    localData.idList.push(i);
                }
```

```
                    $("#addEffective_ID_ul").append("<li><a class='edit-id' href='#' data-toggle='modal' data-target='#userModal'>编辑<\/a>  <span>" + id2mess[i]["user"] + "<\/span><span>" + i + "<\/span>    <a class='del-id' href='#'data-toggle='modal' data-target='#idDelModal'>删除<\/a><\/li>");
                }
                $(".del-id").on("click", delId);
                $(".edit-id").on("click", edit);
            }
        });
    }
```

（3）门禁监控显示。获取IP摄像头地址及密码并存储在本地，代码如下：

```
    $("#cameraInput").click(function () {
        localData.cameraServer = $("#cameraServer").val();
        localData.cameraIP = $("#cameraIP").val();
        localData.cameraUser = $("#cameraUser").val();
        localData.cameraPwd = $("#cameraPwd").val();
        localData.cameraType = $("#cameraType").val();
        //本地存储MAC地址
        storeStorage();
        if (connectFlag) {
            console.log(localData.cameraServer, localData.cameraIP, localData.cameraUser, localData.cameraPwd, localData.cameraType);
            cameraFlag = 1;
            message_show("IP摄像头设置成功");
        } else {
            cameraFlag = 0;
            message_show("请正确输入ID、KEY连接云平台数据中心");
        }
    });
```

开启或关闭IP摄像头的方法是：当“$("#switch").click(function () {})”被触发后，首先调用摄像头接口函数setDiv()确定图像显示位置，然后通过setServerAddr()函数初始化地址以及通过initCamera()函数初始化IP摄像头，最后调用checkOnline()方法确定IP摄像头是否在线。当IP摄像头在线时，如果想要开启它，则调用openVideo()函数，如果想要关闭它，则调用closeVideo()函数。

```
    $("#switch").click(function () {
        if (connectFlag) {
            if (cameraFlag) {
                if (!this.flag) {
                    //设置图像显示的位置
                    myipcamera.setDiv("img1");
                    switch_cam = 1;
                    myipcamera.setServerAddr(localData.cameraServer);
                    //初始化IP摄像头
                    myipcamera.initCamera(localData.cameraIP, localData.cameraUser, localData.cameraPwd, localData.cameraType);
```

```
                    message_show("IP 摄像头已开启");
                    myipcamera.checkOnline(function (state) {
                        if (state) {
                            $("#img1").show();
                            $("#img2").hide();
                            //开启 IP 摄像头并显示
                            myipcamera.openVideo();
                            $("#switch").text("关");
                            camState = 1;
                            $("#cameraLink").text("在线");
                            $("#cameraLink").css("color", "#6a5cba");
                        } else {
                            message_show("IP 摄像头连接失败，请检查网络或设置");
                        }
                    });
                }
                else {
                    //关闭门禁监控
                    myipcamera.closeVideo();
                    $("#img1").hide();
                    $("#img2").show();
                    $("#switch").text("开");
                    message_show("IP 摄像头已关闭");
                    switch_cam = 0;
                    camState = 0;
                }
                this.flag = !this.flag;
            } else {
                message_show("请设置 IP 摄像头");
                $("#img1").attr("src", "img/camera.jpg");
            }
        } else {
            message_show("请正确输入 ID、KEY 连接云平台数据中心");
            $("#img1").attr("src", "img/camera.jpg");
        }
    });
```

控制 IP 摄像头的方法是：通过 control()函数可控制 IP 摄像头，参数 order 可参考 IP 摄像头的控制命令。

```
    function control_c(order) {
        if (connectFlag) {
            if (cameraFlag) {
                if ((switch_cam == 1) && (camState == 1)) {
                    //向 IP 摄像头发送向上移动命令
                    myipcamera.control(order);
                } else {
```

```
                message_show("操作失败、检查网络或开关状态");
            }
        } else {
            message_show("请设置 IP 摄像头");
            $("#img1").attr("src", "img/camera.jpg");
        }
    } else {
        message_show("请正确输入 ID、KEY 连接云平台数据中心");
    }
}
```

3.1.5 系统部署与测试

1. 系统硬件部署

（1）硬件设备连接设置。门禁系统需要 1 个 S4418/6818 系列网关、1 个电磁门锁、1 个门禁开关、1 个 RFID 阅读器、1 个 IP 摄像头、1 个 ZXBeeLiteB 无线节点、1 个 SmartRF04EB 仿真器。门禁系统硬件部署如图 3.34 所示。

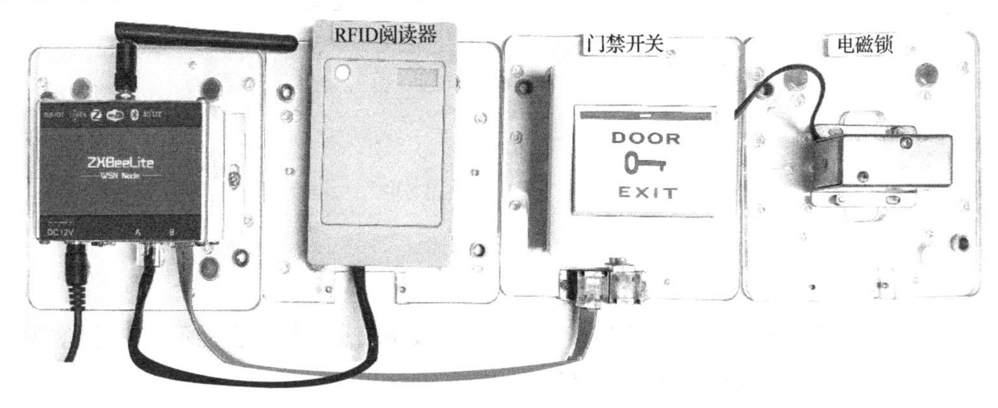

图 3.34 门禁系统硬件部署

IP 摄像头如图 3.35 所示，具体设置方法如下：

① 将 IP 摄像头和路由器连接电源，用网线连接 IP 摄像头和路由器的 LAN 口，如图 3.36 所示。

图 3.35 IP 摄像头

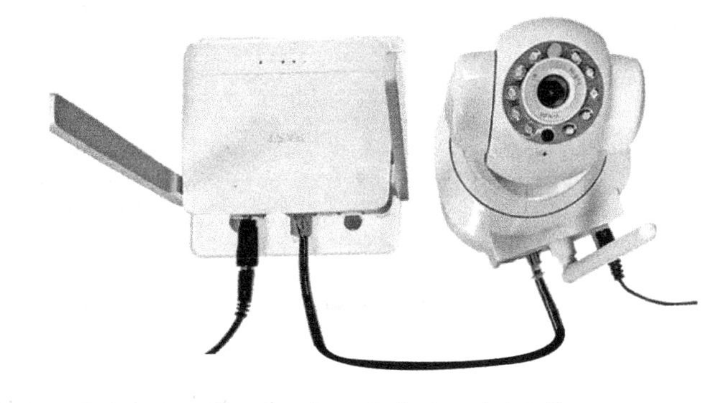

图 3.36 用网线连接 IP 摄像头和路由器的 LAN 口

② 单击计算机桌面右下角 Internet 访问，连接计算机到路由器上，如图 3.37 所示。

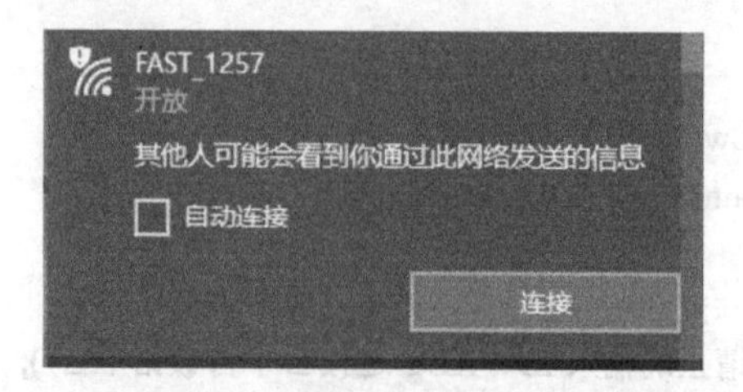

图 3.37 将计算机连接到路由器

③ 打开 FindDev.exe 软件（见图 3.38），单击“查找”按钮。

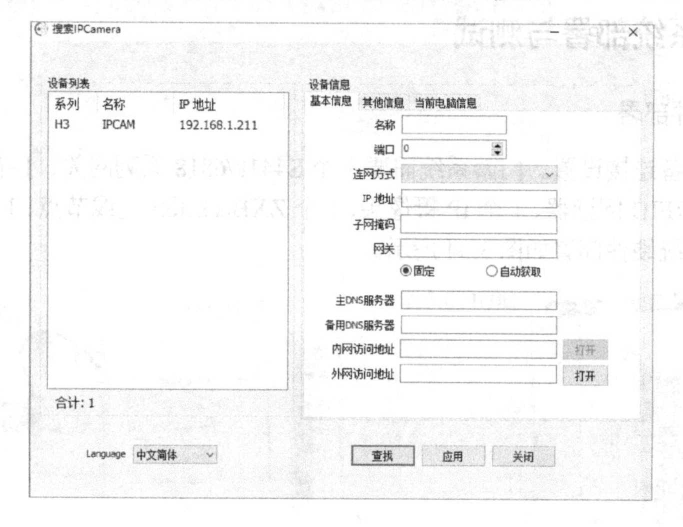

图 3.38 FindDev.exe 软件

④ 单击选中“设备列表”栏中的 IP 摄像头，“设备信息”栏中会显示该 IP 摄像头的基本信息，查看端口与 IP 地址，如图 3.39 所示。

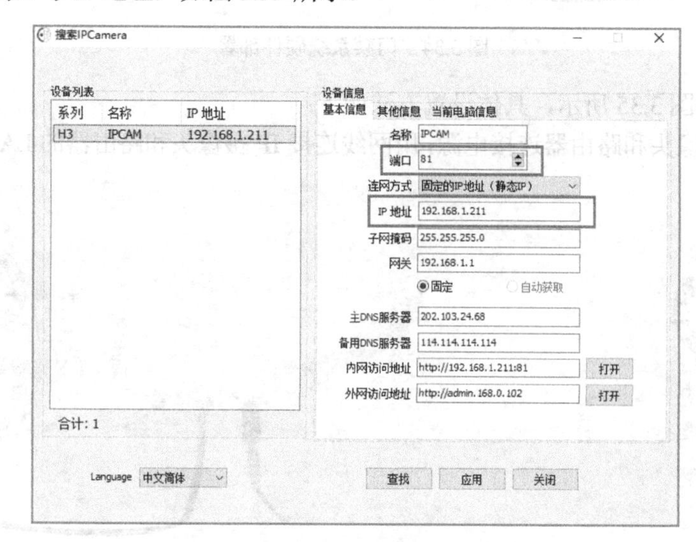

图 3.39 IP 摄像头的端口及 IP 地址

⑤ 双击“设备列表”栏中的 IP 摄像头，在打开的网页中输入用户名和密码，默认的用户名和密码都是 admin，然后单击“登录”按钮。IP 摄像头的登录网页如图 3.40 所示。

图 3.40　IP 摄像头的登录网页

⑥单击第一个“登录”，如图 3.41 所示。

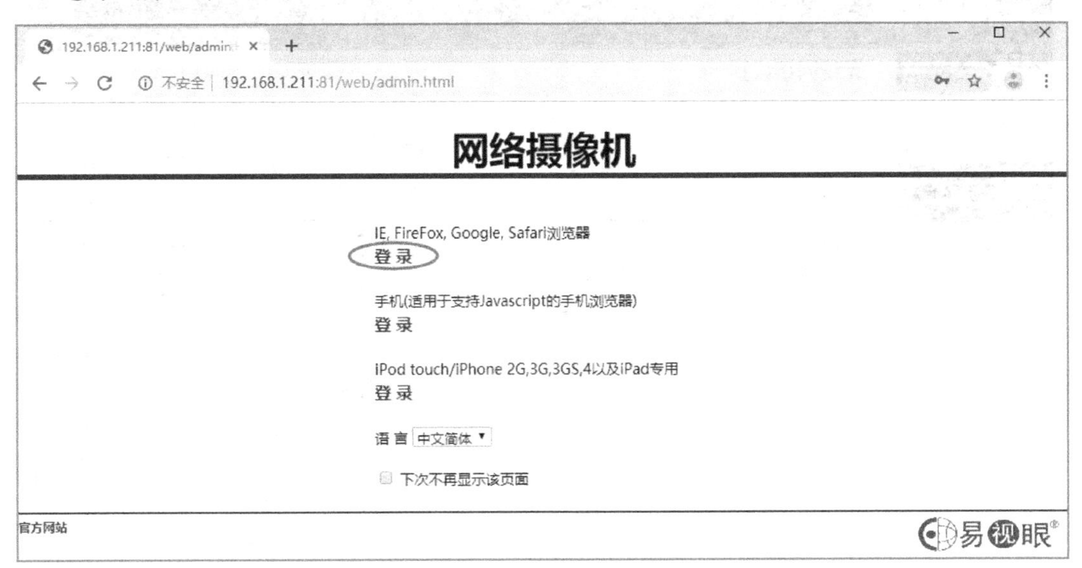

图 3.41　单击第一个“登录”

⑦ 在如图 3.42 所示的网络摄像机设置网页中单击“设置”按钮。

图 3.42　“网络摄像机设置”页面

⑧ 选择“网络设置→无线设置”，在“无线网络设置”中单击“搜索”按钮，选择要接入的路由器后单击“确定”按钮，如图 3.43 所示，可将 IP 摄像头接入无线路由器。

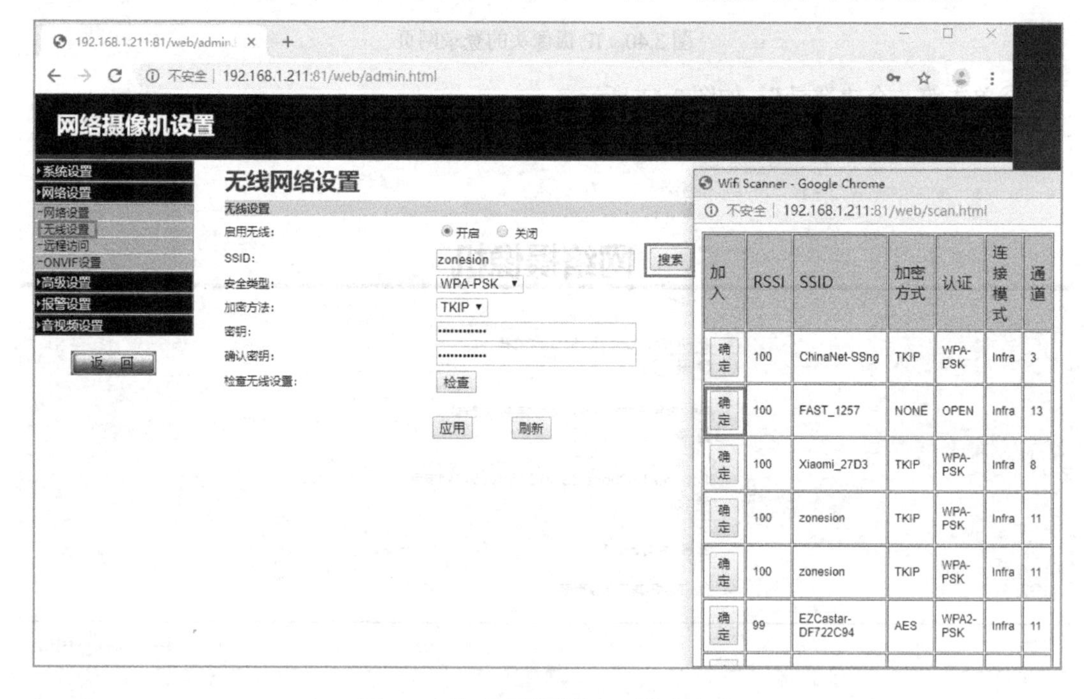

加入	RSSI	SSID	加密方式	认证	连接模式	通道
确定	100	ChinaNet-SSng	TKIP	WPA-PSK	Infra	3
确定	100	FAST_1257	NONE	OPEN	Infra	13
确定	100	Xiaomi_27D3	TKIP	WPA-PSK	Infra	8
确定	100	zonesion	TKIP	WPA-PSK	Infra	11
确定	100	zonesion	TKIP	WPA-PSK	Infra	11
确定	99	EZCastar-DF722C94	AES	WPA2-PSK	Infra	11

图 3.43　将 IP 摄像头接入无线路由器

⑨ 单击“检查”按钮，等待无线设置连接成功，如图 3.44 所示。

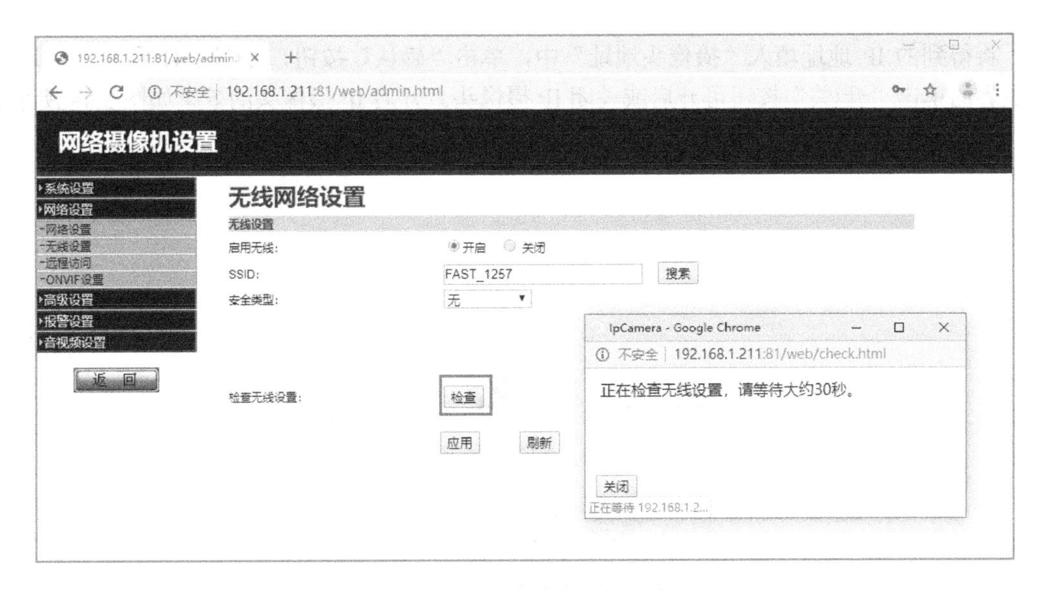

图 3.44　等待无线设置连接成功

⑩ 无线设置连接成功后单击“应用”按钮，如图 3.45 所示，然后将网线拔掉（如图 3.46 所示），这时 IP 摄像头可连接到无线网络。

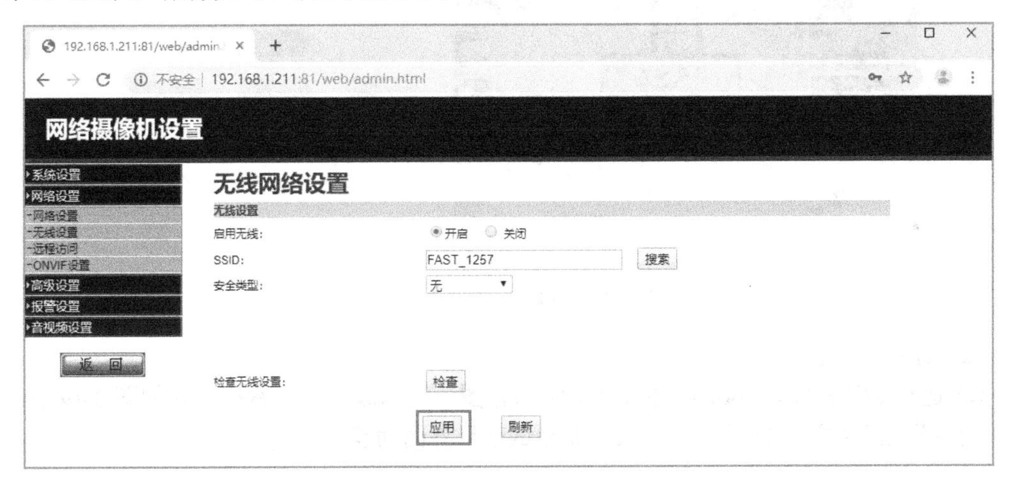

图 3.45　单击“应用”按钮

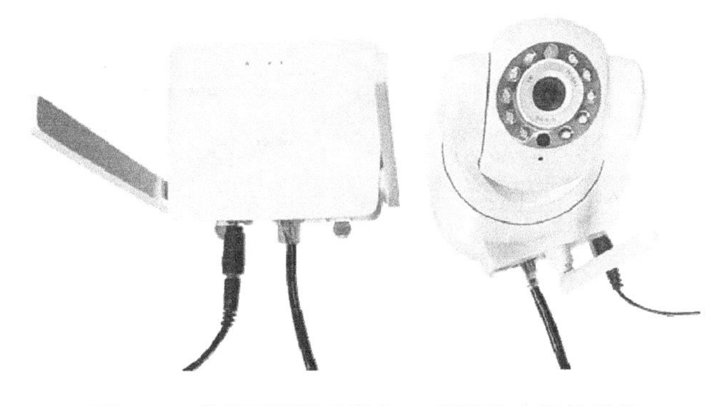

图 3.46　拔掉无线路由器和 IP 摄像头之间的网线

将得到的 IP 地址填入“摄像头地址”中，单击“确认”按钮，如图 3.47 所示。在运营首页界面单击“开/关”按钮可开启或关闭 IP 摄像头。开启 IP 摄像头的效果如图 3.48 所示。

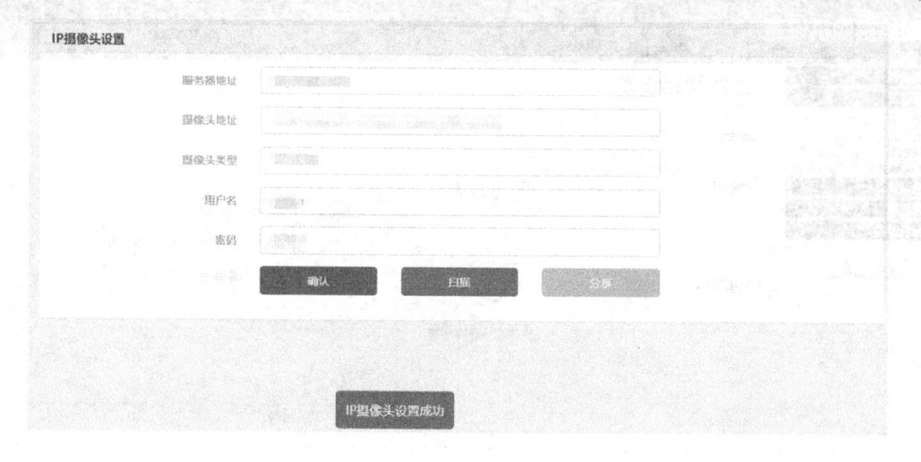

图 3.47　填写“摄像头地址”

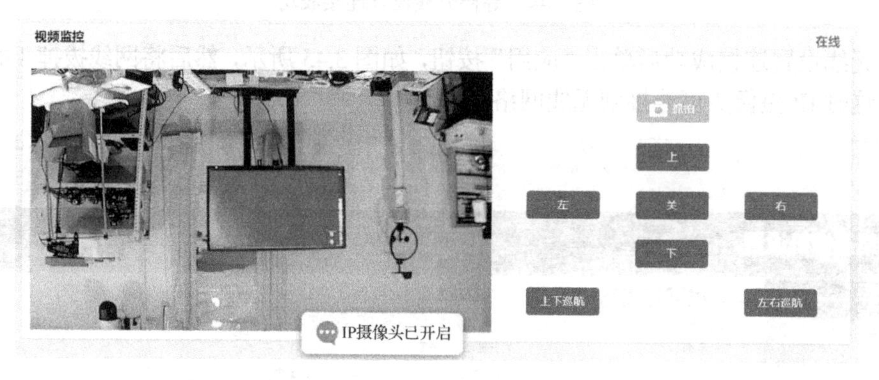

图 3.48　开启 IP 摄像头的效果

（2）系统组网测试。

① 运行 ZCloudWebTools，并打开网络拓扑图，组网成功后的网络拓扑如图 3.49 所示，说明设备节点上线没有问题，接下来需要测试项目界面功能。

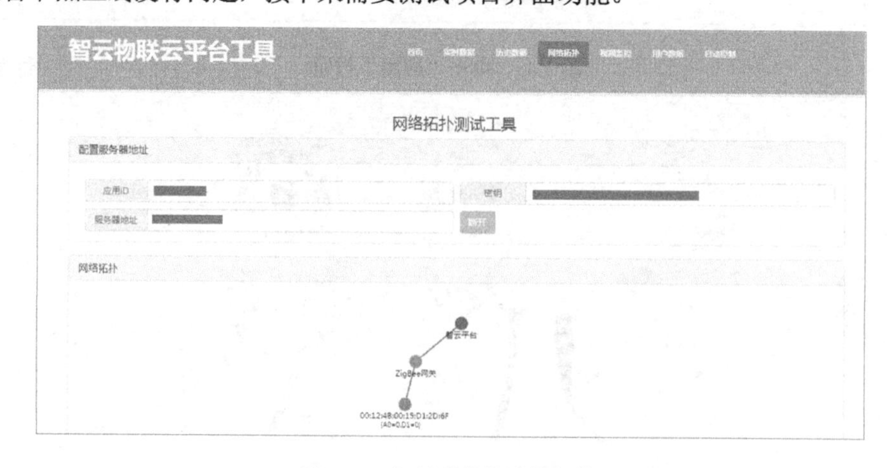

图 3.49　门禁系统的网络拓扑

② 运行本项目的 index.html 文件，输入 ID、KEY、SERVER 后单击“确认”按钮，观察设备节点是否在线，若在线说明组网成功，如图 3.50 所示。

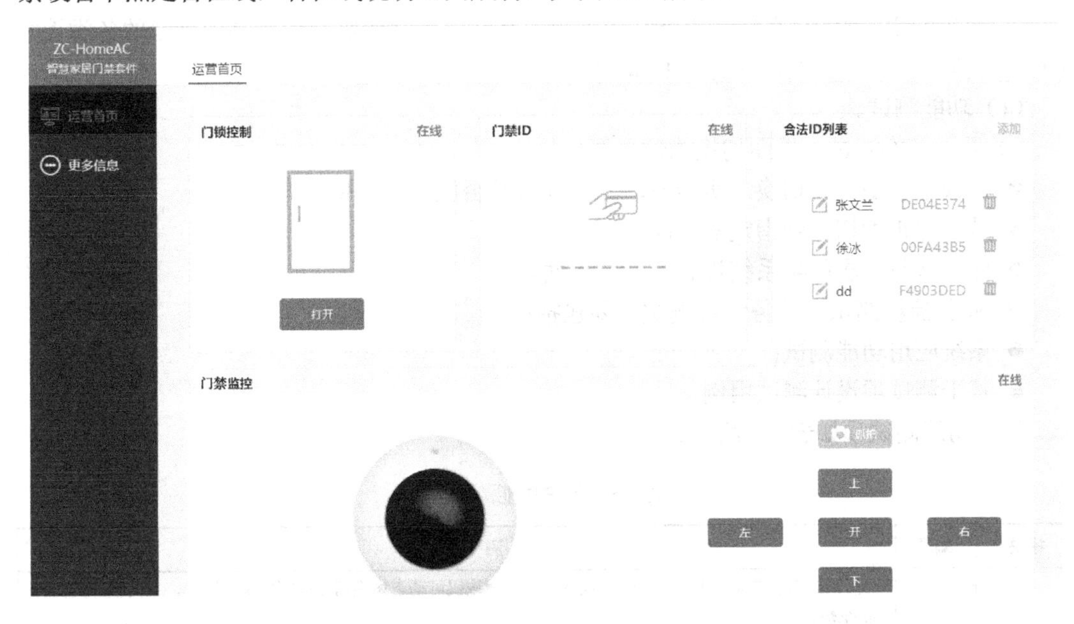

图 3.50　组网成功

2. 系统测试

系统测试是系统开发过程中的一个重要环节，贯穿于系统定义和开发的整个过程之中。系统测试流程如图 3.51 所示。系统开发是一个自顶向下逐渐细化的过程，系统测试则是自底向上逐步集成的过程，低一级的测试为上一级做测试准备。

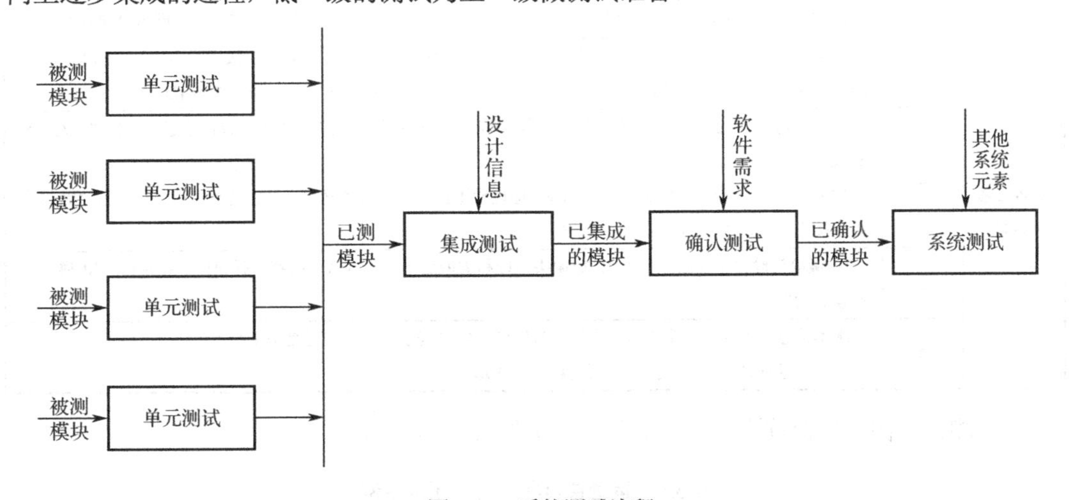

图 3.51　系统测试流程

系统测试是指测试整个系统以确定其是否能够提供应用所需的功能，主要分为功能测试和非功能测试两大类。功能测试通常检查系统功能是否与用户的需求一致，非功能测试主要检测软件的性能、安全性和健壮性。

功能测试是系统测试中最基本的测试，主要根据产品的需求说明书来验证系统功能是否符合需求。一般来说，功能测试的方法有两种：界面切换测试和业务流程测试。

非功能测试主要测试系统的性能，主要测试系统是否达到需求说明书中规定的各类性能指标，并满足一些与性能相关的约束和限制条件。

（1）功能测试。

① 界面切换测试。界面切换测试主要包括：

- 顶级导航是否能切换二级导航，二级导航是否能切换主体内容；
- 是否能正确切换到指定的界面；
- 保证智慧家居门禁系统没有孤立的界面。

② 业务流程测试。业务流程测试主要包括：

- 系统应用功能测试；
- 基于测试项设计测试用例。

用户功能测试项如表 3.3 所示。

表 3.3　用户功能测试项

模块	编号	测 试 项
运营首页界面	1	门锁控制子界面：单击“打开”或者“关闭”按钮可动态切换门锁控制模块的图片，且门锁开关由界面的按钮控制
	2	门禁 ID 子界面：如果第一次刷卡或者非法用户刷卡，则门禁 ID 模块的背景图片抖动，同时模块显示 ID 号和“非法用户”且字体呈现红色。 如果是合法用户刷卡，则显示用户名以及 ID，同时打开门禁
	3	合法 ID 列表子界面：单击“添加”按钮弹出模态框“新增用户信息”来存储用户的门禁卡。再次刷存储的用户的门禁卡时，界面显示用户名以及 ID，且打开门禁。 如果输入的 ID 不符合规范，则显示警示信息“请输入 8 位合法 ID！（数字 0～9，英文 a～f 或 A～F）”
	4	门禁监控子界面：单击“开启”按钮，打开 IP 摄像头，单击 “刷新”图片按钮，刷新监控画面
更多信息界面	1	IDKey 子界面：当用户输入正确的 ID、KEY、SERVER 后，单击“连接”按钮弹出信息提示框“数据服务连接成功”，单击“断开”按钮弹出信框“数据服务连接失败，请检查网络或 ID、KEY”
	2	MAC 设置子界面：当成功连接云平台服务器且 MAC 地址已正确输入时，弹出信息提示框“MAC 设置成功”。 如果未连接云平台服务器，即使 MAC 地址设置正确，单击“确认”按钮则弹出信息提示框“数据服务连接失败，请检查网络或 ID、KEY”
	3	IP 摄像头设置子界面：输入 IP 摄像头地址和类型后单击“确认”按钮，弹出信息提示框“IP 摄像头设置成功”
	4	版本信息子界面：单击“版本升级”按钮弹出信息提示框“当前已是最新版本”。 单击“查看升级日志”按钮，可查看版本的修改

③ 测试用例。运营首页界面功能测试用例如表 3.4 所示。

表 3.4　运营首页界面功能测试用例

所属模块	运营首页界面
测试用例描述 1	门锁控制子界面
前置条件	门锁控制子界面标题显示“在线”

续表

序号	测试项	操作步骤	预期结果
1	门锁控制测试	单击“打开”按钮	门锁图片呈打开状态，且门锁开关打开
		单击“关闭”按钮	门锁图片呈关闭状态，且门锁开关关闭
测试用例描述 2		门禁 ID	
前置条件		门禁 ID 子界面标题显示“在线”且用户从未刷卡	
序号	测试项	操作步骤	预期结果
2	门禁 ID 测试	（1）将门禁卡放置在 RFID 阅读器上。 （2）观察门锁开关	（1）界面显示 ID 以及“非法用户”，且字体呈现红色，背景图片抖动。若长时间未刷卡，则显示虚线。 （2）门锁未开启
测试用例描述 3		合法 ID 列表子界面	
前置条件		门锁控制子界面以及门禁 ID 子界面的标题显示“在线”	
序号	测试项	操作步骤	预期结果
3	在合法 ID 列表中添加或删除用户信息	（1）刷卡并复制卡号，单击“添加”按钮输入用户姓名、ID 及性别。 （2）输入错误的 ID 格式。 （3）刷合法 ID 列表已添加的门禁卡以及刷合法 ID 列表未添加的门禁卡	（1）在合法 ID 列表中显示用户名以及 ID。 （2）显示“请输入 8 位合法 ID！（数字 0～9，英文 a～f 或 A～F）”。 （3）刷合法 ID 列表已添加的门禁卡时门禁 ID 模块显示用户名及 ID，门锁控制模块的图片显示开启，门锁开启。 当刷合法 ID 列表没有的门禁卡时，门禁 ID 模块显示 ID，以及非法用户背景图片抖动，门锁控制子界面的图片显示关闭，门琐关闭
测试用例描述 4		IP 摄像头控制子界面	
前置条件		IP 摄像头在线	
序号	测试项	操作步骤	预期结果
4	开启或关闭 IP 摄像头	（1）单击“开启”按钮。 （2）单击“关闭”按钮。 （3）单击“刷新”按钮图片	（1）打开 IP 摄像头。 （2）关闭 IP 摄像头。 （3）刷新监控画面

更多信息界面功能测试用例如表 3.5 所示。

表 3.5　更多信息界面功能测试用例

所属模块		更多信息界面	
测试用例描述 1		IDKey 子界面	
前置条件		获得 ID 和 KEY	
序号	测试项	操作步骤	预期结果
1	IDKey 模块	（1）输入 ID 和 KEY 后单击“连接”按钮。 （2）单击“断开”按钮。 （3）单击“扫描”按钮。 （4）单击“分享”按钮	（1）弹出信息提示框“数据服务连接成功！”。 （2）弹出信息提示框“数据服务连接失败，请检查网络或 ID、KEY”。 （3）弹出信息提示框“扫描只在安卓系统下可用！”。 （4）显示 IDKey 二维码模态框

续表

测试用例描述 2		MAC 设置子界面	
前置条件		获得电磁锁、RFID 节点的 MAC 地址	
序号	测试项	操作步骤	预期结果
2	电磁锁、RFID 节点连接至云平台服务器	（1）输入节点 MAC 地址，单击“确认”按钮，再单击“运营首页”导航。 （2）单击“扫描”按钮。 （3）单击“分享”按钮	（1）弹出框“MAC 设置成功”，运营首页界面的门锁控制模块标题显示“在线”，门禁 ID 模块标题显示“在线”。 （2）弹出信息提示框“扫描只在安卓系统下可用！”。 （3）显示 MAC 设置二维码模态框
测试用例描述 3		IP 摄像头设置子界面	
前置条件		获得 IP 摄像头的 IP 地址	
序号	测试项	操作步骤	预期结果
3	控制 IP 摄像头	输入 IP 摄像头的 IP 地址，单击“确认”按钮	弹出信息提示框“IP 摄像头设置成功”
测试用例描述 4		版本信息模块	
前置条件		无	
序号	测试项	操作步骤	预期结果
4	版本升级	（1）单击“版本升级”按钮。 （2）单击“查看升级日志”按钮再单击“收起升级日志”按钮。 （3）单击“下载图片”按钮	（1）弹出信息提示框“当前已是最新版本”。 （2）画出升级说明，收起升级说明。 （3）弹出下载 App 模态框

（2）性能测试。门禁系统性能测试用例如表 3.6 所示。

表 3.6　门禁系统性能测试用例

性能测试用例 1		
性能测试用例描述 1	浏览器兼容性	
用例目的	通过不同的浏览器打开门禁系统（主要测试谷歌、火狐、360 等浏览器）	
前提条件	项目工程已经部署成功	
执行操作	期望的性能	实际性能（平均值）
通过不同浏览器打开	三种浏览器都能正确显示门禁系统（1 s）	谷歌浏览器为 1.3 s、火狐浏览器为 1.6 s、360 浏览器为 1.8 s
性能测试用例 2		
性能测试用例描述 2	界面在线状态请求	
用例目的	界面在线更新必须快速，需要主动查询	
前提条件	数据服务连接成功且 MAC 地址设置正确	
执行操作	期望的性能	实际性能（平均值）
测试上线时间	门锁控制、门禁 ID 子界面标题部分（3 s）	5 s

续表

性能测试用例 3		
性能测试用例描述 3	门锁开关压力测试	
用例目的	测试系统功能中的门锁开关是否在每次单击之后都能有效	
前提条件	门锁模块标题显示“在线”	
执行操作	期望的性能	实际性能（平均值）
单击门锁开关 10 次	门锁开关≥9 次	门锁开关 10 次

（3）门锁控制子界面功能测试。如果设备节点显示在线，说明电磁门锁、RFID 已接入云平台服务器。单击运营首页界面门锁控制子界面中的“打开”按钮（发送“{OD1=1,D1=?}”控制以及查询指令）可打开门锁；单击“关闭”按钮（发送“{CD1=1,D1=?}”控制以及查询指令）可关闭门锁。门锁控制子界面功能测试如图 3.52 所示。运行 ZCloudWebTools 软件，可以看到门锁在打开时 D1=1，在关闭时 D1=0，如图 3.53 所示。

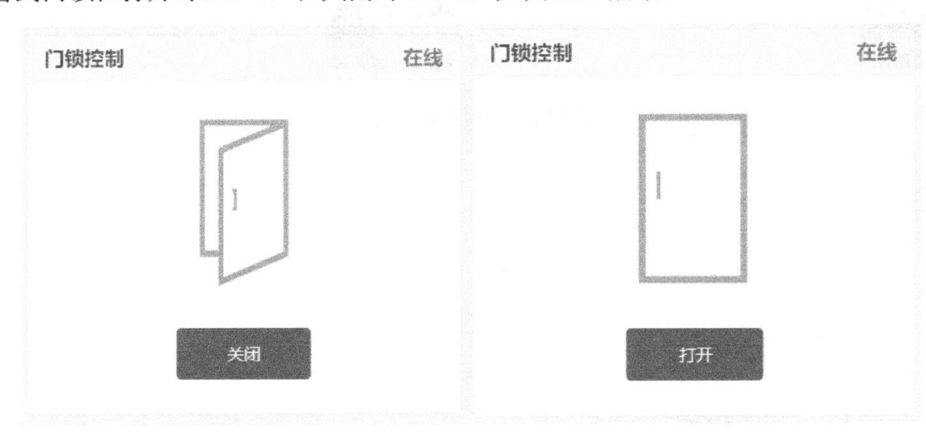

图 3.52　门锁控制子界面功能测试

数据推送与接收

地址　数据　发送

数据过滤　所有数据　清空空数据

00:12:4B:00:15:D1:2D:6F
00:12:4B:00:15:D1:3A:4F

MAC地址	信息	时间
00:12:4B:00:15:D1:2D:6F	{PN=3A4F,TYPE=11802}	2019/9/11 16:51:33
00:12:4B:00:15:D1:2D:6F	{D1=0}	2019/9/11 16:51:32
00:12:4B:00:15:D1:2D:6F	{D1=1}	2019/9/11 16:51:29
00:12:4B:00:15:D1:2D:6F	{TYPE=11802}	2019/9/11 16:51:18
00:12:4B:00:15:D1:2D:6F	{PN=3A4F,TYPE=11802}	2019/9/11 16:51:18

图 3.53　门锁数据查询

（4）门禁 ID 子界面功能测试。如果门禁 ID 子界面的标题显示“在线”，说明门禁系统已成功连接云平台服务器。将门禁卡放置在 RFID 阅读器，因为是首次刷卡，所以门禁 ID 模块会显示“非法用户”，并通过动画抖动来提示用户，如图 3.54 所示。运行 ZCloudWebTools 软件，查看 A0 存储的门禁卡 ID（见图 3.55）。将这个非法用户添加到合法 ID 列表中（见图 3.56），刷卡的显示结果如图 3.57 所示。

图 3.54　显示“非法用户”

00:12:4B:00:15:D1:2D:7E 00:12:4B:00:1B:DB:1E:D5	00:12:4B:00:15:D1:2D:6F	{A0=17FD1C79}	2019/12/23 17:42:44
00:12:4B:00:1B:DB:3A:A3 00:12:4B:00:15:CF:80:57	00:12:4B:00:15:D1:2D:6F	{D1=0}	2019/12/23 17:42:42

图 3.55　卡号查询

图 3.56　新增用户

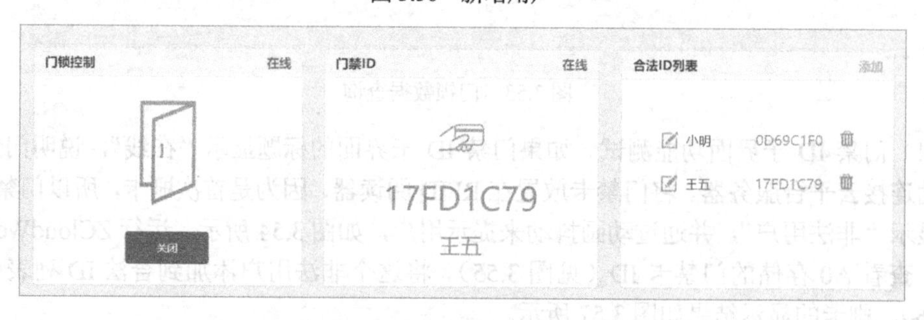

图 3.57　合法用户刷卡的显示结果

3.2　智慧家居电器系统设计

3.2.1　系统分析

1. 系统功能分析

智慧家居电器系统的功能如图 3.58 所示。

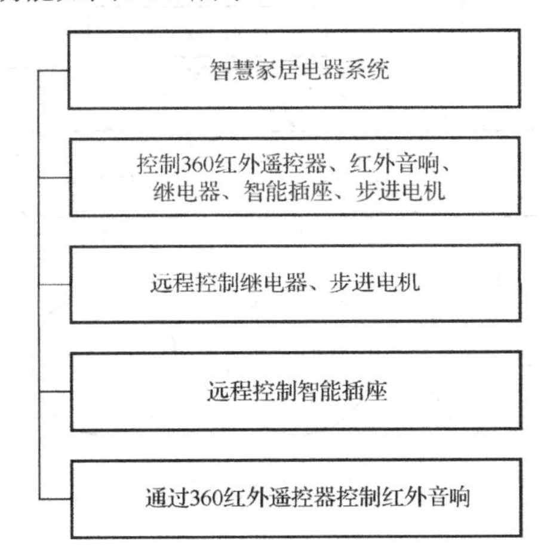

图 3.58　智慧家居电器系统的功能

电器系统的基本功能是通过继电器、智能插座、360 红外遥控器控制电器设备，还可以远程控制继电器、智能插座、窗帘。

2. 软件系统界面分析

电器系统界面分为两个部分，如图 3.59 所示。

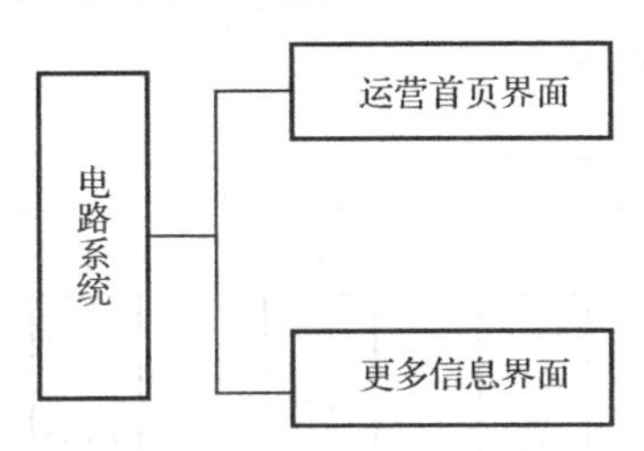

图 3.59　电器系统界面的组成

① 运营首页界面：该界面面向用户，主要显示各个设备节点的在线状态，以及实现对 360 红外遥控器、继电器、智能插座、步进电机的远程控制。

② 更多信息界面：该界面用于设置登录信息，实现与云平台服务器的连接，360 红外遥控器、继电器、智能插座、步进电机的 MAC 设置，以及版本信息等的设置。

3. 系统业务流程分析

电器系统的业务流程和门禁系统类似，如图 3.60 所示。

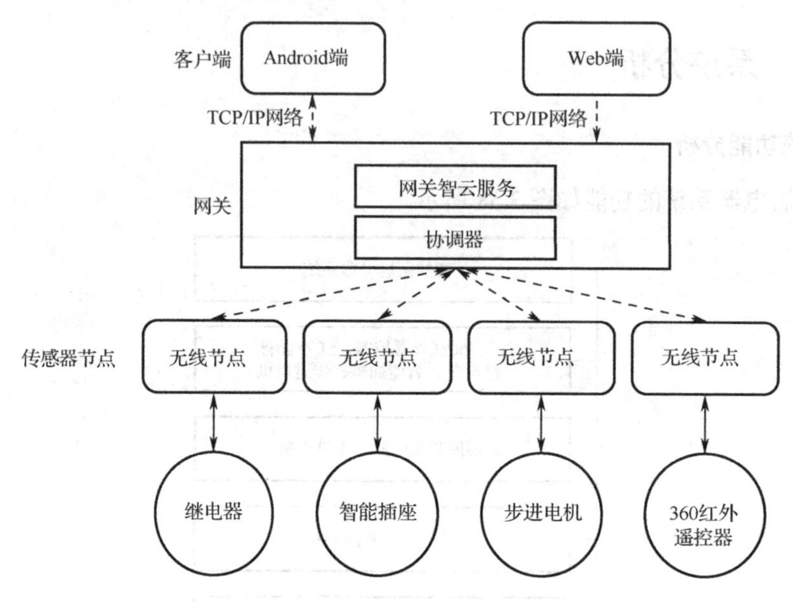

图 3.60　智慧家居系统通信流程图

3.2.2　系统设计

1. 系统界面框架设计

电器系统界面的结构如图 3.61 所示。

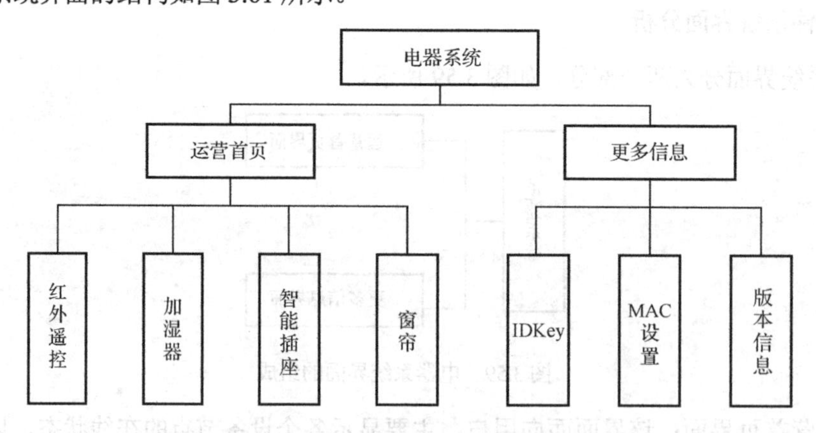

图 3.61　电器系统界面的结构

运营首页界面：在默认情况下，打开电器系统后显示的是运营首页界面，该界面包括红外遥控（用于控制 360 红外遥控器）、加湿器（用于控制继电器开关）、智能插座（用于控制智能插座的电源开关），以及窗帘（用于控制窗帘开关）4 个子界面。

更多信息界面：该界面通过导航控制 IDKey、MAC 设置和版本信息 3 个子界面。

（1）运营首页界面框架。电器系统运营首页界面采用 DIV+CSS 布局，其结构如图 3.62 所示。

① 头部（div.head）：用于显示电器系统的名称。

② 顶级导航（top-nav）：顶级导航用于切换运营首页界面和更多信息界面。

③ 内容包裹（wrap）：分为边导航和主体 1（div.content）。

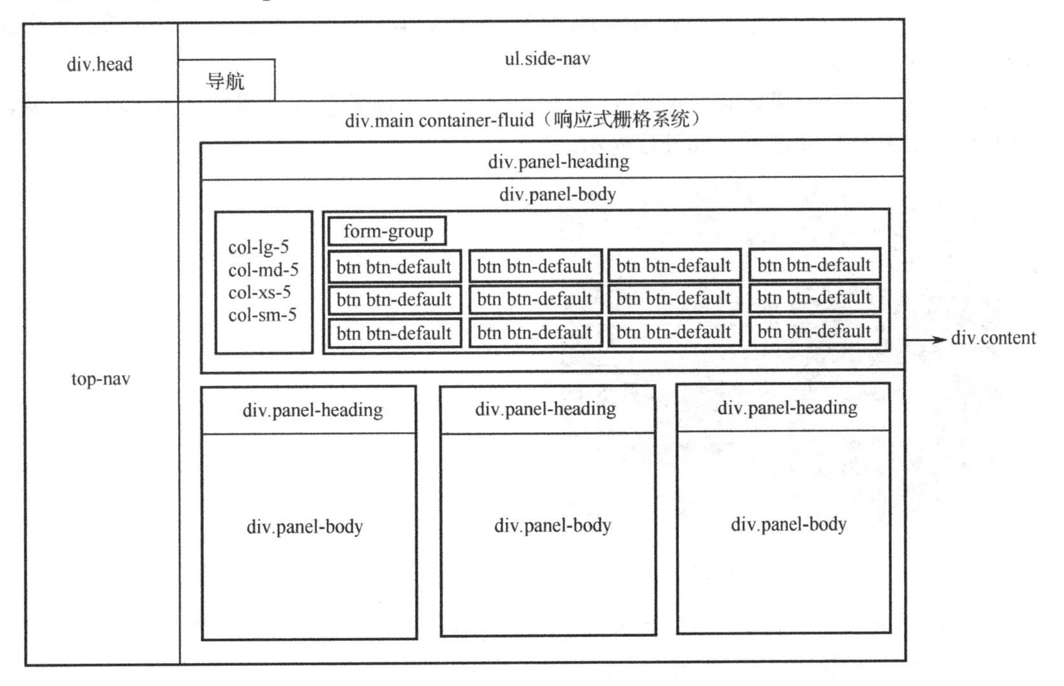

图 3.62 运营首页界面的结构

（2）更多信息界面。根据界面设计的一致性原则，更多信息界面也采用 DIV+CSS 布局，其结构如图 3.63 所示。

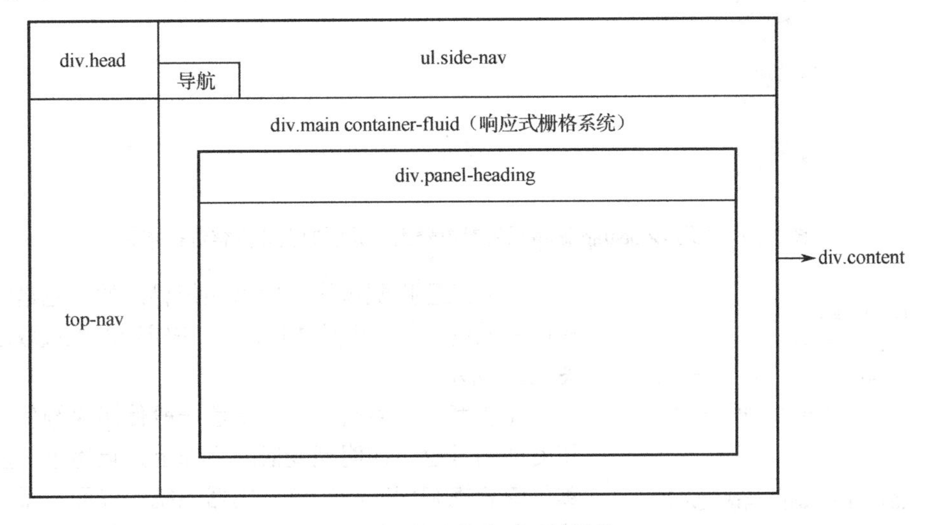

图 3.63 更多信息界面的结构

① 头部（div.head）：用于显示电器系统的名称。

② 顶级导航（top-nav）：顶级导航用于切换运营首页界面和更多信息界面。

③ 内容包裹（wrap）：分为导航和主体 2（div.content）。

2．系统界面设计风格

电器系统界面设计风格与门禁系统界面设计风格类似，详见表 3.1，本界面通过元素的 class 属性来对界面风格进行设置。

（1）导航。单击一级导航（见图 3.64）时背景、字体颜色会淡化或者高亮，单击二级导航（见图 3.65）时会通过下画线进行提示。

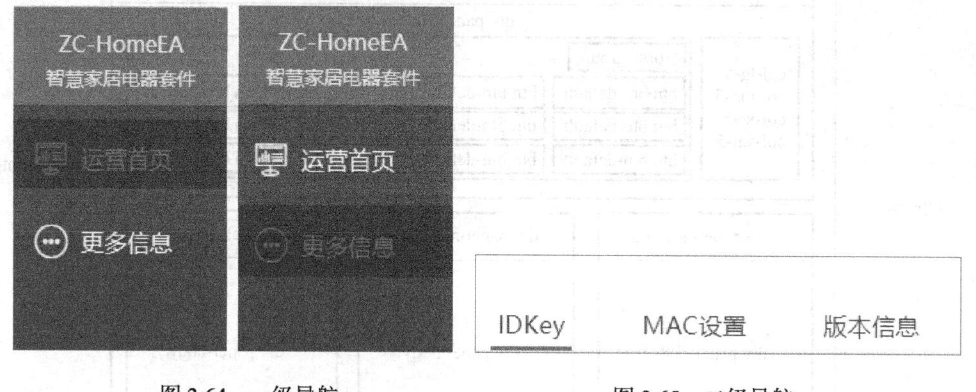

图 3.64　一级导航　　图 3.65　二级导航

（2）Bootstrap 栅格系统。电器系统界面主体内容的布局和门禁系统类似，详见 3.1.2 节，均采用 Bootstrap 栅格系统进行布局，如图 3.66 所示。

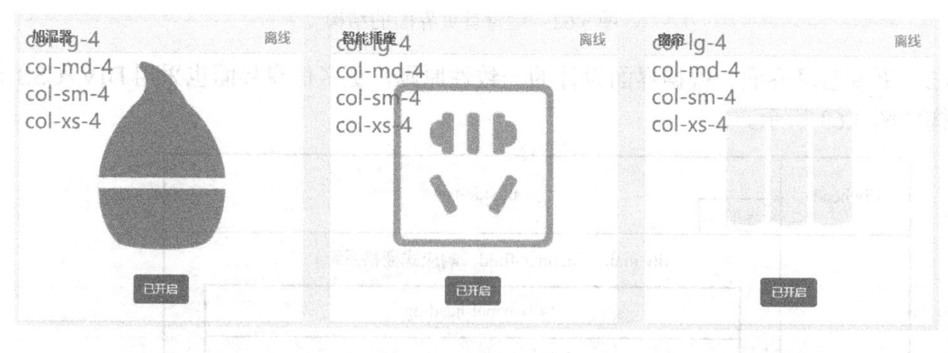

图 3.66　采用 Bootstrap 栅格系统对电器系统界面的主体内容进行布局

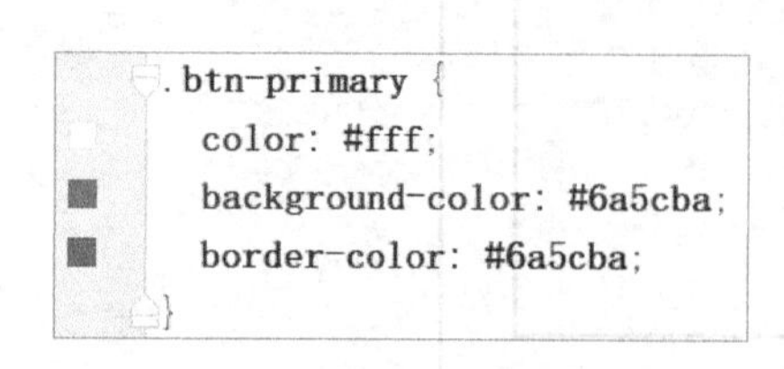

```
.btn-primary {
    color: #fff;
    background-color: #6a5cba;
    border-color: #6a5cba;
}
```

图 3.67　按钮辅助色选取示例

（3）三色搭配风格。电器系统界面的三色搭配风格和门禁系统类似，详见 3.1.2 节，按钮辅助色选取示例如图 3.67 所示。

在明度高的界面上，点缀色一般使用深颜色或者饱和度高的颜色；在明亮度低的界面上，点缀色一般用浅颜色或者饱和度低的颜色。电器系统的界面背景色采用的是灰色系列的色调，所以红外遥控子界面的控制按钮上的点缀色可以采用“99ce99”营造独特的界面风格，如图 3.68 所示。

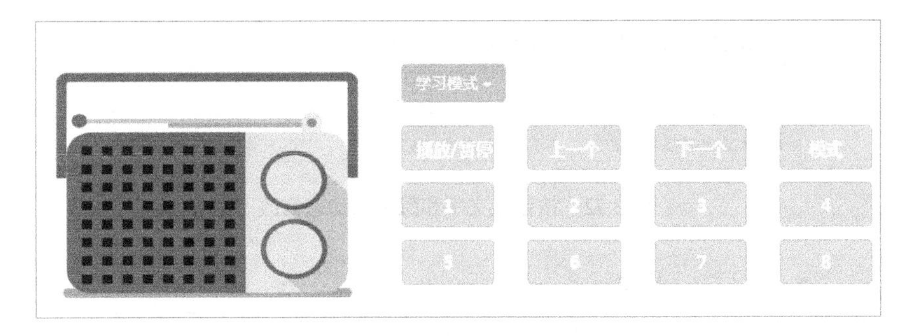

图 3.68 点缀色选取示例

3. 系统界面交互设计

（1）导航界面交互设计。电器系统界面分为一级导航和二级导航，一级导航用于动态切换运营首页界面和更多信息界面（见图 3.69 和图 3.70），二级导航用于动态显示主体内容。

图 3.69 运营首页界面

图 3.70 更多信息界面

（2）提示信息交互设计。当云平台服务器和设备节点的 MAC 地址都设置正确时，在运营首页各个子界面的标题（头部，panel-heading）会显示设备节点处于“在线”状态，如图 3.71 所示。

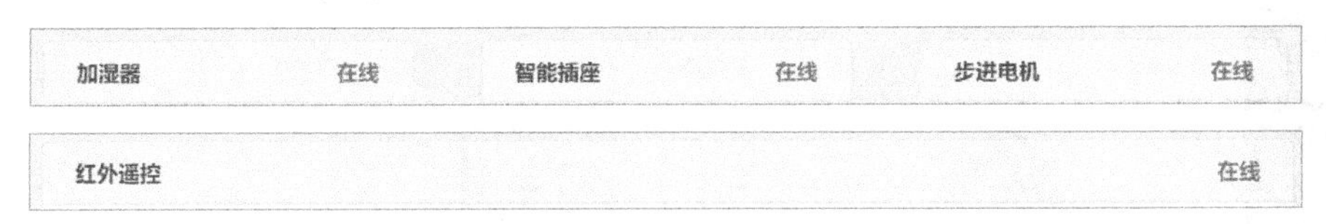

图 3.71 在运营首页界面的各个子界面标题显示设备节点处于“在线”状态

（3）按钮交互设计。在更多信息界面下动态修改按钮上的文字（如“断开 ”和“连接”）及颜色，如图 3.72 所示；连接或者断开云平台服务器时的提示信息如图 3.73 所示。

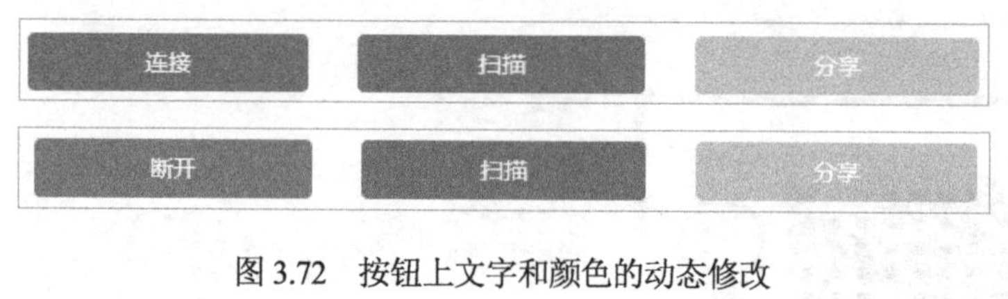

图 3.72　按钮上文字和颜色的动态修改

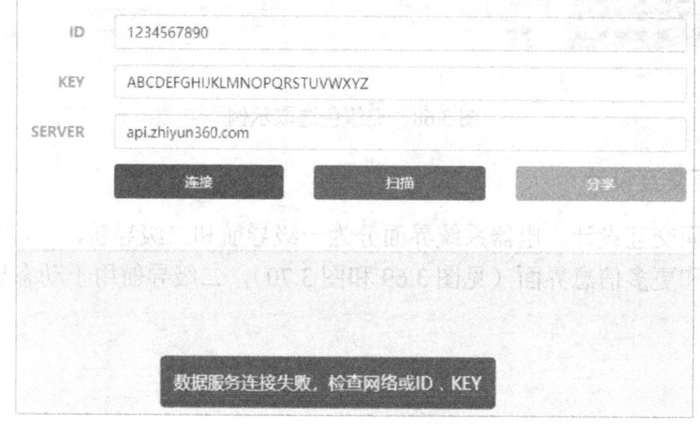

图 3.73　连接或断开云平台服务器时的提示信息

3.2.3　系统界面实现

1. 系统界面的布局

（1）运营首页界面的布局如图 3.74 所示。

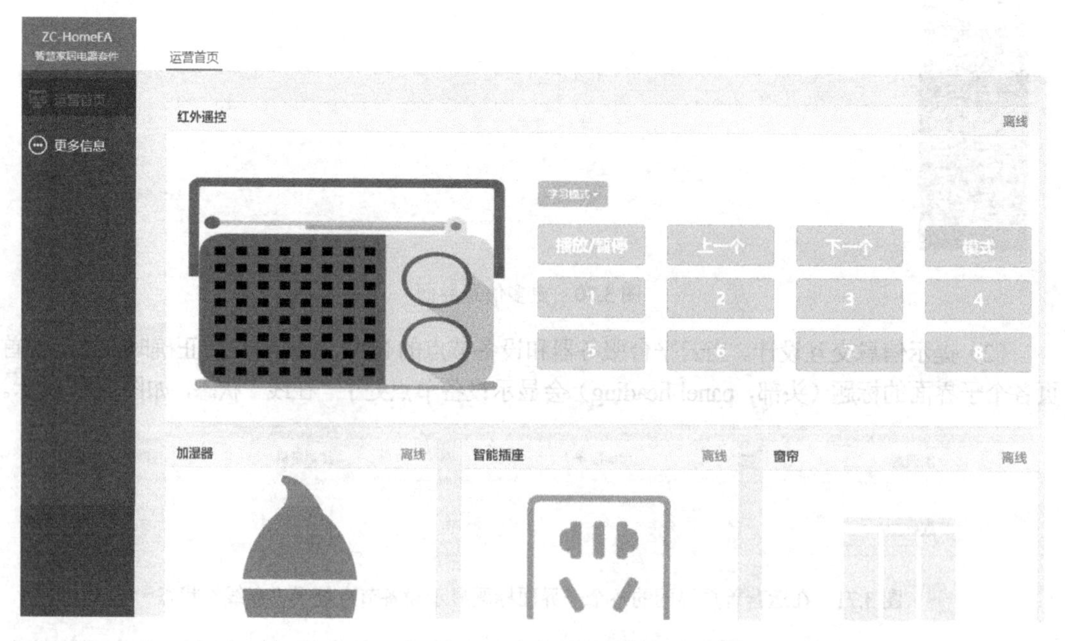

图 3.74　运营首页界面的布局

（2）更多信息界面的布局。更多信息界面包括 IDKey 子界面（见图 3.75）、MAC 设置子界面（见图 3.76）和版本信息子界面，可通过二级导航切换这三个子界面。

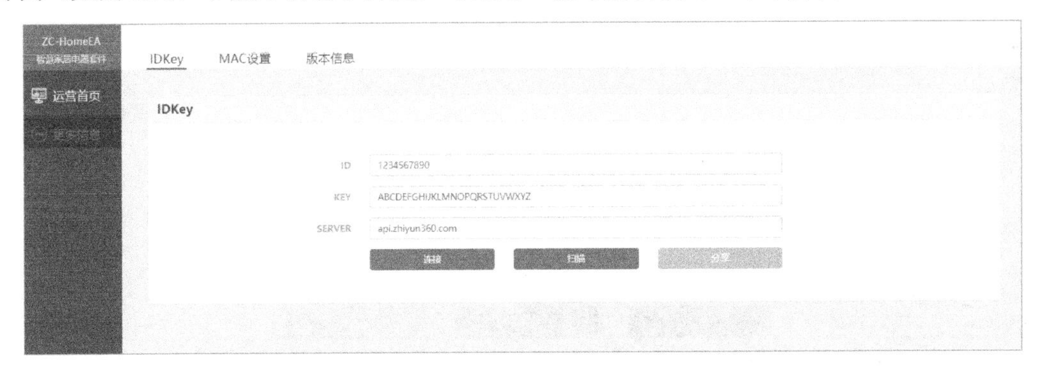

图 3.75　IDKey 设置子界面

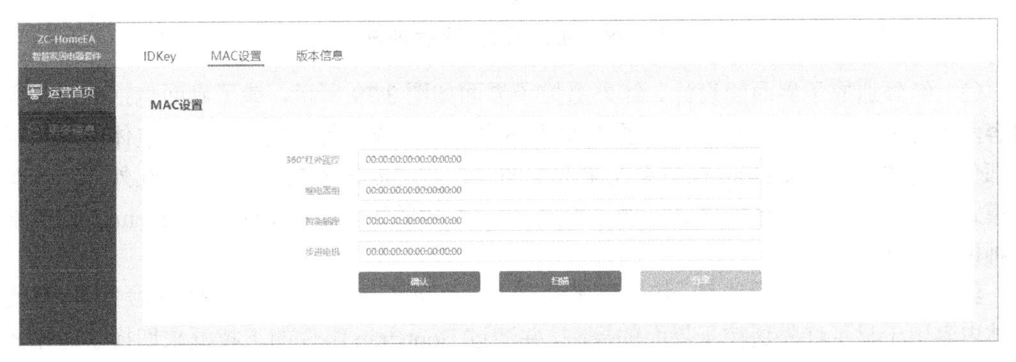

图 3.76　MAC 设置子界面

2．系统界面的设计

（1）IDKey 子界面的设计。IDKey 子界面的设计如图 3.77 所示，该子界面通过调用 Bootstrap 表单控件的 form-group 类来实现文本输入框的输入，通过 button 类来实现按钮的单击，详细代码请参考本项目的工程文件。

图 3.77　IDKey 子界面的设计

（2）MAC 设置子界面的设计。MAC 设置子界面的设计如图 3.78 所示。MAC 设置子界面由“MAC 设置”标签（label），“360 红外遥控”“继电器”“智能插座”“步进电机”标签及其文本输入框，以及“确认”“扫描”“分享”按钮组成，具体的代码请参考本项目的工程文件。

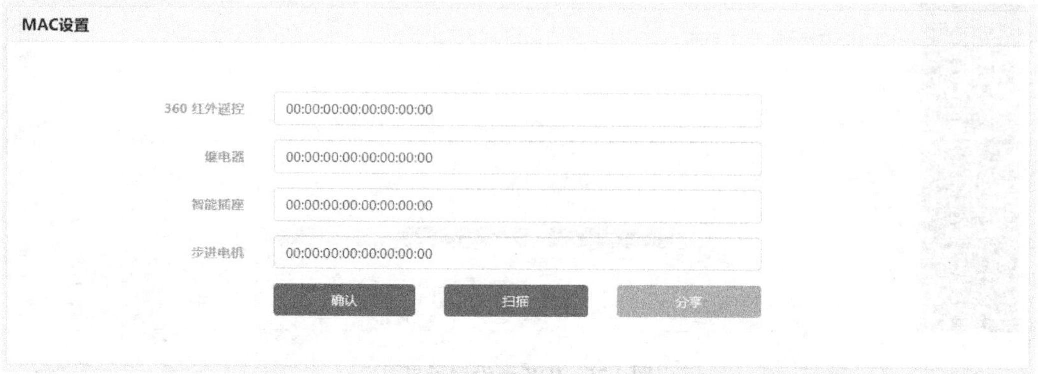

图 3.78　MAC 设置子界面的设计

（3）红外遥控子界面的设计。红外遥控子界面如图 3.79 所示，该子界面包括标题和主体内容两个部分，通过 Bootstrap 栅格系统将主体内容布局成一行一列的形式。主体内容包括两个部分，左边通过 Bootstrap 栅格系统来放置图片，右边放置控制按钮。360 红外遥控器有两种模式，即学习模式和遥控模式，通过 Bootstrap 组件的下拉框（dropdown-menu）来实现这两种模式的切换。

红外遥控子界面的功能是：标题用于显示 360 红外遥控器的状态，如“在线”或“离线”；主体内容用于显示红外遥控子界面的控制，并通过 Bootstrap 组件的下拉框来切换学习模式和遥控模式。

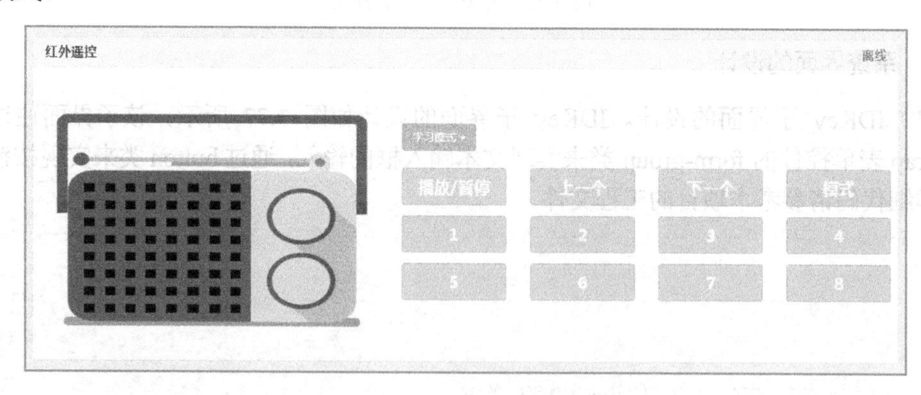

图 3.79　红外遥控子界面

红外遥控子界面的主体内容通过 Bootstrap 栅格系统进行布局，分为左侧（col-lg-5 col-md-5 col-xs-5 col-sm-5）和右侧（col-lg-7 col-md-7 col-sm-7 col-xs-7），左侧用于放置图片，右侧用于进行控制按钮的布局。右侧的按钮分为两种形式，第一种形式是通过 Bootstrap 组件的下拉框来切换学习模式和遥控模式；第二种形式是通过 Bootstrap 栅格系统布局成一行四列（col-lg-3 col-md-3 col-sm-4 col-xs-4）。具体代码如下：

```
<div class="col-md-12">
        <div class="panel panel-default">
```

```
        <div class="panel-heading">红外遥控<span id="infrared" class="float-right text-red">离线</span></div>
        <div class="panel-body p20">
            <div class = "row" style="display:flex; align-items: center">
                <div class = "col-lg-5 col-md-5 col-xs-5 col-sm-5">
                    <img class ="panel-body-img-ture" src="img/radio.png"/>
                </div>
                <div class = "col-lg-7 col-md-7 col-sm-7 col-xs-7">
                    <div class = "work-status-row" >
                        <div class="form-group">
                            <div class="btn-group">
                                <button  type="button"  class="btn  btn-warning  dropdown-toggle"
data-toggle="dropdown" aria-haspopup="true" aria-expanded="false" id="control_select">
                                    <span  id="curMode">学习模式</span>  <span  class="caret">
</span>
                                </button>
                                <ul class="dropdown-menu">
                                    <li><a href="#">遥控模式</a></li>
                                </ul>
                            </div>
                        </div>
                    </div>
                    <div class ="row">
                        <div class="controller-btns">
                            <div class="col-lg-3 col-md-3 col-sm-4 col-xs-4">
                            //更详细的代码参考本项目的工程文件
                            </div>
                        </div>
                    </div>
                </div>
            </div>
        </div>
    </div>
</div>
```

（4）加湿器子界面的设计。加湿器子界面如图 3.80 所示，该子界面分为标题和主体内容两个部分，通过 Bootstrap 栅格系统对主体内容进行布局（col-lg-4 col-md-4 col-xs-4）。加湿器子界面的功能是：标题用于显示加湿器状态，如“在线”或“离线”；主体内容用于显示加湿器控制界面，通过按钮控制加湿器的开关。具体代码如下：

```
<div class="col-lg-4 col-md-4 col-xs-4">
    <div class="panel panel-default valve">
        <div class="panel-heading">加湿器<span id="relayLink" class="float-right text-red">离线</span>
        </div>
        <div class="panel-body">
            <div>
                <img  id="relay-img"  class="chartBlock  img-responsive"  style="opacity:  0.6"  src="img/
humidifier_off.png">
```

```
                </div>
                <button id="relay" type="button" class="btn btn-primary">已关闭</button>
                <!--开关电磁阀-->
                <!--</div>-->
            </div>
        </div>
    </div>
```

（5）智能插座子界面的设计。智能插座子界面如图 3.81 所示，该子界面同样分为标题和主体内容两个部分，通过 Bootstrap 栅格系统对主体内容进行布局（col-lg-4 col-md-4 col-xs-4）。智能插座子界面的功能是：标题用于显示智能插座状态，如“在线”或“离线”；主体内容用于显示智能插座界面，通过按钮控制智能插座的开关。

图 3.80　加湿器子界面

图 3.81　智能插座子界面

```
    <div class="col-lg-4 col-md-4 col-xs-4">
        <div class="panel panel-default valve">
            <div  class="panel-heading">智能插座<span  id="socketLink"  class="float-right  text-red">离线
</span>
            </div>
            <div class="panel-body">
                <div>
                    <img  id="socket-img"  class="chartBlock  img-responsive"  style="opacity:  0.6"  src=
"img/strip_off.png">
                </div>
                <button id="socket" type="button" class="btn btn-primary">已关闭</button>
            </div>
        </div>
    </div>
```

（6）窗帘子界面的设计。窗帘子界面如图 3.82 所示，该子界面同样分为标题和主体内容两个部分，可通过 Bootstrap 栅格系统对主体内容进行布局（col-lg-4 col-md-4 col-xs-4）。窗帘子界面的功能是：标题用于显示智能插座的状态，如“在线”或者“离线”；主体内容用于显示窗帘界面，通过按钮控制窗帘的开关。

图 3.82　窗帘子界面

```
<div class="col-lg-4 col-md-4 col-xs-4">
    <div class="panel panel-default valve">
        <div class="panel-heading">窗帘<span id="stepLink" class="float-right text-red">离线</span>
        </div>
        <div class="panel-body">
            <div class="chartBlock center-flex">
                <img id="step-img" class="img-responsive" style="opacity: 0.6" src="img/ transporter.png">
            </div>
            <button id="step" type="button" class="btn btn-primary">已开启</button>
        </div>
    </div>
</div>
```

3.2.4　系统功能实现

1. ZXBee 数据通信协议的设计

电器系统使用的设备节点有 360 红外遥控器、继电器、智能插座、步进电机，其 ZXBee 数据通信协议如表 3.7 所示。

表 3.7　电器系统的 ZXBee 数据通信协议

设备节点	参　数	含　义	权　限	说　明
360 红外遥控器	D1(OD1/CD1)	模式	R/W	1 表示学习模式，2 表示遥控模式
	V0	键值	R/W	学习的键值，取值为 0～15
继电器	D1(OD1/CD1)	控制继电器	R/W	D1 的 bit0～bit3 分别表示 4 路继电器的开关，0 表示继电器不吸合，1 表示继电器吸合
智能插座	D1(OD1/CD1)	控制智能插座开关	R/W	D1 的 bit0 表示智能插座的开关，0 表示关闭智能插座，1 表示打开智能插座
步进电机	D1(OD1/CD1)	控制步进电机	R/W	D1 的 bit3 和 bit2 表示步进电机的转动状态，11 表示反转，01 表示正转，10 和 00 表示停止

2. 云平台服务器的连接

电器系统是通过调用云平台的Web编程应用实时接口来连接云平台服务器的，电器系统与云平台服务器的连接流程如图3.83所示。

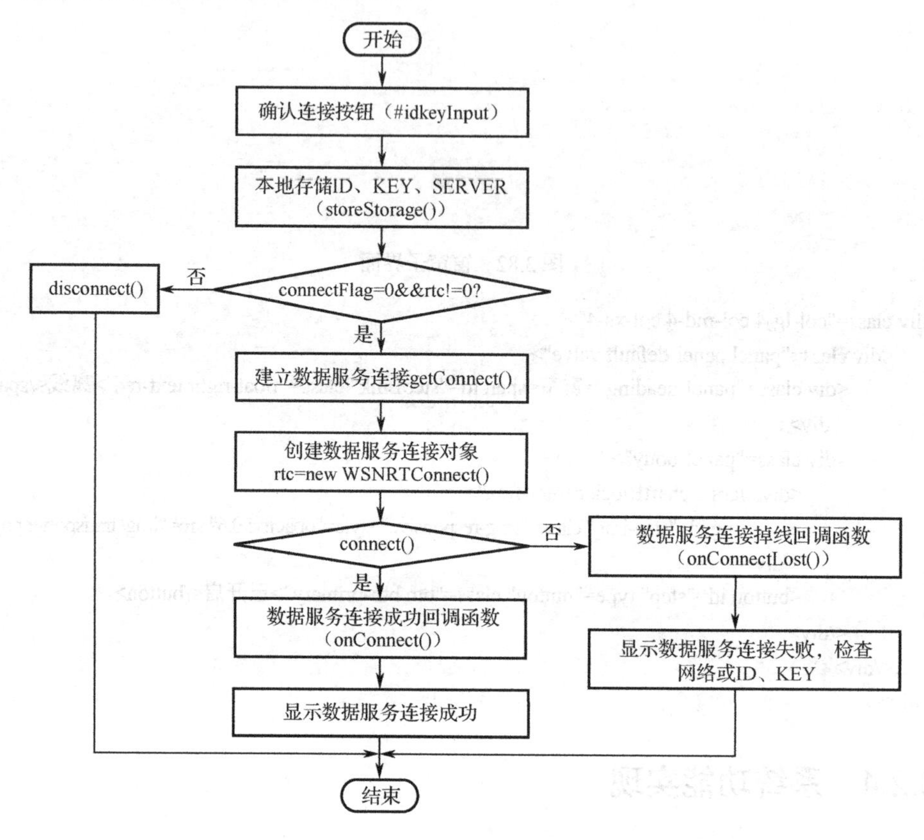

图3.83　电器系统与云平台服务器的连接流程

3. 设备节点状态更新显示

（1）设备节点状态更新显示流程。设备节点状态更新显示流程如图3.84所示。通过设置设备节点的MAC地址，可获取传感器节点采集的数据，实现设备节点在线。

当电器系统连接到云平台服务器后，云平台服务器就会进行数据推送，推送的数据包含了设备节点的MAC地址。当设备节点的MAC地址和云平台服务器的MAC地址匹配后，云平台服务器就可以获取传感器采集的数据，所以需要先进行设备节点MAC地址的输入与确认。

设备节点的连接功能是通过"确认"按钮实现的。当单击"确认"按钮时，触发"$("#macInput").click()"事件，首先在本地保存设备节点的MAC地址，如360红外遥控器通过"localData.infraredMAC = $("#infraredMAC").val();"存储其MAC地址；再通过条件判断语句"if (connectFlag){}"判断连接标志位，如果连接标志位connectFlag=1，则调用WSNRTConnect.js文件中的函数rtc.sendMessage()对360红外遥控器的状态进行查询，判断该设备节点是否开启，如果成功开启则显示"MAC设置成功"，否则显示"请正确输入ID、KEY连接云平台数据中心"。

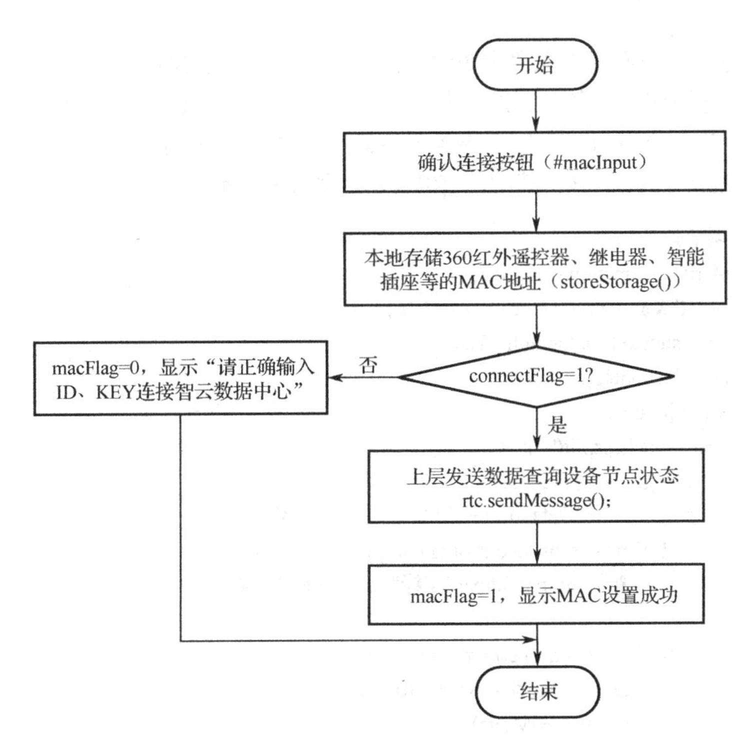

图 3.84　设备节点状态更新显示流程

```
$("#macInput").click(function () {
    localData.infraredMAC = $("#infraredMAC").val();
    localData.relayMAC = $("#relayMAC").val();
    localData.socketMAC = $("#socketMAC").val();
    localData.stepMAC = $("#stepMAC").val();
    //本地存储 MAC 地址
    storeStorage();
    if (connectFlag) {
        rtc.sendMessage(localData.relayMAC, sensor.relay.query);
        rtc.sendMessage(localData.socketMAC, sensor.socket.query);
        rtc.sendMessage(localData.infraredMAC, sensor.control.query);
        rtc.sendMessage(localData.stepMAC, sensor.step.query);
        macFlag = 1;
        message_show("MAC 设置成功");
    } else {
        macFlag = 0;
        message_show("请正确输入 ID、KEY 连接云平台数据中心");
    }
});
```

（2）设备节点信息处理。上层应用发送查询指令，当底层的设备节点接收到查询指令后，将更新后的数据包发送到云平台服务器，云平台服务器通过数据推送服务将数据包发送至 Web 端的上层应用，然后由上层应用对数据包进行处理。

上层应用是通过 rtc.onmessageArrive()来处理数据包的，该函数的两个参数是 mac 和 dat，在该函数内部通过两个嵌套的条件判断语句来对设备节点的 MAC 地址及状态信息进行解析。例如，红外遥控使用的条件判断语句是 if (mac == localData. infraredMAC){…}，mac 表示数据包中设备节点的MAC地址，在该条件判断语句内嵌套了另一个条件判断语句，即 if (t[0] == sensor.control.tag_key) {…}，其中的 t[0]表示红外遥控的键值。

```
//消息处理回调函数
rtc.onmessageArrive = function (mac, dat) {
    if (dat[0] == '{' && dat[dat.length - 1] == '}') {
        dat = dat.substr(1, dat.length - 2);
        var its = dat.split(',');
        for (var x in its) {
            var t = its[x].split('=');
            if (t.length != 2) continue;
            if (mac == localData.infraredMAC) {//红外遥控
                if (t[0] == sensor.control.tag_key) {
                    $("#infrared").text("在线").css("color", "#6a5cba");
                }
                if (t[0] == sensor.control.tag_model) {
                    infraredMode = parseInt(t[1]);
                    if (infraredMode) {
                        infraredFlag = 0;
                        $("#ModeWork").text("学习模式");
                        message_show("学习模式开启");
                    } else {
                        infraredFlag = 1;
                        $("#ModeWork").text("遥控模式");
                        message_show("遥控模式开启");
                    }
                    $("#infrared").text("在线").css("color", "#6a5cba");
                }
            }
            if (mac == localData.relayMAC) {//加湿器
                if (t[0] == sensor.relay.tag) {
                    relayData = parseInt(t[1]);
                    if (relayData == 1) {
                        $("#relay").text("已开启");
                        $("#relay-img").attr("src", "img/humidifier_on.png");
                        relayFlag = 0;                                    //加湿器开启是 0，关闭是 1
                        message_show("加湿器已打开");
                    } else {
                        $("#relay").text("已关闭");
                        $("#relay-img").attr("src", "img/humidifier_off.png");
                        relayFlag = 1;
                        message_show("加湿器已关闭");
                    }
                    $("#relayLink").text("在线").css("color", "#6a5cba");
```

```
                }
            }
            if (mac == localData.socketMAC) {//智能插座
                if (t[0] == sensor.socket.tag) {
                    socketData = parseInt(t[1]);
                    if (socketData == 1) {
                        $("#socket").text("已开启");
                        $("#socket-img").attr("src", "img/strip_on.png");
                        socketFlag = 0;
                        message_show("智能插座已打开");
                    } else {
                        $("#socket").text("已关闭");
                        $("#socket-img").attr("src", "img/strip_off.png");
                        socketFlag = 1;
                        message_show("智能插座已关闭");
                    }
                    $("#socketLink").text("在线").css("color", "#6a5cba");
                }
            }
            if (mac == localData.stepMAC) {
                if (t[0] == sensor.step.tag) {
                    $("#stepLink").text("在线").css("color", "#6a5cba");
                    if (t[1] & 12) {
                        $("#step-img").attr("src", "img/transporter.gif");
                        $("#step").text("已开启");
                        message_show("窗帘已开启");
                        stepFlag = 0;
                    } else {
                        $("#step-img").attr("src", "img/transporter.png");
                        $("#step").text("已关闭");
                        message_show("窗帘已关闭");
                        stepFlag = 1;
                    }
                }
            }
        }
    }
}
```

4．模块功能实现

（1）红外遥控模块。360 红外遥控器需要先进行学习再进行控制，红外遥控模块首先设置 360 红外遥控器的模式，通过“on("click", function () {…}”按钮响应事件获得用户当前设置的模式并存放到变量 curmode 中，然后通过“("#curMode").text(select);”将模式显示出来。

```
//红外遥控
var curmode;
```

```
$(".dropdown-menu li a").on("click", function () {
    curmode = $.trim($("#control_select").text());
    var select = $(this).text();
    $("#curMode").text(select);
    $(this).text(curmode);
});
```

红外遥控模块是通过单击按钮事件对360红外遥控器进行控制的。控制按钮共12个，用户可自定义红外遥控模块的按钮。当单击其中一个按钮时，可通过“.controller-btn”获得键值，再通过“ir_control(v)”的参数v对应的键值设置来数组c的值，接着将数据打包赋值给cmd，最后调用“rtc.sendMessage(MAC, cmd);”来实现上层对底层的控制。

```
//红外遥控器模块的单击按钮事件
    $(".controller-btn").on("click", function () {
        ir_control($(this).data("text"));
    });
    function ir_control(v) {
        var m = $.trim($("#control_select").text());
        var c = {
            "1": "1", "2": "2", "3": "3", "4": "4", "5": "5", "6": "6", "7": "7", "8": "8",
            "9": "9", "0": "10", "A": "11", "B": "12", "C": "13", "D": "14", "E": "15", "F": "16",
        };
        var cmd;
        if (m == "学习模式") {
            cmd = '{OD1=1,V0=' + c[v] + '}';
        } else {
            cmd = '{CD1=1,V0=' + c[v] + '}';
        }
        var MAC = localData.infraredMAC;
        if (MAC) {
            console.log(MAC, "<<<", cmd);
            if (connectFlag) {
                rtc.sendMessage(MAC, cmd);
            } else {
                message_show("实时数据服务连接断开！");
            }
        }
    }
```

（2）加湿器模块。上层应用发送查询指令，底层节点接收到查询指令后，将更新后的继电器状态值发送到上层应用。加湿器模块通过单击按钮来触发sendMessage()函数，从而控制底层继电器的开关。

```
//开关加湿器
$("#relay").click(function () {
    if (connectFlag) {
        if (relayFlag == 1) {            //关闭加湿器
            rtc.sendMessage(localData.relayMAC, sensor.relay.on);
```

```
            } else {
                rtc.sendMessage(localData.relayMAC, sensor.relay.off);
            }
        }else {
            message_show("请正确输入 ID、KEY 连接云平台数据中心");
        }
});
```

（3）智能插座模块。智能插座模块的实现与加湿器模块类似，通过单击按钮来触发sendMessage()函数，从而控制底层智能插座的开关。

```
$("#socket").click(function () {
        if (connectFlag) {
            if (socketFlag == 1) {
                rtc.sendMessage(localData.socketMAC, sensor.socket.on);
            } else {
                rtc.sendMessage(localData.socketMAC, sensor.socket.off);
            }
        }else {
            message_show("请正确输入 ID、KEY 连接云平台数据中心");
        }
});
```

（4）窗帘模块。窗帘模块的实现与加湿器模块类似，通过单击按钮来触发发送sendMessage()函数，从而控制底层步进电机的开关。

```
$("#step").click(function () {
        if (connectFlag) {
            if (stepFlag == 1) {
                rtc.sendMessage(localData.stepMAC, sensor.step.on);
            } else {
                rtc.sendMessage(localData.stepMAC, sensor.step.off);
            }
        } else {
            message_show("请正确输入 ID、KEY 连接云平台数据中心");
        }
});
```

3.2.5 系统部署与测试

1. 系统硬件部署

（1）硬件设备连接设置。

① 硬件准备：电器系统需要 1 个 S4418/6818 系列网关、1 个 360 红外遥控器、1 个继电器组、1 个智能插座、1 个步进电机、3 个 ZXBeeLiteB 无线节点、1 个 SmartRF04EB 仿真器、1 个一个 ZXBeePlus 无线节点、1 个 JLink 仿真器。

② 将继电器组连接到 ZXBeeLite 节点的 A 端口，继电器的接线如图 3.85 所示。

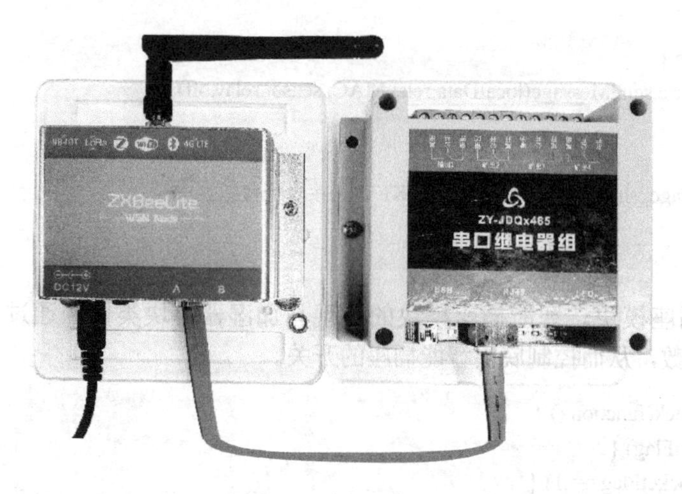

图 3.85　继电器的接线

③ 智能插座由继电器控制，默认控制状态为关闭。智能插座的接线如图 3.86 所示。

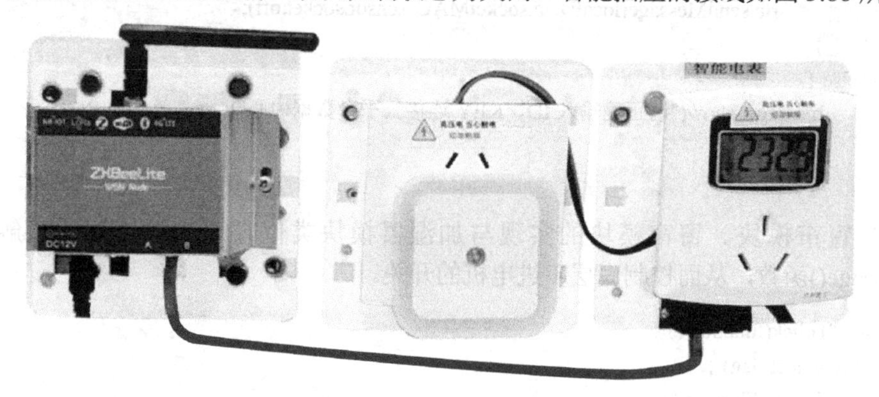

图 3.86　智能插座的接线

④ 360 红外遥控器的接线如图 3.87 所示。

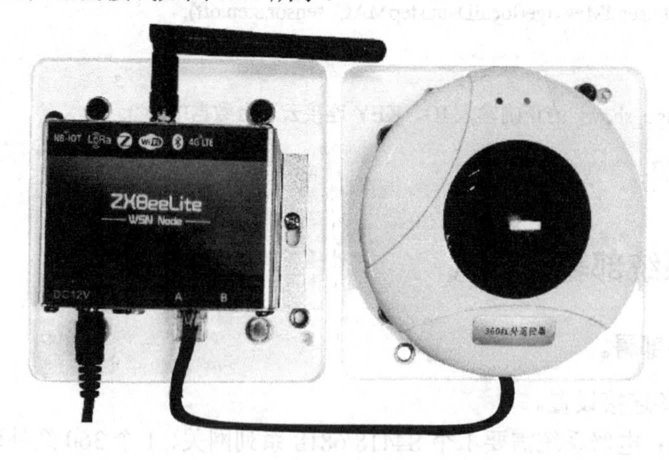

图 3.87　360 红外遥控器的接线

⑤ 步进电机通过 RJ45 端口连接到 ZXBeePlusB 节点 A 端子，其接线如图 3.88 所示。

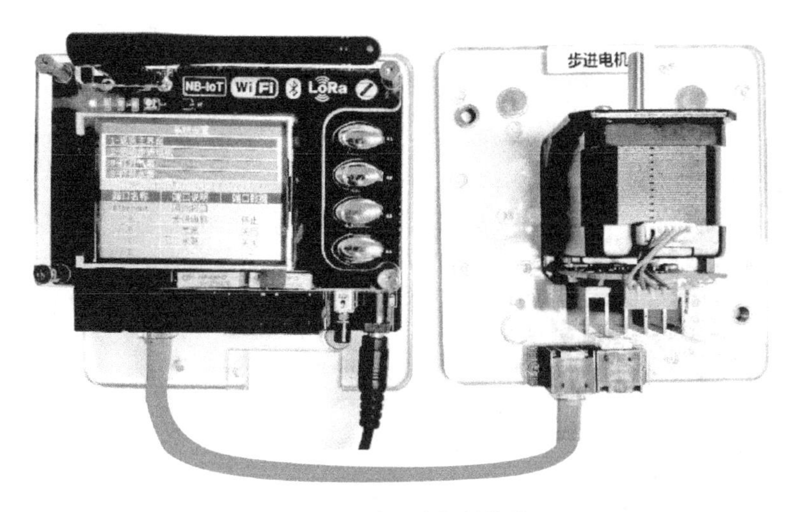

图 3.88　步进电机的接线

（2）系统组网测试。

① 运行 ZCloudWebTools，打开电器系统的网络拓扑图，组网成功后的网络拓扑图如图 3.89 所示，表示电器系统的设备节点上线没有问题，接下来需要测试项目界面功能。

图 3.89　电器系统组网成功后的网络拓扑图

② 运行本项目的 index.html 文件，输入 ID、KEY 和 SERVER 后单击“确认”按钮，观察设备节点是否在线，若在线说明组网成功，如图 3.90 所示。

2．系统测试

系统测试流程如图 3.91 所示，具体内容详见 3.1.5 节。

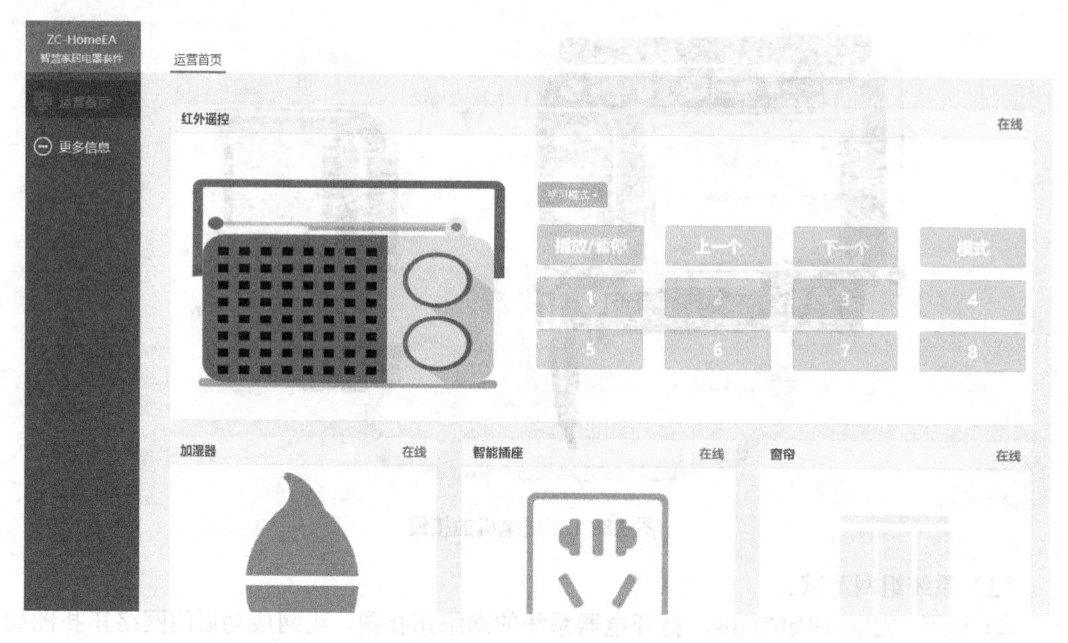

图 3.90　电器系统组网成功后的界面

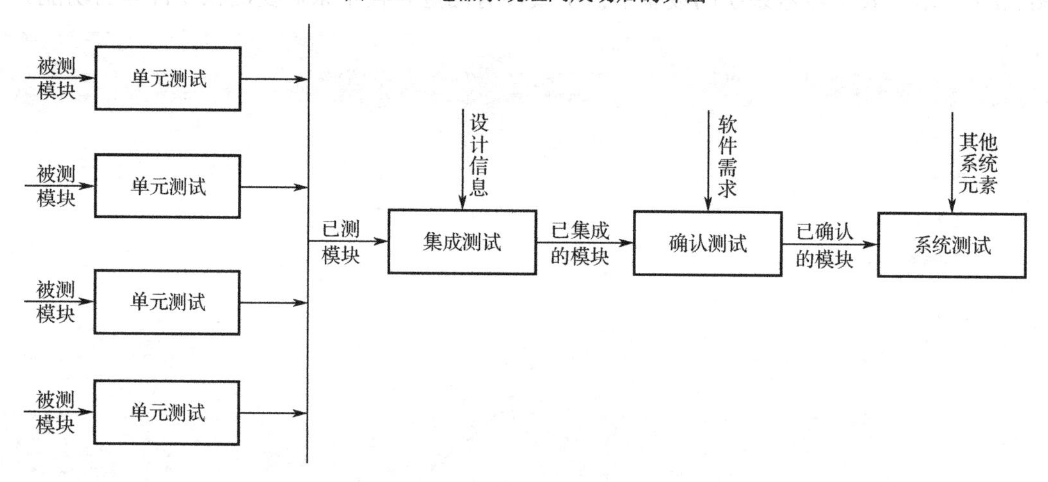

图 3.91　系统测试流程

用户功能测试项如表 3.8 所示。

表 3.8　用户功能测试项

模块	编号	测 试 项
运营首页界面	1	红外遥控子界面：先选择学习模式进行学习，再选择遥控模式进行控制
	2	加湿器子界面：单击“已开启”或者“已关闭”按钮控制继电器的开关
	3	智能插座子界面：单击“已开启”或者“已关闭”按钮控制智能插座的开关
	4	窗帘子界面：单击“已开启”或者“已关闭”按钮控制步进电机的开关
更多信息界面	1	IDKey 子界面：当用户输入正确的 ID、KEY、SERVER 后单击“连接”按钮弹出信息提示框“数据服务连接成功”，再单击“断开”按钮弹出信息提示框“数据服务连接失败，请检查网络或 ID、KEY”

续表

模块	编号	测　试　项
更多信息界面	2	MAC设置子界面：当云平台服务器连接成功且MAC地址已经输入则弹出信息提示框“MAC设置成功”。 如果云平台服务器未连接，即使MAC地址设置正确，单击“确认”按钮则弹出信息提示框“数据服务连接失败，请检查网络或ID、KEY”
	3	版本信息子界面：单击“版本升级”按钮弹出信息提示框“当前已是最新版本”。 单击“查看升级日志“按钮，查看版本的修改

（1）电器系统运营首页界面测试用例。电器系统运营首页界面测试用例如表3.9所示。

表3.9　电器系统运营首页界面测试用例

测试用例描述1		红外遥控子界面控制	
前置条件		红外遥控子界面标题显示“在线”	
序号	测试项	操作步骤	预期结果
1	红外遥控模块控制测试	（1）选择学习模式，再单击“播放/暂停”按钮，接着单击360红外遥控器对应的播放按钮进行学习。 （2）选择遥控模式，再单击“播放/暂停”按钮	弹出信息提示框“学习模式开启”。 弹出信息提示框“遥控模式开启”
测试用例描述2		加湿器子界面控制	
前置条件		加湿器子界面标题显示“在线”	
序号	测试项	操作步骤	预期结果
2	加湿器控制测试	（1）单击“已关闭”按钮。 （2）单击“已开启”按钮	（1）加湿器图片呈现打开状态，弹出信息提示框“加湿器已开启”，控制按钮显示已开启。 （2）加湿器图片呈现关闭状态，弹出信息提示框“加湿器已关闭”，控制按钮显示已关闭
测试用例描述3		智能插座子界面控制	
前置条件		智能插座子界面标题显示“在线”	
序号	测试项	操作步骤	预期结果
3	控制智能插座开关	（1）单击“已关闭”按钮。 （2）单击“已开启”按钮	（1）智能插座图片呈现打开状态，弹出信息提示框“智能插座已开启”，控制按钮显示已开启。 （2）智能插座图片呈现关闭状态，弹出信息提示框“智能插座已关闭”，控制按钮显示已关闭
测试用例描述4		窗帘子界面控制	
前置条件		窗帘子界面标题显示“在线”	
序号	测试项	操作步骤	预期结果
4	控制步进电机开关	（1）单击“已关闭”按钮。 （2）单击“已开启”按钮	（1）窗帘图片呈现打开状态，消息弹出框“窗帘已开启”，控制按钮显示已开启。 （2）窗帘图片呈现关闭状态，消息弹出框“窗帘已关闭”，控制按钮显示已关闭

（2）电器系统更多信息界面测试用例。电器系统更多信息界面测试用例如表3.10所示。

表3.10 电器系统更多信息界面测试用例

测试用例描述1		IDKey设置	
前置条件		获得ID和KEY	
序号	测试项	操作步骤	预期结果
1	IDKey模块	（1）输入ID和KEY单击“连接”按钮。 （2）单击“断开“按钮。 （3）单击“扫描”按钮。 （4）单击“分享”按钮	（1）弹出信息提示框“数据服务连接成功！”。 （2）弹出信息提示框“数据服务连接失败，请检查网络或ID、KEY”。 （3）弹出信息提示框“扫描只在安卓系统下可用！”。 （4）显示IDKey二维码模态框
测试用例描述2		MAC设置子界面	
前置条件		获得360红外遥控器、继电器、智能插座、步进电机的MAC地址	
序号	测试项	操作步骤	预期结果
2	360红外遥控、继电器组、智能插座、步进电机节点连接至云平台服务器	（1)依次输入节点MAC地址，单击“确认”按钮，再进入运营首页界面。 （2）单击“扫描”按钮。 （3）单击“分享”按钮	（1）弹出信息提示框“MAC设置成功”以及360红外遥控器、继电器、智能插座、步进电机的初始状态提示信息。在运营首页界面的红外遥控子界面标题处显示“在线”，加湿器子界面标题处显示“在线”，智能插座子界面标题处显示“在线”，步进电机子界面标题处显示“在线”。 （2）弹出信息提示框“扫描只在安卓系统下可用！”。 （3）显示MAC设置二维码模态框
测试用例描述3		版本信息子界面	
前置条件		无	
序号	测试项	操作步骤	预期结果
3	版本升级	（1）单击“版本升级”按钮。 （2）单击“查看升级日志”按钮，再单击“收起升级日志”按钮。 （3）单击“下载图片“按钮	（1）弹出信息提示框“当前已是最新版本”。 （2）显示升级说明，收起升级说明。 （3）弹出下载App模态框

（3）电器系统性能测试用例。电器系统性能测试用例如表3.11所示。

表3.11 电器系统性能测试用例

性能测试用例1		
性能测试用例描述1	浏览器兼容性	
用例目的	通过不同浏览器打开电器系统（主要测试谷歌、火狐、360等浏览器）	
前提条件	项目工程已经部署成功	
执行操作	期望的性能	实际性能（平均值）
通过不同浏览器打开电器系统	三个浏览器都能正确打开电器系统（期望用时1 s）	谷歌浏览器用时1.3 s、火狐浏览器用时1.6 s、360浏览器用时1.8 s

续表

性能测试用例 2		
性能测试用例描述 2	界面在线状态请求	
用例目的	界面在线更新必须快速，需要主动查询	
前提条件	数据服务连接成功且 MAC 地址设置正确	
执行操作	期望的性能	实际性能（平均值）
测试上线时间	红外遥控、加湿器、智能插座、步进电机子界面标题上线用时 2 s	用时 3 s
性能测试用例 3		
性能测试用例描述 3	最大并发用户数量	
用例目的	测试电器系统用户压力	
前提条件	数据服务连接成功且 MAC 地址设置正确	
执行操作	期望的性能	实际性能（平均值）
30 个用户并发操作	大于 28，小于或等于 30 人	29 人
性能测试用例 4		
性能测试用例描述 4	加湿器子界面控制开关响应请求	
用例目的	测试加湿器子界面连续单击“打开”或“关闭”按钮的次数	
前提条件	数据服务连接成功、MAC 地址设置正确并且加湿器子界面标题处显示“在线”	
执行操作	期望的性能	实际性能（平均值）
连续单击 5 次	5 次	4 次
性能测试用例 5		
性能测试用例描述 5	智能插座子界面控制开关响应请求	
用例目的	测试智能插座子界面控制请求响应时间	
前提条件	数据服务连接成功、MAC 地址设置正确并且智能插座子界面标题处显示“在线”	
执行操作	期望的性能	实际性能（平均值）
单击“已开启”和“已关闭”按钮	智能插座子界面图片切换用时 2 s	智能插座子界面图片切换用时 3s

（4）红外遥控子界面的功能测试。如果红外遥控子界面的标题处显示设备节点在线，则说明 360 红外遥控器已接入云平台服务器。在运营首页界面的红外遥控子界面中，在下拉框中选择“学习模式”，再单击“播放/暂停”按钮（相当于发送“cmd = '{OD1=1,V0=' c[v] + '}';”命令）可开启 360 红外遥控器的学习模式（见图 3.92），接着再次单击红外遥控子界面的“播放/暂停”按钮，此时红外遥控子界面可以学习到 360 红外遥控器的按钮。运行 ZCloudWebTools 软件，可以查看 360 红外遥控器在学习模式下控制命令（可参考 360 红外遥控器的数据通信协议），当 D1=1 时表示 360 红外遥控器处于学习模式，如图 3.93 所示。

在下拉框中选择“遥控模式”，单击“播放/暂停”按钮（相当于发送“cmd = '{CD1=1,V0=' + c[v] + '}';”命令）可开启 360 红外遥控器的遥控模式（见图 3.94）。运行 ZCloudWebTools 软件，可以查看 360 红外遥控器在遥控模式下的控制命令（可参考 360 红外遥控器的数据通信协议），当 D1=0 时表示 360 红外遥控器处于遥控模式，如图 3.95 所示。

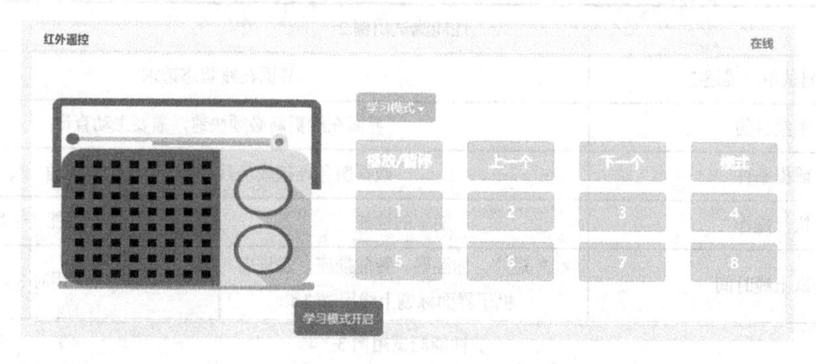

图 3.92　开启 360 红外遥控器的学习模式

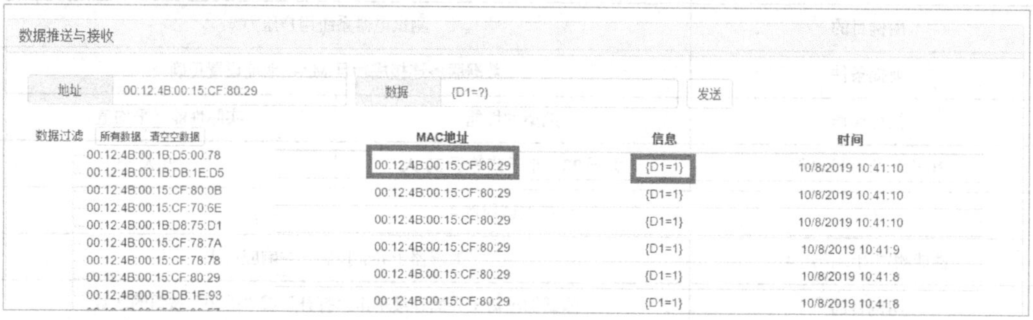

数据推送与接收

地址 00:12:4B:00:15:CF:80:29　数据 {D1=?}　发送

数据过滤　所有数据　清空空数据

00:12:4B:00:1B:D5:00:78
00:12:4B:00:1B:DB:1E:D5
00:12:4B:00:15:CF:80:0B
00:12:4B:00:15:CF:70:6E
00:12:4B:00:1B:D8:75:D1
00:12:4B:00:15:CF:78:7A
00:12:4B:00:15:CF:78:78
00:12:4B:00:15:CF:80:29
00:12:4B:00:1B:DB:1E:93

MAC地址	信息	时间
00:12:4B:00:15:CF:80:29	{D1=1}	10/8/2019 10:41:10
00:12:4B:00:15:CF:80:29	{D1=1}	10/8/2019 10:41:10
00:12:4B:00:15:CF:80:29	{D1=1}	10/8/2019 10:41:10
00:12:4B:00:15:CF:80:29	{D1=1}	10/8/2019 10:41:9
00:12:4B:00:15:CF:80:29	{D1=1}	10/8/2019 10:41:8
00:12:4B:00:15:CF:80:29	{D1=1}	10/8/2019 10:41:8

图 3.93　360 红外遥控器在学习模式下的控制命令

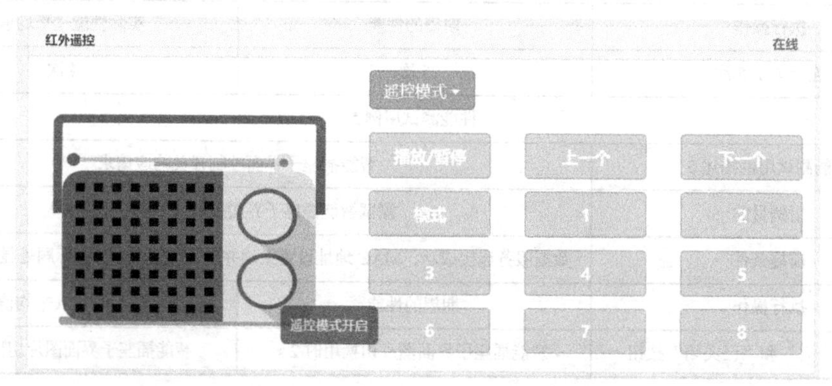

图 3.94　开启 360 红外遥控器的遥控模式

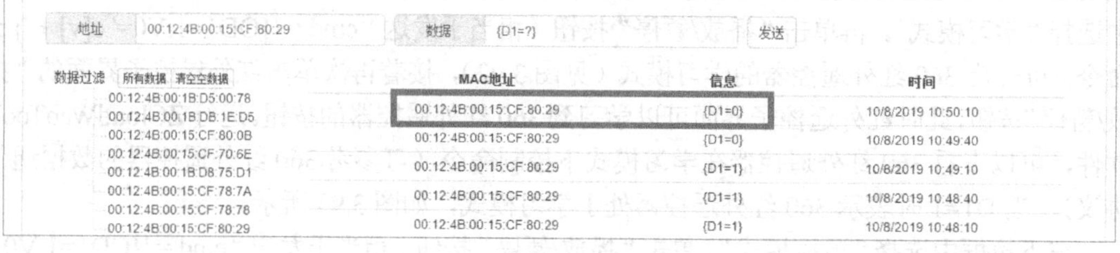

地址 00:12:4B:00:15:CF:80:29　数据 {D1=?}　发送

数据过滤　所有数据　清空空数据

00:12:4B:00:1B:D5:00:78
00:12:4B:00:1B:DB:1E:D5
00:12:4B:00:15:CF:80:0B
00:12:4B:00:15:CF:70:6E
00:12:4B:00:1B:D8:75:D1
00:12:4B:00:15:CF:78:7A
00:12:4B:00:15:CF:78:78
00:12:4B:00:15:CF:80:29

MAC地址	信息	时间
00:12:4B:00:15:CF:80:29	{D1=0}	10/8/2019 10:50:10
00:12:4B:00:15:CF:80:29	{D1=0}	10/8/2019 10:49:40
00:12:4B:00:15:CF:80:29	{D1=1}	10/8/2019 10:49:10
00:12:4B:00:15:CF:80:29	{D1=1}	10/8/2019 10:48:40
00:12:4B:00:15:CF:80:29	{D1=1}	10/8/2019 10:48:10

图 3.95　360 红外遥控器在遥控模式下的控制命令

（5）加湿器子界面功能测试。同样，如果加湿器子界面的标题处显示设备节点为“在线”，则说明继电器已成功连接云平台服务器。单击“已关闭”按钮可开启加湿器（见图 3.96），单击“已开启”按钮可关闭加湿器（见图 3.97）。运行 ZCloudWebTools 软件，可查看 D1 值，开启加湿器时的 D1 值如图 3.98 所示，关闭加湿器时的 D1 值如图 3.99 所示。

图 3.96　开启加湿器

图 3.97　关闭加湿器

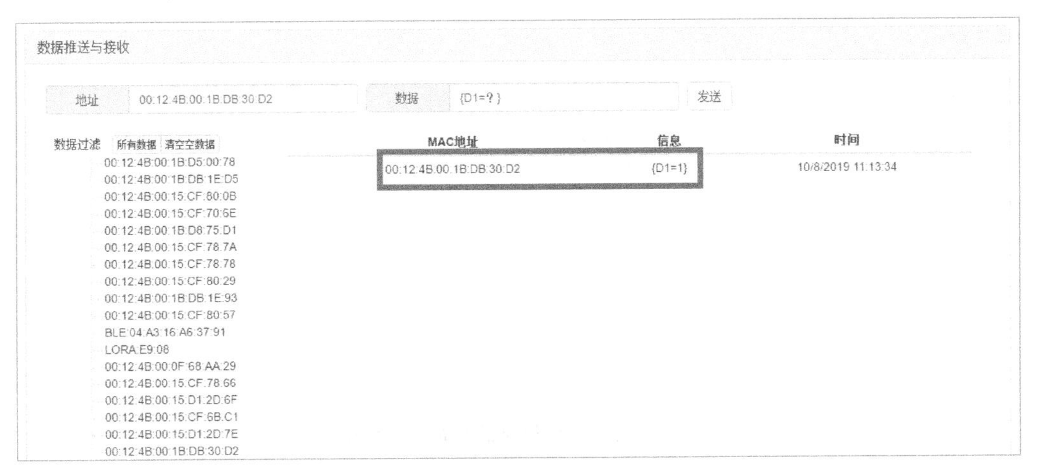

图 3.98　开启加湿器时的 D1 值

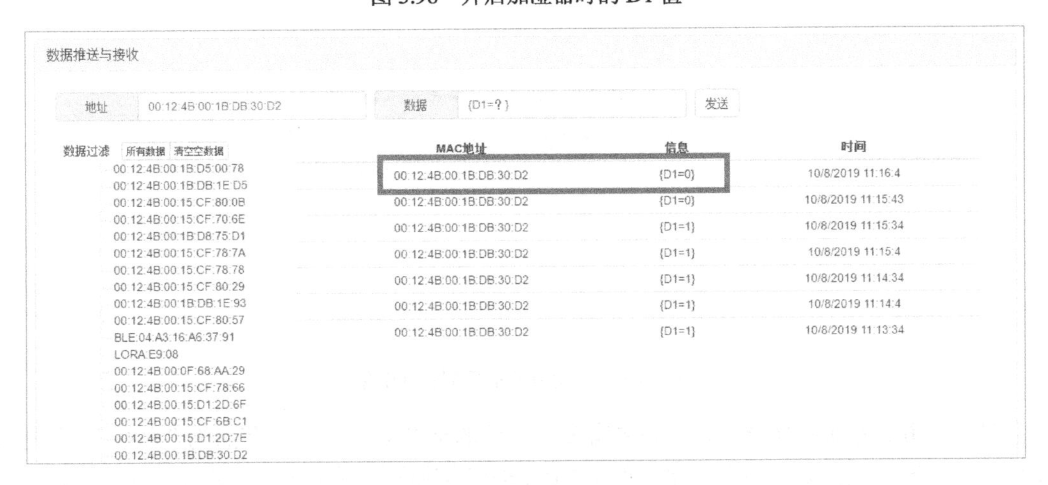

图 3.99　关闭加湿器时的 D1 值

（6）智能插座子界面的功能测试。如果智能插座子界面的标题处显示设备节点为“在线”，则说明智能插座已成功连接云平台服务器。单击“已关闭”按钮可开启智能插座（见图 3.100），单击“已开启”按钮可关闭智能插座（见图 3.101）。运行 ZCloudWebTools 软件，可查看 D1 值，开启智能插座时的 D1 值如图 3.102 所示，关闭智能插座时的 D1 值如图 3.103 所示。

图 3.100　开启智能插座

图 3.101　关闭智能插座

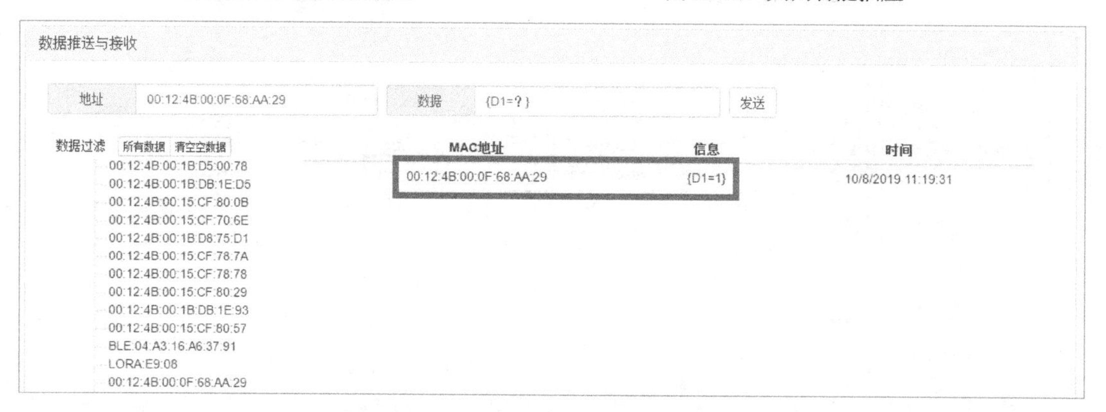

图 3.102　开启智能插座时的 D1 值

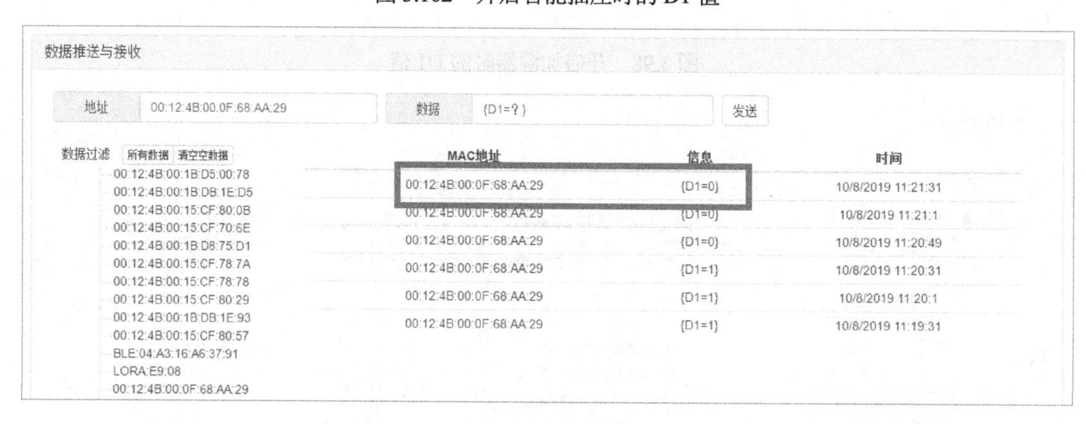

图 3.103　关闭智能插座时的 D1 值

（7）窗帘子界面的功能测试。如果窗帘子界面的标题处显示设备节点为“在线”，则说明步进电机已成功连接云平台服务器。单击“已关闭”按钮可开启窗帘（见图 3.104），单击“已开启”按钮可关闭窗帘（见图3.105）。运行ZCloudWebTools软件，可查看D1值，开启步进电机（即开启窗帘）时的D1值如图3.106所示，关闭步进电机（即关闭窗帘）时的D1值如图3.107所示。

图3.104　开启窗帘

图3.105　关闭窗帘

数据推送与接收

地址 BLE:04:A3:16:A6:37:91　数据 {D1=?}　发送

数据过滤　所有数据　清空空数据

00:12:4B:00:1A:BE:E2:DE
00:12:4B:00:1B:D5:00:78
00:12:4B:00:1B:DB:1E:D5
00:12:4B:00:0E:0A:47:41
00:12:4B:00:1B:DB:3A:A3
00:12:4B:00:15:CF:67:D2
00:12:4B:00:15:CF:5C:C3
00:12:4B:00:1B:DB:30:D2

MAC地址	信息	时间
BLE:04:A3:16:A6:37:91	AT+SEN	2019/12/23 16:5:47
BLE:04:A3:16:A6:37:91	{D1=12}	2019/12/23 16:5:46
BLE:04:A3:16:A6:37:91	{A5=26.3,A6=32.0,A7=11.3}	2019/12/23 16:5:42
BLE:04:A3:16:A6:37:91	{D1=0}	2019/12/23 16:5:42
BLE:04:A3:16:A6:37:91	{D1=0}	2019/12/23 16:5:39

图3.106　开启步进电机时的D1值

数据推送与接收

地址 BLE:04:A3:16:A6:37:91　数据 {D1=?}　发送

数据过滤　所有数据　清空空数据

00:12:4B:00:1A:BE:E2:DE
00:12:4B:00:1B:D5:00:78
00:12:4B:00:1B:DB:1E:D5
00:12:4B:00:0E:0A:47:41
00:12:4B:00:1B:DB:3A:A3
00:12:4B:00:15:CF:67:D2
00:12:4B:00:15:CF:5C:C3
00:12:4B:00:1B:DB:30:D2
BLE:04:A3:16:A6:37:91
00:12:4B:00:1B:DB:1E:A3
00:12:4B:00:1B:D8:75:E0
00:12:4B:00:15:D1:31:0C
00:12:4B:00:15:CF:80:0B
00:12:4B:00:1B:D8:75:D1
00:12:4B:00:1B:DB:26:22
00:12:4B:00:15:D1:2D:7E
00:12:4B:00:15:CF:80:57

MAC地址	信息	时间
BLE:04:A3:16:A6:37:91	{D1=0}	2019/12/23 16:7:12
BLE:04:A3:16:A6:37:91	{D1=0}	2019/12/23 16:7:12
BLE:04:A3:16:A6:37:91	{D1=0}	2019/12/23 16:7:11
BLE:04:A3:16:A6:37:91	{A5=26.3,A6=32.0,A7=11.3}	2019/12/23 16:7:8
BLE:04:A3:16:A6:37:91	{A5=26.3,A6=32.0,A7=11.3}	2019/12/23 16:7:3
BLE:04:A3:16:A6:37:91	{A5=26.3,A6=32.0,A7=11.3}	2019/12/23 16:6:58
BLE:04:A3:16:A6:37:91	{A5=26.3,A6=32.0,A7=11.3}	2019/12/23 16:6:53
BLE:04:A3:16:A6:37:91	{A5=26.3,A6=32.0,A7=11.4}	2019/12/23 16:6:48
BLE:04:A3:16:A6:37:91	{A5=26.3,A6=32.0,A7=11.3}	2019/12/23 16:6:43
BLE:04:A3:16:A6:37:91	AT+LIN	2019/12/23 16:6:42
BLE:04:A3:16:A6:37:91	{A5=26.3,A6=32.0,A7=11.4}	2019/12/23 16:6:38

图3.107　关闭步进电机时的D1值

3.3 智慧家居安防系统设计

3.3.1 系统分析

1. 系统功能分析

安防系统功能如图 3.108 所示。

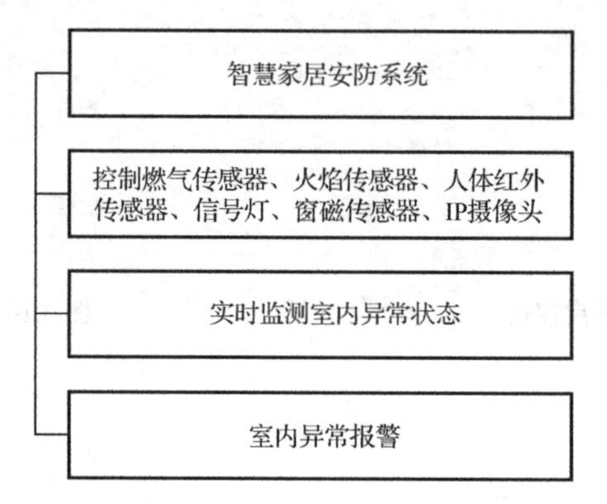

图 3.108 安防系统的功能

安防系统的功能是通过燃气传感器、火焰传感器、窗磁传感器、人体红外传感器来实时监测室内状况，并在发生异常时触发信号灯来报警，用户还可以通过 IP 摄像头来远程查看室内情况。

2. 系统界面分析

安防系统界面由运营首页界面和更多信息界面组成，如图 3.109 所示。

运营首页界面：该界面面向用户，主要用于显示各个设备节点的在线状态，以及设备节点被触发后的界面响应状态或对设备节点进行远程控制。运营首页界面包括当前燃气、当前火焰、当前窗磁、当前人体红外、当前报警器和视频监控子界面。

更多信息界面：该界面通过导航控制 IDKey、MAC 设置、IP 摄像头设置和版本信息 4 个子界面。

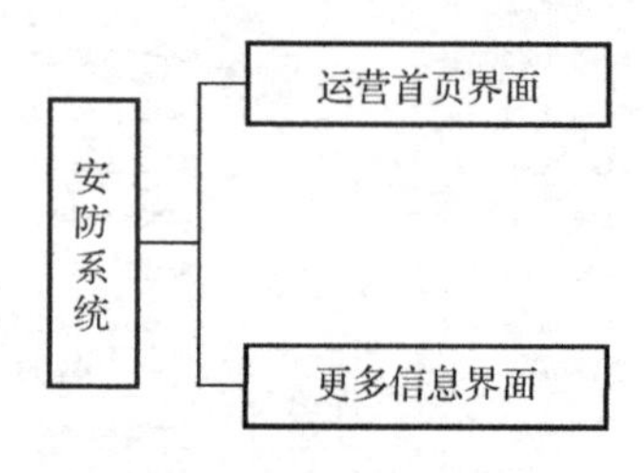

图 3.109 安防系统界面的组成

3. 系统业务流程分析

安防系统的业务流程和门禁系统类似，如图 3.110 所示。

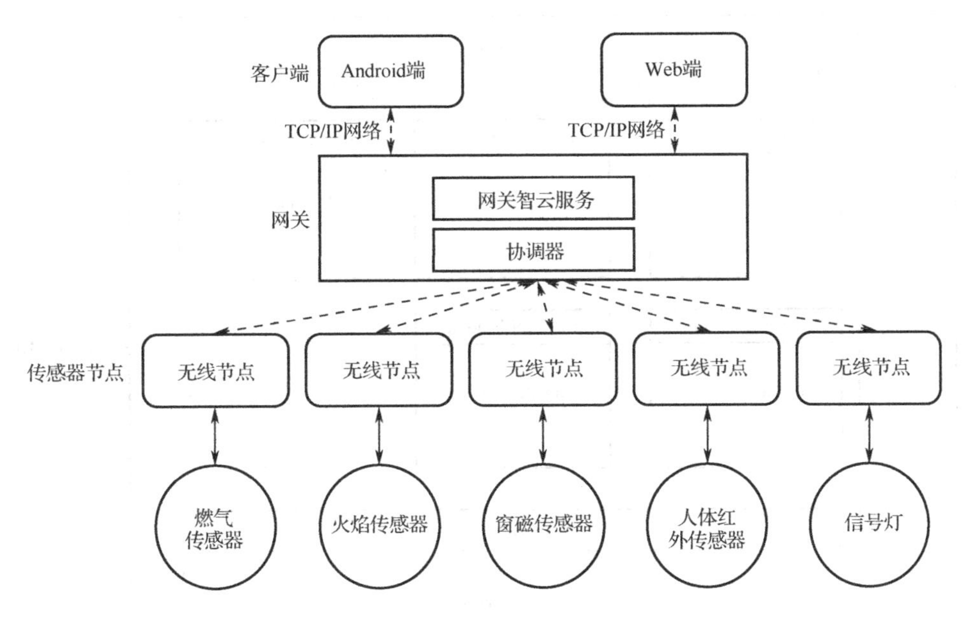

图 3.110 安防系统的业务流程

3.3.2 系统设计

1. 系统界面框架设计

安防系统界面的结构如图 3.111 所示。

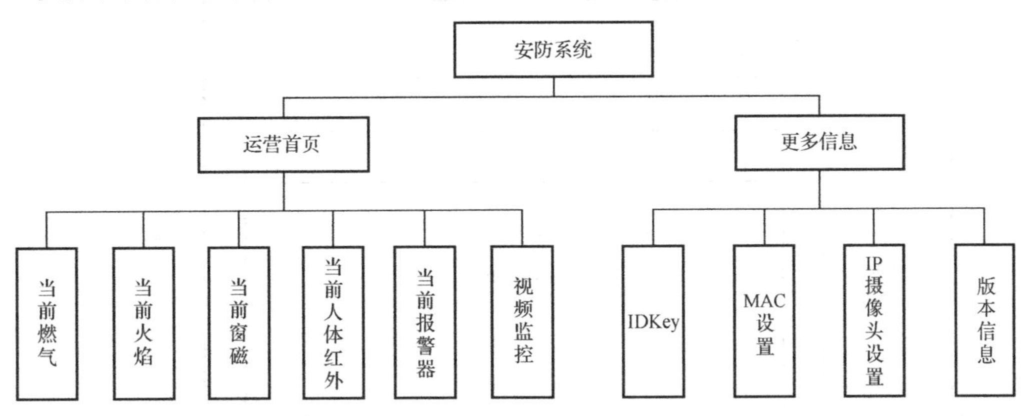

图 3.111 安防系统界面的结构

（1）运营首页界面。运营首页界面采用 DIV+CSS 布局，其结构如图 3.112 所示。

① 头部（div.head）：用于显示安防系统的名称。

② 顶级导航（top-nav）：用于切换运营首页界面和更多信息界面。

③ 内容包裹（wrap）：分为导航和主体 1（div.content）。

（2）更多信息界面。根据界面设计的一致性原则，更多信息界面也采用 DIV+CSS 布局，其结构如图 3.113 所示。

① 头部（div.head）：用于显示安防系统的名称。

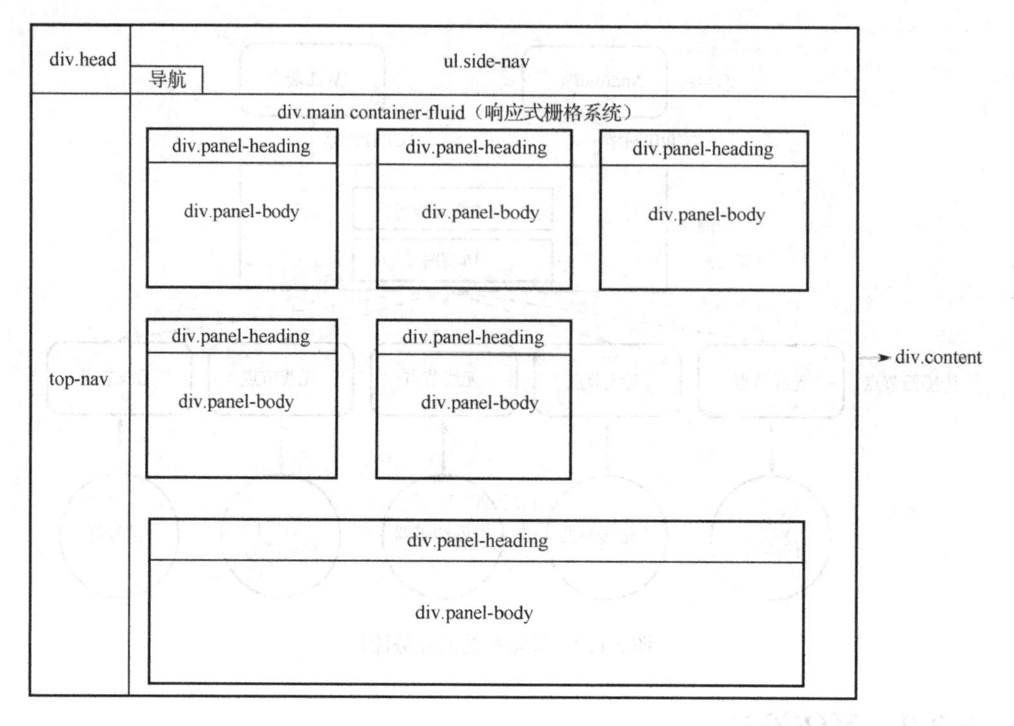

图 3.112　运营首页界面的结构

② 顶级导航栏（top-nav）：用于切换运营首页界面和更多信息界面。

③ 内容包裹（wrap）：分为导航和主体 2（div.content）。

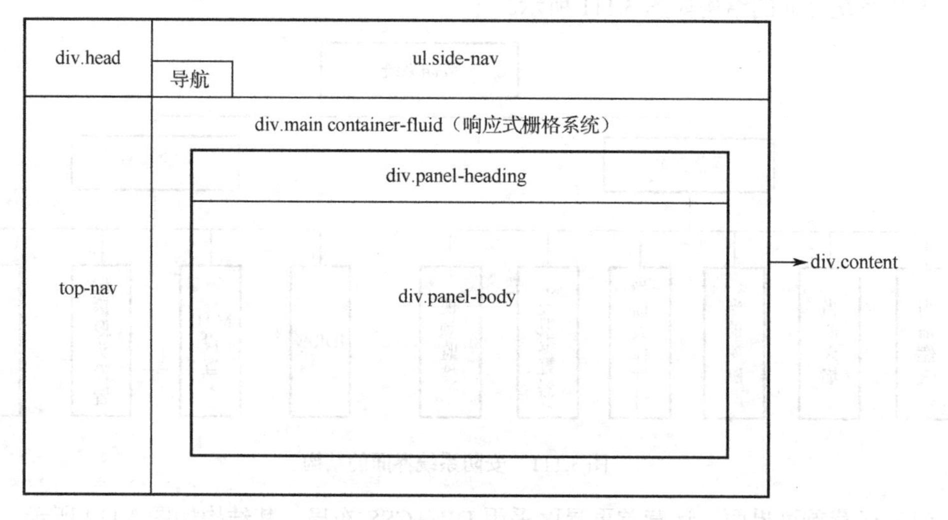

图 3.113　更多信息界面的结构

2. 系统界面设计风格

安防系统界面设计风格原则与门禁系统界面设计风格类似，详见表 3.1，相关设计如下：

（1）导航。单击一级导航（见图 3.114）时背景、字体颜色会淡化或者高亮，单击二级导航（见图 3.115）时会通过下画线进行提示。

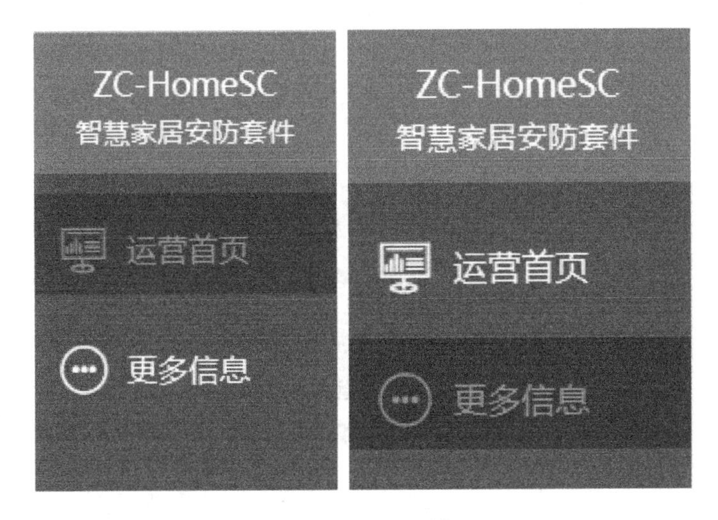

图 3.114　一级导航

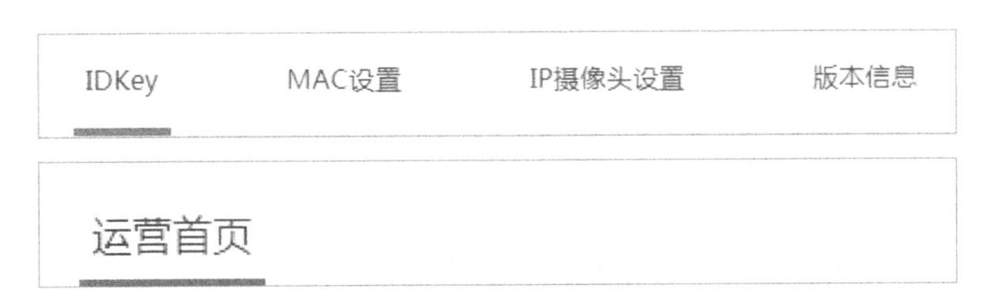

图 3.115　二级导航

（2）Bootstrap 栅格系统。安防系统界面主体内容的布局和门禁系统类似，详见 3.1.2 节，均采用 Bootstrap 栅格系统进行布局，如图 3.116 所示。

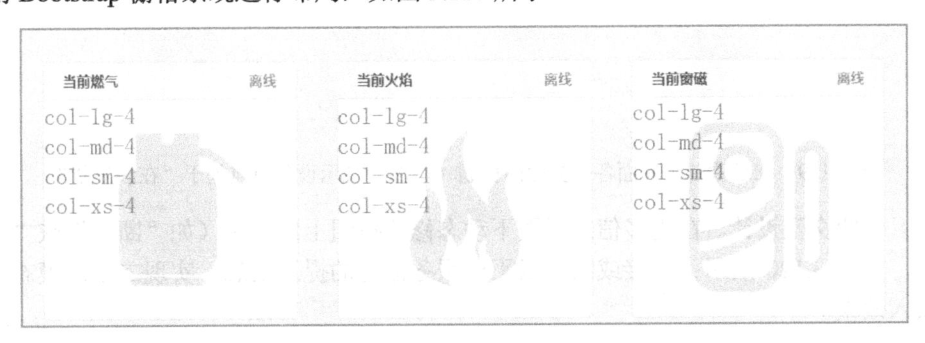

图 3.116　采用 Bootstrap 栅格系统对安防系统界面的主体内容进行布局

（3）三色搭配风格。安防系统界面的三色搭配风格和门禁系统类似，请见 3.1.2 节。

3．系统界面交互设计

（1）导航界面交互设计。安防系统界面分为一级导航和二级导航。一级导航用于动态切换运营首页界面和更多信息界面，如图 3.117 和图 3.118 所示，二级导航用于动态显示主体内容。

图 3.117　运营首页界面

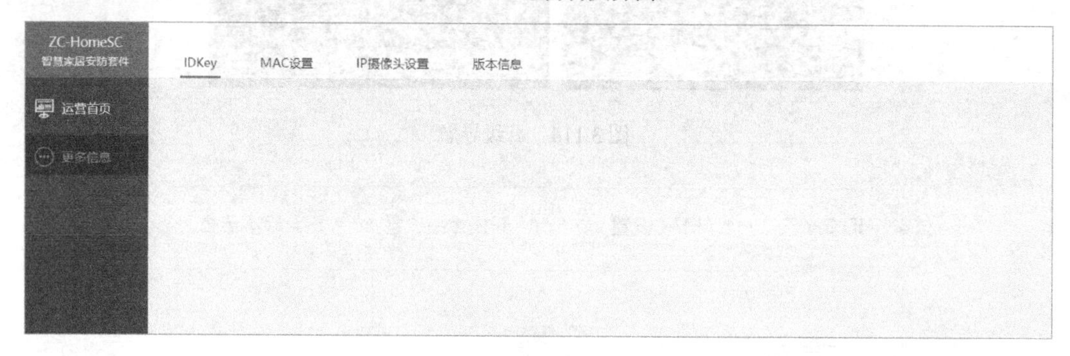

图 3.118　更多信息界面

（2）提示信息交互设计。当云平台服务器和设备节点的 MAC 地址都设置正确时，在运营首页界面各子界面的标题（头部）显示设备节点处于“在线”状态，如图 3.119 所示。

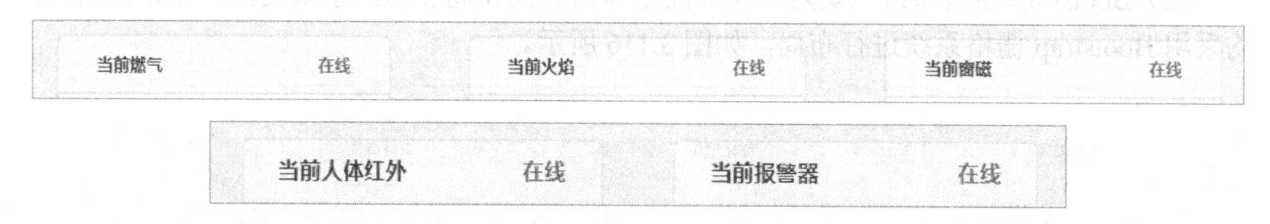

图 3.119　在运营首页界面各子界面的标题（头部）显示设备节点处于“在线”状态

（3）按钮交互设计。在更多信息界面下动态修改按钮上的文字（如“断开”或“连接”）及颜色，如图 3.120 所示；连接或断开云平台服务器时的提示信息；实现二维码模态框的淡出和淡入效果。

图 3.120　按钮上文字和颜色的动态修改

3.3.3　系统界面实现

1．系统界面的布局

（1）运营首页界面的布局如图 3.121 所示。

图 3.121　运营首页界面的布局

（2）更多信息界面的布局。更多信息界面包括 IDKey 子界面（见图 3.122）、MAC 设置子界面、IP 摄像头设置子界面（见图 3.123）和版本信息子界面。

图 3.122　IDKey 子界面

图 3.123　IP 摄像头设置子界面

2. 系统界面的设计

（1）IDKey 子界面的设计。IDKey 子界面的设计如图 3.124 所示，该子界面通过调用 Bootstrap 的表单控件的 form-group 类来实现文本输入框的输入（如 ID、KEY、SEVER），通过 button 类来实现按钮的单击，详细代码请参考本项目工程文件。

图 3.124　IDKey 子界面的设计

（2）MAC 设置子界面的设计。MAC 设置子界面的设计如图 3.125 所示，该子界面由“MAC 设置”标签（label）、“燃气传感器”“火焰传感器”“窗磁传感器”“人体红外传感器”“声光报警器”标签及其文本输入框，以及“确认”“扫描”“分享”按钮组成，具体的代码请参考本项目的工程文件。

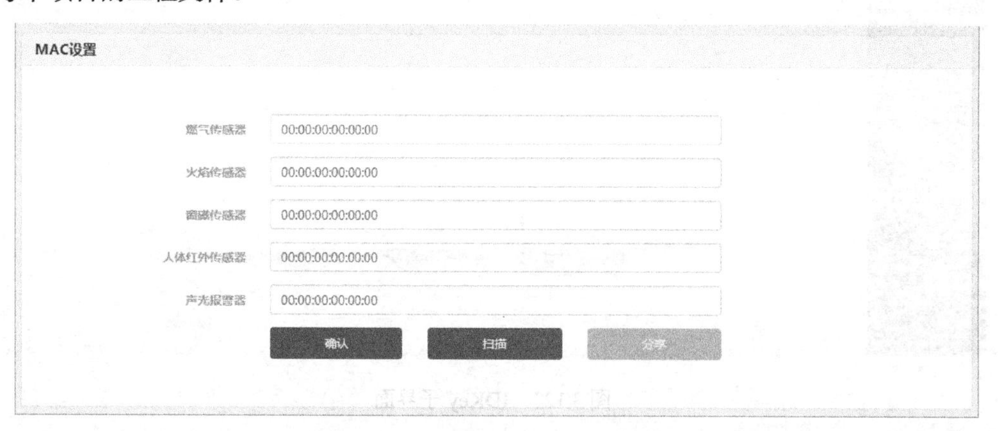

图 3.125　MAC 设置子界面的设计

图 3.126　当前燃气子界面的设计

（3）当前燃气子界面的设计。当前燃气子界面的设计如图 3.126 所示，该子界面包括标题和主体内容两个部分，通过 Bootstrap 栅格系统将主体内容布局成一行四列（col-lg-4 col-md-4 col-sm-4 col-xs-4）的形式。

当前燃气子界面的功能是：标题用于显示燃气传感器的状态，如“在线”或“离线”；主体内容通过图片动态显示燃气监控报警。当前燃气子界面的标题通过“id="gasLink"”改变在线状态，主体内容通过“id="gasStatus"”改变图片的状态。具体代码如下：

```
<div class="col-lg-4 col-md-4 col-sm-4 col-xs-4">
    <div class="panel panel-default">
        <div  class="panel-heading">当前燃气<span  id="gasLink"  class="float-right  text-red">离线</span></div>
        <div class="panel-body text-center">
            <img id="gasStatus" class="chartBlock" src="img/gas-off.png" alt="">
        </div>
    </div>
</div>
```

（4）当前火焰子界面的设计。当前火焰子界面的设计如图 3.127 所示，该子界面包括标题和主体内容两个部分，主体内容通过 Bootstrap 栅格系统将主体内容部分布局成四列（col-lg-4col-md-4col-sm-4col-xs-4）。

当前火焰子界面的功能是：标题用于显示火焰传感器的状态，如“在线”或“离线”；主体内容通过图片动态显示火焰的监控报警。当前火焰子界面也是通过 Bootstrap 栅格系统进行布局的，分为标题和主体内容两个部分，火焰传感器的“在线”或者“离线”状态是通过“id="fireLink"”进行动态切换的，当火焰传感器检测到火焰时，图片会进行动态改变。具体的 HTML 代码如下：

```
<div class="col-lg-4 col-md-4 col-sm-4 col-xs-4">
    <div class="panel panel-default">
        <div  class="panel-heading">当前火焰<span  id="fireLink"  class="float-right  text-red">离线</span></div>
        <div class="panel-body">
            <img id="fireStatus" class="chartBlock" src="img/flame-off.png" alt="">
        </div>
    </div>
</div>
```

（5）当前窗磁子界面的设计。当前窗磁子界面的设计如图 3.128 所示，该子界面包括标题和主体内容两个部分，主体内容通过 Bootstrap 栅格系统布局成四列（col-lg-4 col-md-4 col-sm-4 col-xs-4）。

图 3.127　当前火焰子界面的设计

图 3.128　当前窗磁子界面的设计

当前窗磁子界面的功能是：标题用于显示窗磁传感器的状态，如“在线”或“离线”；主体内容通过图片动态显示窗磁的监控报警。具体代码如下：

```
<div class="col-lg-4 col-md-4 col-sm-4 col-xs-4">
    <div class="panel panel-default">
        <div class="panel-heading">当前窗磁<span id="magneticLink" class="float-right text-red">离线</span></div>
        <div class="panel-body">
            <img id="magneticStatus" class="chartBlock" src="img/door-off.png" alt="">
        </div>
    </div>
</div>
```

（6）当前人体红外子界面的设计。当前人体红外子界面的设计如图 3.129 所示，该子界面包括标题和主体内容两个部分，主体内容通过 Bootstrap 栅格系统布局成四列（col-lg-4 col-md-4 col-sm-4 col-xs-4）。

当前人体红外子界面的功能是：标题用于显示人体红外传感器的状态，如“在线”或“离线”；主体内容通过图片动态显示非用户的侵入和报警。具体代码如下：

```
<div class="col-lg-4 col-md-4 col-sm-4 col-xs-4">
    <div class="panel panel-default">
        <div class="panel-heading">当前人体红外<span id="infraredLink" class="float-right text-red">离线</span></div>
        <div class="panel-body">
            <img id="infraredStatus" class="chartBlock" src="img/infrared-off.png" alt="">
        </div>
    </div>
</div>
```

（7）当前报警器子界面的设计。当前报警器子界面的设计如图 3.130 所示，该子界面包括标题和主体内容两个部分，主体内容通过 Bootstrap 栅格系统布局成四列（col-lg-4 col-md-4 col-sm-4 col-xs-4）。

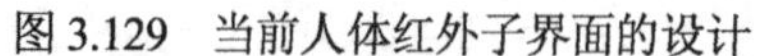

图 3.129　当前人体红外子界面的设计

图 3.130　当前报警器子界面的设计

当前报警器子界面的功能是：标题用于显示信号灯的状态，如“在线”或“离线”；主体内容通过切换图片来表示是否有某个安防类传感器检测到异常并报警。具体代码如下：

```
<div class="col-lg-4 col-md-4 col-sm-4 col-xs-4">
    <div class="panel panel-default">
        <div class="panel-heading">当前报警器<span id="alertorLink" class="float-right text-red">离线
</span></div>
        <div class="panel-body">
            <img id="alertorStatus" class="chartBlock" src="img/alarm-off.png" alt="">
        </div>
    </div>
</div>
```

3.3.4 系统软件功能实现

1. ZXBee数据通信协议的设计

安防系统使用的设备节点有火焰传感器、燃气传感器、窗磁传感器、人体红外传感器、信号灯报警器，其ZXBee数据通信协议如表3.12所示。

表3.12 安防系统ZXBee数据通信协议

设备节点	参数	含义	权限	说明
火焰探测器	D0(OD1/CD1)	模式	R/W	D0的bit1表示火焰传感器的状态，0表示关闭火焰传感器，1表示开启火焰传感器
燃气传感器	A0	燃气状态	R/W	1表示检测到燃气，0表示未检测到燃气
窗磁传感器	D1(OD1/CD1)	智能插座开关控制	R/W	D1的bit0表示智能插座的开关状态，0表示关闭智能插座，1表示打开智能插座
人体红外传感器	A0	人体红外状态	R	1表示检测到附近有人体活动，0表示未检测到有人体活动
	D0(OD0/CD0)	主动上报使能	R/W	D0的bit0对应A0主动上报使能，0表示不允许主动上报，1表示允许主动上报
	V0	主动上报时间间隔	R/W	V0表示主动上报时间间隔，单位为s
信号灯报警器	D1(OD1/CD1)	信号灯控制	R/W	D1的bit0～bit2和bit3～bit5分别表示RGB灯1、RGB灯2的红黄绿三种颜色的开关，0表示关闭，1表示打开

2. 云平台服务器的连接

安防系统是通过调用云平台的Web编程应用实时接口来连接云平台服务器的，安防系统与云平台服务器的连接流程如图3.131所示。

3. 设备节点状态更新显示

（1）设备节点状态更新显示流程。设备节点状态更新显示流程如图3.132所示。通过设置设备节点的MAC地址，可获取传感器节点采集的数据，实现设备节点在线。

当安防系统连接到云平台服务器后，云平台服务器就会进行数据推送，推送的数据包含了设备节点的MAC地址。当设备节点的MAC地址和云平台服务器的MAC地址匹配后，云平台服务器就可以获取传感器采集的数据，所以需要先进行设备节点MAC地址的输入与确认。

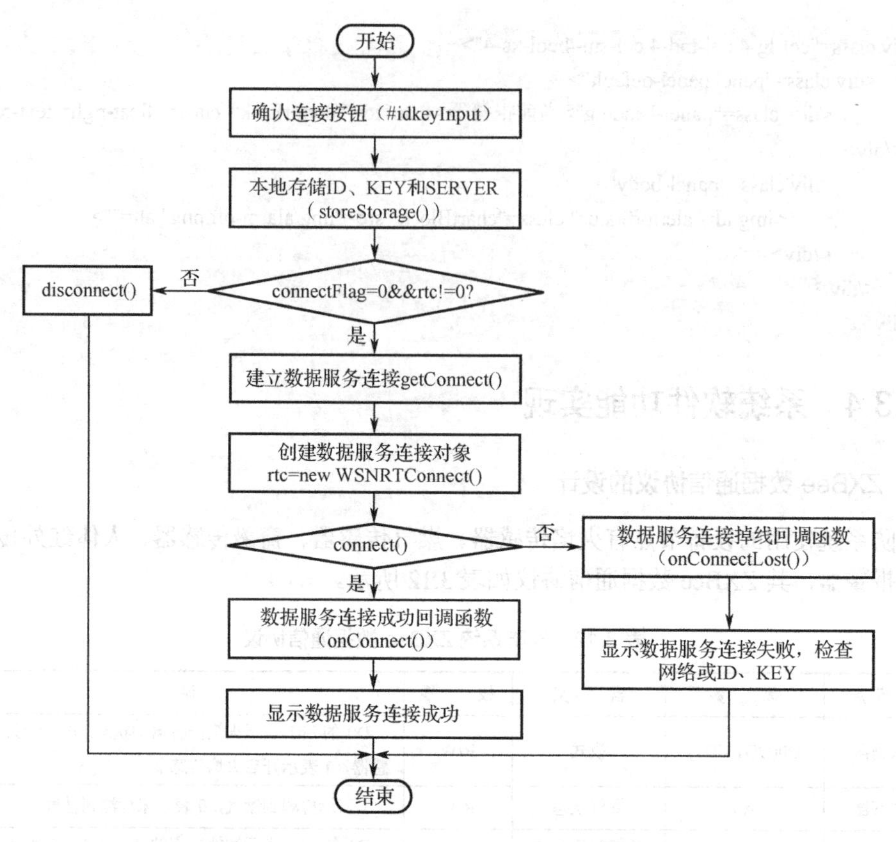

图 3.131　安防系统与云平台服务器的连接流程

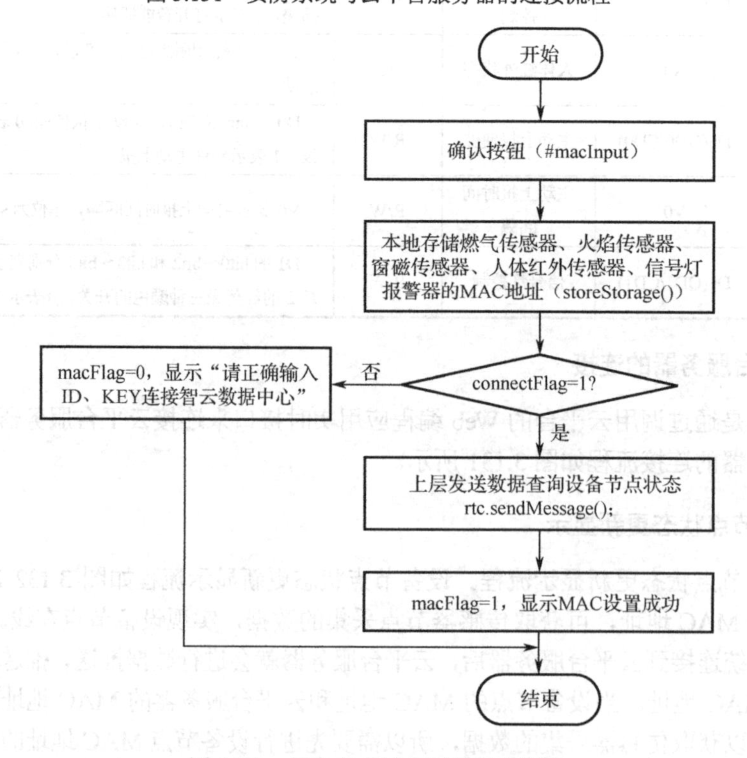

图 3.132　设备节点状态更新显示流程

设备节点的连接功能是通过“确认”按钮实现的。当单击“确认”按钮时，触发“$("#macInput").click()”事件，首先在本地保存设备节点的 MAC 地址，如燃气传感器通过“localData.gasMAC = $("#gasMAC").val();”存储其 MAC 地址；再通过条件判断语句“if(connectFlag){}”判断连接标志位，如果连接标志位 connectFlag=1，则调用 WSNRTConnect.js 文件中的函数 rtc.sendMessage()对燃气传感器的状态进行查询，判断该设备节点是否开启，如果成功开启则显示“MAC 设置成功”，否则显示“请正确输入 ID、KEY 连接云平台数据中心”。

```
$("#macInput").click(function () {
    localData.gasMAC = $("#gasMAC").val();
    localData.fireMAC = $("#fireMAC").val();
    localData.magneticMAC = $("#magneticMAC").val();
    localData.infraredMAC = $("#infraredMAC").val();
    localData.alertorMAC = $("#alertorMAC").val();
    //本地存储 MAC 地址
    storeStorage();
    if (connectFlag) {
        rtc.sendMessage(localData.gasMAC, sensor.gas.query);
        rtc.sendMessage(localData.fireMAC, sensor.fire.query);
        rtc.sendMessage(localData.magneticMAC, sensor.magnetic.query);
        rtc.sendMessage(localData.infraredMAC, sensor.infrared.query);
        rtc.sendMessage(localData.alertorMAC, sensor.alertor.query);
        macFlag = 1;
        message_show("MAC 设置成功");
    }
    else {
        macFlag = 0;
        message_show("请正确输入 ID、KEY 连接云平台数据中心");
    }
});
```

（2）设备节点信息处理。设备节点信息处理包括两个部分：一是更新设备节点的在线状态，二是控制设备节点。由于安防类传感器会定时向上层发送信息，所以只需要通过回调函数 rtc.onmessageArrive(mac, dat)对接收到的有效信息进行处理即可，该函数有两个参数，分别是 mac 和 dat，需要对这两个参数进行解析。

参数 mac 的解析。首先过滤掉设备节点类型数据，只留下数组变量长度为 2 的 MAC 地址信息以及命令查询信息。然后回调函数 rtc.onmessageArrive()通过嵌套的条件判断语句来解析设备节点的 MAC 地址及状态信息（可参看 ZXBee 数据通信协议的设计）。例如，通过“if(mac==localData.gasMAC){…}”可以解析数据包中燃气传感器的 MAC 地址。

参数 dat 的解析。首先通过嵌套一个条件判断语句“if(t[0]==sensor.gas.tag){…}”进行判断，sensor.gas.tag 表示查询 sensor 对象（如燃气传感器）的 tag 值。然后在原有的条件判断语句中嵌套“if(gasData){...}”可判断燃气传感器是否检测到燃气泄漏。如果检测到燃气泄漏，则动态切换当前燃气子界面中的图片，并同时执行“rtc.sendMessage(localData.alertorMAC, sensor.alertor.on);”来向信号灯报警器发送报警信息。如果没有检测到燃气泄漏，则关闭当前燃气子界面中的动态切图片功能，也不向信号灯报警器发送报警信息。

火焰传感器、窗磁传感器、人体红外传感器都属于安防类传感器，设备节点信息的处理和燃气传感器的处理方式相同。

```
//消息处理回调函数
rtc.onmessageArrive = function (mac, dat) {
    if (dat[0] == '{' && dat[dat.length - 1] == '}') {
        dat = dat.substr(1, dat.length - 2);
        var its = dat.split(',');
        for (var x in its) {
            var t = its[x].split('=');
            if (t.length != 2) continue;
            if (mac == localData.gasMAC) {
                if (t[0] == sensor.gas.tag) {
                    $("#gasLink").text("在线").css("color", "#6a5cba");
                    gasData = parseInt(t[1]);
                    if (gasData) {
                        $("#gasStatus").attr("src", "img/gas-on.png");
                        rtc.sendMessage(localData.alertorMAC, sensor.alertor.on);
                        gasFlag = 1;
                        message_show("燃气泄漏");
                    }
                    else {
                        $("#gasStatus").attr("src", "img/gas-off.png");
                        gasFlag = 0;
                        message_show("燃气安全");
                        if ((gasFlag || fireFlag || magneticFlag || infraredFlag) == 0) {
                            rtc.sendMessage(localData.alertorMAC, sensor.alertor.off);
                        }
                    }
                    console.log("gasData=" + gasData);
                }
            }
            if (mac == localData.fireMAC) {
                if (t[0] == sensor.fire.tag) {
                    $("#fireLink").text("在线").css("color", "#6a5cba");
                    fireData = parseInt(t[1]);
                    if (fireData) {
                        $("#fireStatus").attr("src", "img/flame-on.png");
                        rtc.sendMessage(localData.alertorMAC, sensor.alertor.on);
                        fireFlag = 1;
                        message_show("发现明火");
                    }
                    else {
                        $("#fireStatus").attr("src", "img/flame-off.png");
                        fireFlag = 0;
                        message_show("消防安全");
```

```
                if ((gasFlag || fireFlag || magneticFlag || infraredFlag) == 0) {
                    rtc.sendMessage(localData.alertorMAC, sensor.alertor.off);
                }
            }
            console.log("fireData=" + fireData);
        }
    }
    if (mac == localData.magneticMAC) {
        if (t[0] == sensor.magnetic.tag) {
            $("#magneticLink").text("在线").css("color", "#6a5cba");
            magneticData = parseInt(t[1]);
            if (magneticData) {
                $("#magneticStatus").attr("src", "img/door-on.gif");
                rtc.sendMessage(localData.alertorMAC, sensor.alertor.on);
                magneticFlag = 1;
                message_show("门窗意外开启");
            }
            else {
                $("#magneticStatus").attr("src", "img/door-off.png");
                magneticFlag = 0;
                message_show("门窗正常");
                if ((gasFlag || fireFlag || magneticFlag || infraredFlag) == 0) {
                    rtc.sendMessage(localData.alertorMAC, sensor.alertor.off);
                }
            }
            console.log("magneticData=" + magneticData);
        }
    }
    if (mac == localData.infraredMAC) {
        if (t[0] == sensor.infrared.tag) {
            $("#infraredLink").text("在线").css("color", "#6a5cba");
            infraredData = parseInt(t[1]);
            if (infraredData) {
                $("#infraredStatus").attr("src", "img/infrared-on.gif");
                rtc.sendMessage(localData.alertorMAC, sensor.alertor.on);
                infraredFlag = 1;
                message_show("发现人员闯入");
                if (switch_cam) {
                    //myipcamera.snapshot();
                    message_show("抓拍成功！");
                    if (photoNum < 4) {
                        checkPhoto();
                        photoNum++;
                    }

                }
            }
            else {
```

```
                        $("#infraredStatus").attr("src", "img/infrared-off.png");
                        infraredFlag = 0;
                        message_show("无人员闯入");
                        photoNum = 0;
                        if ((gasFlag || fireFlag || magneticFlag || infraredFlag) == 0) {
                            rtc.sendMessage(localData.alertorMAC, sensor.alertor.off);
                        }
                    }
                    console.log("infraredData=" + infraredData);
                }
            }
            if (mac == localData.alertorMAC) {
                if (t[0] == sensor.alertor.tag) {
                    $("#alertorLink").text("在线").css("color", "#6a5cba");
                    alertorData = parseInt(t[1]);
                    if (alertorData) {
                        $("#alertorStatus").attr("src", "img/alarm-on.gif");
                        message_show("警报、警报");
                    }
                    else {
                        $("#alertorStatus").attr("src", "img/alarm-off.png");
                    }
                    console.log("alertorData=" + alertorData);
                }
            }
        }
    }
}
```

3.3.5 系统部署与测试

1．系统硬件部署

（1）硬件设备连接。

① 硬件准备：准备 1 个 S4418/6818 系列网关、1 个燃气传感器、1 个火焰传感器、1 个人体红外传感器、1 个信号灯报警器、1 个信号灯、1 个窗磁传感器、1 个 IP 摄像头、5 个 ZXBeeLiteB 无线节点。

② 将燃气传感器通过 RJ45 端口连接到 ZXBeeliteB 无线节点的 B 端子连接，将火焰传感器通过 RJ45 端口连接到 ZXBeeliteB 无线节点的 B 端子连接，将窗磁传感器通过 RJ45 端口连接到 ZXBeeliteB 无线节点的 B 端子连接，将人体红外传感器通过 RJ45 端口连接到 ZXBeeliteB 无线节点的 B 端子连接，将信号控制灯通过 RJ45 端口连接到 ZXBeeliteB 无线节点的 A 端子连接。安防系统的硬件部署如图 3.133 所示。

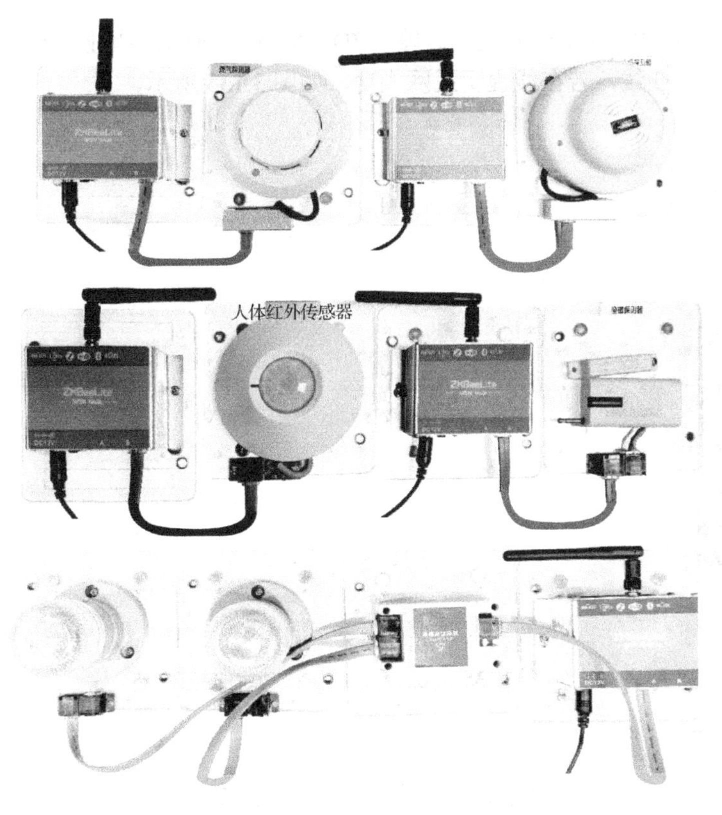

图 3.133　安防系统的硬件部署

（2）系统组网测试。

① 运行 ZCloudWebTools，打开安防系统网络拓扑图，组网成功后的网络拓扑图如图 3.134 所示，说明安防系统的设备节点上线没有问题，接下来需要测试安防系统的界面功能。

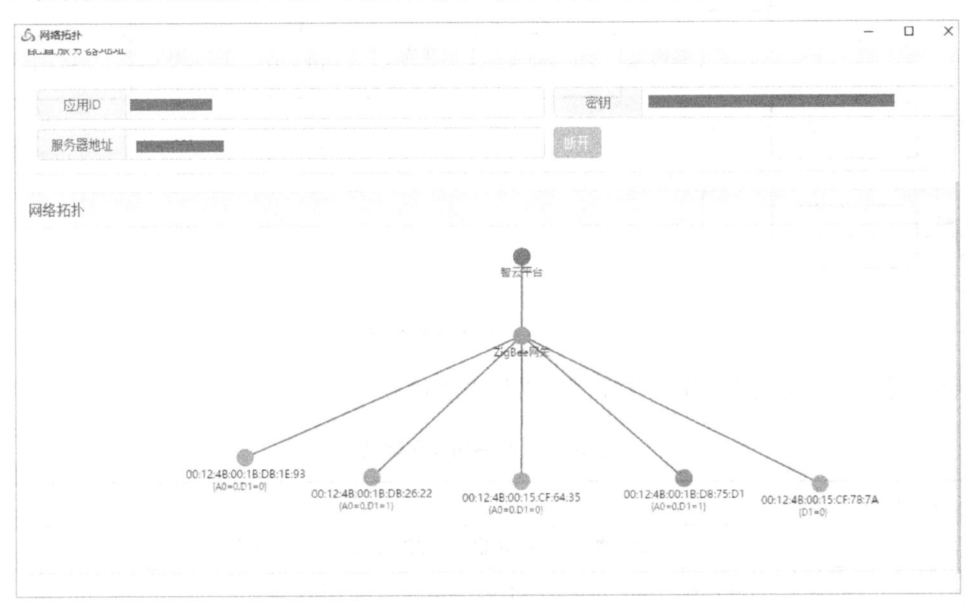

图 3.134　安防系统组网成功后的网络拓扑图

② 运行本项目的 index.html 文件。输入 ID、KEY 和 MAC 地址，单击“确认”按钮，观察设备节点是否在线，若在线说明组网成功，如图 3.135 所示。

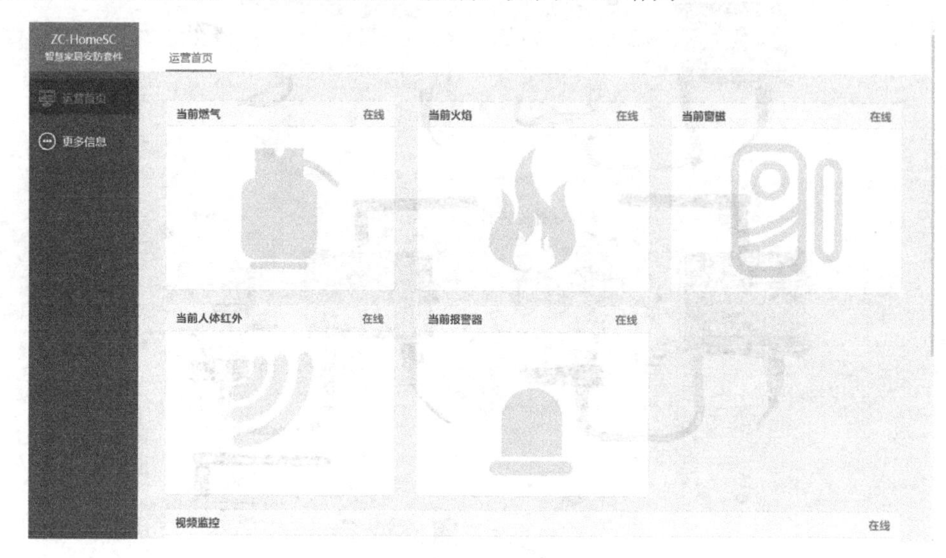

图 3.135　安防系统组网成功后的界面

2．系统测试

系统测试流程如图 3.136 所示，具体内容详见 3.1.5 节。

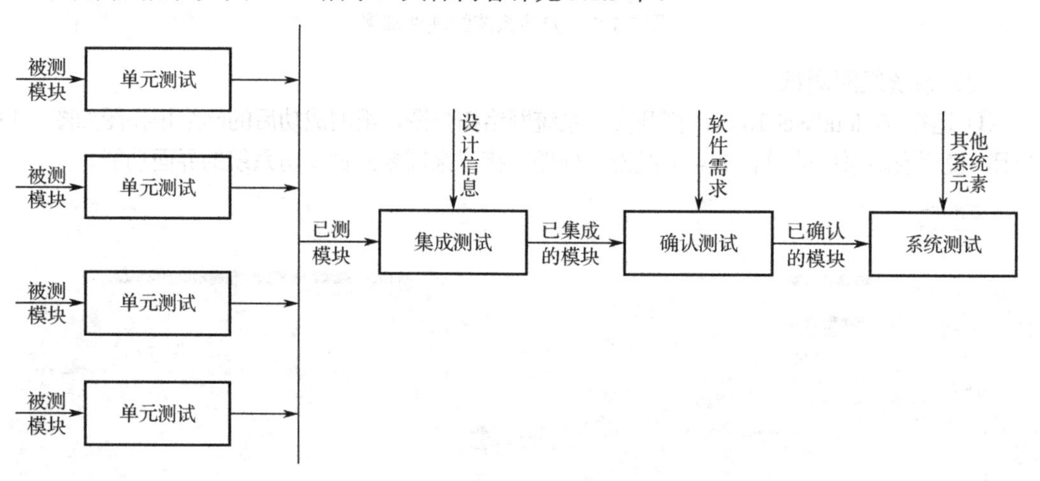

图 3.136　系统测试流程

（1）用户功能测试项。用户功能测试项如表 3.13 所示。

表 3.13　用户功能测试项

模　块	编　号	测 试 项
运营首页界面	1	当前燃气子界面：燃气传感器检测燃气正常和异常时的界面显示
	2	当前火焰子界面：火焰传感器检测火焰正常和异常时的界面显示
	3	当前窗磁子界面：窗磁传感器检测窗磁正常和异常时的界面显示

续表

模　块	编　号	测 试 项
运营首页界面	4	当前人体红外子界面：人体红外检测无人和有人时的界面显示
	5	当前报警器子界面：任何以上任何一项发生异常时的警界面显示
更多信息界面	1	IDKey 子界面：当用户输入正确的 ID、KEY、SEVER 后单击“连接”按钮弹出信息提示框“数据服务连接成功”，再单击“断开”按钮弹出信息提示框“数据服务连接失败，请检查网络或 ID、KEY”
	2	MAC 设置子界面：当云平台服务器连接成功且 MAC 地址已经输入时弹出信息提示框“MAC 设置成功”。 如果云平台服务器未连接，即使 MAC 地址设置正确，单击“确认”按钮也会弹出信息提示框“数据服务连接失败，请检查网络或 ID、KEY”
	3	版本信息子界面：单击“版本升级”按钮弹出信息提示框“当前已是最新版本”。 单击“查看升级日志”按钮，查看版本的修改

（2）运营首页界面功能测试用例。运营首页界面功能测试用例如表 3.14 所示。

表 3.14　运营首页界面功能测试用例

测试用例描述 1		当前燃气子界面	
前置条件		当前燃气子界面标题显示“在线”	
序号	测试项	操作步骤	预期结果
1	燃气检测测试	（1）在燃气传感器检测位置释放一些燃气。 （2）在燃气传感器检测位置清除燃气	（1）弹出信息提示框“燃气泄漏”，切换当前燃气子界面图片状态，同时当前报警器子界面信号灯图片状态闪烁表示报警。 （2）弹出信息提示框“警报解除”，切换当前燃气子界面图片状态，同时切换当前报警器子界面信号灯图片状态
测试用例描述 2		当前火焰子界面	
前置条件		当前火焰子界面标题显示“在线”	
序号	测试项	操作步骤	预期结果
2	火焰检测测试	（1）将明火靠近检测区。 （2）将明火远离检测区	（1）弹出信息提示框“发现明火”，切换当前燃气子界面图片状态，同时当前报警器模块信号灯图片状态闪烁表示报警。 （2）当前火焰子界面图片呈现关闭状态，弹出信息提示框“消防安全”。
测试用例描述 3		当前窗磁子界面	
前置条件		当前窗磁子界面标题显示“在线”	
序号	测试项	操作步骤	预期结果
3	窗磁检测测试	（1）打开窗磁吸附磁铁。 （2）关闭窗磁吸附磁铁	（1）当前窗磁子界面图片呈现打开状态，弹出信息提示框“门窗意外开启”。 （2）当前窗磁子界面图片呈现关闭状态，弹出信息提示框“门窗正常”，控制按钮显示已关闭
测试用例描述 4		当前人体红外子界面	

续表

前置条件		当前人体红外子界面标题显示“在线”	
序号	测试项	操作步骤	预期结果
4	人体红外检测测试	（1）用户接近人体红外检测区。 （2）用户远离人体红外检测区	（1）当前人体红外子界面图片呈打开状态，弹出信息提示框“发现人员闯入”，同时当前报警器子界面信号灯图片状态闪烁表示报警。 （2）当前人体红外子界面图片呈关闭状态，弹出信息提示框“无人员闯入”
测试用例描述 5		当前报警器子界面	
前置条件		当前报警器子界面标题显示“在线”	
序号	测试项	操作步骤	预期结果
5	报警灯控制测试	（1）将任意一个传感器检测异常。 （2）任意传感器检测正常	（1）当前报警器子界面图片呈打开状态，弹出信息提示框“警报、警报”。 （2）当前报警器子界面图片呈关闭状态，弹出信息提示框“警报解除”

（3）更多信息界面功能测试用例。更多信息界面功能测试用例如表 3.15 所示。

表 3.15　更多信息界面功能测试用例

测试用例描述 1		IDKey 子界面	
前置条件		获得 ID、KEY	
序号	测试项	操作步骤	预期结果
1	IDKey 模块	（1）输入 ID 和 KEY，单击“连接”按钮。 （2）单击“断开”按钮。 （3）单击“扫描”按钮。 （4）单击“分享”按钮	（1）弹出信息提示框“数据服务连接成功！”。 （2）弹出信息提示框“数据服务连接失败，请检查网络或 ID、KEY”。 （3）弹出信息提示框“扫描只在安卓系统下可用！”。 （4）显示 IDKey 二维码模态框
测试用例描述 2		MAC 设置子界面	
前置条件		获得燃气传感器、火焰传感器、窗磁传感器、人体红外传感器、信号灯报警器等设备节点的 MAC 地址	
序号	测试项	操作步骤	预期结果
2	燃气传感器、火焰传感器、窗磁传感器、人体红外传感器、信号灯报警器等设备节点连接云平台服务器	（1）依次输入设备节点的 MAC 地址，单击“确认”按钮，再单击“运营首页”导航。 （2）单击“扫描”按钮。 （3）单击“分享”按钮	（1）弹出信息提示框“MAC 设置成功”以及燃气传感器、火焰传感器、窗磁传感器、人体红外传感器、信号灯报警初始状态提示信息。运营首页界面的各个子界面标题显示“在线”。 （2）弹出信息提示框“扫描只在安卓系统下可用！”。 （3）显示 MAC 设置二维码模态框
测试用例描述 3		版本信息子界面	
前置条件		无	

续表

序号	测试项	操作步骤	预期结果
3	版本升级	（1）单击“版本升级”按钮。 （2）单击“查看升级日志”按钮再单击“收起升级日志”按钮。 （3）单击“下载图片”按钮	（1）弹出信息提示框“当前已是最新版本”。 （2）显示升级说明，收起升级说明。 （3）弹出下载 App 模态框

（4）安防系统性能测试用例。安防系统性能测试用例如表 3.16 和表 3.17 所示。

表 3.16　安防系统性能测试用例 1

性能测试用例 1		
性能测试描述 1	当前火焰、当前燃气、当前窗磁、当前人体红外子界面的测试	
用例目的	测试各个子界面的异常时，信号灯报警器能否正常工作	
前提条件	项目工程已经部署成功	
执行操作	期望的性能	实际性能（平均值）
同时将火焰靠近火焰传感器、燃气靠近燃气传感器、打开窗磁传感器、靠近人体红外传感器	各个子界面异常监测报警，并控制信号灯报警器	信号灯报警器正常报警

表 3.17　安防系统性能测试用例 2

性能测试用例 2		
性能测试描述 1	界面在线状态请求	
用例目的	界面在线更新必须快速，需要主动查询	
前提条件	数据服务连接成功且 MAC 地址设置正确	
执行操作	期望的性能	实际性能（平均值）
测试上线时间	燃气传感器、火焰传感器、窗磁传感器、人体红外传感器、信号灯报警器的上线时间	燃气传感器用时 1.0 s、火焰传感器用时 1.4 s、窗磁传感器用时 1.2 s、人体红外传感器用时 1.6 s、信号灯报警器用时 1.1 s

（5）当前燃气子界面功能测试。如果当前燃气子界面的标题处显示在线，则说明燃气传感器已接入云平台服务器。在燃气传感器检测位置释放一些燃气，查看当前燃气子界面的图片（见图 3.137）。运行 ZCloudWebTools 软件，可以看到燃气传感器检测到了燃气泄漏，在控制命令（{A0=?}，参考 ZXBee 数据通信协议）中，D1=1 表示燃气传感器在线，A0=1 表示检测到燃气泄漏，如图 3.138 所示。

图 3.137　燃气传感器检测到燃气泄漏

（6）当前火焰子界面功能测试。同样，如果当前火焰子界面的标题处显示“在线”，则说明火焰传感器已成功接入云平台服务器。将明火靠近火焰传感器的检测区，当前火焰子界面显示“发现明火”，如图 3.139 所示；将明火远离火焰传感器的检测区，当前火焰子界面显示“消防安全”，如图 3.140 所示。运行 ZCloudWebTools 软件，将明火靠近或远离火焰传感器的检测区，可以看到控制命令中的 A0 值，分别如图 3.141 和图 3.142 所示。

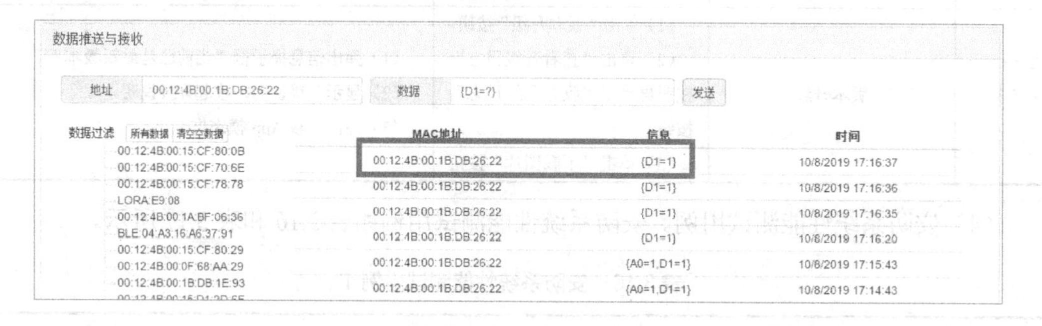

图 3.138　燃气传感器检测到燃气泄漏时的控制命令

图 3.139　当前火焰子界面显示“发现明火”

图 3.140　当前火焰子界面显示“消防安全”

数据推送与接收

地址 00:12:4B:00:1B:D8:75:D1　数据 {A0=?}　发送

数据过滤 所有数据 清空空数据

00:12:4B:00:15:CF:80:0B
00:12:4B:00:15:CF:70:6E
00:12:4B:00:15:CF:78:78
LORA:E9:08
00:12:4B:00:1A:BF:06:36
BLE:04:A3:16:A6:37:91
00:12:4B:00:15:CF:80:29
00:12:4B:00:0F:68:AA:29
00:12:4B:00:1B:DB:1E:93
00:12:4B:00:15:D1:2D:6F

MAC地址	信息	时间
00:12:4B:00:1B:D8:75:D1	{A0=1}	10/8/2019 17:27:3
00:12:4B:00:1B:D8:75:D1	{A0=1}	10/8/2019 17:27:3
00:12:4B:00:1B:D8:75:D1	{A0=1,D1=1}	10/8/2019 17:27:1
00:12:4B:00:1B:D8:75:D1	{A0=0,D1=1}	10/8/2019 17:26:51

图 3.141　将明火靠近火焰传感器检测区时的 A0 值

数据推送与接收

地址 00:12:4B:00:1B:D8:75:D1　数据 {A0=?}　发送

数据过滤 所有数据 清空空数据

00:12:4B:00:15:CF:80:0B
00:12:4B:00:15:CF:70:6E
00:12:4B:00:15:CF:78:78
LORA:E9:08
00:12:4B:00:1A:BF:06:36
BLE:04:A3:16:A6:37:91
00:12:4B:00:15:CF:80:29
00:12:4B:00:0F:68:AA:29
00:12:4B:00:1B:DB:1E:93
00:12:4B:00:15:D1:2D:6F
00:12:4B:00:15:CF:78:66

MAC地址	信息	时间
00:12:4B:00:1B:D8:75:D1	{A0=0}	10/8/2019 17:27:39
00:12:4B:00:1B:D8:75:D1	{A0=0}	10/8/2019 17:27:38
00:12:4B:00:1B:D8:75:D1	{A0=0,D1=1}	10/8/2019 17:27:21
00:12:4B:00:1B:D8:75:D1	{A0=0,D1=1}	10/8/2019 17:27:15
00:12:4B:00:1B:D8:75:D1	{A0=1}	10/8/2019 17:27:3
00:12:4B:00:1B:D8:75:D1	{A0=1}	10/8/2019 17:27:3
00:12:4B:00:1B:D8:75:D1	{A0=1,D1=1}	10/8/2019 17:27:1

图 3.142　将明火远离火焰传感器检测区时的 A0 值

（7）当前窗磁子界面功能测试。如果当前窗磁子界面的标题显示“在线”，则说明窗磁传感器已成功接入云平台服务器。将窗磁开启或关闭时，当前窗磁子界面显示的图片分别如图 3.143 和图 3.144 所示。运行 ZCloudWebTools 软件，将窗磁开启时可以看到控制命令中的 A0 值，如图 3.145 所示；将窗磁关闭时可以看到控制命令中的 D1 值，如图 3.146 所示。

图 3.143　窗磁开启时当前窗磁子界面显示的图片

图 3.144　窗磁关闭时当前窗磁子界面显示的图片

数据推送与接收

地址　00:12:4B:00:15:CF:64:35　数据　{A0=?}　发送

数据过滤　所有数据　清空空数据

00:12:4B:00:15:CF:80:0B
00:12:4B:00:15:CF:70:6E
00:12:4B:00:15:CF:78:78
LORA:E9:08
00:12:4B:00:1A:BF:06:36
BLE:04:A3:16:A6:37:91
00:12:4B:00:15:CF:80:29
00:12:4B:00:0F:68:AA:29
00:12:4B:00:1B:DB:1E:93
00:12:4B:00:15:D1:2D:6F

MAC地址	信息	时间
00:12:4B:00:15:CF:64:35	{A0=1}	10/8/2019 17:44:57
00:12:4B:00:15:CF:64:35	{A0=1}	10/8/2019 17:44:57
00:12:4B:00:15:CF:64:35	{A0=1,D1=0}	10/8/2019 17:44:55
00:12:4B:00:15:CF:64:35	{A0=1}	10/8/2019 17:44:55
00:12:4B:00:15:CF:64:35	{A0=1,D1=0}	10/8/2019 17:44:53
00:12:4B:00:15:CF:64:35	{A0=0}	10/8/2019 17:44:48
00:12:4B:00:15:CF:64:35	{A0=0,D1=0}	10/8/2019 17:44:48

图 3.145　窗磁开启时控制命令中的 A0 值

数据推送与接收

地址　00:12:4B:00:0F:68:AA:29　数据　{D1=?}　发送

数据过滤　所有数据　清空空数据

00:12:4B:00:1B:D5:00:78
00:12:4B:00:1B:DB:1E:D5
00:12:4B:00:15:CF:80:0B
00:12:4B:00:15:CF:70:6E
00:12:4B:00:1B:D8:75:D1
00:12:4B:00:15:CF:78:7A
00:12:4B:00:15:CF:78:78
00:12:4B:00:15:CF:80:29
00:12:4B:00:1B:DB:1E:93
00:12:4B:00:15:CF:80:57
BLE:04:A3:16:A6:37:91
LORA:E9:08
00:12:4B:00:0F:68:AA:29

MAC地址	信息	时间
00:12:4B:00:0F:68:AA:29	{D1=0}	10/8/2019 11:21:31
00:12:4B:00:0F:68:AA:29	{D1=0}	10/8/2019 11:21:1
00:12:4B:00:0F:68:AA:29	{D1=0}	10/8/2019 11:20:49
00:12:4B:00:0F:68:AA:29	{D1=1}	10/8/2019 11:20:31
00:12:4B:00:0F:68:AA:29	{D1=1}	10/8/2019 11:20:1
00:12:4B:00:0F:68:AA:29	{D1=1}	10/8/2019 11:19:31

图 3.146　窗磁关闭时控制命令中的 D1 值

（8）当前人体红外子界面功能测试。如果当前人体红外子界面的标题显示“在线”，则说明人体红外传感器已成功接入云平台服务器。当人体靠近或远离人体红外传感器检测区时当前人体红外子界面显示的图片分别如图 3.147 和图 3.148 所示。运行 ZCloudWebTools 软件，当人体靠近人体红外传感器检测区时可以看到控制命令中的 A0 值和 D1 值，如图 3.149 所示；当人体远离人体红外传感器检测区时看到控制命令中的 D1 值，如图 3.150 所示。

图 3.147　当人体靠近人体红外传感器检测区时当前人体红外子界面显示的图片

图 3.148　当人体远离人体红外传感器检测区时当前人体红外子界面显示的图片

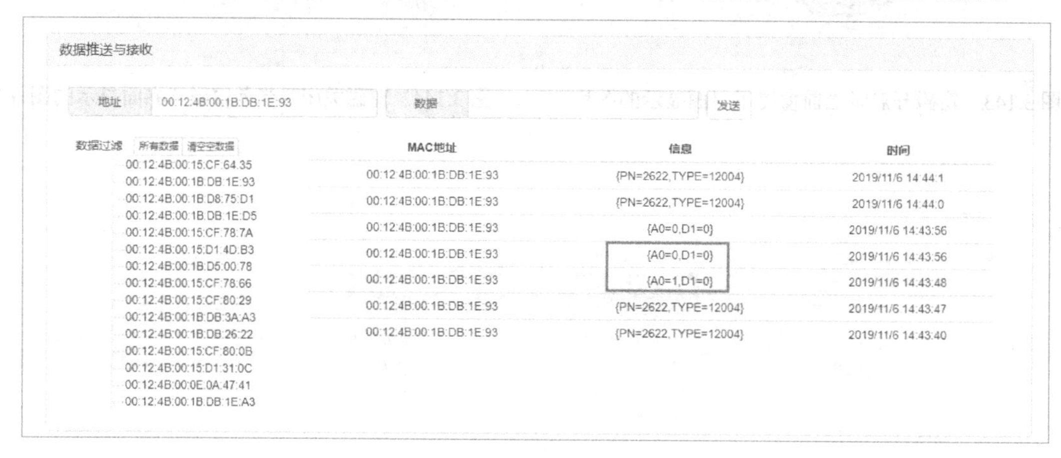

图 3.149　当人体靠近人体红外传感器检测区时控制命令中的 A0 值和 D1 值

数据推送与接收

地址　00:12:4B:00:1B:DB:1E:93　数据　{A0=?}　发送

数据过滤　所有数据　清空空数据

00:12:4B:00:15:CF:64:35
00:12:4B:00:1B:DB:1E:93
00:12:4B:00:1B:D8:75:D1
00:12:4B:00:1B:DB:1E:D5
00:12:4B:00:15:CF:78:7A
00:12:4B:00:15:D1:4D:B3
00:12:4B:00:1B:D5:00:78
00:12:4B:00:15:CF:78:66
00:12:4B:00:15:CF:80:29
00:12:4B:00:1B:DB:3A:A3
00:12:4B:00:1B:DB:26:22
00:12:4B:00:15:CF:80:0B
00:12:4B:00:15:D1:31:0C
00:12:4B:00:0E:0A:47:41
00:12:4B:00:1B:DB:1E:A3
BLE:04:A3:16:A6:37:91

MAC地址	信息	时间
00:12:4B:00:1B:DB:1E:93	{A0=0}	2019/11/6 14:54:37
00:12:4B:00:1B:DB:1E:93	{A0=0}	2019/11/6 14:54:36
00:12:4B:00:1B:DB:1E:93	{A0=0}	2019/11/6 14:54:36
00:12:4B:00:1B:DB:1E:93	{PN=2622,TYPE=12004}	2019/11/6 14:54:29
00:12:4B:00:1B:DB:1E:93	{A0=0,D1=0}	2019/11/6 14:54:26
00:12:4B:00:1B:DB:1E:93	{PN=2622,TYPE=12004}	2019/11/6 14:54:18
00:12:4B:00:1B:DB:1E:93	{PN=2622,TYPE=12004}	2019/11/6 14:54:11
00:12:4B:00:1B:DB:1E:93	{PN=2622,TYPE=12004}	2019/11/6 14:53:58
00:12:4B:00:1B:DB:1E:93	{A0=0,D1=0}	2019/11/6 14:53:56
00:12:4B:00:1B:DB:1E:93	{PN=2622,TYPE=12004}	2019/11/6 14:53:51
00:12:4B:00:1B:DB:1E:93	{PN=2622,TYPE=12004}	2019/11/6 14:53:31

图 3.150　当人体远离人体红外传感器检测区时控制命令中的 A0 值

（9）当前报警器子界面功能测试。如果当前报警器子界面的标题显示“在线”，则说明信号灯报警器已成功接入云平台服务器。当安防系统检测到报警信息时，当前报警器子界面显示“警报、警报”，如图 3.151 所示；当安防系统未检测到报警信息时，当前报警器子界面显示“警报解除”，如图 3.152 所示。运行 ZCloudWebTools 软件，可以查看到当安防系统检测到或者未检测到报警信息时控制命令中的 D1 值，分别如图 3.153 和图 3.154 所示。

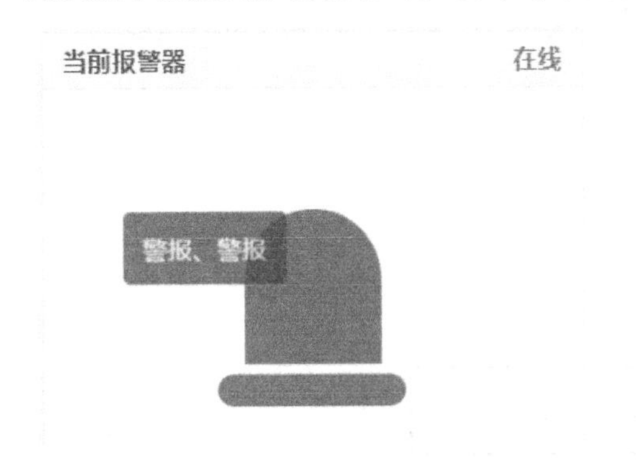

图 3.151　当前报警器子界面显示“警报、警报”

当前报警器　在线

警报解除

图 3.152　当前报警器子界面显示“警报解除”

数据推送与接收

地址 00:12:4B:00:15:CF:78:7A　数据　发送

数据过滤　所有数据　清空数据

00:12:4B:00:15:CF:64:35
00:12:4B:00:1B:DB:1E:93
00:12:4B:00:1B:D8:75:D1
00:12:4B:00:1B:DB:1E:D5
00:12:4B:00:15:CF:78:7A
00:12:4B:00:15:D1:4D:B3
00:12:4B:00:1B:D5:00:78
00:12:4B:00:15:CF:78:66
00:12:4B:00:15:CF:80:29
00:12:4B:00:1B:DB:3A:A3
00:12:4B:00:1B:DB:26:22
00:12:4B:00:15:CF:80:0B
00:12:4B:00:15:D1:31:0C
00:12:4B:00:0E:0A:47:41
00:12:4B:00:1B:DB:1E:A3
BLE:04:A3:16:A6:37:91

MAC地址	信息	时间
00:12:4B:00:15:CF:78:7A	{D1=0}	2019/11/6 14:47:30
00:12:4B:00:15:CF:78:7A	{D1=1}	2019/11/6 14:47:29
00:12:4B:00:15:CF:78:7A	{D1=1}	2019/11/6 14:47:27
00:12:4B:00:15:CF:78:7A	{PN=310C3AA3262275D1800B,TYPE=11217}	2019/11/6 14:47:26
00:12:4B:00:15:CF:78:7A	{D1=1}	2019/11/6 14:47:25
00:12:4B:00:15:CF:78:7A	{PN=310C3AA3262275D1800B,TYPE=11217}	2019/11/6 14:47:24
00:12:4B:00:15:CF:78:7A	{D1=0}	2019/11/6 14:46:59
00:12:4B:00:15:CF:78:7A	{D1=0}	2019/11/6 14:46:57
00:12:4B:00:15:CF:78:7A	{D1=0}	2019/11/6 14:46:57
00:12:4B:00:15:CF:78:7A	{PN=310C3AA3262275D1800B,TYPE=11217}	2019/11/6 14:46:56
00:12:4B:00:15:CF:78:7A	{PN=310C3AA3262275D1800B,TYPE=11217}	2019/11/6 14:46:48

图 3.153　当安防系统检测到报警信息时控制命令中的 D1 值

数据推送与接收

地址 00:12:4B:00:15:CF:78:7A　数据 {D1=?}　发送

数据过滤　所有数据　清空数据

00:12:4B:00:15:CF:64:35
00:12:4B:00:1B:DB:1E:93
00:12:4B:00:1B:D8:75:D1
00:12:4B:00:1B:DB:1E:D5
00:12:4B:00:15:CF:78:7A
00:12:4B:00:15:D1:4D:B3
00:12:4B:00:1B:D5:00:78
00:12:4B:00:15:CF:78:66
00:12:4B:00:15:CF:80:29
00:12:4B:00:1B:DB:3A:A3
00:12:4B:00:1B:DB:26:22
00:12:4B:00:15:CF:80:0B
00:12:4B:00:15:D1:31:0C
00:12:4B:00:0E:0A:47:41
00:12:4B:00:1B:DB:1E:A3
BLE:04:A3:16:A6:37:91

MAC地址	信息	时间
00:12:4B:00:15:CF:78:7A	{D1=0}	2019/11/6 14:59:19
00:12:4B:00:15:CF:78:7A	{D1=0}	2019/11/6 14:59:18
00:12:4B:00:15:CF:78:7A	{D1=0}	2019/11/6 14:59:18
00:12:4B:00:15:CF:78:7A	{PN=310C3AA3262275D1800B,TYPE=11217}	2019/11/6 14:59:9
00:12:4B:00:15:CF:78:7A	{D1=0}	2019/11/6 14:58:59
00:12:4B:00:15:CF:78:7A	{D1=0}	2019/11/6 14:58:57
00:12:4B:00:15:CF:78:7A	{D1=0}	2019/11/6 14:58:57
00:12:4B:00:15:CF:78:7A	{PN=310C3AA3262275D1800B,TYPE=11217}	2019/11/6 14:58:52
00:12:4B:00:15:CF:78:7A	{PN=310C3AA3262275D1800B,TYPE=11217}	2019/11/6 14:58:48
00:12:4B:00:15:CF:78:7A	{PN=310C3AA3262275D1800B,TYPE=11217}	2019/11/6 14:58:41

图 3.154　当安防系统未检测到报警信息时控制命令中的 D1 值

3.4 智慧家居环境监测系统设计

3.4.1 系统分析

1. 系统功能分析

环境监测系统的功能如图 3.155 所示。

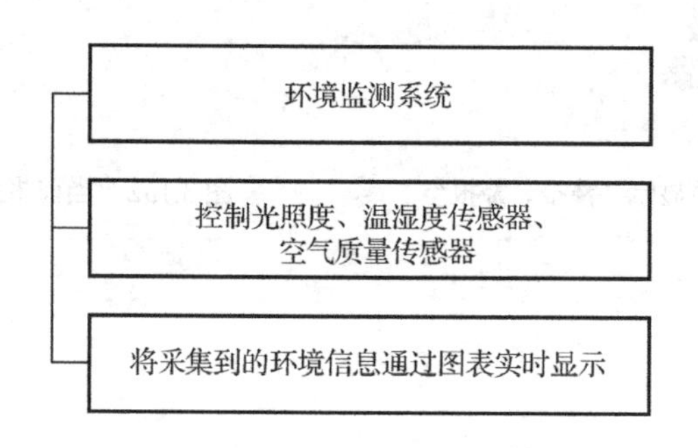

图 3.155 环境监测系统的功能

环境监测系统的功能是通过光照度传感器、温湿度传感器和空气质量传感器来采集环境信息，并通过图表进行实时显示。

2. 系统界面分析

环境监测系统界面由运营首页界面和更多信息界面组成，如图 3.156 所示。

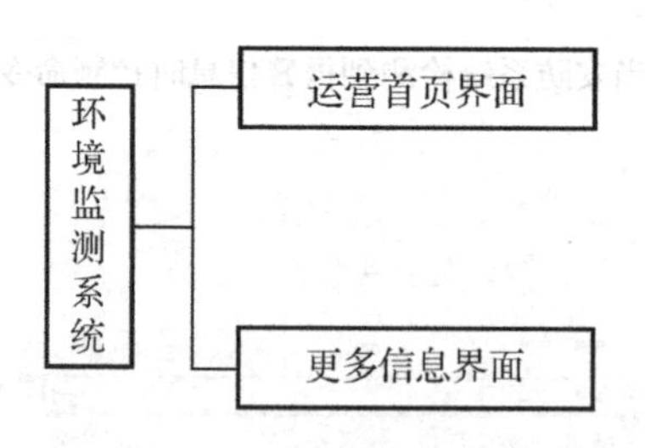

图 3.156 环境监测系统界面组成

运营首页界面：该界面面向用户，主要用于显示各个设备节点（如光照度传感器、温湿度传感器和空气质量传感器）的在线状态，以及显示这些设备节点采集的环境信息。运营首页界面包括当 PM2.5、CO2、VOC、温度、湿度和光照度子界面。

更多信息界面：该界面通过导航控制 IDKey、MAC 设置和版本信息 3 个子界面。

3. 系统业务流程分析

环境监测系统的业务流程和门禁系统类似，如图 3.157 所示。

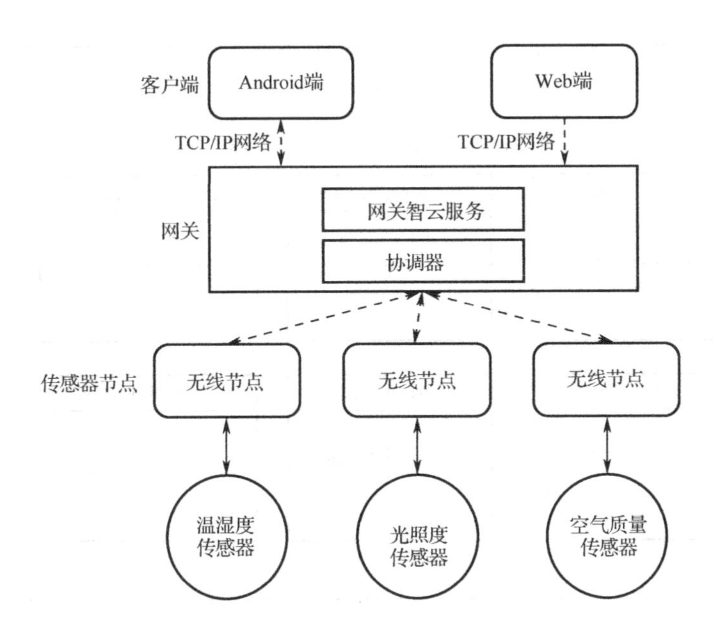

图 3.157　环境监测系统业务流程

3.4.2　系统设计

1. 系统界面框架设计

环境监测系统界面的结构如图 3.158 所示。

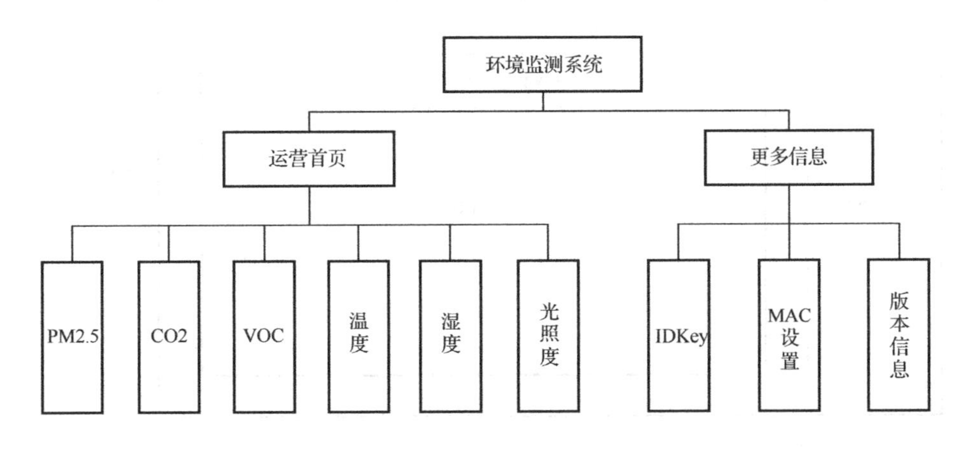

图 3.158　环境监测系统界面的结构

（1）运营首页界面。环境监测系统运营首页界面采用 DIV+CSS 布局，其结构如图 3.159 所示。

① 头部（div.head）：用于显示环境监测系统的名称。

② 顶级导航（top-nav）：用于切换运营首页界面和更多信息界面。

③ 内容包裹（wrap）：分为导航和主体 1（div.content）。

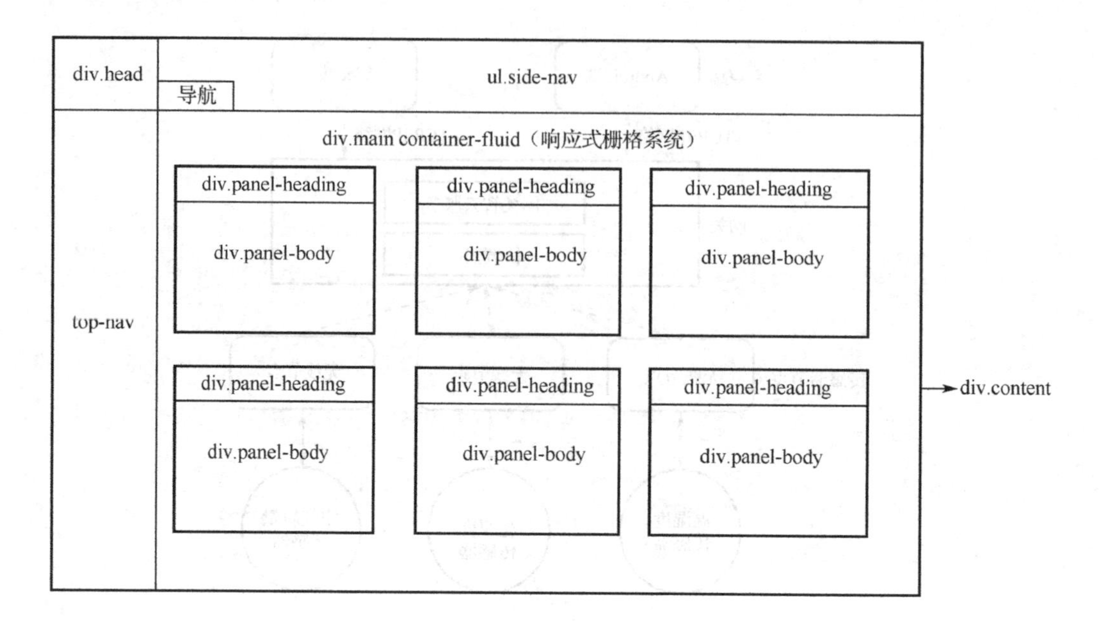

图 3.159　运营首页界面的结构

（2）更多信息界面。根据界面设计的一致性原则，更多信息界面也采用 DIV+CSS 布局，其结构如图 3.160 所示。

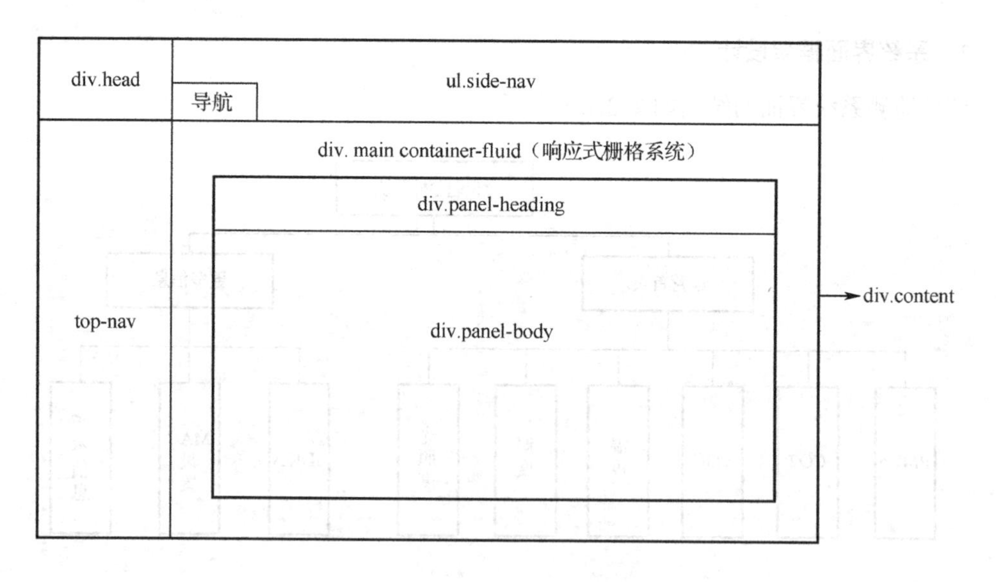

图 3.160　更多信息界面的结构

2. 系统界面设计风格

环境监测系统界面设计风格与门禁系统界面设计风格类似，详见表 3.1，相关设计如下：

（1）导航。单击一级导航（见图 3.161）时背景、字体颜色会淡化或者高亮，单击二级导航（见图 3.162）时会通过下画线进行提示。

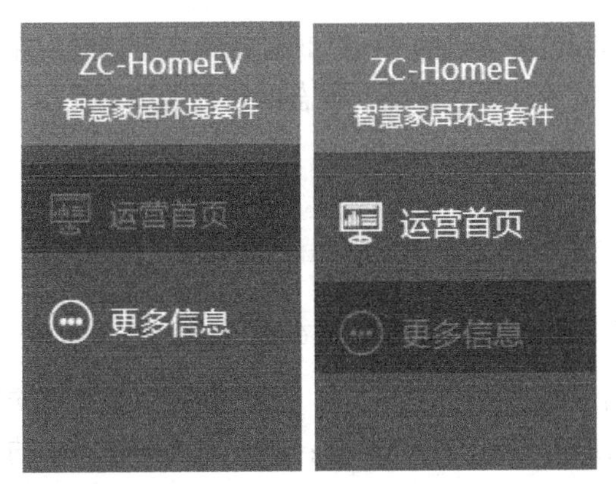

图 3.161　一级导航

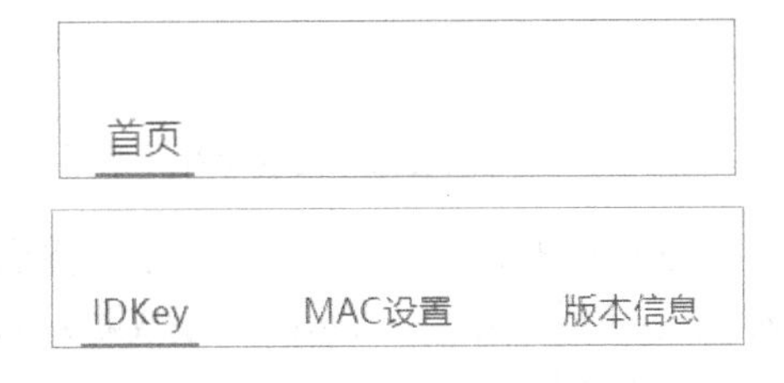

图 3.162　二级导航

（2）Bootstrap 栅格系统。环境监测系统界面主体内容的布局和门禁系统类似，详见 3.1.2 节，均采用 Bootstrap 栅格系统进行布局，如图 3.163 所示。

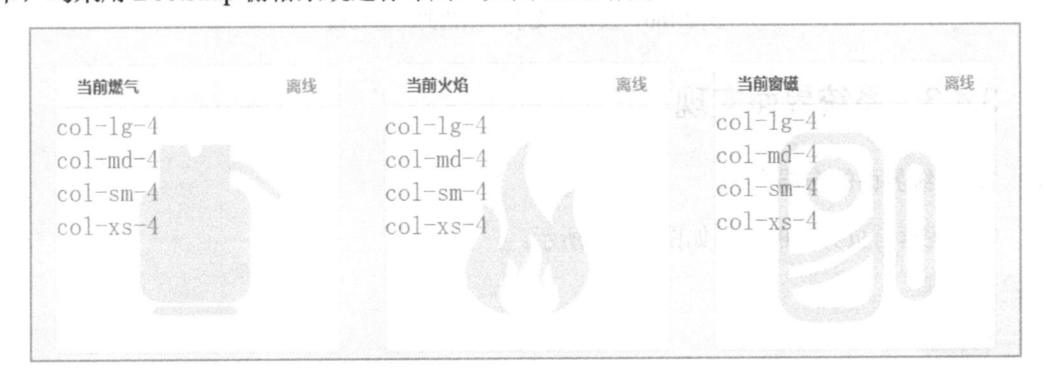

图 3.163　采用 Bootstrap 栅格系统对环境监测系统界面的主体内容进行布局

（3）三色搭配风格。环境监测系统界面的三色搭配风格和门禁系统类似，详见 3.1.2 节。

3. 系统界面交互设计

（1）导航界面交互设计。环境监测系统的导航分为一级导航和二级导航，一级导航用于动态切换二级导航，二级导航用于动态显示主体内容。运营首页导航界面交互设计如图 3.164 所示。

图 3.164　运营首页导航界面交互设计

（2）提示信息交互设计。当云平台服务器和设备节点的 MAC 地址都设置正确时，在运营首页界面各子界面的标题（头部）显示设备节点处于“在线”状态，如图 3.165 所示。

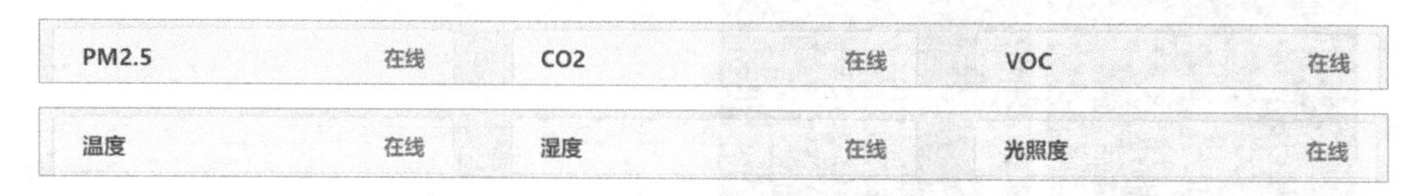

图 3.165　在运营首页界面各子界面标题显示设备节点处于“在线”状态

（3）按钮交互设计。在更多信息界面下动态修改按钮上的文字（如“断开”或“连接”）及颜色，如图 3.166 所示；连接或断开云平台服务器时的提示信息；实现二维码模态框的淡出和淡入效果。

图 3.166　按钮上文字和颜色的动态修改

3.4.3　系统界面实现

1．系统界面的布局

（1）运营首页界面的布局如图 3.167 所示。

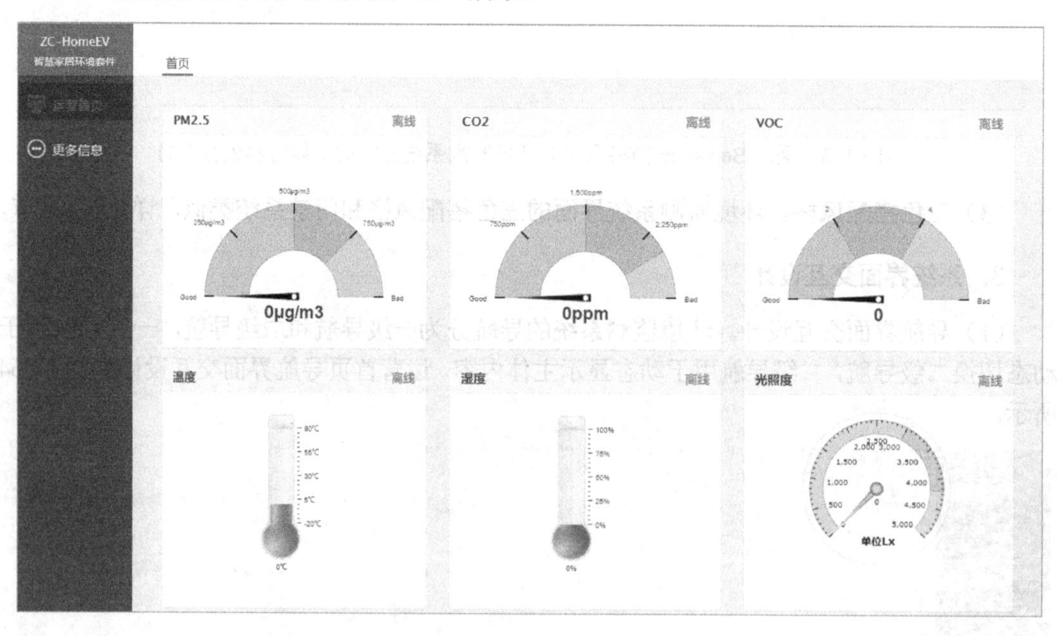

图 3.167　运营首页界面的布局

（2）更多信息界面的布局。更多信息界面包括 3 个子界面，即 IDKey（见图 3.168）、MAC 设置（见图 3.169）、版本信息，可通过二级导航进行切换。

图 3.168 IDKey 子界面

图 3.169 MAC 设置子界面

2. 系统界面的设计

（1）IDKey 子界面的设计。IDKey 子界面的设计如图 3.170 所示，该子界面通过 Bootstrap 的表单控件的 form-group 类来实现文本输入框（如 ID、KEY 和 SERVER）的输入，通过 button 类来实现按钮（如连接、扫描和分享）的单击。详细代码请参考本项目的工程文件。

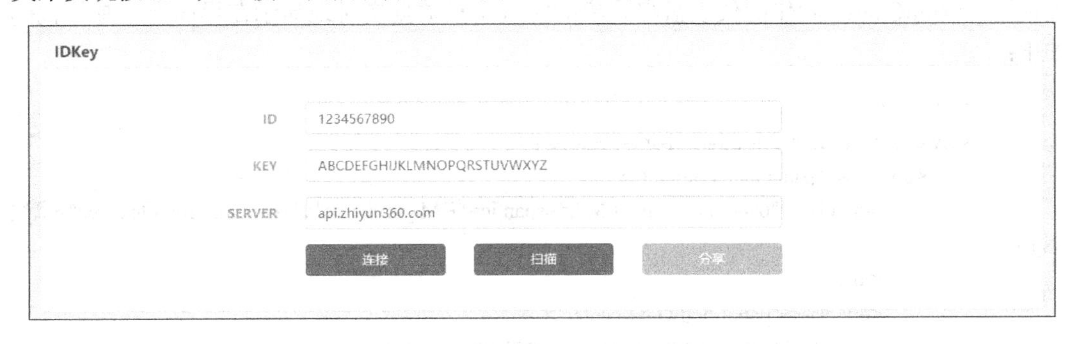

图 3.170 IDKey 子界面的设计

（2）MAC 设置子界面的设计。MAC 设置子界面的设计如图 3.171 所示，该子界面由“MAC 设置”标签（label）、“空气质量传感器”“温湿度传感器”“光照度传感器”标签及其文本输入框，以及“确认”“扫描”“分享”按钮组成，具体的代码请参考本项目的工程文件。

MAC设置

空气质量传感器 00:00:00:00:00:00

温湿度传感器 00:00:00:00:00:00

光照度传感器 00:00:00:00:00:00

确认　扫描　分享

图 3.171　MAC 设置子界面的设计

（3）空气质量采集显示模块界面的设计。空气质量采集显示模块界面如图 3.172 所示，它通过 Bootstrap 栅格系统将主体内容布局成一行四列（col-lg-4 col-md-4 col-sm-4 col-xs-4），包括 PM2.5、CO2、VOC 三个子界面。

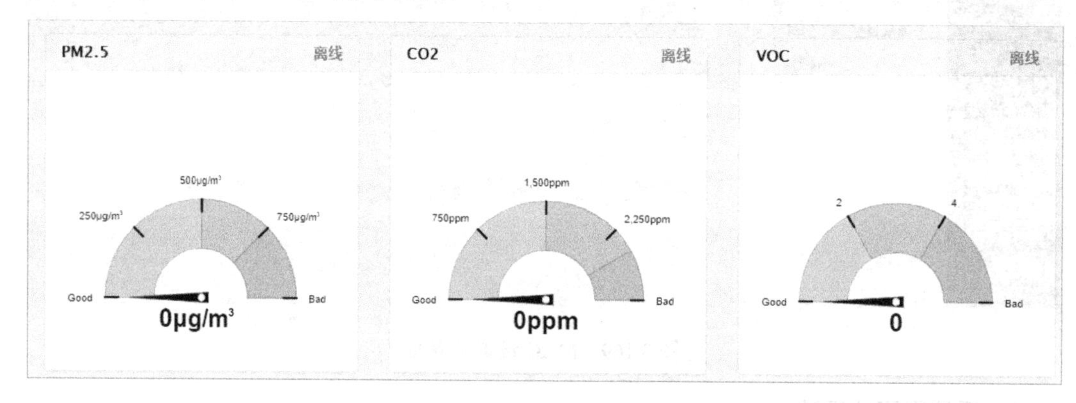

图 3.172　空气质量采集显示模块界面

空气质量采集显示模块界面的功能是：标题用于显示空气质量传感器的状态，如“在线”或者“离线”，标题是通过“id=" KM_pmStatus"”改变空气质量传感器状态的；主体内容通过使用 FusionCharts 制作的仪表盘将采集的空气质量数据实时地显示在界面上。具体代码如下：

```
<div class="row">
    <div class="col-lg-4 col-md-4 col-sm-4 col-xs-4">
        <div class="panel panel-default">
            <div class="panel-heading">PM2.5<span id="KM_pmStatus" class="float-right text-red">离线
</span>
            </div>
            <div class="panel-body text-center">
                <div id="KM_PM2.5" class="dialBlock">PM</div>
            </div>
        </div>
    </div>
    <div class="col-lg-4 col-md-4 col-sm-4 col-xs-4">
        <div class="panel panel-default">
            <div class="panel-heading">CO2<span id="KM_co2Status" class="float-right text-red">离线
```

```
</span>
                </div>
                <div class="panel-body">
                    <div id="KM_CO2" class="dialBlock">CO2</div>
                </div>
            </div>
        </div>
        <div class="col-lg-4 col-md-4 col-sm-4 col-xs-4">
            <div class="panel panel-default">
                <div class="panel-heading">VOC<span id="KM_vocStatus" class="float-right text-red">离线
</span>
                </div>
                <div class="panel-body">
                    <div id="KM_VOC" class="dialBlock">VOC</div>
                </div>
            </div>
        </div>
    </div>
```

① 仪表盘的设计。在 index.html 文件中引入 FusionCharts 图表库文件夹中的 JS 文件，代码如下：

```
<!-- 引入 jQuery -->
<script src="js/jquery.min.js"></script>
<!-- 引入与 FusionCharts 相关 JS 文件 -->
<script src="js/charts/fusioncharts/fusioncharts.js"></script>
<script src="js/charts/fusioncharts/fusioncharts.widgets.js"></script>
<script src="js/charts/fusioncharts/themes/fusioncharts.theme.fint.js"></script>
<script src="js/chart.js"></script>
```

在 index.html 文件中绑定节点，定义三个 div，用来显示三个图表，代码如下：

```
<div id="KM_PM2.5" class="dialBlock">PM</div>
<div id="KM_CO2" class="dialBlock">CO2</div>
<div id="KM_VOC" class="dialBlock">VOC</div>
```

在 chart.js 文件中对仪表盘进行自定义。下面是 PM2.5 子界面中仪表盘相关属性的配置代码，CO2、VOC 子界面中仪表盘设计与此类似。

```
//仪表盘
function dial(id,unit,value) {
    var csatGauge = new FusionCharts({
        'type': 'angulargauge',
        'renderAt': id,
        'width': '100%',
        'height': '100%',
        'dataFormat': 'json',
        'dataSource': {
            'chart': {
                'lowerLimit': '0',
```

```
                    'upperLimit': '1000',
                    ……
                },
                'colorrange': {
                    'color': [
                        {
                            'minValue': '0',
                            'maxValue': '500',
                            'code': '#80e3c8'
                        },
                        ……
                    ]
                },
                'dials': {
                    'dial': [
                        {
                            'value': value
                        }
                    ]
                }
            }
        });
        csatGauge.render();
    }
```

② 空气质量数据的显示。空气质量数据是通过仪表盘来显示的，仪表盘包括三个参数，第一个参数表示ID，第二个参数表示单位，第三个参数表示空气质量传感器采集的数据，代码如下：

```
dial('KM_PM2.5','μg/m3',0);
dial3('KM_CO2','ppm',0);
dial4('KM_VOC','',0);
```

（4）温湿度采集显示模块界面的设计。温湿度采集显示模块界面如图3.173所示，通过Bootstrap栅格系统将主体内容布局成一行四列（col-lg-4 col-md-4 col-sm-4 col-xs-4），包括温度和湿度两个子界面。

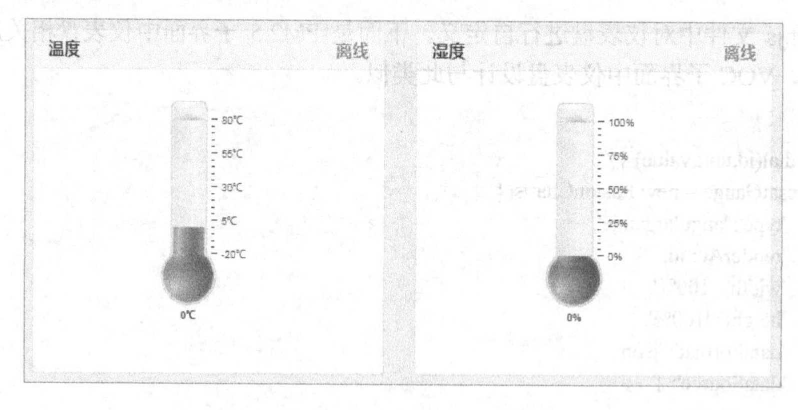

图3.173　温湿度采集显示模块界面

温湿度采集显示模块界面的功能是：标题用于显示温湿度传感器的状态，如“在线”或者“离线”，标题是通过“id="KM_temperStatus"”改变温湿度传感器的状态的；主体内容通过使用 FusionCharts 图表库设计温度计和湿度计将采集的温湿度数据实时地显示在界面上。具体的 HTML 代码如下：

```
<div class="col-lg-4 col-md-4 col-sm-4 col-xs-4">
    <div class="panel panel-default">
        <div  class="panel-heading">温度<span  id="KM_temperStatus"  class="float-right  text-red">离线
</span>
        </div>
        <div class="panel-body text-center">
            <div id="KM_temp" class="thermometerBlock">温度</div>
        </div>
    </div>
</div>
<div class="col-lg-4 col-md-4 col-sm-4 col-xs-4">
    <div class="panel panel-default">
        <div class="panel-heading">湿度<span id="KM_humidityStatus"
                                        class="float-right text-red">离线</span></div>
        <div class="panel-body">
            <div id="KM_humi" class="thermometerBlock">湿度</div>
        </div>
    </div>
</div>
```

① 温度计和湿度计的设计。引入 FusionCharts 图表库文件（文件已经引入），在 index.html 文件中绑定节点，定义两个 div，代码如下：

```
<div id="KM_temp" class="thermometerBlock">温度</div>
<div id="KM_humi" class="thermometerBlock">湿度</div>
```

在 chart.js 文件中对温度计和湿度计进行自定义，代码如下：

```
function thermometer(id,unit,color, min, max, value) {
    var csatGauge = new FusionCharts({
        'type': 'thermometer',
        'renderAt': id,
        'width': '100%',
        'height': '100%',
        'dataFormat': 'json',
        'dataSource': {
            'chart': {
                'upperLimit': max,
                'lowerLimit': min,
                'numberSuffix': unit,
                'decimals': '1',
                'showhovereffect': '1',
                'gaugeFillColor': color,
```

```
                    'gaugeBorderColor': '#008ee4',
                    'showborder': '0',
                    'tickmarkgap': '5',
                    'theme': 'fint'
                },
                'value': value
            }
        });
        csatGauge.render();
    };
```

② 温湿度数据的显示。温湿度数据是通过温度计和湿度计来显示的，包括六个参数，第一个参数表示ID，第二个参数表示单位，第三个参数表示温湿度颜色设置，第四个参数表示最小值，第五个参数表示最大值，第六个参数表示温湿度传感器采集的数据，代码如下：

```
thermometer('KM_temp','℃','#ff7850', -20, 80, 0);
thermometer('KM_humi','%','#27A9E3', 0, 100, 0);
```

（5）光照度子界面的设计。光照度子界面的设计如图 3.174 所示，该子界面通过 Bootstrap 栅格系统将主体内容布局成四列（col-lg-4 col-md-4 col-sm-4 col-xs-4）。

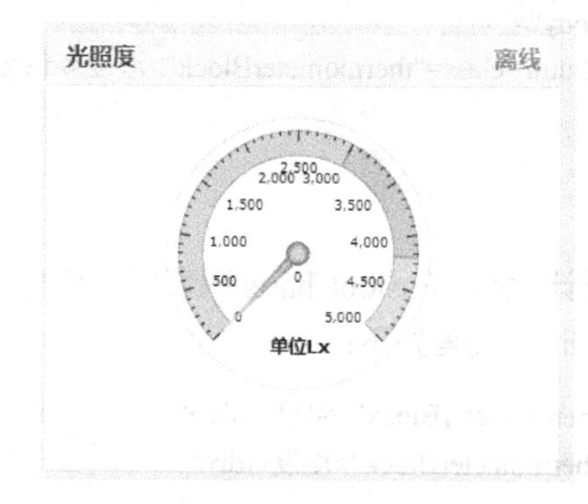

图 3.174　光照度子界面的设计

光照度子界面包括标题和主体内容两个部分，其功能是：标题用于显示光照度传感器的状态，如“在线”或者“离线”，标题是通过“id=" KM_lightStatus "”改变光照度传感器的状态的；主体内容通过使用 FusionCharts 制作的仪表盘将采集的光照度数据实时地显示在界面上。具体代码如下：

```
<div class="col-lg-4 col-md-4 col-sm-4 col-xs-4">
    <div class="panel panel-default">
        <div  class="panel-heading">光照度<span  id="KM_lightStatus"  class="float-right  text-red">离线
</span>
        </div>
        <div class="panel-body">
            <div id="KM_illum" class="thermometerBlock">光照度</div>
        </div>
    </div>
</div>
```

自定义仪表盘：代码如下：

```
function dial2(id,unit,value) {
    var csatGauge = new FusionCharts({
        "type": "angulargauge",
        "renderAt": id,
        "width": "100%",
        "height": "240",
        "dataFormat": "json",
        "dataSource": {
            "chart": {
                "manageresize": "1",
                "origw": "260",
                "origh": "260",
                "bgcolor": "FFFFFF",
                "upperlimit": "5000",
                .....//更详细代码请查看本项目的工程文件
            },
        }
    });
    csatGauge.render();
}
```

3.4.4　系统功能实现

1．ZXBee 数据通信协议的设计

环境监测系统使用的设备节点主要是空气质量传感器、温湿度传感器、光照度传感器，其 ZXBee 数据通信协议如表 3.18 所示。

表 3.18　ZXBee 数据通信协议

设备节点	参　数	含　义	权限	说　明
空气质量传感器	A0	CO_2	R	浮点型数据，精度为 0.1，单位为 ppm
	A1	VOC 等级	R	整型数据，0～4
	A2	湿度	R	浮点型数据，精度为 0.1，单位为%
	A3	温度	R	浮点型数据，精度为 0.1，单位为℃
	A4	PM2.5	R	整型数据，单位为μg/m³
	D1(OD1/CD1)	PM2.5 开关	R/W	D1 的 bit0 表示 PM2.5 变送器开关，0 表示关，1 表示开
	D0(OD0/CD0)	主动上报使能	R/W	D0 的 bit0～bit4 对应 A0～A4 主动上报能，0 表示不允许主动上报，1 表示允许主动上报
	V0	上报时间间隔	R/W	A0～A4 主动上报时间间隔，单位为 s
光照度传感器	A0	光照强度	R	浮点型数据，精度为 0.1，单位为 lx
	D0(OD0/CD0)	主动上报使能	R/W	D0 的 bit0 对应 A0 主动上报能，0 表示不允许主动上报，1 表示允许主动上报
	V0	主动上报时间间隔	R/W	V0 表示主动上报时间间隔

续表

传感器名称	参　数	含　义	权限	说　明
温湿度传感器	A0	温度	R	浮点型数据，精度为0.1，单位为℃
	A1	湿度	R	浮点型数据，精度为0.1，单位为%
	D0(OD0/CD0)	主动上报使能	R/W	D0 的 bit0 和 bit1 对应 A0 和 A1 主动上报使能，0 表示不允许主动上报，1 表示允许主动上报
	V0	主动上报时间间隔	R/W	V0 表示主动上报时间间隔

2. 云平台服务器的连接

环境监测系统是通过调用云平台的 Web 编程应用实时接口来连接云平台服务器的，环境监测系统与云平台服务器的连接流程如图 3.175 所示。

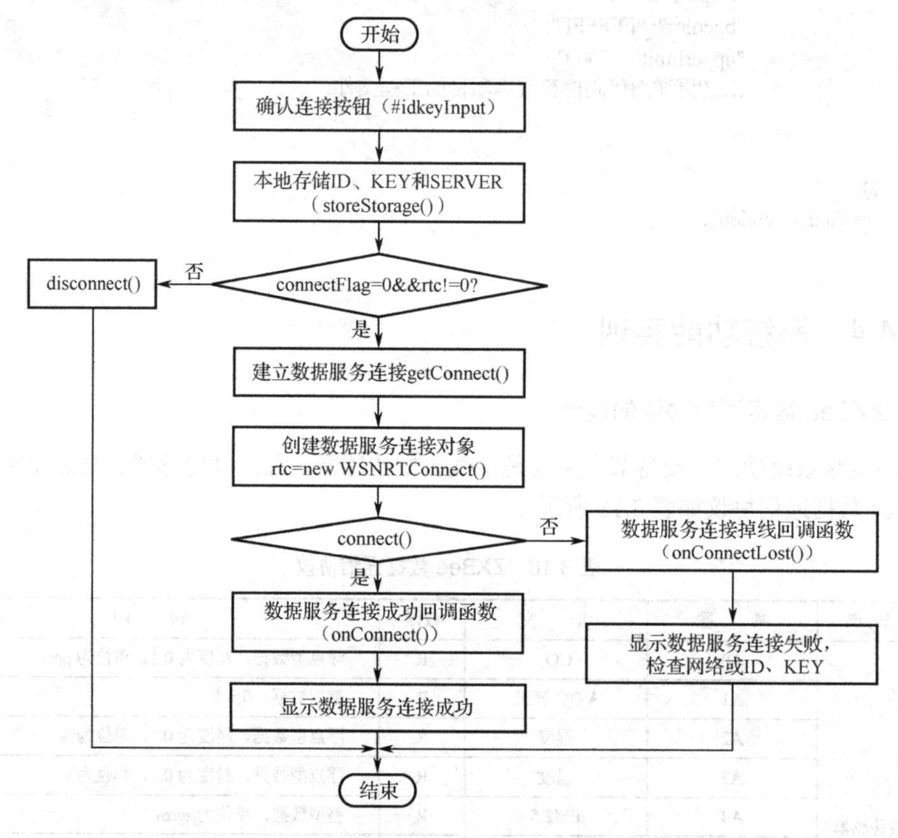

图 3.175　环境监测系统与云平台服务器连接流程图

3. 设备节点状态更新显示

（1）设备节点状态更新显示。设备节点状态更新显示流程如图 3.176 所示，通过设置设备节点的 MAC 地址，可获取传感器节点采集的数据，实现设备节点在线。

当环境监测系统连接到云平台服务器后，云平台服务器就会进行数据推送，推送的数据包含了设备节点的 MAC 地址。当设备节点的 MAC 地址和云平台服务器的 MAC 地址匹配后，云平台服务器就可以获取传感器采集的数据，所以需要先进行设备节点 MAC 地址的输入与确认。

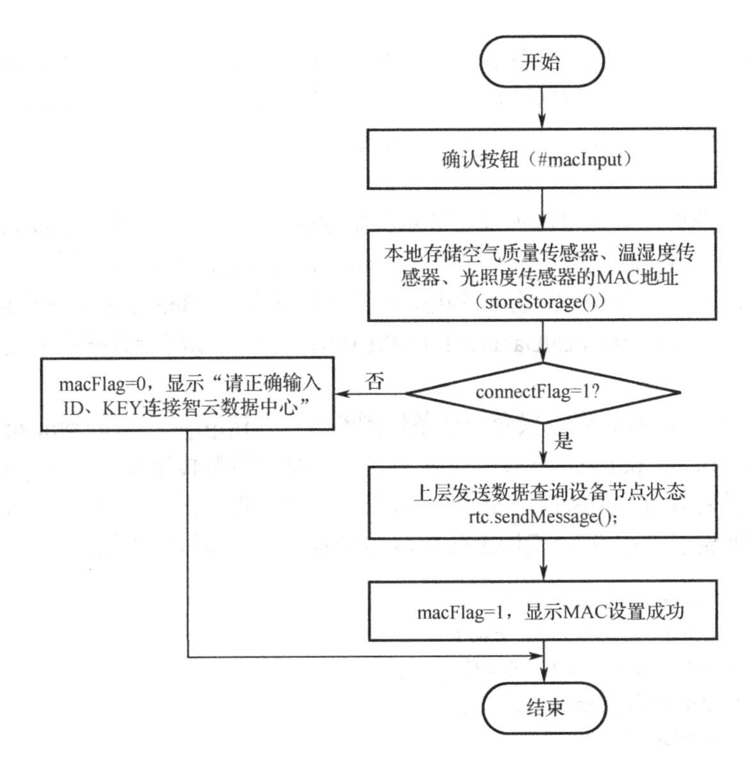

图 3.176　设备状态更新显示状态流程图

设备节点的连接功能是通过“确认”按钮实现的。当单击“确认”按钮时，触发“$("#macInput").click()”事件，首先在本地保存设备节点（如空气质量传感器、温湿度传感器、光照度传感器）的 MAC 地址；再通过条件语句“if(connectFlag){}”判断连接标志位，如果连接标志位 connectFlag=1，则调用 WSNRTConnect.js 文件里面的“rtc.sendMessage(localData.KM_PMMAC, sensor.pm.query);”发送函数对设备节点的状态进行查询（config.js 文件），判断设备是否在线，如果在线则显示“MAC 设置成功”，否则显示“请正确输入 ID、KEY 连接云平台数据中心”。

```
//确认按钮
$("#macInput1").click(function () {
    localData.KM_PMMAC = $("#KM_PMMAC").val();
    localData.KM_THMAC = $("#KM_THMAC").val();
    localData.KM_LIGHTMAC = $("#KM_LIGHTMAC").val();
    //本地存储 MAC 地址
    storeStorage();
    if (connectFlag) {
        rtc.sendMessage(localData.KM_PMMAC, sensor.pm.query);
        rtc.sendMessage(localData.KM_THMAC, sensor.th.query);
        rtc.sendMessage(localData.KM_LIGHTMAC, sensor.light.query);
        message_show("MAC 设置成功");
    } else {
        message_show("请正确输入 ID、KEY 连接云平台数据中心");
    }
});
```

（2）设备节点信息处理。设备节点信息处理包括两个部分：一是更新设备节点的在线状态，二是对设备节点采集的数据进行实时显示。通过回调函数 rtc.onmessageArrive(mac, dat)可以对接收到的有效信息进行处理即可，该函数有两个参数，分别是 mac 和 dat，需要对这两个参数进行解析。

参数 mac 的解析。首先过滤掉设备节点类型数据，只留下数组变量长度为 2 的 MAC 地址信息以及命令查询信息。然后回调函数 rtc.onmessageArrive(mac, dat)通过嵌套的条件判断语句来判解析设备节点的 MAC 地址及状态信息（可参看 ZXBee 数据通信协议的设计）。例如，通过语句“if (mac == localData.KM_PMMAC){…}”可以解析数据包中空气质量传感器的 MAC 地址。

参数 dat 的解析。首先通过嵌套一个条件判断语句“if(t[0]== sensor.pm.tag_pm){…}”进行判断，sensor.pm.tag_pm 表示查询 sensor 对象（如空气质量传感器）的 tag_pm 值，然后将空气质量传感器采集的数据赋值给变量 Data，最后在仪表盘上面进行实时显示，同时在 PM2.5 子界面的标题处显示“在线”。温湿度传感器和光照度传感器与此类似。

```
//消息处理回调函数
rtc.onmessageArrive = function (mac, dat) {
    if (dat[0] == '{' && dat[dat.length - 1] == '}') {
        dat = dat.substr(1, dat.length - 2);
        var its = dat.split(',');
        for (var x in its) {
            var t = its[x].split('=');
            if (t.length != 2) continue;
            //环境数据
            if (mac == localData.KM_PMMAC) {
                if (t[0] == sensor.pm.tag_co2) {
                    var Data = parseInt(t[1]);
                    dial3('KM_CO2', 'ppm', Data);
                    $("#KM_co2Status").text("在线").css("color", "#5cadba");
                }
                if (t[0] == sensor.pm.tag_pm) {
                    var Data = parseInt(t[1]);
                    KM_data = Data;
                    dial('KM_PM2.5', 'μg/m3', Data);
                    $("#KM_pmStatus").text("在线").css("color", "#5cadba");
                }
                if (t[0] == sensor.pm.tag_voc) {
                    dial4('KM_VOC', '', parseInt(t[1]));
                    $("#KM_vocStatus").text("在线").css("color", "#5cadba");
                }
            }
            if (mac == localData.KM_THMAC) {
                if (t[0] == sensor.th.tag_tem) {
                    var Data = parseInt(t[1]);
                    thermometer('KM_temp', '℃', '#ff7850', -20, 80, Data);
                    $("#KM_temperStatus").text("在线").css("color", "#5cadba");
```

```
                }
                if (t[0] == sensor.th.tag_hum) {
                    var Data = parseInt(t[1]);
                    thermometer('KM_humi', '%', '#27A9E3', 0, 100, Data);
                    $("#KM_humidityStatus").text("在线").css("color", "#5cadba");
                }
            }
            if (mac == localData.KM_LIGHTMAC) {
                if (t[0] == sensor.light.tag) {
                    var Data = parseInt(t[1]);
                    dial2('KM_illum', 'Lx', Data);
                    $("#KM_lightStatus").text("在线").css("color", "#5cadba");
                }
            }
        }
    }
}
```

3.4.5　系统部署与测试

1．系统硬件部署

（1）硬件设备连接

① 硬件准备：准备 1 个 S4418/6818 系列网关、1 个温湿度传感器、1 个光照度传感器、1 个空气质量传感器、3 个 ZXBeeLiteB 无线节点、1 个 SmartRF04EB 仿真器。

② 将温湿度传感器、光照度传感器、空气质量传感器分别接到 ZXBeeLiteB 无线节点的 A 端子。环境监测系统节点的连接如图 3.177 所示。

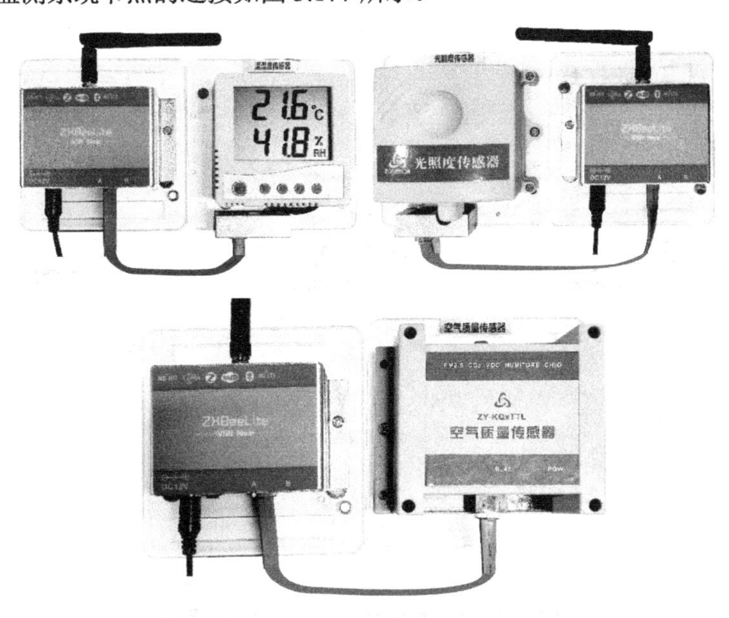

图 3.177　环境监测系统设备节点的连接

（2）系统组网测试。

① 运行 ZCloudWebTools，打开环境监测系统网络拓扑图。环境监测系统组网成功后的网络拓扑图如图 3.178 所示。

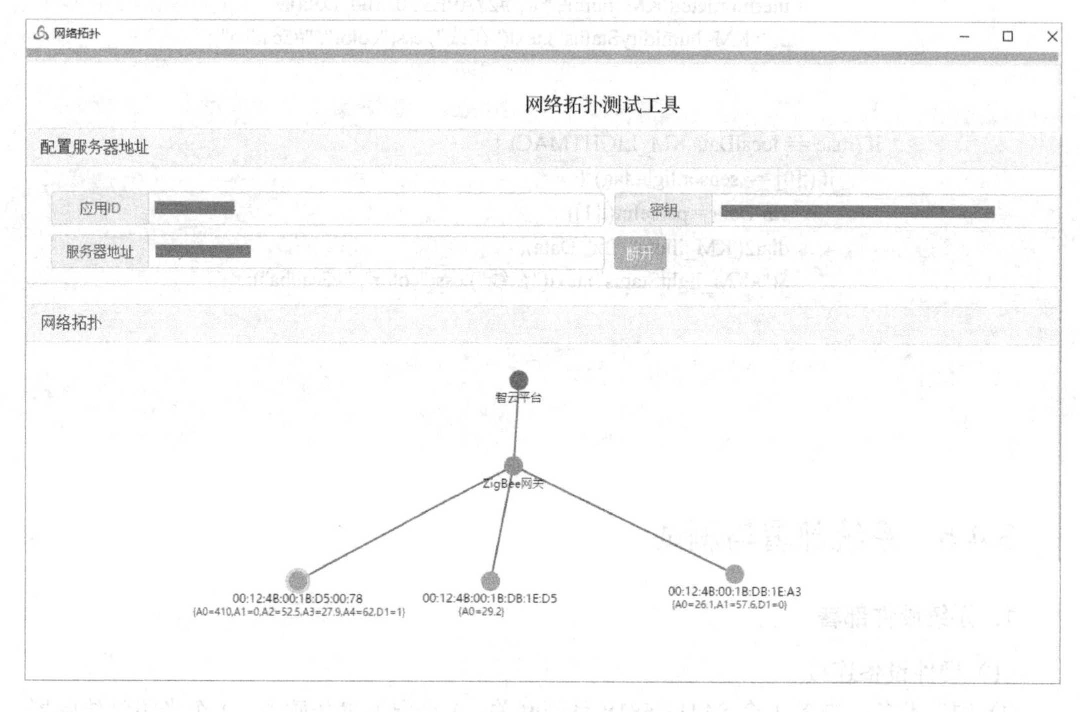

图 3.178　环境监测系统组网成功后的网络拓扑图

② 运行本项目的 index.html 文件。输入 ID、KEY 和 MAC 地址后，单击“确认”按钮，观察设备节点是否在线，若在线说明组网成功，如图 3.179 所示。

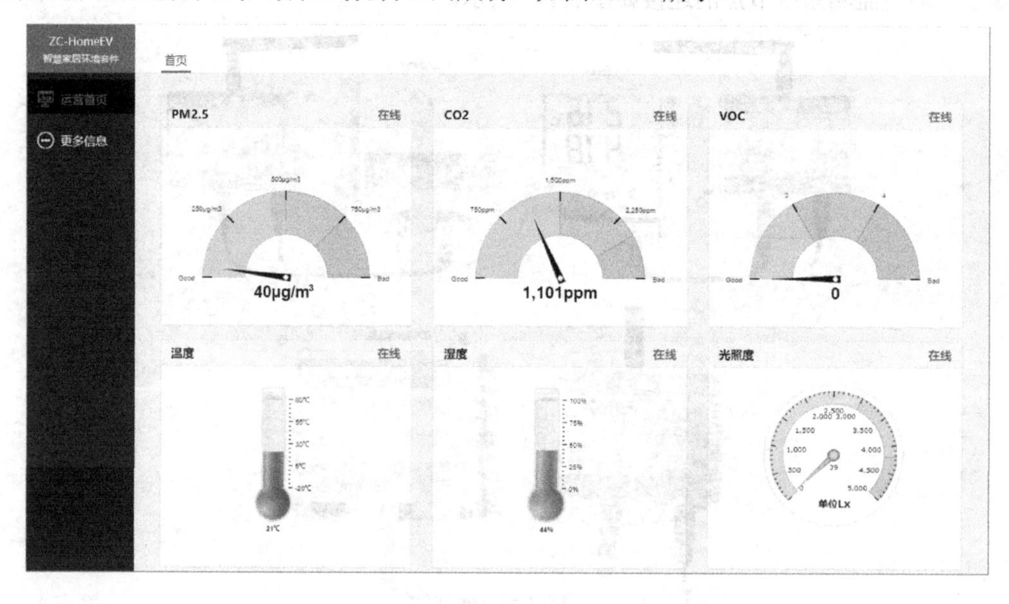

图 3.179　环境监测系统组网成功后的界面

2. 系统测试

系统测试流程如图 3.180 所示。

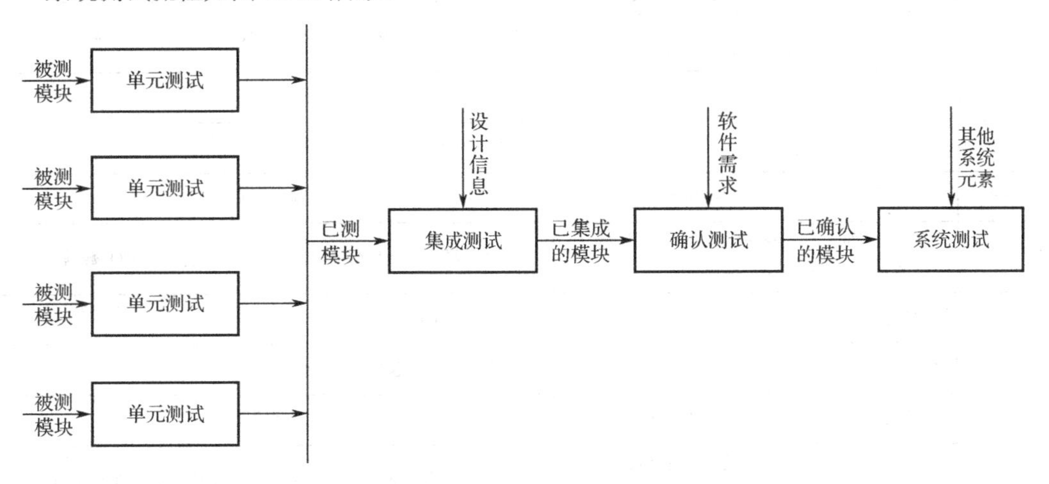

图 3.180　系统测试流程

（1）用户功能测试项如表 3.19 所示。

表 3.19　用户功能测试项

模块	编号	测　试　项
运营首页界面	1	PM2.5 子界面：空气质量传感器检测 PM2.5 数据并显示在仪表盘中
	2	CO2 子界面：空气质量传感器检测 CO_2 数据并显示在仪表盘中
	3	VOC 子界面：空气质量传感器检测 VOC 数据并显示在仪表盘中
	4	温度子界面：温湿度传感器检测温度数据并显示在温度计中
	5	湿度子界面：温湿度传感器检测湿度数据并显示在湿度计中
	6	光照度子界面：光照度传感器检测光照数据并显示在仪表盘中
更多信息界面	1	IDKey 子界面：当用户输入正确的 ID、KEY、SERVER 后单击“连接”按钮弹出信息提示框“数据服务连接成功”，再单击“断开”按钮弹出信框“数据服务连接失败，请检查网络或 IDKEY”
	2	MAC 设置子界面：当云平台服务器连接成功且 MAC 地址已正确输入则弹出信息提示框“MAC 设置成功”。 如果云平台服务器未连接，即使 MAC 地址设置正确，单击“确认”按钮也会弹出信息提示框“数据服务连接失败，请检查网络或 ID、KEY”
	3	版本信息子界面：单击“版本升级”按钮弹出信息提示框“当前已是最新版本”。 单击“查看升级日志”按钮，查看版本的修改问题

（2）运营首页界面功能测试用例。运营首页界面功能测试用例如表 3.20 所示。

表 3.20　运营首页界面功能测试用例

测试用例描述 1	PM2.5 子界面
前置条件	PM2.5 子界面标题显示“在线”

续表

序号	测试项	操作步骤	预期结果
1	PM2.5 子界面测试	将空气质量传感器放置在室内，静置一会儿	PM2.5 子界面仪表盘指针偏转，仪表盘下方显示 PM2.5 数据
测试用例描述 2		CO2 子界面	
前置条件		CO2 子界面标题显示“在线”	
序号	测试项	操作步骤	预期结果
2	CO2 子界面测试	将空气质量传感器放置在室内，静置一会儿	CO2 子界面仪表盘指针偏转，仪表盘下方显示 CO_2 数据
测试用例描述 3		VOC 子界面	
前置条件		VOC 子界面标题显示“在线”	
序号	测试项	操作步骤	预期结果
3	VOC 子界面测试	将空气质量传感器放置在室内，静置一会儿	VOC 子界面仪表盘指针偏转，仪表盘下方显示 VOC 数据
测试用例描述 4		温度子界面和湿度子界面	
前置条件		温度子界面和湿度子界面标题显示“在线”	
序号	测试项	操作步骤	预期结果
4	温度子界面和湿度子界面测试	将温湿度传感器放置在室内，静置一会儿	温度子界面和湿度子界面的温度计和湿度计液注上升，并且温度计和湿度计下方显示温湿度数据
测试用例描述 5		光照度子界面	
前置条件		光照度子界面标题显示“在线”	
序号	测试项	操作步骤	预期结果
5	光照度子界面测试	将光照度传感器放置在室内，静置一会儿	光照度子界面仪表盘指针偏转，同时仪表盘下方显示光照度数据

（3）更多信息界面功能测试用例。更多信息界面功能测试用例如表 3.21 所示。

表 3.21　更多信息界面功能测试用例

测试用例描述 1		IDKey 子界面	
前置条件		获得 ID、KEY	
序号	测试项	操作步骤	预期结果
1	IDKey 子界面	（1）输入 ID 和 KEY 后单击“连接”按钮。 （2）单击“断开”按钮。 （3）单击“扫描”按钮。 （4）单击“分享”按钮	（1）弹出信息提示框“数据服务连接成功！”。 （2）弹出信息提示框“数据服务连接失败，请检查网络或 ID、KEY”。 （3）弹出信息提示框“扫描只在安卓系统下可用！”。 （4）显示 IDKey 二维码模态框
测试用例描述 2		MAC 设置子界面	
前置条件		获得空气质量传感器、温湿度传感器、光照度传感器的 MAC 地址	

续表

序号	测试项	操作步骤	预期结果
2	空气质量传感器、温湿度传感器、光照度传感器与云平台服务器的连接	（1）依次输入传感器的MAC地址，单击“确认”按钮，再单击“运营首页”导航。 （2）单击“扫描”按钮。 （3）单击“分享”按钮	（1）弹出信息提示框“MAC 设置成功”，运营首页界面各个子界面标题显示“在线”。 （2）弹出信息提示框“扫描只在安卓系统下可用！”。 （3）显示 MAC 设置二维码模态框
测试用例描述 3		版本信息子界面	
前置条件		无	
序号	测试项	操作步骤	预期结果
3	版本升级	（1）单击“版本升级”按钮。 （2）单击“查看升级日志”按钮，再单击“收起升级日志”按钮。 （3）单击“下载图片”按钮	（1）弹出信息提示框“当前已是最新版本”。 （2）显示升级说明，收起升级说明。 （3）弹出下载 App 模态框

（4）环境监测系统性能测试用例。环境监测系统性能测试用例如表 3.22 所示。

表 3.22 环境监测系统性能测试用例

性能测试用例 1		
性能测试用例描述 1	浏览器的兼容性	
用例目的	通过不同浏览器打开环境监测系统（主要测试谷歌浏览器、火狐浏览器、360 浏览器）	
前提条件	项目工程已经部署成功	
执行操作	期望的性能	实际性能（平均值）
通过不同浏览器打开	三种浏览器都能正确显示（用时 1 s）	谷歌浏览器用时 1.3 s、火狐浏览器用时 1.6 s、360 浏览器用时 1.8 s
性能测试用例 2		
性能测试用例描述 2	界面在线状态请求	
用例目的	界面在线更新必须快速，需要主动查询	
前提条件	数据服务连接成功且 MAC 地址设置正确	
执行操作	期望的性能	实际性能（平均值）
测试上线时间	PM2.5、CO2、VOC、温度、湿度、光照度子界面标题立即显示“在线”（用时 3 s）	用时 3 s
性能测试用例 3		
性能测试用例描述 3	数据阻塞测试	
用例目的	测试各个子界面数据上传情况	
前提条件	数据服务连接成功且 MAC 地址设置正确	
执行操作	期望的性能	实际性能（平均值）

续表

通过 ZCloudTools 向 PM2.5、CO2、VOC、温度、湿度、光照度子界面发送查询命令	各个子界面的仪表盘指针偏转、温度计或湿度计升降	温度、湿度、光照度子界面相较于 PM2.5、CO2、VOC 子界面的显示速度快一点

（5）PM2.5、CO2、VOC 子界面功能测试。如果 PM2.5、CO2、VOC 子界面标题处显示设备节点在线，则说明空气质量传感器已接入云平台服务器，如图 3.181 所示。运行 ZCloudWebTools，选中空气质量传感器的 MAC 地址，依次查询 PM2.5、CO2 和 VOC 子界面在控制命令中的数值，分别如图 3.182、图 3.183 和图 3.184 所示（控制命令为“{A0=?,A1=?,A4=?}”，请参考 ZXBee 数据通信协议）。

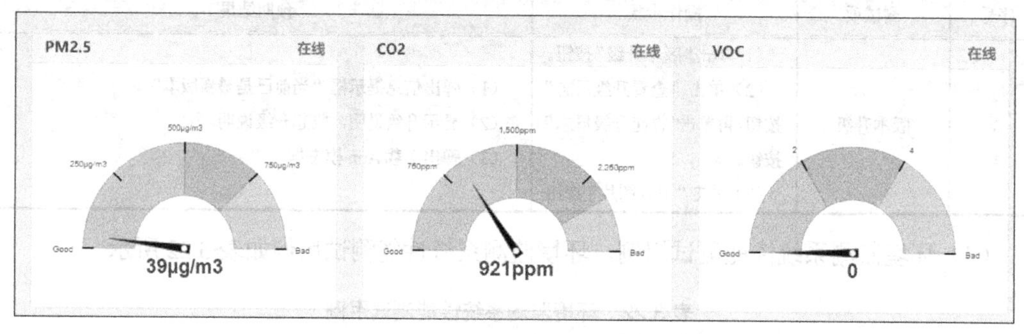

图 3.181　PM2.5、CO2、VOC 子界面标题显示在线

数据推送与接收

地址 00:12:4B:00:1B:DB:1E:A3　数据 {A4=?}　发送

数据过滤　所有数据　清空空数据

00:12:4B:00:1A:BE:E2:DE
00:12:4B:00:1B:D5:00:78
00:12:4B:00:1B:DB:1E:D5
00:12:4B:00:0E:0A:47:41
00:12:4B:00:1B:DB:3A:A3
00:12:4B:00:15:CF:67:D2
00:12:4B:00:15:CF:5C:C3
00:12:4B:00:1B:DB:30:D2
BLE:04:A3:16:A6:37:91
00:12:4B:00:1B:DB:1E:A3
00:12:4B:00:1B:D8:75:E0
00:12:4B:00:15:D1:31:0C
00:12:4B:00:15:CF:80:0B

MAC地址	信息	时间
00:12:4B:00:1B:DB:1E:A3	{PN=2D7E,TYPE=12216}	2019/12/23 15:37:20
00:12:4B:00:1B:DB:1E:A3	{A4=40}	2019/12/23 15:37:19
00:12:4B:00:1B:DB:1E:A3	{A4=40}	2019/12/23 15:37:18
00:12:4B:00:1B:DB:1E:A3	{A4=40}	2019/12/23 15:37:15

图 3.182　PM2.5 子界面在控制命令中的数值

数据推送与接收

地址 00:12:4B:00:1B:DB:1E:A3　数据 {A0=?}　发送

数据过滤　所有数据　清空空数据

00:12:4B:00:1A:BE:E2:DE
00:12:4B:00:1B:D5:00:78
00:12:4B:00:1B:DB:1E:D5
00:12:4B:00:0E:0A:47:41
00:12:4B:00:1B:DB:3A:A3
00:12:4B:00:15:CF:67:D2
00:12:4B:00:15:CF:5C:C3
00:12:4B:00:1B:DB:30:D2
BLE:04:A3:16:A6:37:91
00:12:4B:00:1B:DB:1E:A3
00:12:4B:00:1B:D8:75:E0
00:12:4B:00:15:D1:31:0C

MAC地址	信息	时间
00:12:4B:00:1B:DB:1E:A3	{A0=931}	2019/12/23 15:38:1
00:12:4B:00:1B:DB:1E:A3	{A0=931}	2019/12/23 15:38:1
00:12:4B:00:1B:DB:1E:A3	{PN=2D7E,TYPE=12216}	2019/12/23 15:37:55
00:12:4B:00:1B:DB:1E:A3	{PN=2D7E,TYPE=12216}	2019/12/23 15:37:54
00:12:4B:00:1B:DB:1E:A3	{PN=2D7E,TYPE=12216}	2019/12/23 15:37:40
00:12:4B:00:1B:DB:1E:A3	{A0=942,A1=0,A2=42.2,A3=22.7,A4=39,D1=1}	2019/12/23 15:37:33
00:12:4B:00:1B:DB:1E:A3	{PN=2D7E,TYPE=12216}	2019/12/23 15:37:20
00:12:4B:00:1B:DB:1E:A3	{A4=40}	2019/12/23 15:37:19

图 3.183　CO2 子界面在控制命令中的数值

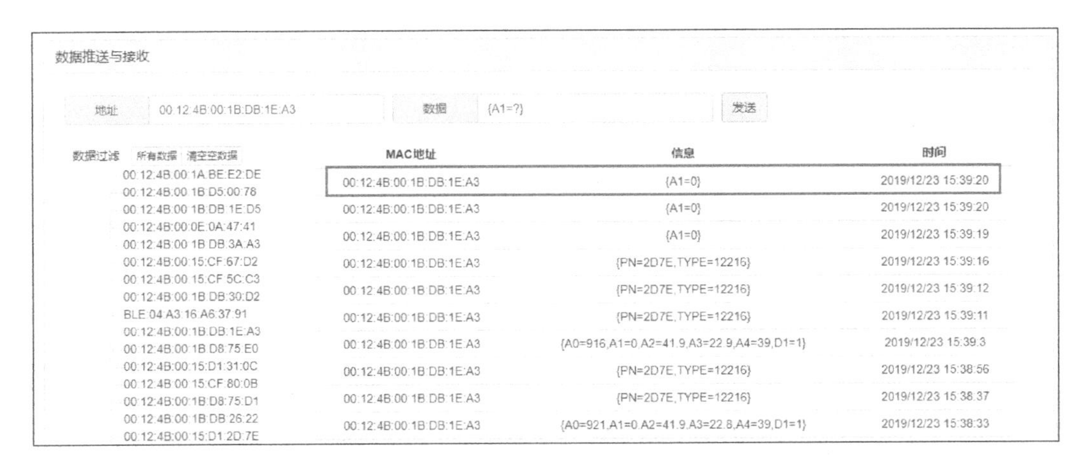

图 3.184　VOC 子界面在控制命令中的数值

（6）温度、湿度子界面功能测试。如果温度、湿度子界面的标题处显示设备节点在线，则说明温湿度传感器已成功连接到云平台服务器，如图 3.185 所示。运行 ZCloudWebTools，选中温湿度传感器的 MAC 地址，依次查询温度、湿度子界面在控制命令中的数值，分别如图 3.186 和图 3.187 所示（控制命令为“{A0=?,A1=?}”，请参考 ZXBee 数据通信协议）。

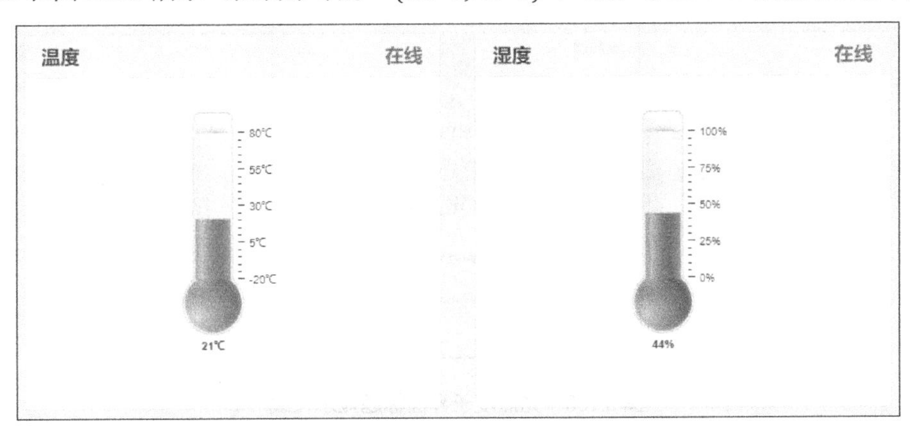

图 3.185　温度、湿度子界面标题显示在线

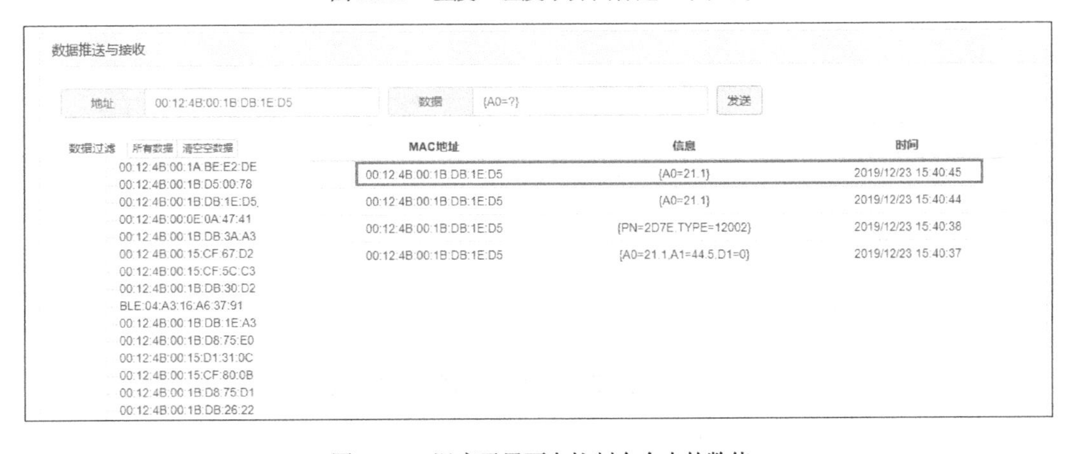

图 3.186　温度子界面在控制命令中的数值

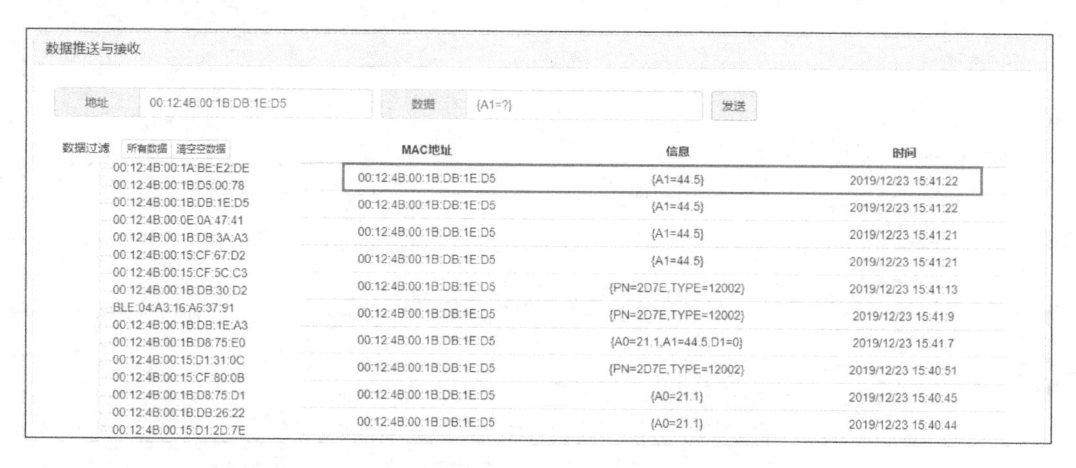

图 3.187　湿度子界面在控制命令中的数值

（7）光照度子界面功能测试。如果光照度子界面标题处显示设备节点在线，则说明光照度传感器已经成功连接云平台服务器，如图 3.188 所示。运行 ZCloudWebTools，选中光照度传感器的 MAC 地址，可查询光照度子界面在控制命令中的数值，如图 3.189 所示（控制命令为“{A0=?}”，请参考 ZXBee 数据通信协议）。

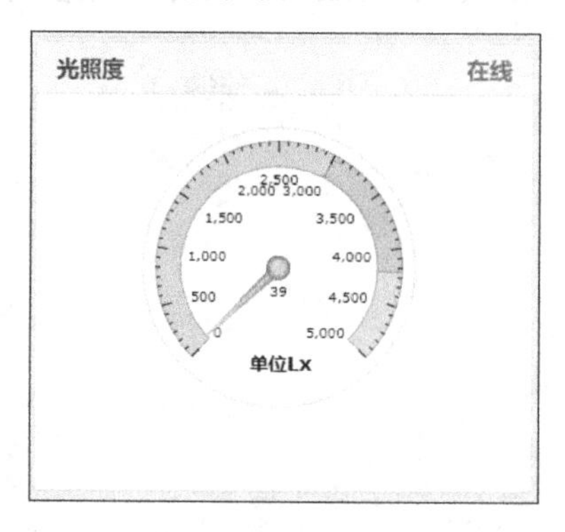

图 3.188　光照度子界面标题显示在线

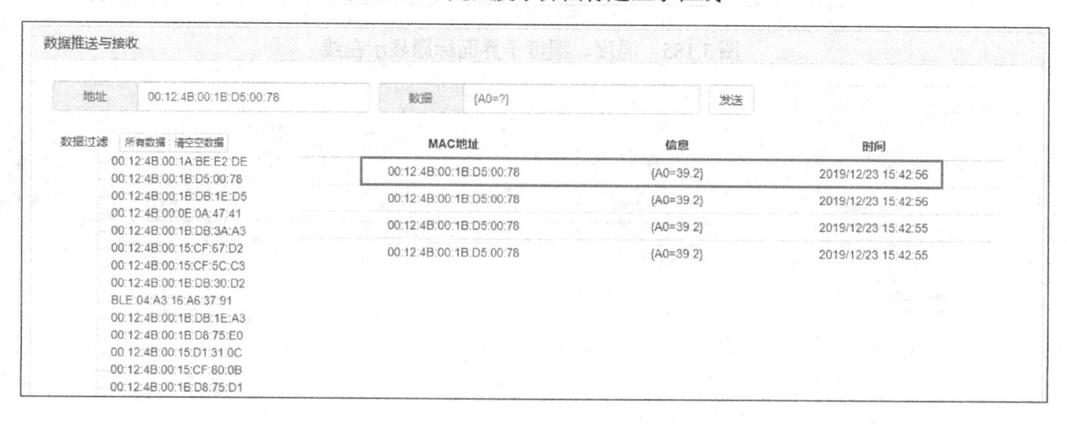

图 3.189　光照度子界面在控制命令中的数值

第4章 智慧家居系统工程测试与总结

本章介绍智慧家居系统工程的测试与总结，共4个模块：

（1）系统集成与部署：包括硬件连线和设置、硬件网络设置与部署，以及智能家居系统的软硬件部署。

（2）系统综合测试：包括系统综合组网测试和系统综合功能测试。

（3）项目运行与维护：包括运行与维护的基本任务和基本制度。

（4）项目总结与汇报：包括项目总结与汇报概述、项目开发总结报告和项目汇报。

4.1 系统集成与部署

在完成智慧家居系统的各个功能模块开发后，还需要进行整个系统的集成与部署。系统集成与部署的步骤如下：

（1）根据系统工程的硬件清单，清理系统使用的全部硬件，检测其外观是否损坏。

（2）根据项目节点设备镜像文件说明表，对不同的控制节点进行编号贴上标签，按照说明表下载对应镜像文件。

（3）按照系统工程的要求，将传感器连接到指定的控制节点端口上。

（4）设置与部署 ZigBee 网络。

4.1.1 硬件连线与设置

项目总体硬件部署图（灰色部分是智慧家居系统工程中不使用的节点）如图 4.1 所示。

智慧家居各个子系统的硬件连线如表 4.1 所示。

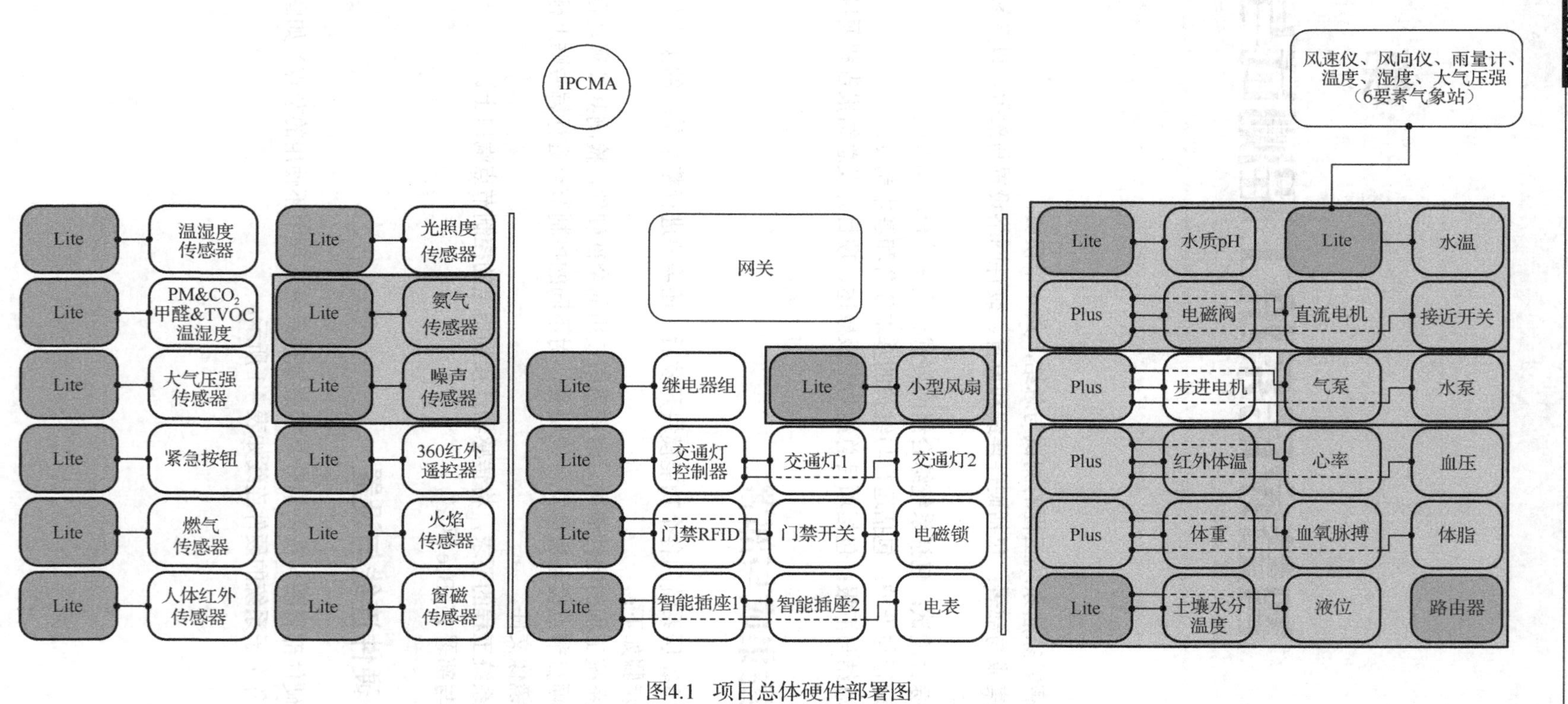

图4.1 项目总体硬件部署图

表 4.1　智慧家居各个子系统的硬件连线

系 统 名 称	连线示意图
门禁系统	
电器系统	
安防系统	

续表

系统名称	连线示意图
环境监测系统	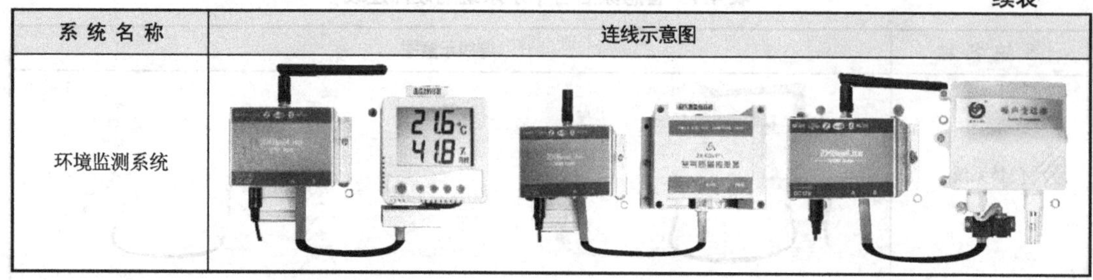

4.1.2 硬件网络设置与部署

ZigBee 无线传感器网络的设置与部署如表 4.2 所示。

表 4.2 ZigBee 无线传感器网络的设置与部署

序号	节点设备	节点类型	PANID	Channel
1	温湿度传感器	终端	7724	11
2	光照度传感器	终端	7724	11
3	空气质量传感器	终端	7724	11
4	360 红外遥控器	路由	7724	11
5	门禁套件	路由	7724	11
6	燃气传感器	路由	7724	11
7	人体红外传感器	终端	7724	11
8	窗磁传感器	终端	7724	11
9	继电器	终端	7724	11
10	信号灯控制器	终端	7724	11
11	智能插座	终端	7724	11
12	火焰传感器	终端	7724	11
13	步进电机	终端	7724	11

在设备节点通电后，可通过观察设备节点的状态灯来快速了解设备节点的状态，如判断组网是否成功。ZXBeeLiteB 无线节点底部的 4 个状态灯功能如表 4.3 所示。

表 4.3 ZXBeeLiteB 无线节点底部的 4 个状态灯功能

类别	功能	描述
蓝色灯	电源状态指示	节点连接电源，灯常亮
黄色灯	电源开关状态	电源按钮按下，灯常亮
红色灯	组网状态	组网成功，灯常亮
绿色灯	通信状态	有数据通信时，灯闪亮

通过 ZCloudWebTools 可以查看系统的网络拓扑图，如图 4.2 所示，网络拓扑图说明如表 4.4 所示。

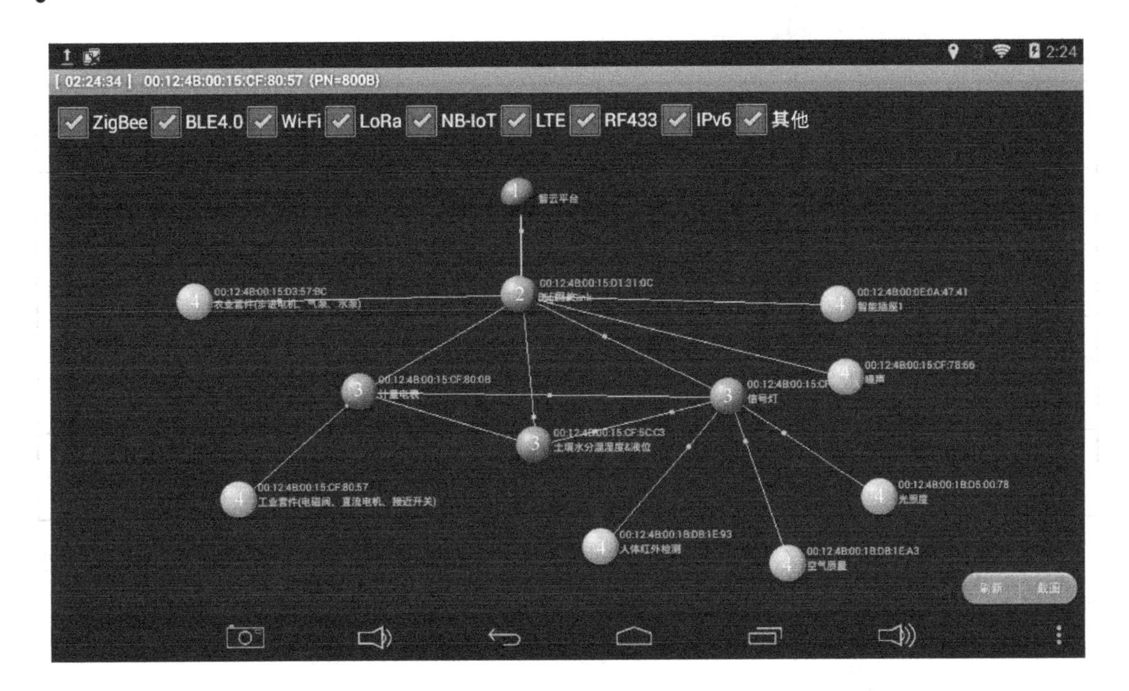

图 4.2　系统网络拓扑图

表 4.4　网络拓扑图说明

图形类别	描述说明
红色节点（1）	代表云平台（智云平台），仅有一个
橙色节点（2）	代表网关，本项目中只有一个 ZigBee 网关，全部节点通过本网关与云平台进行通信
紫色节点（3）	ZigBee 网关的路由节点，在程序中设置（一般几个节点为一组，距离网关最近的节点设置为路由节点）。节点右方会显示节点名称与 MAC 地址
蓝色节点（4）	ZigBee 终端节点，节点右方显示节点名称与 MAC 地址
白色线条	代表设备之间连接，上面的小圆点代表节点间数据通信

4.1.3　智慧家居系统的软硬件部署

（1）智慧家居系统的硬件部署。智慧家居系统的硬件列表如表 4.5 所示。

表 4.5　智慧家居系统的硬件列表

序　号	节点类别	设备节点	设备节点的 MAC 地址
1	ZXBeeLiteB 无线节点	温湿度传感器：ZY-WSx485	00:12:4B:00:1B:DB:1E:A3
2	ZXBeeLiteB 无线节点	空气质量传感器：ZY-KQxTTL	00:12:4B:00:1B:D5:00:78
3	ZXBeeLiteB 无线节点	光照度传感器：ZY-GZx485	00:12:4B:00:1B:DB:1E:D5
4	ZXBeeLiteB 无线节点	燃气探测器：ZY-RQxIO	00:12:4B:00:1B:DB:26:22
5	ZXBeeLiteB 无线节点	火焰探测器：ZY-HYxIO	00:12:4B:00:1B:D8:75:D1
6	ZXBeeLiteB 无线节点	人体红外传感器：ZY-RTHWxIO	00:12:4B:00:1B:DB:1E:93

续表

序　号	节 点 类 别	设 备 节 点	设备节点的 MAC 地址
7	ZXBeeLiteB 无线节点	磁窗探测器：ZY-CCxIO	00:12:4B:00:15:CF:64:35
8	ZXBeeLiteB 无线节点	360 红外遥控器：ZY-YKxTTL	00:12:4B:00:15:CF:80:29
9	ZXBeeLiteB 无线节点	RFID 阅读器：ZY-RFMJx485 门禁开关：ZY-MJKGxIO 电磁锁：ZY-MSxIO	00:12:4B:00:15:D1:2D:6F
10	ZXBeeLiteB 无线节点	智能插座：ZY-CPxIO	00:12:4B:00:0F:68:AA:29
11	ZXBeeLiteB 无线节点	信号灯控制器：ZY-XHD001x485 信号灯：ZY-3SXHDxIO	00:12:4B:00:15:CF:78:7A
12	ZXBeeLiteB 无线节点	继电器：ZY-JDQxIO	00:12:4B:00:1B:DB:30:D2
13	ZXBeePlus 无线节点	步进电机：ZY-BJDJxIO	00:12:43:00:1B:DB1E:93

（2）智慧家居系统的软件部署。图 4.3 所示为智慧家居系统的软件部署，通过超链接可集成各个子系统。

```
index.html
31  <div class="main">
32      <div class="info flex">
33          <a href="src/ZC-HomeAC-web/index.html" target="_blank"><img src="img/changjing.png"
    alt=""></a>
34          <img src="img/jiankong.png" alt="">
35          <img src="img/menjin2.png" alt="">
36      </div>
37  </div>
38  <div class="main">
39      <div class="info flex">
40          <a href="src/ZC-HomeEA-web/index.html" target="_blank"><img src="img/changjing.png"
    alt=""></a>
41          <img src="img/dianqi2.png" alt="">
42          <img src="img/yaokong.png" alt="">
43      </div>
44  </div>
45  <div class="main">
46      <div class="info flex">
47          <a href="src/ZC-HomeSC-web/index.html" target="_blank"><img src="img/changjing.png"
    alt=""></a>
html  body
```

图 4.3　智慧家居系统的软件部署

运行本项目的 index.html 文件，可运行智慧家居系统，其运行界面如图 4.4 所示。

图 4.4　智慧家居系统的运行界面

4.2　系统综合测试

系统综合测试是指对整个系统的测试，将硬件、软件、操作人员看作一个整体，检验它是否有不符合系统说明书的地方。这种测试可以发现系统分析和设计中的错误。例如，安全测试可以测试安全措施是否完善，能不能保证系统不受非法侵入；再如，压力测试可以测试系统在正常数据量以及超负荷量等情况下是否还能正常地工作。

4.2.1　系统综合组网测试

运行 ZCloudWebTools，选择“网络拓扑”，在“应用 ID”和“密码”文本框中输入信息后单击“连接”按钮就可以观察到系统的网络拓扑图，如图 4.5 所示；选择“实时数据”后单击“连接”按钮，可以根据实时数据及控制命令来控制和查询设备节点的状态，如通过控制命令“{OD1=1}”来开启智能插座，如图 4.6 所示。

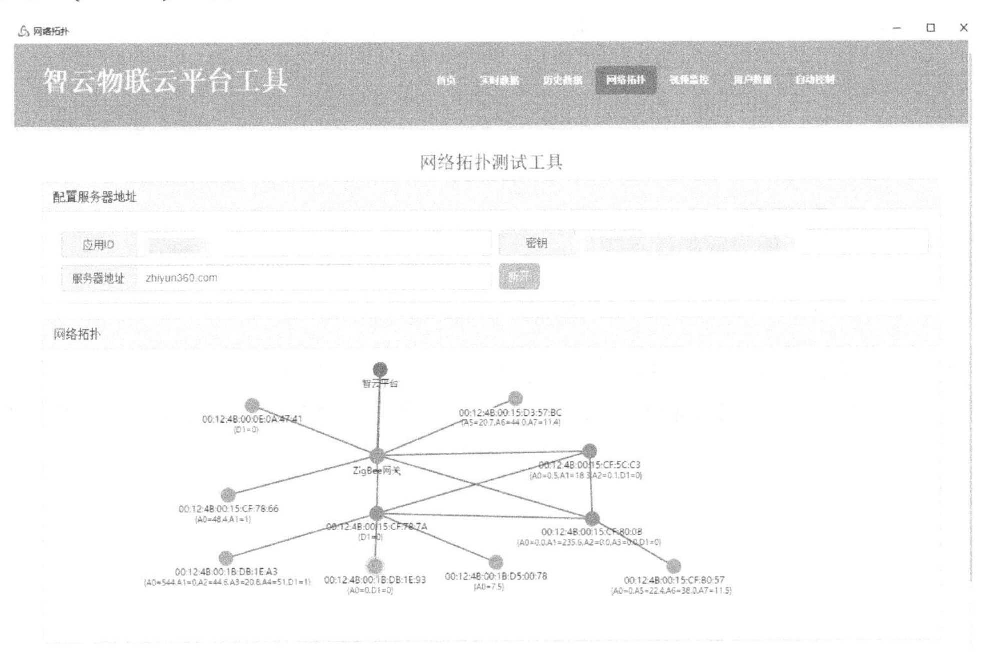

图 4.5　系统综合组网测试的网络拓扑图

4.2.2　系统综合功能测试

1. 门禁系统的测试

门禁系统如图 4.7 所示。

图 4.6　实时数据

图 4.7　门禁系统

（1）门锁控制子界面的测试：单击“打开”或者“关闭”按钮可进行门锁控制子界面的测试（见图 4.8）；运行 ZCloudWebTools，可在控制命令中查看门锁的开关状态（见图 4.9）。

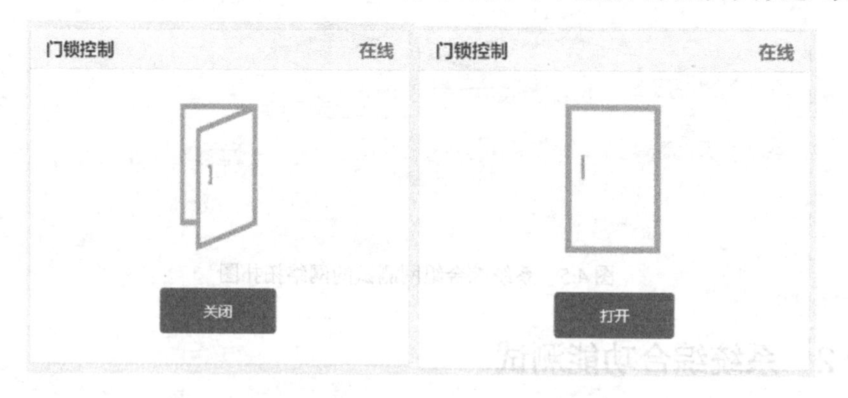

图 4.8　门锁控制子界面的测试

（2）门禁 ID 子界面的测试：将一张未注册的门禁卡放置 RFID 门禁上刷一次，系统会弹出信息提示框“检测到非法 ID！”（见图 4.10）；通过 ZCloudWebTools 查看门禁卡信息（见图 4.11）。

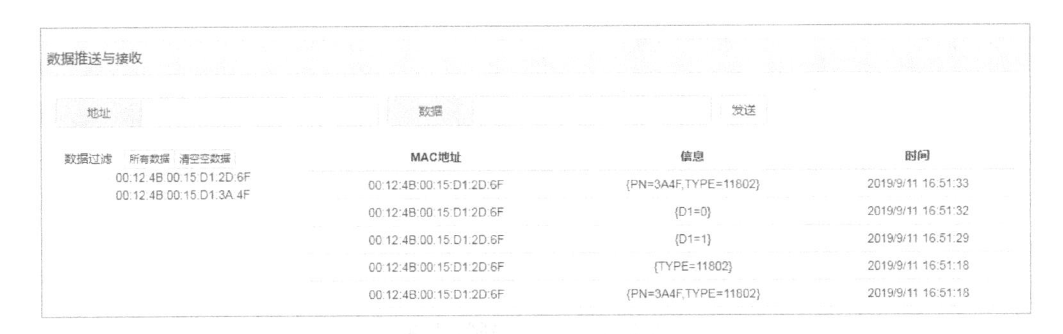

图 4.9　在控制命令中查看门锁开关状态

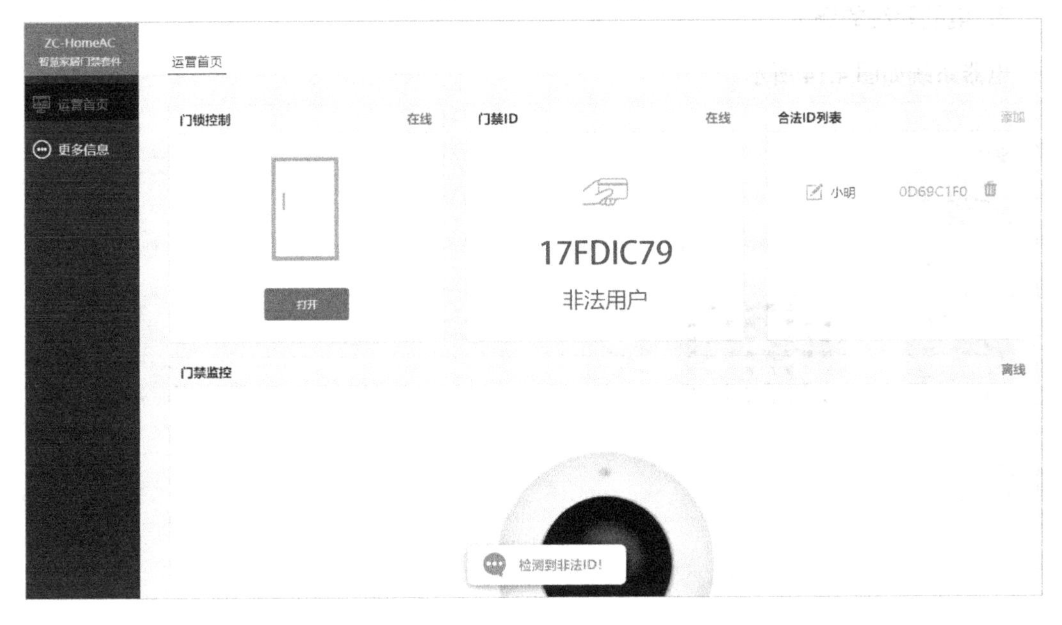

图 4.10　弹出信息提示框“检测到非法 ID!”

00:12:4B:00:15:D1:2D:7E 00:12:4B:00:1B:DB:1E:D5	00:12:4B:00:15:D1:2D:6F	{A0=17FD1C79}	2019/12/23 17:42:44
00:12:4B:00:1B:DB:3A:A3 00:12:4B:00:15:CF:80:57	00:12:4B:00:15:D1:2D:6F	{D1=0}	2019/12/23 17:42:42

图 4.11　门禁卡信息查询

将这张门禁卡添加到合法 ID 列表中（见图 4.12），再次刷门禁卡时则显示合法用户（见图 4.13）。

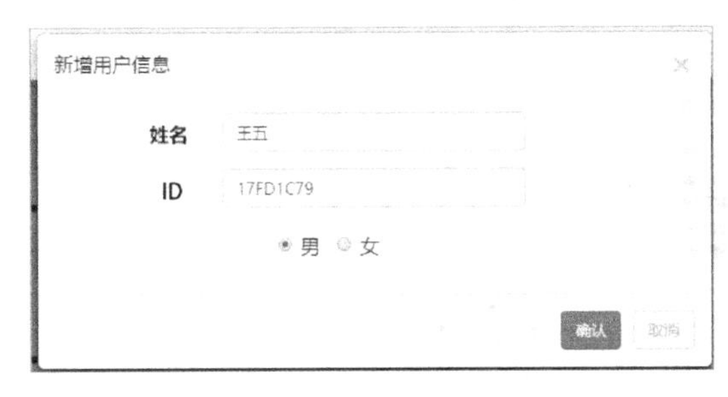

图 4.12　新增用户信息

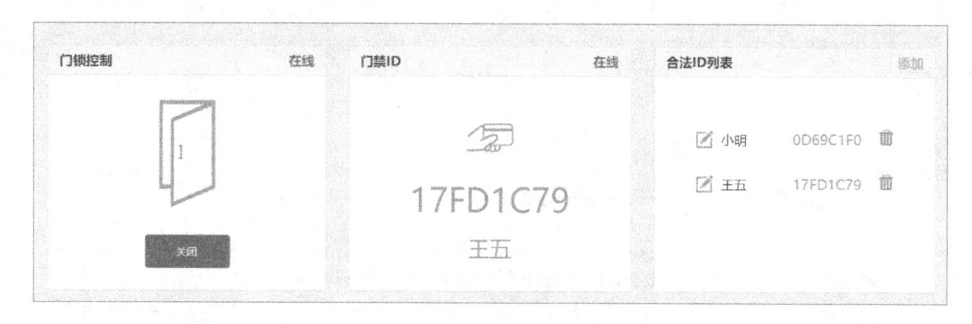

图 4.13　合法用户刷卡显示

2. 电器系统的测试

电器系统如图 4.14 所示。

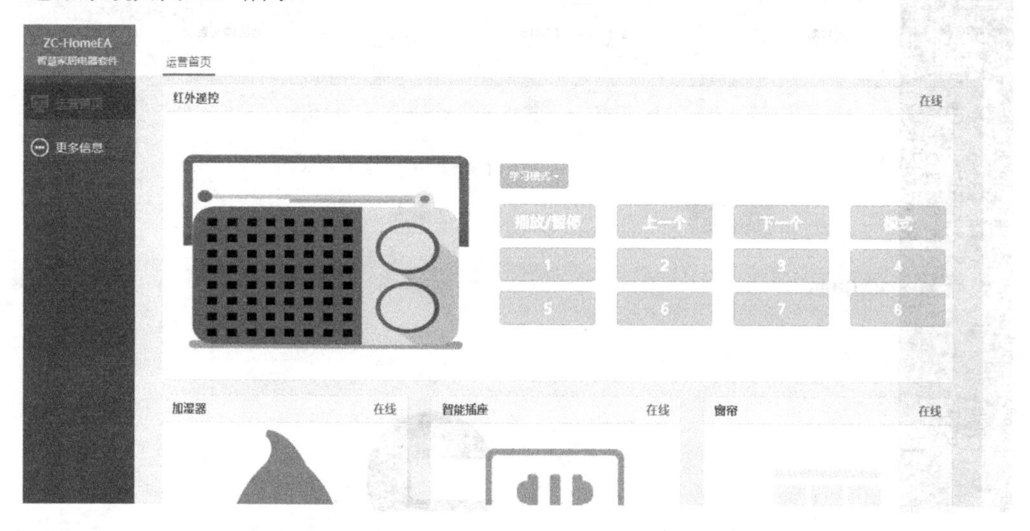

图 4.14　电器系统

（1）红外遥控子界面的测试：在运营首页界面的红外遥控子界面选择“学习模式”（见图 4.15），单击“播放/暂停”按钮；运行 ZCloudWebTools 软件，可以在控制命令中查看学习模式（见图 4.16）。

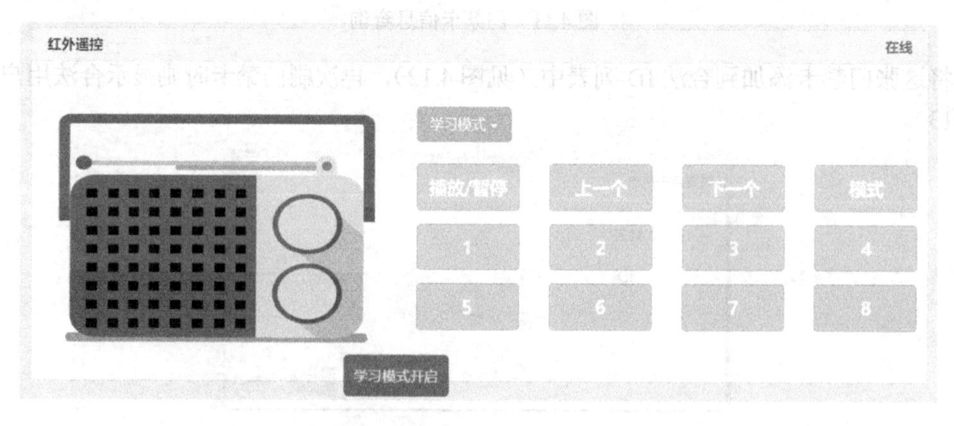

图 4.15　在红外遥控子界面选择“学习模式”

数据推送与接收

地址 00:12:4B:00:15:CF:80:29　数据 {D1=?}　发送

数据过滤　所有数据　清空空数据

00:12:4B:00:1B:D5:00:78
00:12:4B:00:1B:DB:1E:D5
00:12:4B:00:15:CF:80:0B
00:12:4B:00:15:CF:70:6E
00:12:4B:00:1B:D8:75:D1
00:12:4B:00:15:CF:78:7A
00:12:4B:00:15:CF:78:78
00:12:4B:00:15:CF:80:29
00:12:4B:00:1B:DB:1E:93

MAC地址	信息	时间
00:12:4B:00:15:CF:80:29	{D1=1}	10/8/2019 10:41:10
00:12:4B:00:15:CF:80:29	{D1=1}	10/8/2019 10:41:10
00:12:4B:00:15:CF:80:29	{D1=1}	10/8/2019 10:41:10
00:12:4B:00:15:CF:80:29	{D1=1}	10/8/2019 10:41:9
00:12:4B:00:15:CF:80:29	{D1=1}	10/8/2019 10:41:8
00:12:4B:00:15:CF:80:29	{D1=1}	10/8/2019 10:41:8

图 4.16　在控制命令中查看学习模式

在红外遥控子界面选择“遥控模式”可开启 360 红外遥控器的遥控模式（见图 4.17），单击“播放/暂停”按钮，运行 ZCloudWebTools，可在控制命令中查看遥控模式（见图 4.18）。

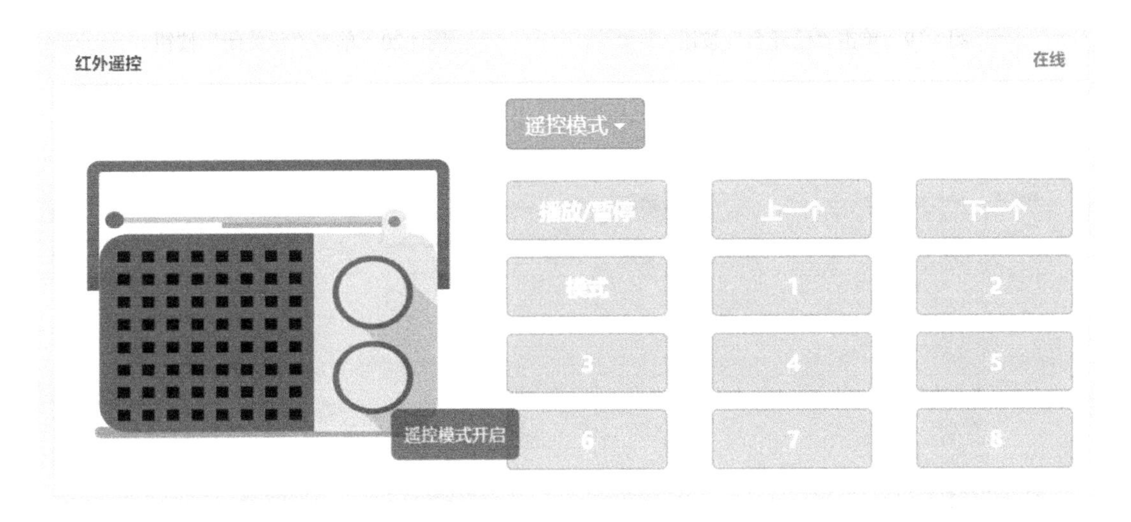

图 4.17　开启遥控模式

地址 00:12:4B:00:15:CF:80:29　数据 {D1=?}　发送

数据过滤　所有数据　清空空数据

00:12:4B:00:1B:D5:00:78
00:12:4B:00:1B:DB:1E:D5
00:12:4B:00:15:CF:80:0B
00:12:4B:00:15:CF:70:6E
00:12:4B:00:1B:D8:75:D1
00:12:4B:00:15:CF:78:7A
00:12:4B:00:15:CF:78:78
00:12:4B:00:15:CF:80:29

MAC地址	信息	时间
00:12:4B:00:15:CF:80:29	{D1=0}	10/8/2019 10:50:10
00:12:4B:00:15:CF:80:29	{D1=0}	10/8/2019 10:49:40
00:12:4B:00:15:CF:80:29	{D1=1}	10/8/2019 10:49:10
00:12:4B:00:15:CF:80:29	{D1=1}	10/8/2019 10:48:40
00:12:4B:00:15:CF:80:29	{D1=1}	10/8/2019 10:48:10

图 4.18　在控制命令中查看遥控模式

（2）加湿器子界面的测试：在加湿器子界面中单击“已开启”按钮或者“已关闭”按钮可控制加湿器的关闭或开启，如图 4.19 和图 4.20 所示；运行 ZCloudWebTools，可在控制命令中查看 D1 值，如图 4.21 和图 4.22 所示。

加湿器
在线
已开启

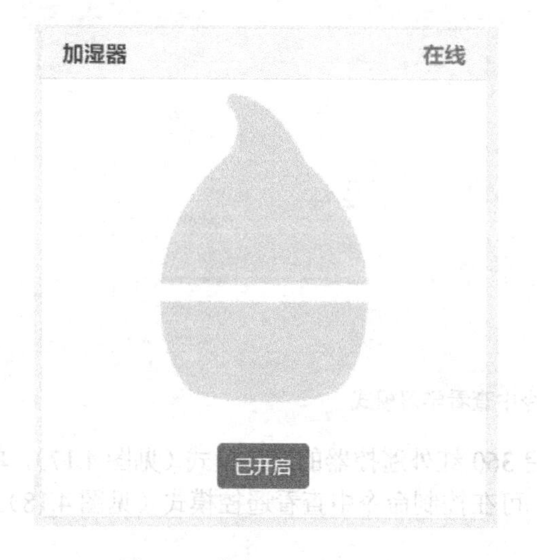

图 4.19　单击“已开启”按钮

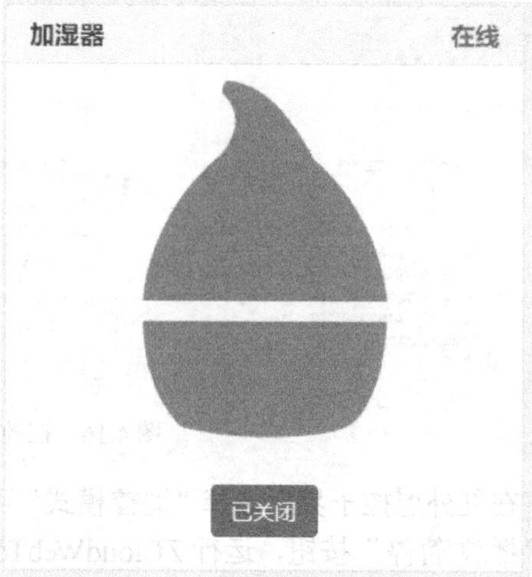

加湿器
在线
已关闭

图 4.20　单击“已关闭”按钮

数据推送与接收
地址
00:12:4B:00:1B:DB:30:D2
数据
{D1=?}
发送
数据过滤
所有数据
清空空数据
00:12:4B:00:1B:D5:00:78
00:12:4B:00:1B:DB:1E:D5
00:12:4B:00:15:CF:80:0B
00:12:4B:00:15:CF:70:6E
00:12:4B:00:1B:D8:75:D1
00:12:4B:00:15:CF:78:7A
00:12:4B:00:15:CF:78:78
00:12:4B:00:15:CF:80:29
00:12:4B:00:1B:DB:1E:93
00:12:4B:00:15:CF:80:57
BLE:04:A3:16:A6:37:91
LORA:E9:08
00:12:4B:00:0F:68:AA:29
00:12:4B:00:15:CF:78:66
00:12:4B:00:15:D1:2D:6F
00:12:4B:00:15:CF:6B:C1
00:12:4B:00:15:D1:2D:7E
00:12:4B:00:1B:DB:30:D2
MAC地址
信息
时间
00:12:4B:00:1B:DB:30:D2
{D1=1}
10/8/2019 11:13:34

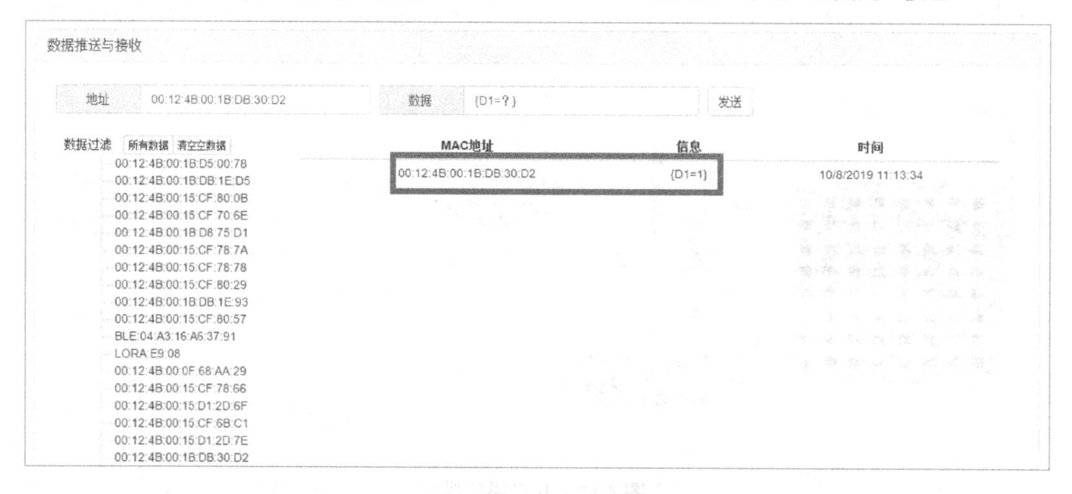

图 4.21　加湿器开启时在控制命令中查看 D1 值

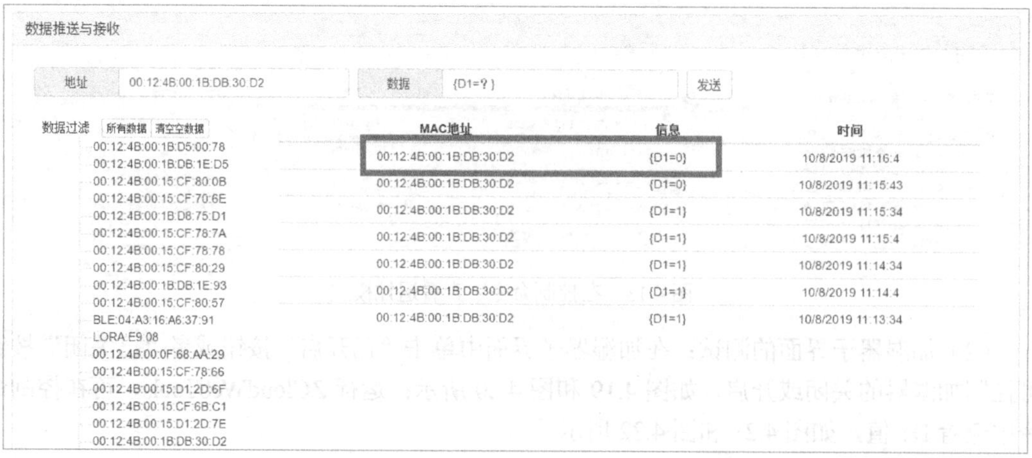

数据推送与接收
地址
00:12:4B:00:1B:DB:30:D2
数据
{D1=?}
发送
数据过滤
所有数据
清空空数据
00:12:4B:00:1B:D5:00:78
00:12:4B:00:1B:DB:1E:D5
00:12:4B:00:15:CF:80:0B
00:12:4B:00:15:CF:70:6E
00:12:4B:00:1B:D8:75:D1
00:12:4B:00:15:CF:78:7A
00:12:4B:00:15:CF:78:78
00:12:4B:00:15:CF:80:29
00:12:4B:00:1B:DB:1E:93
00:12:4B:00:15:CF:80:57
BLE:04:A3:16:A6:37:91
LORA:E9:08
00:12:4B:00:0F:68:AA:29
00:12:4B:00:15:CF:78:66
00:12:4B:00:15:D1:2D:6F
00:12:4B:00:15:CF:6B:C1
00:12:4B:00:15:D1:2D:7E
00:12:4B:00:1B:DB:30:D2
MAC地址
信息
时间
00:12:4B:00:1B:DB:30:D2 {D1=0} 10/8/2019 11:16:4
00:12:4B:00:1B:DB:30:D2 {D1=0} 10/8/2019 11:15:43
00:12:4B:00:1B:DB:30:D2 {D1=1} 10/8/2019 11:15:34
00:12:4B:00:1B:DB:30:D2 {D1=1} 10/8/2019 11:15:4
00:12:4B:00:1B:DB:30:D2 {D1=1} 10/8/2019 11:14:34
00:12:4B:00:1B:DB:30:D2 {D1=1} 10/8/2019 11:14:4
00:12:4B:00:1B:DB:30:D2 {D1=1} 10/8/2019 11:13:34

图 4.22　加湿器关闭时在控制命令中查看 D1 值

（3）智能插座子界面的测试：在智能插座子界面中单击“已开启”按钮或者“已关闭”按钮，可以控制智能插座的关闭和开启，如图4.23和图4.24所示。运行ZCloudWebTools，可以在控制命令中查看D1值，如图4.25和图4.26所示。

图4.23　单击“已开启”按钮

图4.24　单击“已关闭”按钮

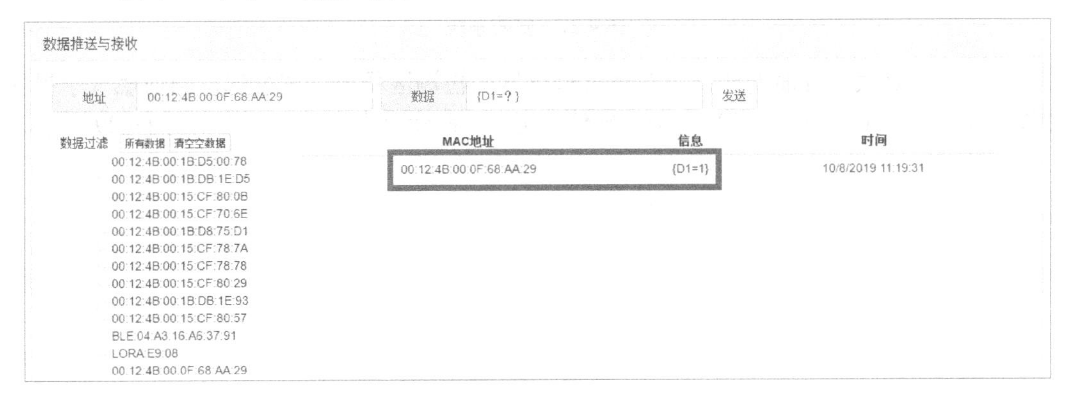

图4.25　智能插座开启时在控制命令中查看D1值

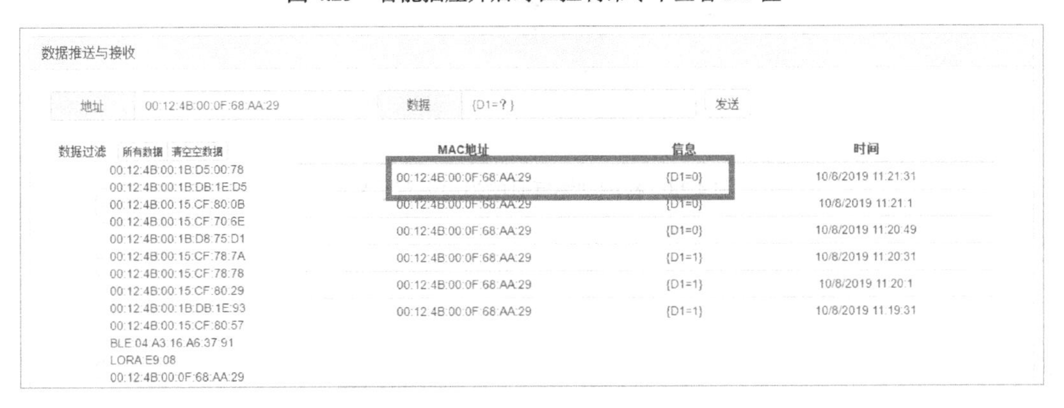

图4.26　智能插座关闭时在控制命令中查看D1值

3．安防系统的测试

安防系统如图4.27所示。

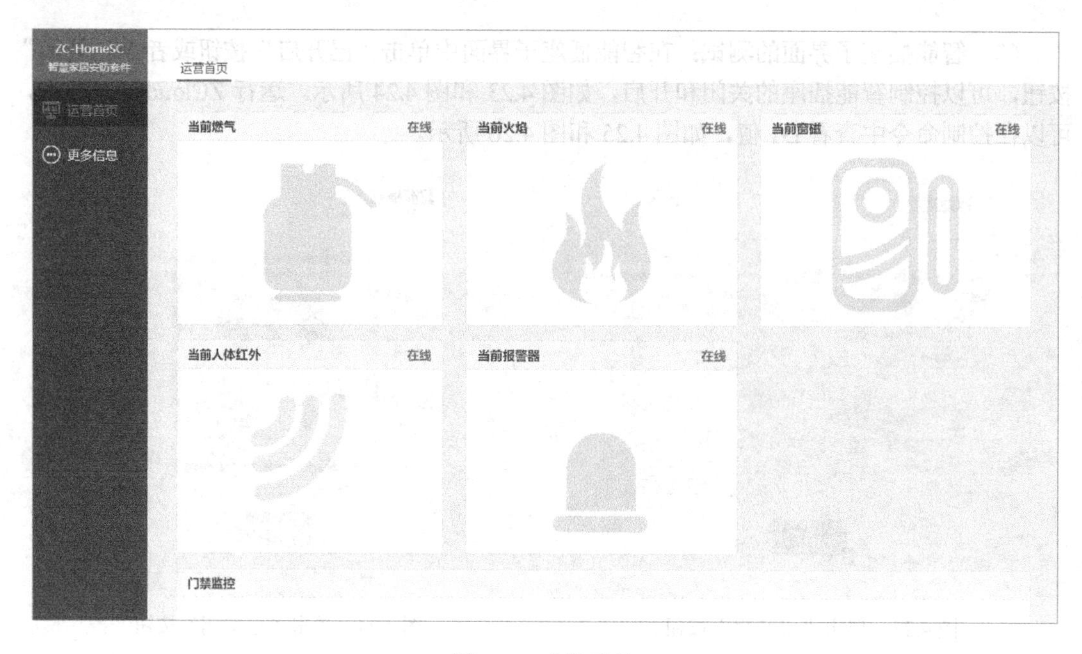

图 4.27　安防系统

（1）当前燃气子界面的测试：在燃气传感器的检测区释放一些燃气，当前燃气子界面如图 4.28 所示；运行 ZCloudWebTools 软件，可在控制命令中查看 D1 值，如图 4.29 所示。

图 4.28　检测到燃气时的当前燃气子界面

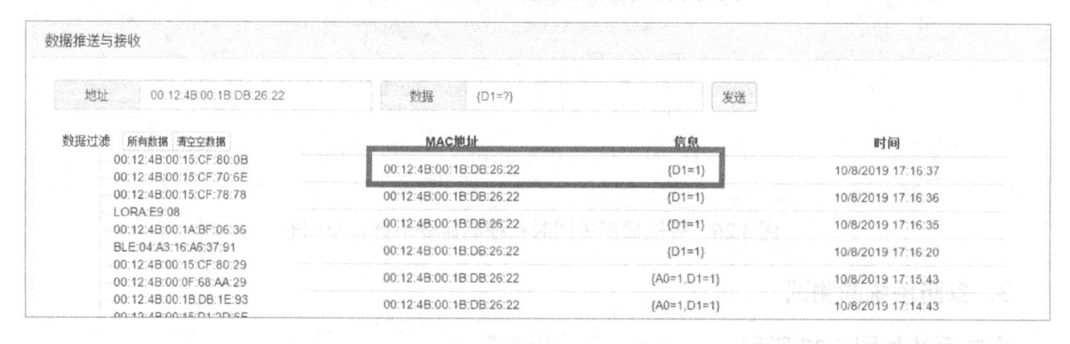

图 4.29　检测到燃气时在控制命令中查看 D1 值

（2）当前火焰子界面的测试：将明火靠近或远离火焰传感器的检测区，当前火焰子界面如图 4.30 和图 4.31 所示；运行 ZCloudWebTools，可在控制命令中查看 A0 值，如图 4.32 和图 4.33 所示。

图 4.30　检测到明火时的当前火焰子界面

图 4.31　未检测到明火时的当前火焰子界面

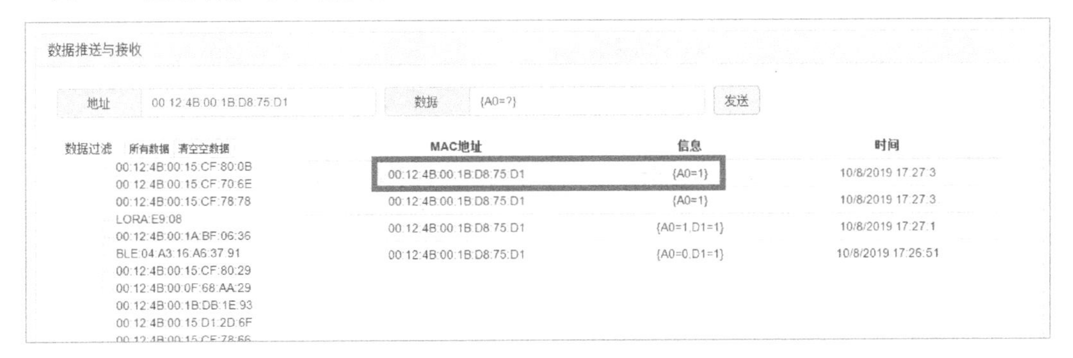

图 4.32　检测到明火时在控制命令中查看 A0 值

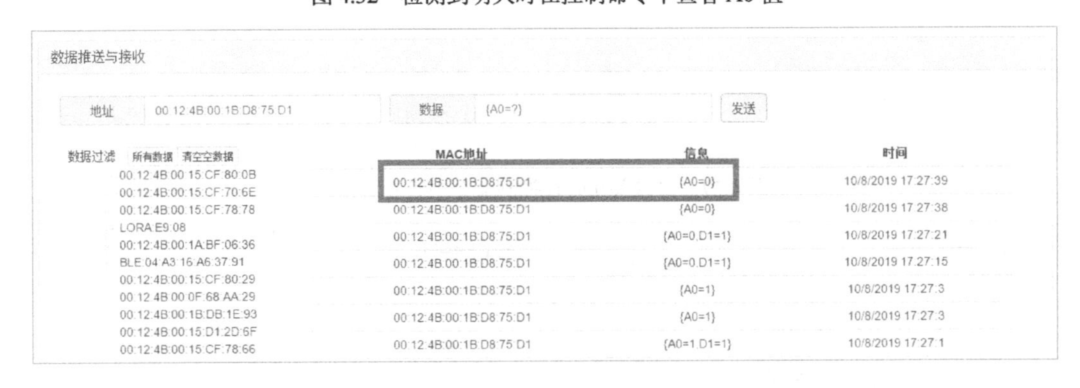

图 4.33　未检测到明火时在控制命令中查看 A0 值

（3）当前窗磁子界面测试：将窗磁开启或者关闭时的当前窗磁子界面如图 4.34 和图 4.35 所示；运行 ZCloudWebTools，可在控制命中中查看 A0 值和 D1 值，如图 4.36 和图 4.37 所示。

（4）当前报警器子界面测试：当安防系统的某个模块检测到异常时，当前报警器子界面会切换显示图片，并弹出报警提示，如图 4.38 所示。

图 4.34　窗磁开启时的当前窗磁子界面

图 4.35　窗磁关闭时的当前窗磁子界面

数据推送与接收

地址 00:12:4B:00:15:CF:64:35　数据 {A0=?}　发送

MAC地址	信息	时间
00:12:4B:00:15:CF:64:35	{A0=1}	10/8/2019 17:44:57
00:12:4B:00:15:CF:64:35	{A0=1}	10/8/2019 17:44:57
00:12:4B:00:15:CF:64:35	{A0=1,D1=0}	10/8/2019 17:44:55
00:12:4B:00:15:CF:64:35	{A0=1}	10/8/2019 17:44:55
00:12:4B:00:15:CF:64:35	{A0=1,D1=0}	10/8/2019 17:44:53
00:12:4B:00:15:CF:64:35	{A0=0}	10/8/2019 17:44:48

图 4.36　窗磁开启时在控制命令中查看 A0 值

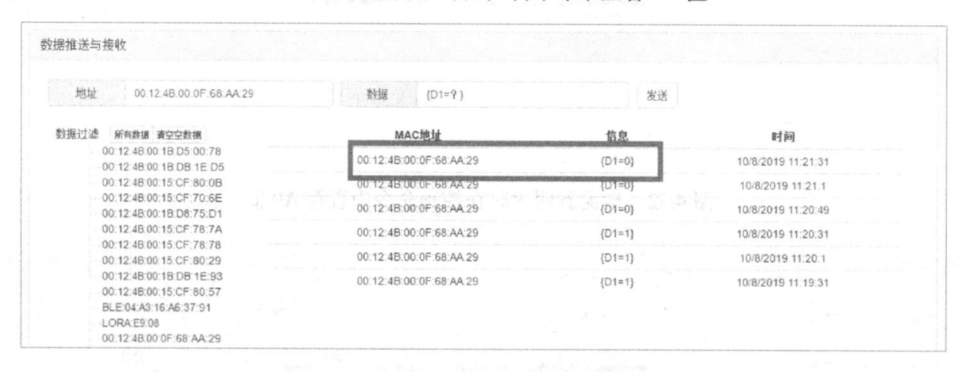

图 4.37　窗磁关闭时在控制命令中查看 D1 值

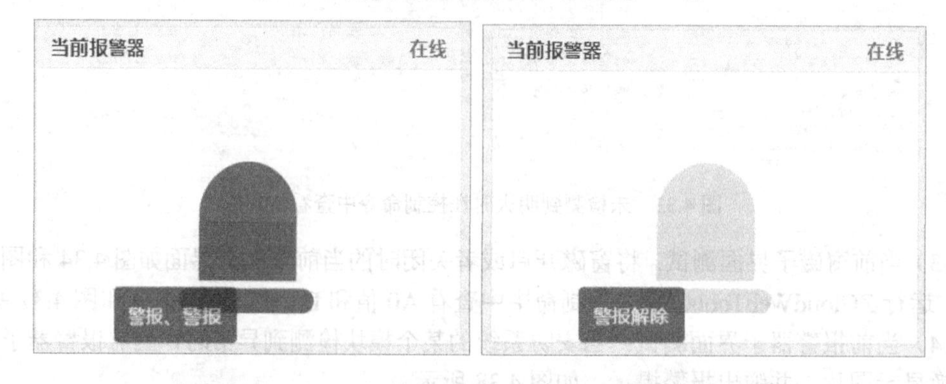

图 4.38　检测到异常和没有检测到异常时的当前报警器子界面

4. 环境监测系统的测试

环境监测系统如图 4.39 所示。

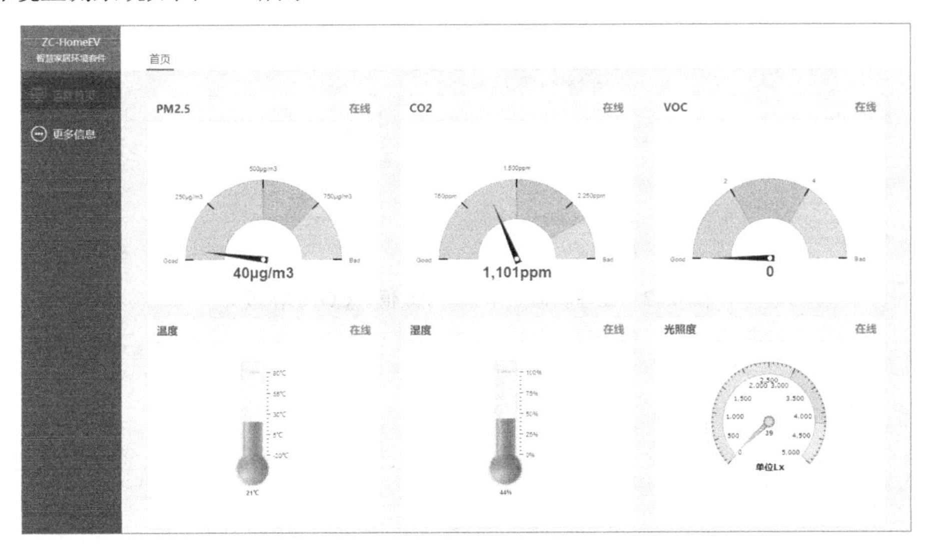

图 4.39 环境监测系统

（1）PM2.5、CO2、VOC 子界面的功能测试：启动智慧家居系统后，空气质量传感器会采集空气质量数据，并显示在这三个子界面中（以仪表盘的形式显示），如图 4.40 所示；运行 ZCloudWebTools 软件，可在控制命令中查看 A4 值、A0 值和 A1 值，分别如图 4.41、图 4.42 和图 4.43 所示。

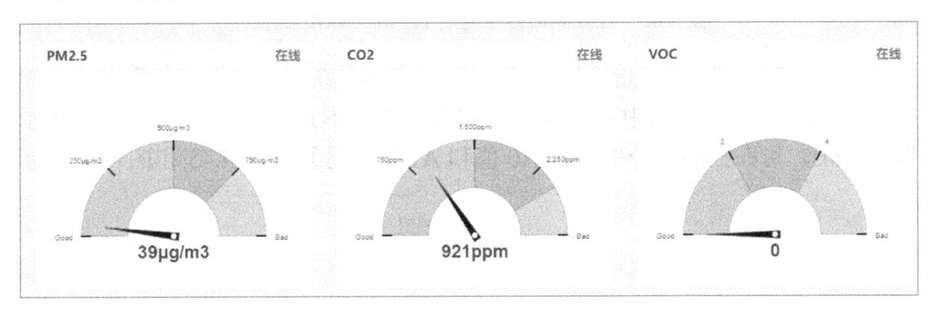

图 4.40 在 PM2.5、CO2、VOC 子界面中显示空气质量传感器采集的空气质量数据

数据推送与接收

地址 00:12:4B:00:1B:DB:1E:A3 数据 {A4=?} 发送

数据过滤 所有数据 清空空数据

00:12:4B:00:1A:BE:E2:DE
00:12:4B:00:1B:D5:00:78
00:12:4B:00:1B:DB:1E:D5
00:12:4B:00:0E:0A:47:41
00:12:4B:00:1B:DB:3A:A3
00:12:4B:00:15:CF:67:D2
00:12:4B:00:15:CF:5C:C3
00:12:4B:00:1B:DB:30:D2
BLE:04:A3:16:A6:37:91
00:12:4B:00:1B:DB:1E:A3
00:12:4B:00:1B:D8:75:E0
00:12:4B:00:15:D1:31:0C
00:12:4B:00:15:CF:80:0B

MAC地址	信息	时间
00:12:4B:00:1B:DB:1E:A3	{PN=2D7E,TYPE=12216}	2019/12/23 15:37:20
00:12:4B:00:1B:DB:1E:A3	{A4=40}	2019/12/23 15:37:19
00:12:4B:00:1B:DB:1E:A3	{A4=40}	2019/12/23 15:37:18
00:12:4B:00:1B:DB:1E:A3	{A4=40}	2019/12/23 15:37:15

图 4.41 在控制命令中查看 A4 值（PM2.5 的浓度）

图 4.42　在控制命令中查看 A0 值（CO_2 的浓度）

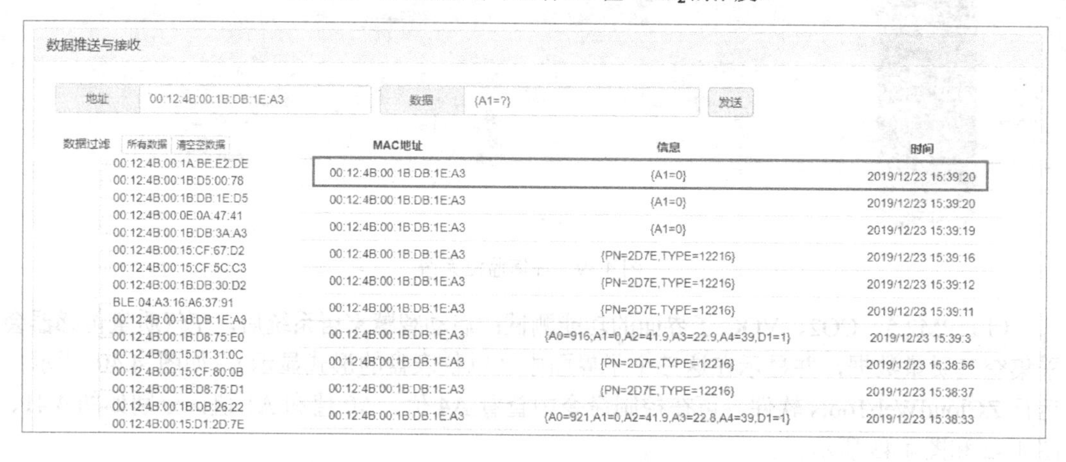

图 4.43　在控制命令中查看 A1 值（VOC 的值）

（2）温度、湿度子界面的功能测试：启动智慧家居系统后，温湿度传感器会检测温度和湿度，并显示在这两个子界面中（以温度计和湿度计的形式显示），如图 4.44 所示；运行 ZCloudWebTools，可在控制命令中查看 A0 值和 A1 值，分别如图 4.45 和图 4.46 所示。

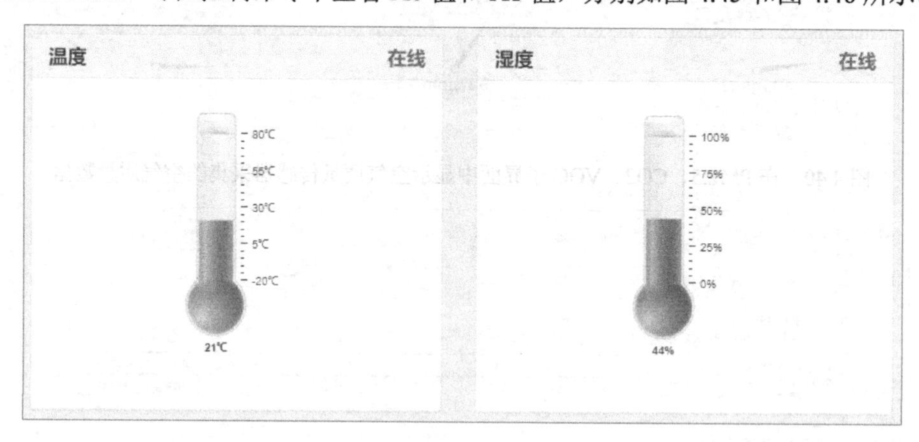

图 4.44　在温度、湿度子界面中显示温度和湿度

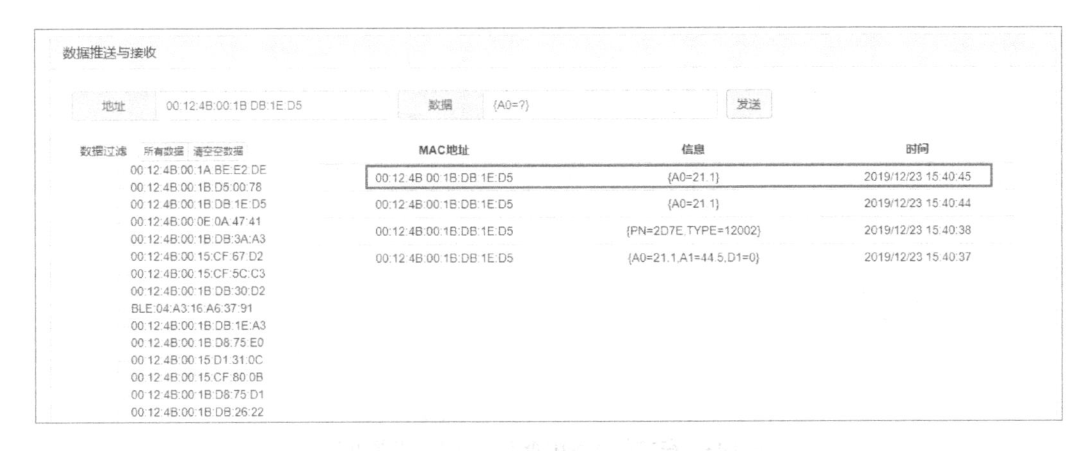

图 4.45　在控制命令中查看 A0 值（温度）

数据推送与接收

地址 00:12:4B:00:1B:DB:1E:D5　数据 {A1=?}　发送

数据过滤　所有数据　清空空数据

00:12:4B:00:1A:BE:E2:DE
00:12:4B:00:1B:D5:00:78
00:12:4B:00:1B:DB:1E:D5
00:12:4B:00:0E:0A:47:41
00:12:4B:00:1B:DB:3A:A3
00:12:4B:00:15:CF:67:D2
00:12:4B:00:15:CF:5C:C3
00:12:4B:00:1B:DB:30:D2
BLE:04:A3:16:A6:37:91
00:12:4B:00:1B:DB:1E:A3
00:12:4B:00:1B:D8:75:E0
00:12:4B:00:15:D1:31:0C
00:12:4B:00:15:CF:80:0B
00:12:4B:00:1B:D8:75:D1
00:12:4B:00:1B:DB:26:22
00:12:4B:00:15:D1:2D:7E

MAC地址	信息	时间
00:12:4B:00:1B:DB:1E:D5	{A1=44.5}	2019/12/23 15:41:22
00:12:4B:00:1B:DB:1E:D5	{A1=44.5}	2019/12/23 15:41:22
00:12:4B:00:1B:DB:1E:D5	{A1=44.5}	2019/12/23 15:41:21
00:12:4B:00:1B:DB:1E:D5	{A1=44.5}	2019/12/23 15:41:21
00:12:4B:00:1B:DB:1E:D5	{PN=2D7E,TYPE=12002}	2019/12/23 15:41:13
00:12:4B:00:1B:DB:1E:D5	{PN=2D7E,TYPE=12002}	2019/12/23 15:41:9
00:12:4B:00:1B:DB:1E:D5	{A0=21.1,A1=44.5,D1=0}	2019/12/23 15:41:7
00:12:4B:00:1B:DB:1E:D5	{PN=2D7E,TYPE=12002}	2019/12/23 15:40:51
00:12:4B:00:1B:DB:1E:D5	{A0=21.1}	2019/12/23 15:40:45
00:12:4B:00:1B:DB:1E:D5	{A0=21.1}	2019/12/23 15:40:44

图 4.46　在控制命令中查看 A1 值（湿度）

（3）光照度子界面的功能测试：启动智慧家居系统后，光照度传感器会检测环境的光照度信息，并显示在光照度子界面中（以仪表盘的形式显示），如图 4.47 所示；运行 ZCloudWebTools，可在控制命令中查看 A1 值，如图 4.48 所示。

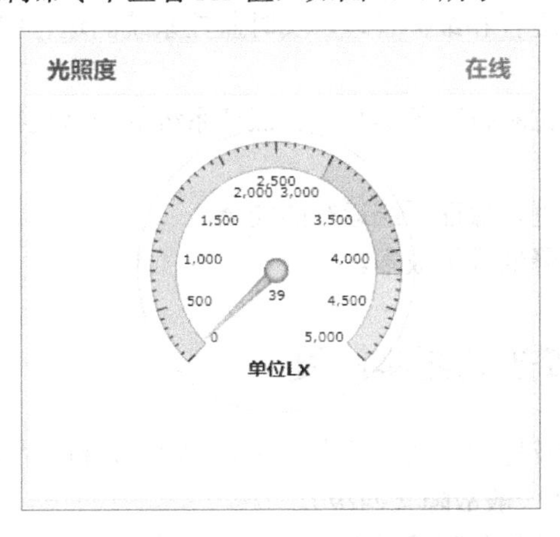

图 4.47　在光照度子界面中显示环境的光照度信息

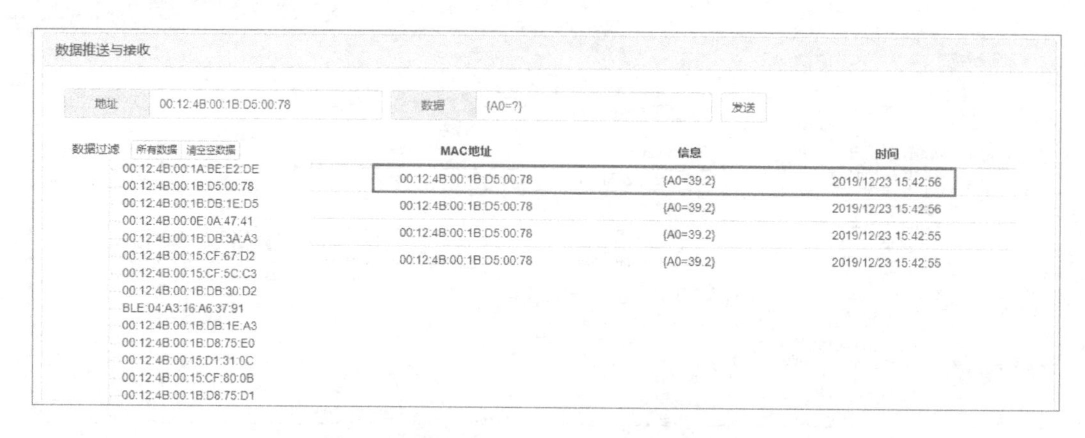

图 4.48　在控制命令中查看 A1 值（光照度）

4.3　项目运行与维护

系统测试完成后即可交付使用，为确保系统的安全可靠运行，切实提高运行效率和服务质量，需要制定运行与维护制度。

系统的维护内容包括基础软件维护、应用软件维护、硬件设备维护和无线传感器网络维护。

- 基础软件指运行于计算机之上的操作系统、数据库软件、中间件等公共软件。
- 应用软件指运行于计算机或设备终端之上，直接提供服务或业务的专用软件。
- 硬件设备指工程项目中使用的与物联网感知层、网络层相关的硬件设备。
- 无线传感器网络指在指定区域的无线传感器网络设备和数据链路。

4.3.1　运行与维护的基本任务

运行与维护的基本任务如下：

（1）进行系统的日常运行和维护管理，实时监控系统的运行状态，保证系统各类运行指标符合相关规定。

（2）迅速、准确地定位和排除各类故障，保证系统的正常运行，确保所承载的各类应用和业务正常运行。

（3）进行系统安全管理，保证系统运行的安全。

（4）提高维护效率，降低维护成本。

4.3.2　运行与维护的基本制度

根据故障的影响范围及持续时间等因素，可将故障分为特大故障（一级）、重大故障（二级）、较大故障（三级）和一般故障（四级）。

当系统出现故障时，首先要判断系统类型和故障级别，然后根据系统类型和故障级别在要求的时限内处理故障，并向上级报告。

智慧家居系统主要涉及系统分析、系统设计、系统界面实现、系统功能实现、系统部署与测试，最后通过智云物联平台进行项目发布。智云物联平台为开发者提供一个应用项目分享的应用网站（http://www.zhiyun360.com），开发者在注册后可以发布自己的应用项目。

4.4 项目总结与汇报

4.4.1 项目总结与汇报概述

1. 什么是项目总结

项目总结是指在项目完成后对项目实施过程进行的复盘，总结项目实施过程中遇到的问题，并对当时的解决方案进行探讨，以便发现更优的解决方案。通过对项目中的问题进行总结，可以指导后续工作，规避相关问题。

2. 为什么要进行项目总结

为什么要在项目完成后进行项目总结呢？其原因如下：

（1）可以回顾项目初期的规划是否合理。在进行需求评审时，通过相关人员的讨论，制订了项目规划。但是在项目实施过程中，是否严格按规划进行呢？如果没有按项目规划进行，问题出在哪里？在项目完成后，对项目规划进行讨论，有利于及时发现项目规划中存在的问题，以便后续能更加合理地制订项目规划。

（2）可以分析项目实施过程中存在的问题。在项目实施过程中难免会出现各种问题，项目周期越长越容易出现问题。通过分析项目实施过程中出现的问题，可以帮助项目人员理解业务流程，评估技术实施方案的优劣、人员配置是否合理等。以问题来反推项目，更能发现问题的真正所在。

（3）可以判断当时的解决方案是否最优。在项目实施过程中，遇到了问题当然要寻找相应的解决方案。由于项目周期的限制，当时的解决方案可能是权益之计。在项目完成后，再来评估一下当时的解决方案，是否有更好的方案？如果有，后续有相应的处理策略吗？只有不断地进行项目评审，才能保证在以后的项目中选择更好的处理策略。

（4）可以总结项目经验，为以后的需求做指导。所谓“前事不忘，后事之师”，在项目实施过程中，不能仅实现各种需求，还要对完成的项目进行总结，总结项目实施过程中遇到的各种问题、解决方案、优化策略等，以此来不断地提升规划能力，优化实施方案以及各种意外情况下的应对策略。

3. 如何进行项目总结

（1）项目完成后进行项目复盘。在项目上线或发布后，应积极和产品开发人员组织项目复盘大会，准备好在测试过程中记录发生的问题、Bug 的产生原因及分析，项目实施过程中的临时解决方案，后期改进情况等。如果可能，先把相关文档发给大家，让参与人员提前了解，以便更好地进行问题总结与分析。

（2）以测试部门为主，分享项目实施过程中遇到的问题。项目总结最好由测试部门来主持，分析从需求分析到项目上线中各个环节遇到的问题，分析 Bug 产生的原因，并对所有的

Bug 进行分类，将项目过程中遇到的问题全提出来，和其他参与人员一起进行讨论。

（3）分析问题产生的原因。在测试部门提出项目实施过程中存在的问题后，相关人员需要针对这些问题进行讨论，核心原则是对事不对人，以保证准确地找出问题发生的真正原因。参与人员要积极发言，避免直属领导参与，项目直接参与人参加即可，防止大家有所顾虑。

（4）分析当时的解决方案有没有优化的空间。在项目实施时，可能会遇到一些原先没有考虑到的问题，为了保证项目的实施，可能会选择一个临时的或非最优的解决方案。在项目完成后，需要分析一下有没有更好的方案，后续是否需要优化，是否存在有待后续解决的问题，有没有相应的规划等。项目总结要面对整个项目进行全面的查缺补漏，总结和整理项目的相关文档，做好技术备份和积累工作。

（5）检查项目实施过程中有没有遗漏的任务。在进行需求分析时，由于需求规划和技术的原因，会将相应的功能后置，在项目总结时需要进行全面的讨论，分析功能后置的原因，以及相应的规划，是否还需要安排相应的工作。

4．项目总结文档

在完成项目总结后，还要完成项目总结文档。具体如下：

（1）在进行项目总结时做好相关记录。在项目实施过程中存在的问题及解决方案、后期的优化方案和规划等，都需要进行全面的记录。在项目总结完成后，将整理后的记录发送给参与项目总结的人员及相关领导。

（2）编写项目总结文档。在完成项目评审后，需要编写完整的项目总结文档，项目总结文档应包括：项目的基本信息、项目完成情况、项目实施总结、项目成果总结、经验与教训、问题与建议。

（3）项目总结要发送给参与项目的相关人员和负责人。

4.4.2 项目开发总结报告

1．项目总体概述

（1）项目概述。智慧家居系统主要用于住宅，采用本系统后可以让居住者拥有智能舒适的居住环境。

本系统主要通过计算机或手机来控制整个系统的运行。在硬件方面，需要由专业人士进行安装和调试；在软件方面，需要采用计算机相关技术来实现。用户只需要通过简单的操作界面即可方便地使用该系统。

根据系统的设计，智慧家居系统分为门禁系统、电器系统、安防系统和环境监测系统。

门禁系统采用刷门禁卡的方式来识别用户的身份，能够提供合法用户 ID 存储、非法用户 ID 记录和远程控制等安全服务。该系统的功能对应家居环境的门禁安全服务。

电器系统可以提供家居环境中电器的自动控制服务。该系统的功能对应家环境中的电器控制服务，可提供家居环境舒适度调节服务和电器的自动控制服务。

安防系统可以提供家居环境的常规安全检测及报警服务，涵盖消防安全、燃气安全等。该系统的功能对应家居环境的安全防护服务。

环境监测系统可以采集环境信息，为用户提供准确的环境信息展示服务，满足用户对室内环境的感知需求。该系统的功能对应室内环境感知服务。

（2）项目时间。智慧家居系统的整个开发周期计划为 25 个工作日。

（3）项目开发与实施内容（见表 4.6）。

表 4.6　项目开发和实施内容

序　号	项目开发和实施内容
1	项目可行性分析、总体方案设计
2	功能模块概要设计、需求规格说明书
3	功能模块的开发与测试
4	项目整合集成与运行测试
5	项目交付验收、总结汇报

2. 项目进度情况

整个项目开发与实施分为 5 个阶段：

阶段 1 为项目调研与总体方案设计阶段，主要完成市场调研报告、市场需求清单、初始业务计划、产品可行性分析报告、总体设计方案书或产品设计说明书、项目开发计划、项目测试与验收计划。本阶段的时间占项目时间的 24%。

阶段 2 为系统模块划分阶段，主要完成项目中门禁系统、电器系统、安防系统、环境监测系统的功能需求分析、业务流程分析、界面设计分析、开发框架以及 Web 图表分析。本阶段的时间占项目时间的 20%。

阶段 3 为独立功能模块开发及系统测试阶段，主要完成项目中门禁系统、电器系统、安防系统、环境监测系统界面开发和软件功能实现，以及智慧家居系统部署与测试。本阶段的时间占项目时间的 32%。

阶段 4 为项目整合、集成阶段，主要完成项目整合、系统集成、进行在线发布、项目运行测试、编写系统集成测试报告、对测试中出现的问题进行修复与调优。本阶段的时间占项目时间的 12%。

阶段 5 为项目交付验收阶段，主要完成项目交付与验收，编写项目交付报告、运维计划、项目总结报告、项目汇报 PPT。本阶段的时间占项目时间的 12%。

3. 项目过程中遇到的常见问题

项目问题 1：IP 摄像头的连接设置问题。IP 摄像头是远程摄像头，需要通过路由器或交换机接入互联网。

问题总结：对实施现场的网络设置不清楚，设备的接入要求不明确。

项目问题 2：在云平台服务器以及 MAC 地址设置成功后，设备节点过一段时间才“上线”。

问题总结：底层设备节点在上传数据时有时间设置，上层在成功连接云平台服务器后应主动查询设备节点的状态，底层设备节点不会在设定时间之后上传数据。

项目问题 3：在测试阶段，修改代码之后功能无法实现。

问题总结：建议刷新界面再进行功能测试。

项目问题 4：进行项目整合测试时，网络拓扑图中的一些设备节点未上线，组网不完整。解决方案是先启动协调器，再启动设备节点。

问题总结：ZigBee 网络在组网中需要先将协调器入网，再将路由节点与终端节点入网。

4. 项目建议

根据项目的实施情况，提出以下建议。

在项目实施前，应重点做好用户需求分析调研，编写的需求说明文档应有明确的需求目标。需求说明文档的内容应包括：功能需求、总体框架、开发框架、云平台服务器接口函数、ZXBee 数据通信协议、硬件安装连线图、网络连通性测试手册、功能及性测试手册等。

在项目实施中，项目负责人应当与开发人员充分及时沟通可能出现的问题，并做出对应的解决方案，这样可以加快项目开发进度，避免后期因交流不充分、不及时而造成项目返工。

在项目交付后，项目负责人应做好项目出现的问题以及优化问题的总结，以便后期的进一步优化，也为后面新的项目开展打下基石。

4.4.3 项目汇报

项目汇报通常是通过 PPT 的形式进行的，智慧家居项目汇报如图 4.49 所示。

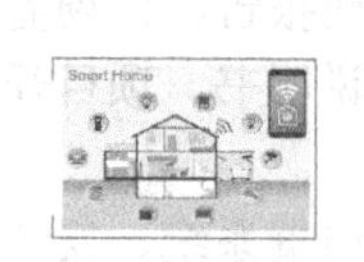

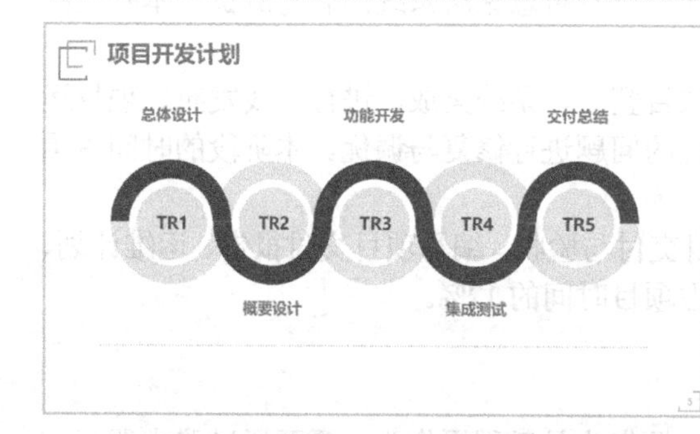

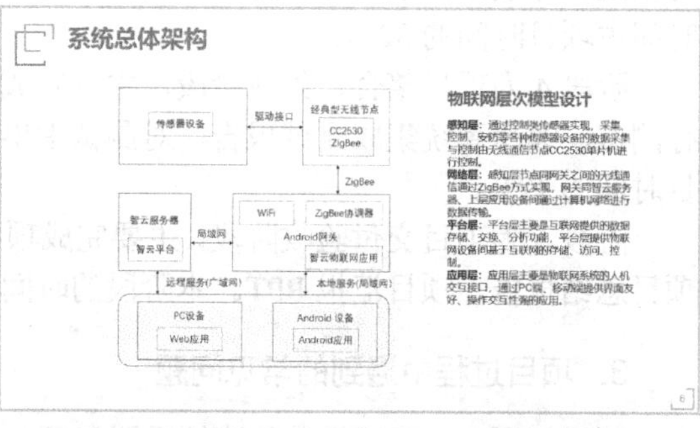

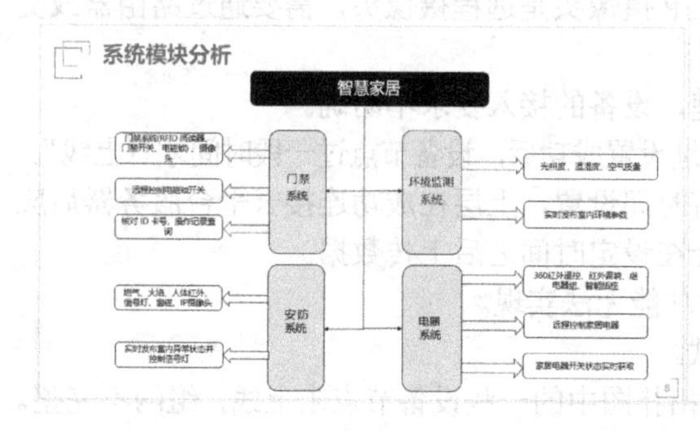

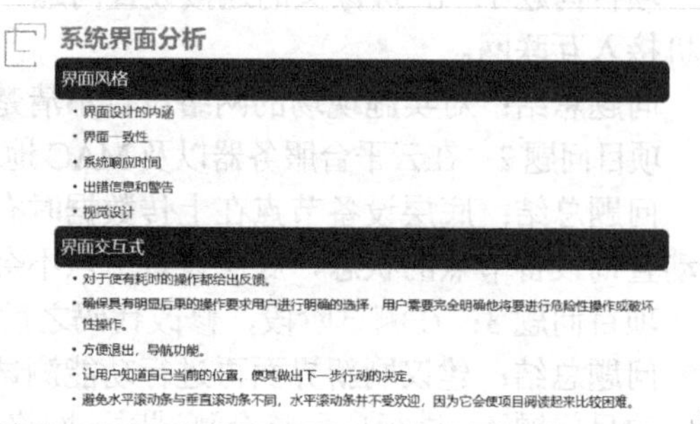

图 4.49 智慧家居项目汇报

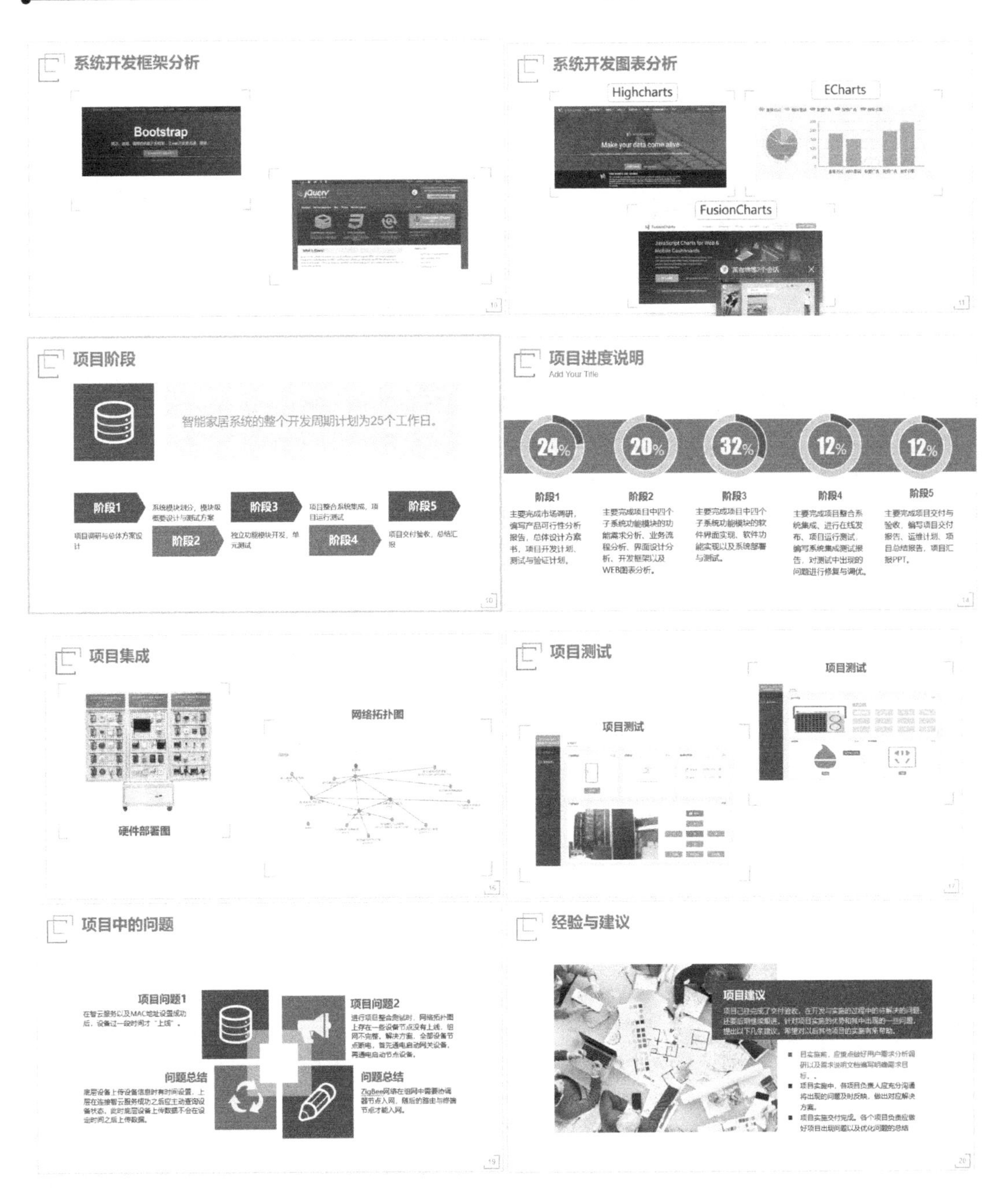

图 4.49　智慧家居项目汇报（续）

第3篇

智慧城市系统工程

本篇围绕智慧城市系统工程展开物联网工程应用设计，共3章，分别为：

第5章为智慧城市系统工程应用设计，共分4模块：智慧城市系统工程项目分析、项目开发计划、项目需求规格分析与设计，以及系统概要设计。

第6章为智慧城市系统工程功能模块设计，共4个模块：智慧城市工地系统设计、智慧城市抄表系统设计、智慧城市洪涝系统设计，以及智慧城市路灯系统设计。

第7章为智慧城市系统工程测试与总结，共4个模块：系统集成与部署、系统综合测试、项目运行与维护，以及项目总结与汇报。

第5章 智慧城市系统工程应用设计

本章介绍智慧城市系统工程应用设计，共分4模块：

（1）智慧城市系统工程项目分析：分析智慧城市的功能和构成，分析智慧城市常用的关键技术，如无线通信技术、嵌入式系统、云平台应用技术、Android应用技术和HTML5技术。

（2）项目开发计划：制订项目开发计划，包括项目里程碑计划和项目沟通计划；制订项目人力资源与技能需求计划。

（3）项目需求规格分析与设计：进行项目需求分析，总结出智慧家居系统的功能需求、性能需求和安全需求。

（4）系统概要设计：进行总体架构设计、功能模块划分、界面设计分析、开发框架分析和Web图表分析。

5.1 智慧城市系统工程项目分析

5.1.1 智慧城市概述

随着信息技术的发展和城市化的进程，城市发展面临着前所未有的挑战。城市人口迅速扩张、环境日益恶化、自然资源日益匮乏、交通拥堵、人口老龄化趋势严重等问题严重制约着城市的发展，运用新技术破解城市难题已经成为现代城市发展的主题。互联网、大数据、云计算和GIS等新技术的兴起使得城市发展的进程加快，智慧城市在此条件下应运而生。智慧城市建设已经是当代城市发展的总体趋势，目前多个国家都已积极投入智慧城市的建设中。智慧城市建设的目标是通过运用新技术来满足不同社会群体的差异化需求，提升城市服务质量。

1. 智慧城市发展状况

2015年，中共中央网络安全和信息化委员会办公室、国家互联网信息办公室提出了"新型智慧城市"概念，并在深圳、福州和嘉兴三地进行先行试点。2016年，在中共中央办公厅、国务院办公厅印发的《国民经济和社会发展第十三个五年规划纲要》中明确提出：以基础设施智能化、公共服务便利化、社会治理精细化为重点，充分运用现代信息技术和大数据，建设一批新型示范性智慧城市。2016年，国务院正式发布《"十三五"国家信息化规划》，明确了新型智慧城市建设的行动目标：到 2018 年，分级分类建设 100 个新型示范性智慧城市；到 2020 年，新型智慧城市建设取得卓著成效。

虽然我国对智慧城市的研究相比欧美国家起步较晚，但随着我国政府的大力推进，关于智慧城市的研究也取得了较大的成就。

2．我国智慧城市建设的有关政策

2014 年，国家发展和改革委员会等部门发布了《关于印发促进智慧城市健康发展的指导意见的通知》，该通知指出智慧城市是运用物联网、云计算、大数据、空间地理信息集成等新一代信息技术，促进城市规划、建设、管理和服务智慧化的新理念和新模式。建设智慧城市，对加快工业化、信息化、城镇化、农业现代化融合，提升城市可持续发展能力具有重要意义。该通知提出要积极运用新一代信息技术新业态建设智慧城市。

（1）加快重点领域物联网的应用。支持物联网在高能耗行业的应用，促进生产制造、经营管理和能源利用智能化，鼓励物联网在农产品生产流通等领域应用，加快物联网在城市管理、交通运输、节能减排、食品药品安全、社会保障、医疗卫生、民生服务、公共安全、产品质量等领域的推广应用，提高城市管理精细化水平，逐步形成全面感知、广泛互联的城市智能管理和服务体系。

（2）促进云计算和大数据的健康发展。鼓励电子政务系统向云计算模式迁移，在教育、医疗卫生、劳动就业、社会保障等重点民生领域，推广低成本、高质量、广覆盖的云服务，支持各类企业充分利用公共云计算服务资源。加强基于云计算的大数据开发与利用，在电子商务、工业设计、科学研究、交通运输等领域，创新大数据模式，服务城市经济社会发展。

（3）推动信息技术集成的应用。面向公众实际需要，重点在交通运输联程联运、城市共同配送、灾害防范与应急处置、家居智能管理、居家看护与健康管理、集中养老与远程医疗、智能建筑与智慧社区、室内外统一位置服务、旅游娱乐消费等领域，加强移动互联网、遥感遥测、北斗导航、地理信息等技术的集成应用，创新服务模式，为城市居民提供方便、实用的新型服务。

5.1.2 智慧城市的关键技术

1．无线通信技术

（1）ZigBee 网络。ZigBee 网络的相关简介请参考 2.1.2 节，其应用示意图如图 5.1 所示。

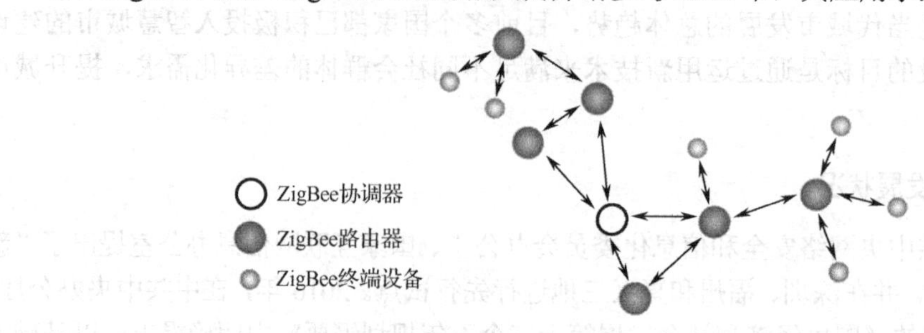

图 5.1 ZigBee 网络应用示意图

（2）低功耗蓝牙（BLE）。BLE的简介请参考2.1.2节，BLE应用示意图如图5.2所示。

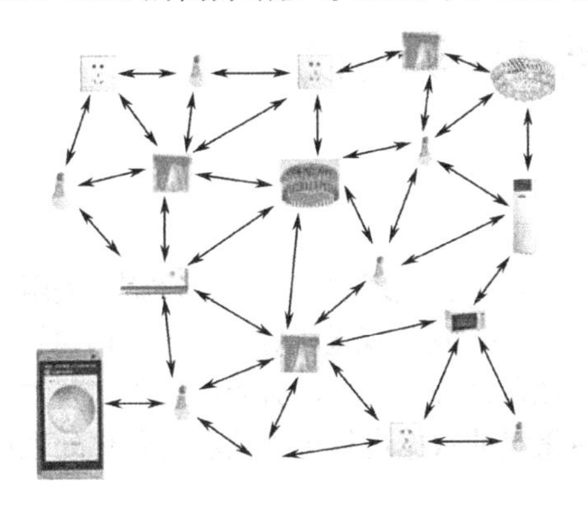

图5.2 BLE应用示意图

（3）Wi-Fi网络。Wi-Fi网络简介请参考2.1.2节，其应用示意图如图5.3所示。

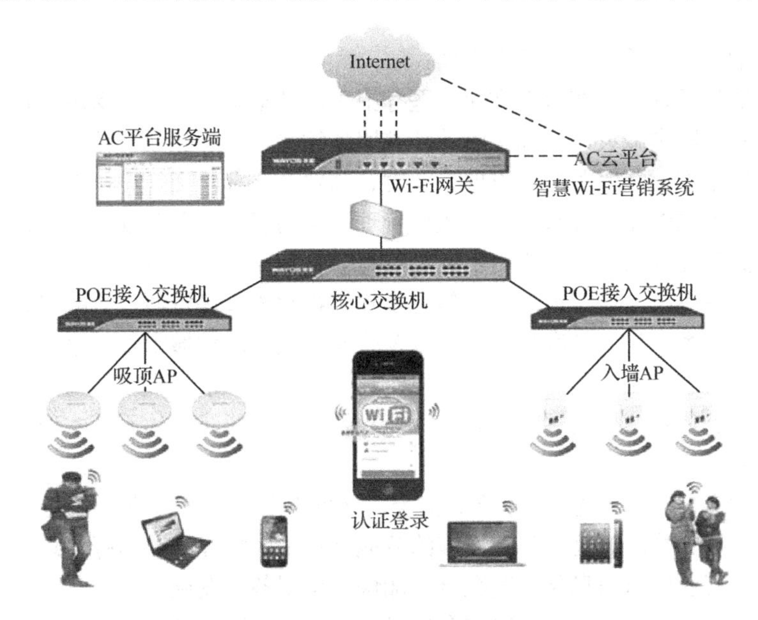

图5.3 Wi-Fi网络应用示意图

2．嵌入式系统、云平台应用技术、Android应用技术和HTML5技术

嵌入式系统、云平台应用技术、Android应用技术和HTML5技术的简介请参考2.1.2节。

5.2 项目开发计划

智慧城市系统工程的项目开发计划主要包括项目里程碑计划和项目沟通计划，以及确定人力资源和技能的需求。智慧城市系统工程的项目开发计划和智慧家居系统工程的项目开发计划类似，详见2.2节。

5.3 项目需求规格分析与设计

5.3.1 项目概述

智慧城市通过物联网、云计算、地理空间等基础设施，采用视觉采集和识别、各类传感器、无线定位系统、RFID、条码识别、视觉标签等技术，构建智能视觉物联网，对城市进行智能感知、自动数据采集，涵盖办公、居住、旅店、展览、餐饮、会议、文娱、交通、灯光照明、信息通信等方面，将采集的数据进行可视化和规范化处理后，可供管理者进行可视化城市综合管理使用。

5.3.2 功能需求

智慧城市的功能主要在以下几个方面：

（1）公共服务便捷化。在教育文化、医疗卫生、劳动就业、社会保障、住房保障、环境保护、交通出行、防灾减灾、检验检测等公共服务领域，基本建成覆盖城乡居民的信息服务体系，公众获取基本公共服务更加方便、及时、高效。

（2）城市管理精细化。市政管理、人口管理、交通管理、公共安全、应急管理、市场监管、检验检疫、食品药品安全、饮用水安全等社会管理领域的信息化体系基本形成，统筹数字化城市管理信息系统、城市地理空间信息及建筑物数据库等资源，大幅提升城市规划和城市基础设施管理的数字化、精准化水平，以及政府行政效能和城市管理水平。

（3）生活环境宜居化。显著提高居民生活数字化水平，水、大气、噪声、土壤和自然植被等环境智能监测体系，以及污染物排放、能源消耗等在线防控体系基本建成，促进城市居住环境得以改善。

（4）基础设施智能化。宽带、融合、安全、泛在的下一代信息基础设施基本建成，电力、燃气、交通、水务、物流等公用基础设施的智能化水平大幅提升，运行管理实现精准化、协同化、一体化。工业化与信息化深度融合，加快信息服务业发展。

（5）网络安全长效化。城市网络安全保障体系和管理制度基本建立，基础网络和要害信息系统安全可控，重要信息资源安全得到切实保障，居民、企业和政府的信息得到有效保护。

5.4 系统概要设计

5.4.1 系统概述

随着城市规模的高速发展、工业化的不断推进，人们对城市生存环境日益重视，环境监测已成为城市管理者合理利用环境资源、保护生态环境的工作重点。将传统的环境监测技术与信息技术有机结合，是当前城市环境监测研究的重要任务之一。由于城市环保问题涉及多个方面，突发污染事件对环境监测手段的建设周期、实时性都提出很高的要求。通常城市环境需求主要有以下几点：

（1）实时数据需求。城市的环境是在不断改变的，同一个城市的不同时刻环境的实时数据可能是不一样的。要想了解某一时刻的城市环境数据，就需要实时监控环境，这是智慧城市系统工程中重要的需求之一。

（2）历史数据需求。城市的环境是按照某种规律周期性变化的，通过当前数据是无法得到环境变化的规律的。通常，环境的变化规律是通过对大量数据进行分析，然后通过建立数学模型来得到的，所以历史数据的查询与分析也是智慧城市系统工程中不可缺少的需求。

（3）城市资讯需求。城市资讯是了解一个城市的快速方式，了解城市的实时资讯有助于生活的便捷化。例如，当某一路段十分拥堵时，可将该资讯上传到网络上，此时了解城市的实时资讯就可以及时更改路线，避开拥堵路段。城市资讯需求也是智慧城市系统工程中的重要需求之一。

（4）灾害预警需求。一旦发生自然灾害，轻则损失财产，重则失去宝贵的生命。提前预警灾害、减小财产损失、保护生命安全是智慧城市系统工程中最重要的一个需求。

5.4.2 总体架构设计

智慧城市系统是基于物联网四层架构设计的，其总体架构如图 5.4 所示。

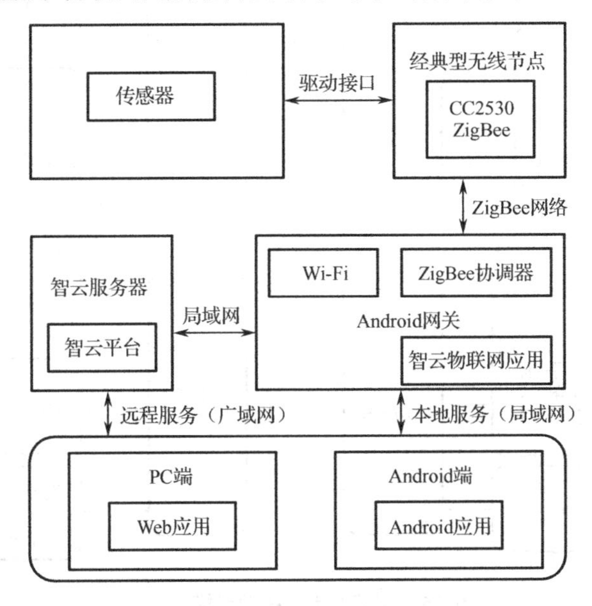

图 5.4 智慧城市系统总体架构图

感知层：主要包括采集类、控制类、安防类传感器，这些传感器由经典型无线节点中的 CC2530 控制。

网络层：感知层中的经典型无线节点同网关之间的通信是通过 ZigBee 网络实现的，网关同云平台服务器（智云服务器）、上层应用设备之间通过 TCP/IP 网络进行数据传输。

平台层：平台层提供物联网设备之间基于互联网的存储、访问和控制。

应用层：应用层主要是物联网系统的人机交互接口，通过 PC 端、Android 端提供界面友好、操作交互性强的应用。

5.4.3 功能模块划分

根据服务类型，可将智慧城市系统分为以下几个功能模块：

（1）工地系统。工地系统可以提供环境数据采集的服务，可以为用户提供准确的环境数据及其展示服务，满足用户的实时环境的感知需求。

（2）抄表系统。抄表系统通过物联网技术，将用户水、电信息打包上传到应用层，每一块水表和电表都有 RFID 卡（可以存储用户信息），相关部门可以实时监控每一块水表和电表的在线运行情况。

（3）洪涝系统。洪涝系统可以提供城市市政中常规排水的安全检测及预警服务，服务内容涵盖市政道路、自然湖泊等。

（4）路灯系统。路灯系统可以提供城市的实时资讯，为用户提供了解城市实时咨询的通道。

智慧城市系统功能模块框图如图 5.5 所示。

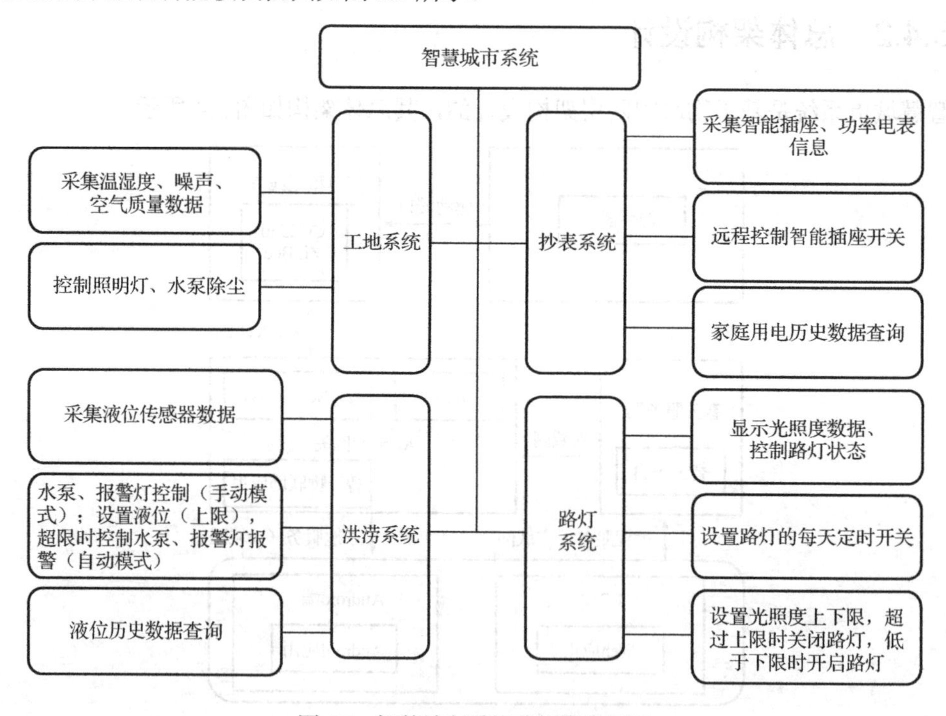

图 5.5 智慧城市系统功能模块框图

界面设计分析请参考 2.4.4 节，开发框架分析请参考 2.4.5 节，Web 图表分析请参考 2.4.6 节。

第6章 智慧城市系统工程功能模块设计

本章介绍智慧城市系统工程功能模块设计，共4个模块：

（1）智慧城市工地系统设计：主要内容包括工地系统的系统分析、系统设计、系统界面实现、系统功能实现，以及系统部署与测试。

（2）智慧城市抄表系统设计：主要内容包括抄表系统的系统分析、系统设计、系统界面实现、系统功能实现，以及系统部署与测试。

（3）智慧城市洪涝系统设计：主要内容包括洪涝系统的系统分析、系统设计、系统界面实现、系统功能实现，以及系统部署与测试。

（4）智慧城市路灯系统设计：主要内容包括路灯系统的系统分析、系统设计、系统界面实现、系统功能实现，以及系统部署与测试。

6.1 智慧城市工地系统设计

6.1.1 系统分析

1. 系统功能需求分析

智慧城市工地系统的功能如图6.1所示。

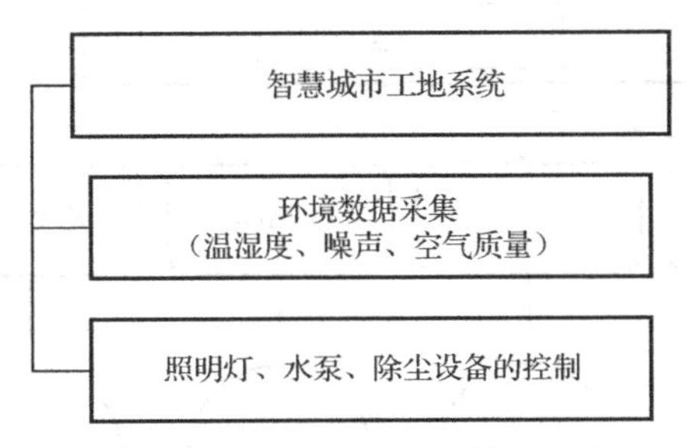

图6.1 智慧城市工地系统的功能

2. 系统界面分析

工地系统界面分为两个部分，分别为运营首页界面和更多信息界面，如图6.2所示。

（1）运营首页界面：该界面面向用户，主要用于显示空气质量传感器、噪声传感器、照明灯、水泵等设备节点的在线状态及其采集的数据（不是所有的设备节点都采集数据），以及控制照明灯。运营首页界面包括 PM2.5、CO2、VOC、温度、湿度、噪声、照明灯 1、照明灯 2 和水泵子界面。

（2）更多信息界面：该界面用于设置登录信息，包括 IDKey、MAC 设置和版本信息子界面。

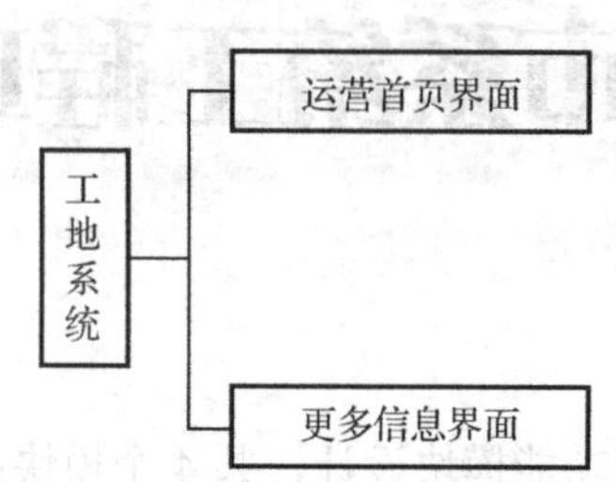

图 6.2　工地系统界面的组成

3. 系统业务流程分析

从传输过程来看，工地系统可分为三部分：传感器节点、网关、客户端（Android 端和 Web 端），其业务流程如图 6.3 所示，具体描述如下：

（1）搭载了传感器的无线节点，加入由协调器组建的 ZigBee 网络，并通过 ZigBee 网络进行通信。

（2）无线节点采获取到传感器采集的数据后，通过 ZigBee 网络将数据发送给网关的协调器，协调器通过串口将数据发送给网关智云服务，然后通过实时数据推送服务将数据推送给客户端。

工地系统的业务流程如图 6.3 所示。

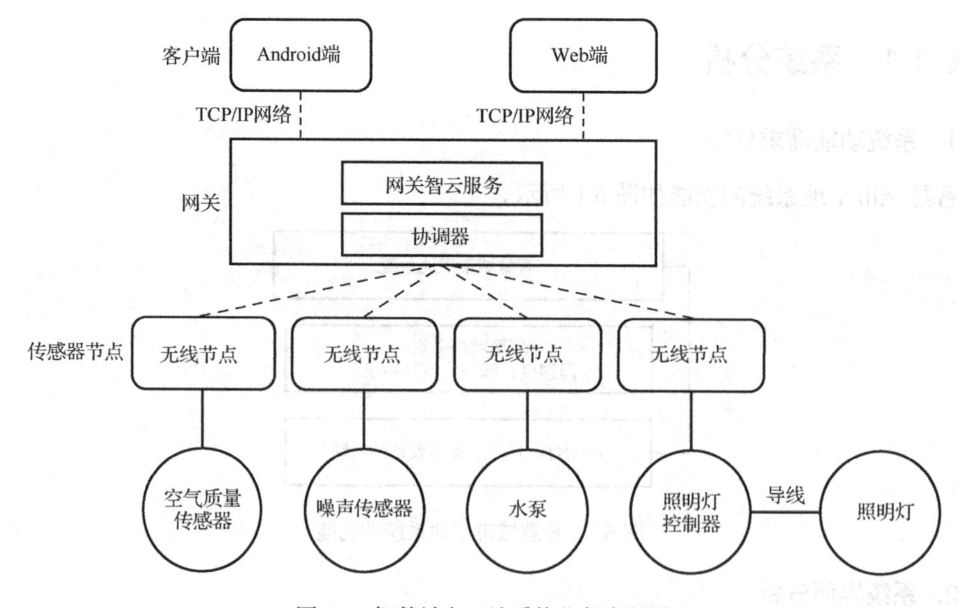

图 6.3　智慧城市工地系统业务流程图

6.1.2　系统设计

1．系统界面框架设计

工地系统界面的结构如图6.4所示。

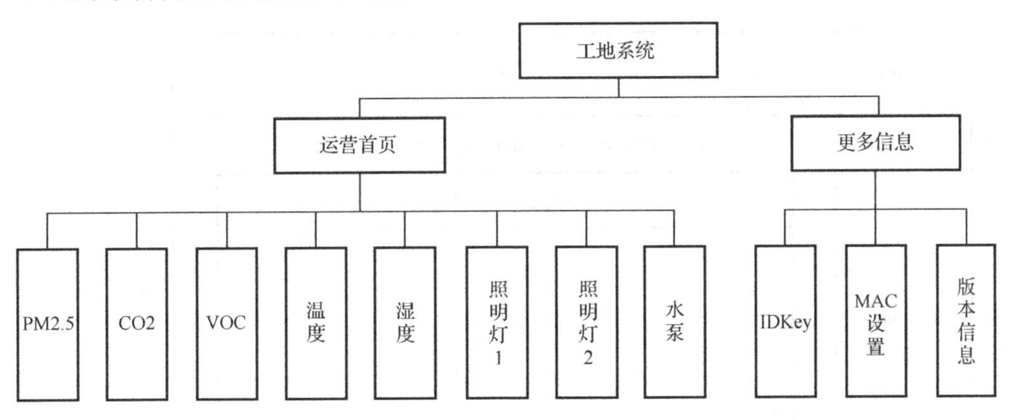

图6.4　工地系统界面的结构

（1）运营首页界面。工地系统运营首页界面采用DIV+CSS布局，其结构如图6.5所示。

① 头部（div.head）：用于显示工地系统的名称。

② 顶级导航（top-nav）：用于切换运营首页界面和更多信息界面。

③ 内容包裹（wrap）：分为导航和主体1（div.content）。

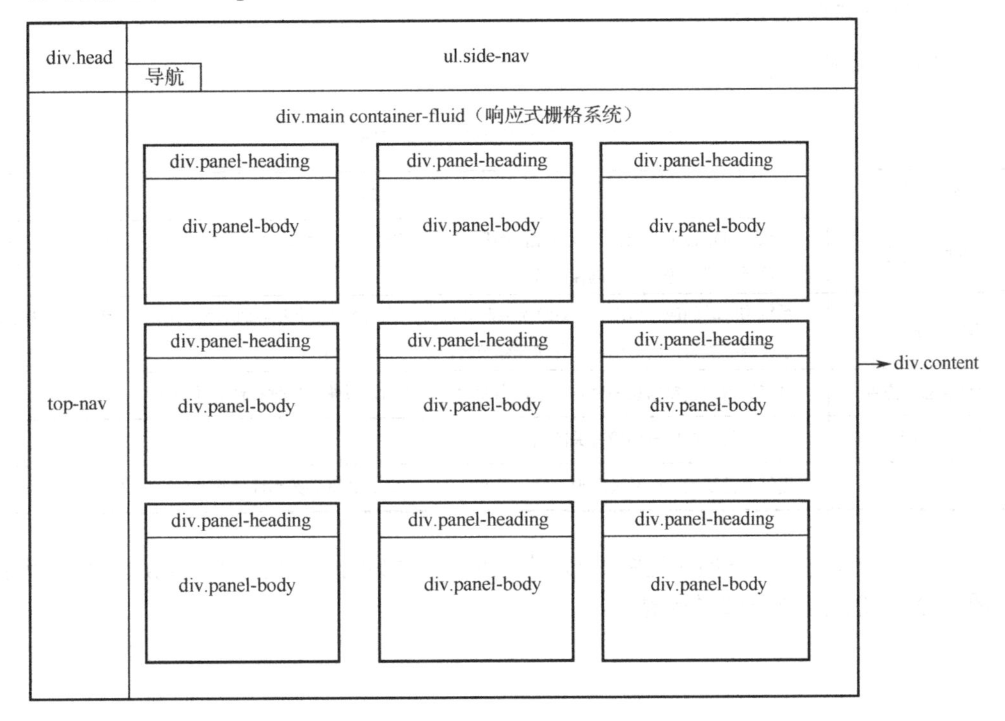

图6.5　运营首页界面的结构

（2）更多信息界面。根据界面设计的一致性原则，更多信息界面也采用 DIV+CSS 布局，其结构如图 6.6 所示。

① 头部（div.head）：用于显示工地系统的名称。

② 顶级导航栏（top-nav）：用于切换运营首页界面和更多信息界面。

③ 包裹内容（wrap）：分为导航和主体 2（div.content）。

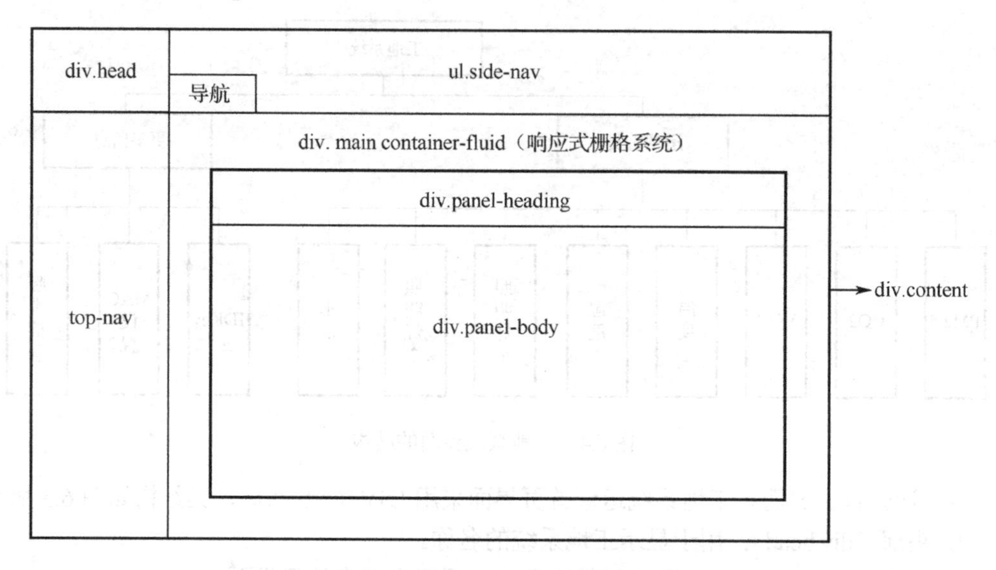

图 6.6　更多信息界面的结构

2. 系统界面设计风格

工地系统的界面设计风格如表 6.1 所示。

表 6.1　工地系统的界面设计风格

界面设计风格	说　明
界面一致性	一致性包括标准的控件，以及相同的信息表示方式（如在字体、标签风格、颜色、术语、显示错误信息显示方式）等方面应确保一致
系统响应时间	系统响应时间应该适中，若系统响应时间过长，用户就会感觉到界面卡顿，用户体验就会变得很差；若系统响应过短，则会使用户加快操作节奏，从而导致误操作
出错信息和警告	具有清楚的出错信息和警告提示，当发生误操作后，系统应提供有针对性的提示
信息显示原则	只显示与当前用户环境有关的信息
视觉设计	提供视觉线索，如通过图形符号、界面色彩、字体、边框的柔和性等帮助用户记忆

（1）导航。单击一级导航（见图 6.7）时背景、字体颜色会淡化或者高亮，单击二级导航（见图 6.8）时会通过下画线进行提示。

图 6.7　一级导航

图 6.8　二级导航

（2）Bootstrap 栅格系统。工地系统界面的主体内容采用 Bootstrap 栅格系统进行布局，如图 6.9 所示，详见 3.1.2 节。

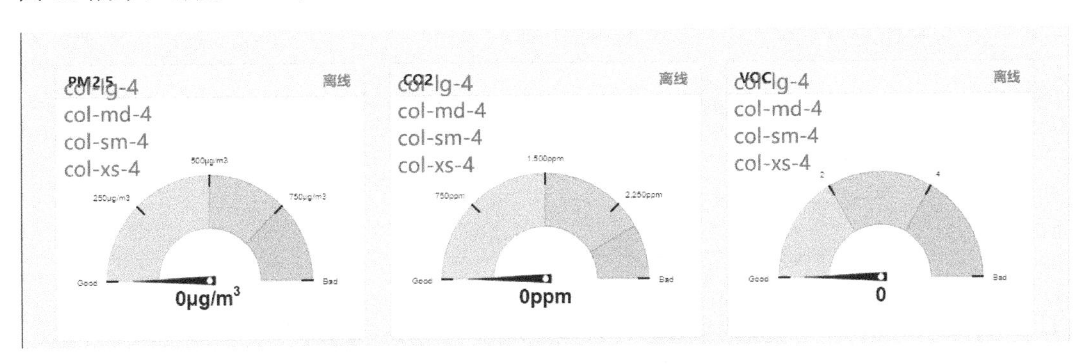

图 6.9　采用 Bootstrap 栅格系统对工地系统界面的主体内容进行布局

（3）三色搭配风格。三色搭配风格的具体内容请参考 3.1.5 节，按钮辅助色选取示例如图 6.10 所示。

```
.btn-primary {
  color: #fff;
  background-color: #5cadba;
  border-color: #4ba3b1;
}
```

图 6.10　按钮辅助色选取示例

3．系统界面交互设计

（1）导航界面交互设计。工地系统分为一级导航和二级导航，一级导航用于动态切换二级导航，其交互设计如图 6.11 所示；二级导航用于动态显示主体内容，其交互设计如图 6.12 所示。

图 6.11　一级导航交互设计

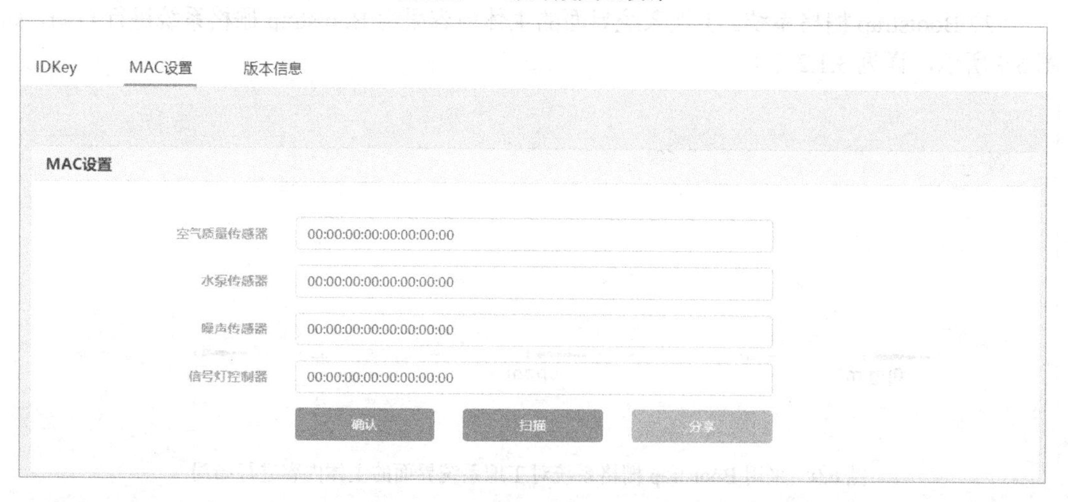

图 6.12　二级导航交互设计

（2）提示信息交互设计。当云平台服务器和设备节点的 MAC 地址都设置正确时，在运营首页界面的各个子界面标题（头部）会显示设备节点处于“在线”状态，如图 6.13 所示。

PM2.5　在线	CO2　在线	VOC　在线
温度　在线	湿度　在线	噪声　在线
照明灯1　在线	照明灯2　在线	水泵　在线

图 6.13　在运营首页界面的各个子界面标题显示设备节点处于“在线”状态

（3）仪表盘提示信息交互设计。在运营首页界面的子界面，如PM2.5子界面，当鼠标指针放在该子界面时，仪表盘会显示采集的数据，如图6.14所示。

（4）按钮交互设计。按钮交互设计包括：在更多信息界面下动态修改按钮上的文字（如“断开”或“连接”）及颜色，如图6.15所示；连接或断开云平台服务器时的提示信息，如图6.16所示。

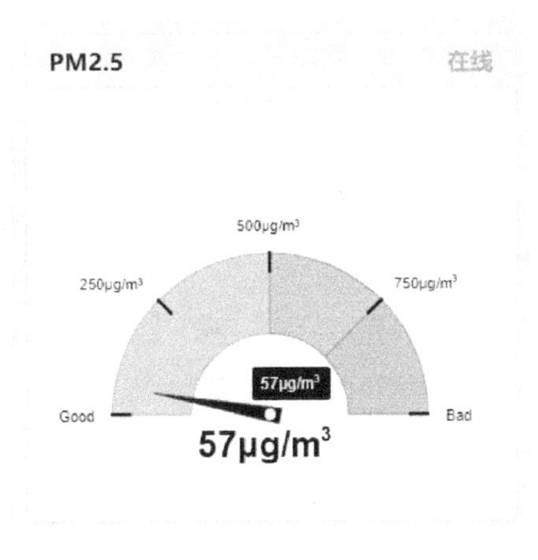

图6.14　仪表盘提示信息交互设计

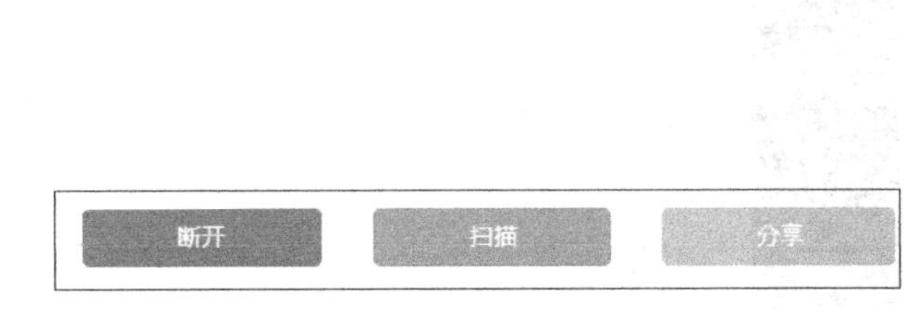

图6.15　动态修改按钮上的文字及颜色

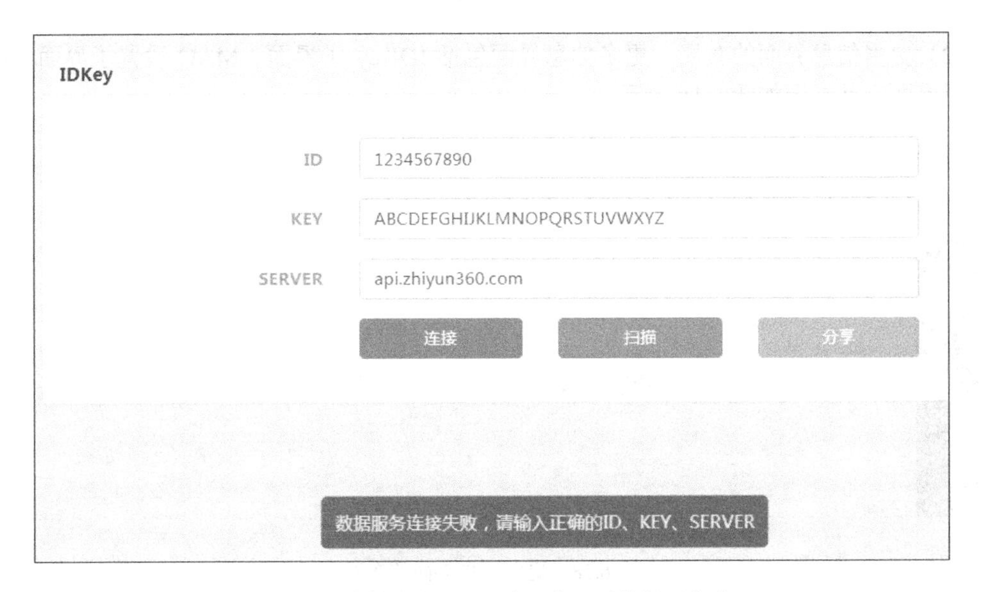

图6.16　连接或断开云平台服务器时的提示信息

6.1.3　系统界面实现

1. 系统界面的布局

（1）运营首页界面的布局如图6.17所示。

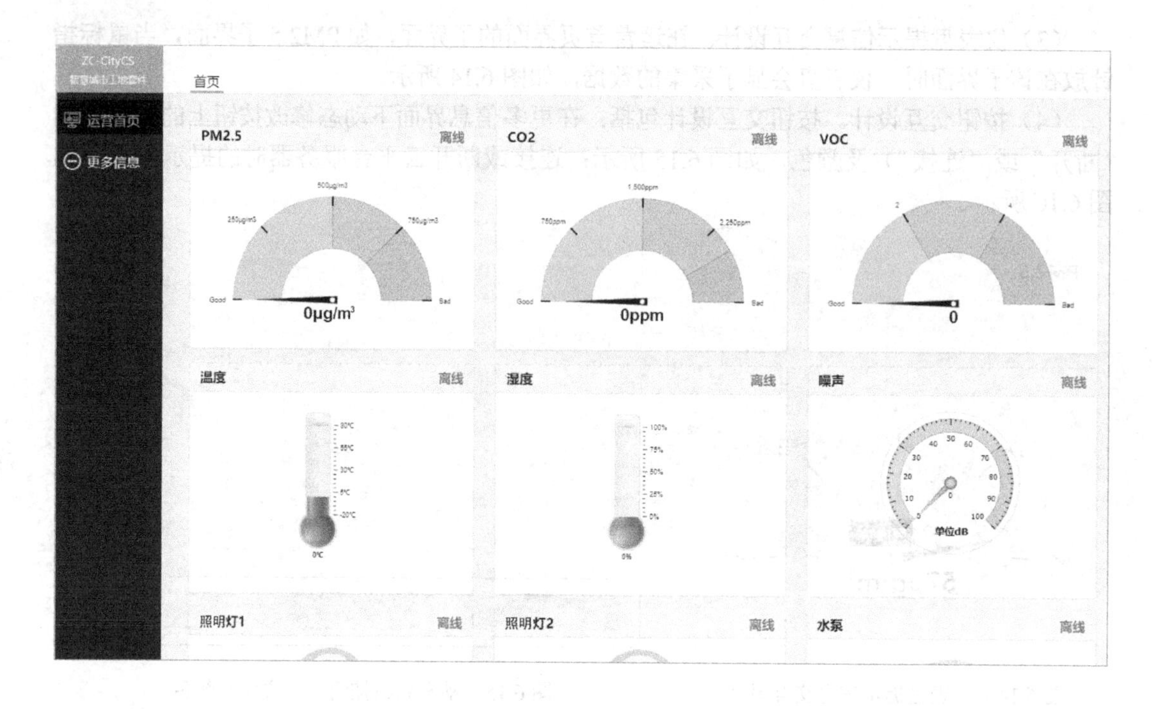

图 6.17　运营首页界面的布局

（2）更多信息界面的布局。更多信息界面包括 IDKey 子界面、MAC 设置子界面和版本信息子界面，其布局如图 6.18 所示。

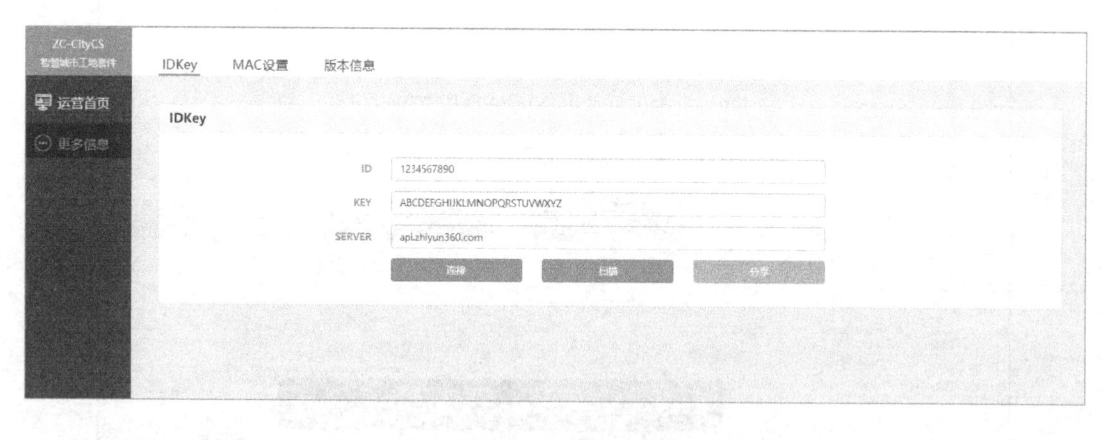

图 6.18　更多信息界面的布局

2．系统界面的设计

（1）IDKey 子界面的设计。IDKey 子界面（见图 6.19）通过调用 Bootstrap 表单控件的 form-group 类来实现文本输入框的输入，通过 button 类来实现按钮的单击。

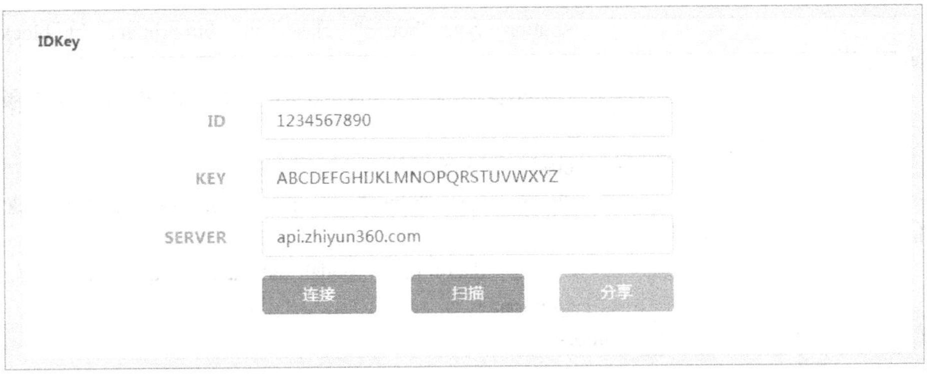

图 6.19　IDKey 子界面

IDKey 子界面的设计请参考 3.1.3 节，具体代码如下：

```
<div class="main container-fluid">
    <div class="row">
        <div class="col-lg-12 col-md-12 col-sm-12 col-xs-12">
            <div class="panel panel-default IDKey">
                <div class="panel-heading">IDKey</div>
                <div class="panel-body">
                    <div class="form-horizontal">
                        <div class="form-group">
                            <label class="col-md-3 col-sm-2 control-label">ID</label>
                            <div class="col-md-6 col-sm-9">
                                <input id="ID" type="text" class="form-control" value="">
                            </div>
                        </div>
                        <div class="form-group">
                            <label class="col-md-3 col-sm-2 control-label">KEY</label>
                            <div class="col-md-6 col-sm-9">
                                <input id="KEY" type="text" class="form-control" value="">
                            </div>
                        </div>
                        <div class="form-group">
                            <label class="col-md-3 col-sm-2 control-label">SERVER</label>
                            <div class="col-md-6 col-sm-9">
                                <input id="server" type="text" class="form-control" value="">
                            </div>
                        </div>
                        <div class="form-group">
                            <div class="col-md-offset-3 col-sm-offset-2 col-md-2 col-sm-3 col-xs-6">
                                <button id="idkeyInput" type="button" class="btn btn-primary btn-block">确认
                                </button>
                            </div>
                            <div class="col-md-2 col-sm-3 col-xs-6">
```

```
                        <button type="button" class="btn btn-primary btn-block scan" id="idKey">扫描
                        </button>  <!--用于 Android 版扫描获取 ID 和 KEY，Web 版无效-->
                    </div>
                    <div class="col-md-2 col-sm-3 col-xs-6">
                        <button type="button" class="btn btn-warning btn-block share" id="idShare"
                                data-toggle="modal" data-target="#qrModal">分享
                        </button>
                    </div>
                </div>
            </div>
        </div>
    </div>
</div>
</div>
```

（2）MAC 设置子界面的设计。设备 MAC 地址设置界面如图 6.20 所示。

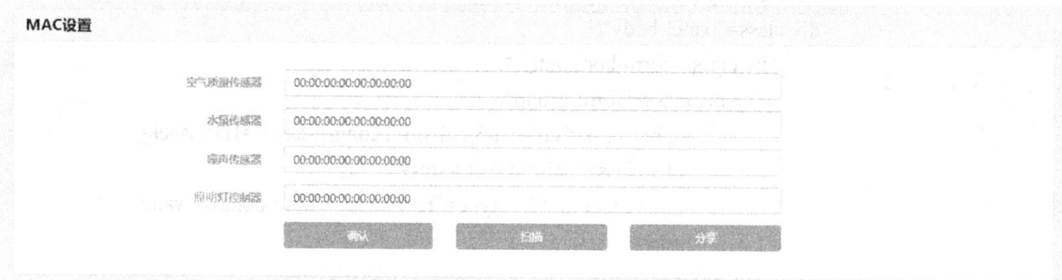

图 6.20　MAC 设置子界面

MAC 设置子界面由“空气质量传感器”“水泵传感器”“噪声传感器”“照明灯控制器”标签（label）及其文本输入框，以及“确认”“扫描”“分享”按钮组成。MAC 设置子界面的功能是输入设备节点的 MAC 地址，单击“确认”按钮后会显示“MAC 设置成功”，设备节点可以连接云平台服务器，用户也可以查看设备节点的连接状态。

MAC 设置子界面的设计与 IDKey 子界面的设计类似，都是二级导航中的子界面（div.main container-fluid），具体代码如下：

```
<div class="main container-fluid mac-main">
    <div class="row">
        <div class="col-lg-12 col-md-12 col-sm-12 col-xs-12">
            <div class="panel panel-default mac-city">
                <div class="panel-heading">MAC 设置</div>
                <div class="panel-body">
                    <div class="form-horizontal input_seting">
                        <div class="form-group">
                            <label class="col-md-3 col-sm-2 control-label">空气质量传感器</label>
```

```
                    <div class="col-md-6 col-sm-9">
                        <input id="KM_PMMAC" type="text" class="form-control">
                    </div>
                </div>
                <div class="form-group">
                    <label class="col-md-3 col-sm-2 control-label">水泵传感器</label>
                    <div class="col-md-6 col-sm-9">
                        <input id="KM_THMAC" type="text" class="form-control">
                    </div>
                </div>
                <div class="form-group">
                    <label class="col-md-3 col-sm-2 control-label">噪声传感器</label>
                    <div class="col-md-6 col-sm-9">
                        <input id="KM_NOISEMAC" type="text" class="form-control">
                    </div>
                </div>
                <div class="form-group">
                    <label class="col-md-3 col-sm-2 control-label">照明灯控制器</label>
                    <div class="col-md-6 col-sm-9">
                        <input id="KM_LEDMAC" type="text" class="form-control">
                    </div>
                </div>
                <div class="form-group">
                    <div class="col-md-offset-3 col-md-2 col-xs-offset-3 col-xs-2">
                        <button id="macInput1" type="button" class="btn btn-primary
btn-block mac-input">确认
                        </button>
                    </div>
                    <div class="col-md-2 col-xs-2">
                        <button type="button" class="btn btn-primary btn-block scan"
id="scan_1">扫描
                        </button> <!--用于 Android 版扫描获取 MAC 地址，Web 版无效-->
                    </div>
                    <div class="col-md-2 col-xs-2">
                        <button type="button" class="btn btn-warning btn-block share
mac-share"
                              id="macShare" data-toggle="modal" data-target="#qrModal">分享
                        </button>
                    </div>
                </div>
            </div>
        </div>
    </div>
  </div>
 </div>
</div>
```

（3）空气质量采集显示模块界面的设计。空气质量采集显示模块界面如图 6.21 所示，详细的设计请参考 3.4.3 节，具体代码如下：

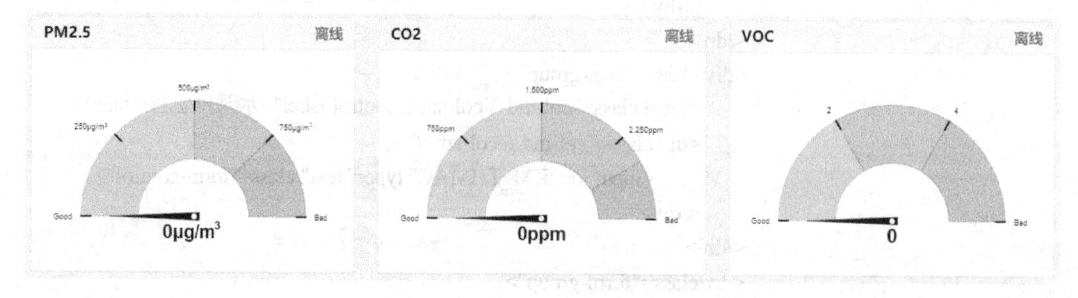

图 6.21　空气质量采集显示模块界面

```
<div class="col-lg-4 col-md-4 col-sm-4 col-xs-4">
    <div class="panel panel-default">
        <div  class="panel-heading">PM2.5<span  id="KM_pmStatus"  class="float-right  text-red">离线
</span>
        </div>
        <div class="panel-body text-center">
            <div id="KM_PM2.5" class="dialBlock">PM</div>
        </div>
    </div>
</div>
<div class="col-lg-4 col-md-4 col-sm-4 col-xs-4">
    <div class="panel panel-default">
        <div  class="panel-heading">CO2<span  id="KM_co2Status"  class="float-right  text-red">离线
</span>
        </div>
        <div class="panel-body">
            <div id="KM_CO2" class="dialBlock">CO2</div>
        </div>
    </div>
</div>
<div class="col-lg-4 col-md-4 col-sm-4 col-xs-4">
    <div class="panel panel-default">
        <div  class="panel-heading">VOC<span  id="KM_vocStatus"  class="float-right  text-red">离线
</span>
        </div>
        <div class="panel-body">
            <div id="KM_VOC" class="dialBlock">VOC</div>
        </div>
    </div>
</div>
```

① 仪表盘的设计。在 index.html 文件中引入 FusionCharts 图表库文件夹中的 JS 文件，代码如下：

```
<!-- 引入 jquery -->
<script src="js/jquery.min.js"></script>
<!-- 引入与 FusionCharts 相关 JS 文件 -->
<script src="js/charts/fusioncharts/fusioncharts.js"></script>
<script src="js/charts/fusioncharts/fusioncharts.widgets.js"></script>
<script src="js/charts/fusioncharts/themes/fusioncharts.theme.fint.js"></script>
```

在 index.html 文件中绑定节点，定义三个 div，用来显示三个图表，代码如下：

```
<div id="KM_PM2.5" class="dialBlock">PM</div>
<div id="KM_CO2" class="dialBlock">CO2</div>
<div id="KM_VOC" class="dialBlock">VOC</div>
```

在 chart.js 文件中对仪表盘进行自定义。下面是 PM2.5 子界面中仪表盘相关属性的配置，CO2、VOC 子界面中仪表盘设计与此类似。

```
function dial(id,unit,value) {
    var csatGauge = new FusionCharts({
        'type': 'angulargauge',
        'renderAt': id,
        'width': '100%',
        'height': '100%',
        'dataFormat': 'json',
        'dataSource': {
            'chart': {
                'lowerLimit': '0',
                'upperLimit': '1000',
                'lowerLimitDisplay': 'Good',
                'upperLimitDisplay': 'Bad',
                'numbersuffix': unit,
                'showValue': '1',
                'valueBelowPivot': '1',
                'bgcolor': '#ffffff',
                'theme': 'fint'
            },
            'colorrange': {
                'color': [
                    {
                        'minValue': '0',
                        'maxValue': '500',
                        'code': '#80e3c8'
                    },
                    {
                        'minValue': '500',
                        'maxValue': '750',
                        'code': '#86c4df'
                    },
                    {
```

```
                    'minValue': '750',
                    'maxValue': '1000',
                    'code': '#ffb9a4'
                }
            ]
        },
        'dials': {
            'dial': [
                {
                    'value': value
                }
            ]
        }
    }
  });
  csatGauge.render();
}
```

② 空气质量数据的显示。空气质量数据是通过仪表盘来显示的，仪表盘包括三个参数，第一个参数表示ID，第二个参数表示单位，第三个参数表示空气质量传感器采集的数据，代码如下：

```
dial('KM_PM2.5','μg/m3',0);
dial3('KM_CO2','ppm',0);
dial4('KM_VOC','',0);
```

（4）温湿度采集显示模块界面的设计。温湿度采集显示模块界面如图6.22所示，设计方法请参考3.4.3节，具体代码如下：

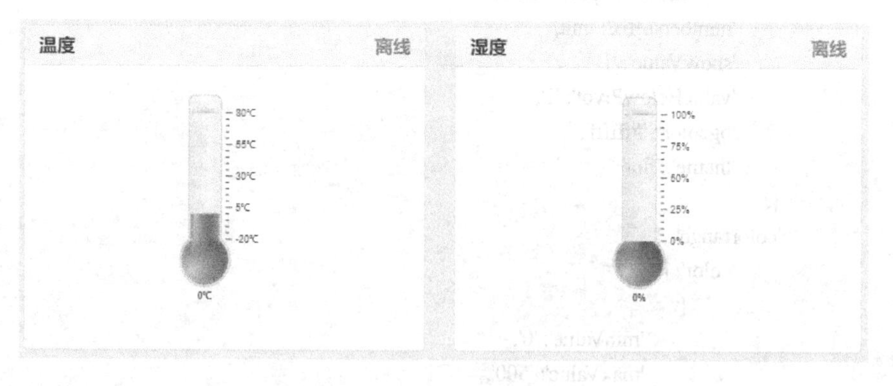

图6.22　温湿度采集显示模块界面

```
<div class="col-lg-4 col-md-4 col-sm-4 col-xs-4">
    <div class="panel panel-default">
        <div  class="panel-heading">温度<span  id="KM_temperStatus"  class="float-right  text-red">离线
</span>
        </div>
        <div class="panel-body text-center">
            <div id="KM_temp" class="thermometerBlock">温度</div>
```

```
            </div>
        </div>
    </div>
    <div class="col-lg-4 col-md-4 col-sm-4 col-xs-4">
        <div class="panel panel-default">
            <div class="panel-heading">湿度
                <span id="KM_humidityStatus" class="float-right text-red">离线</span></div>
            <div class="panel-body">
                <div id="KM_humi" class="thermometerBlock">湿度</div>
            </div>
        </div>
    </div>
```

① 温度计和湿度计的设计。引入 FusionCharts 图表库文件，在 index.html 文件中绑定节点，定义两个 div，代码如下：

```
<div id="KM_temp" class="thermometerBlock">温度</div>
<div id="KM_humi" class="thermometerBlock">湿度</div>
```

在 chart.js 文件中对温度计和湿度计进行自定义，代码如下：

```
function thermometer(id,unit,color, min, max, value) {
    var csatGauge = new FusionCharts({
        'type': 'thermometer',
        'renderAt': id,
        'width': '100%',
        'height': '100%',
        'dataFormat': 'json',
        'dataSource': {
            'chart': {
                'upperLimit': max,
                'lowerLimit': min,
                'numberSuffix': unit,
                'decimals': '1',
                'showhovereffect': '1',
                'gaugeFillColor': color,
                'gaugeBorderColor': '#008ee4',
                'showborder': '0',
                'tickmarkgap': '5',
                'theme': 'fint'
            },
            'value': value
        }
    });
    csatGauge.render();
};
```

② 温湿度数据的显示：温湿度数据是通过温度计和湿度计来显示的，包括六个参数，第

一个参数表示ID，第二个参数表示单位，第三个参数表示温湿度颜色设置，第四个参数表示最小值，第五个参数表示最大值，第六个参数表示采集数据，代码如下：

```
thermometer('KM_temp','℃','#ff7850', -20, 80, 0);
hermometer('KM_humi','%','#27A9E3', 0, 100, 0);
```

（3）噪声子界面的设计。噪声子界面如图6.23所示，该子界面通过Bootstrap栅格系统将主体内容布局成四列（col-lg-4 col-md-4 col-sm-4 col-xs-4）。

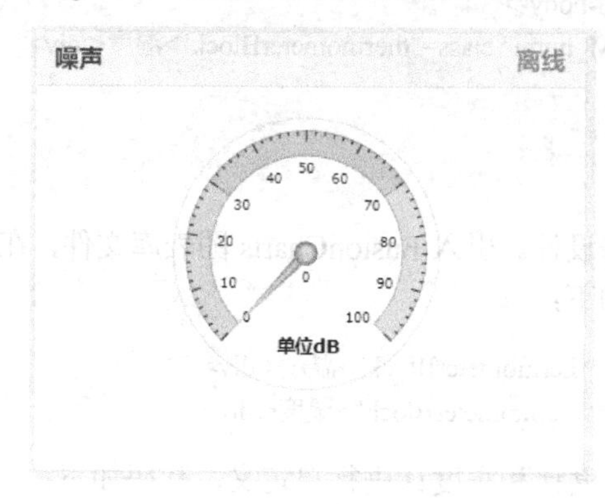

图6.23　噪声子界面

噪声子界面包括标题和主体内容两个部分，其功能是：标题用于显示噪声传感器的状态，如“在线”或者“离线”，标题是通过“id="KM_noiseStatus"”改变噪声传感器的状态的；主体内容通过使用FusionCharts制作的仪表盘将采集的噪声数据实时地显示在子界面上。具体代码如下：

```
<div class="col-lg-4 col-md-4 col-sm-4 col-xs-4">
    <div class="panel panel-default">
        <div  class="panel-heading">噪声<span  id="KM_noiseStatus"  class="float-right  text-red">离线
</span>
        </div>
        <div class="panel-body">
            <div id="KM_illum" class="thermometerBlock">噪声</div>
        </div>
    </div>
</div>
```

噪声子界面仪表盘的设计：首先引入与FusionCharts相关JS文件，再绑定div，最后自定义表盘。具体代码如下：

```
//仪表盘：噪声
function dial5(id,unit,value) {
    var csatGauge = new FusionCharts({
        "type": "angulargauge",
        "renderAt": id,
        "width": "100%",
        "height": "240",
        "dataFormat": "json",
```

```
            "dataSource": {
                "chart": {
                    "manageresize": "1",
                    "origw": "260",
                    "origh": "260",
                    "bgcolor": "FFFFFF",
                    "upperlimit": "100",
                    "lowerlimit": "0",
                    ...
                "colorrange": {
                    "color": [
                        {
                            "minvalue": "0",
                            "maxvalue": "60",
                            "code": "#80e3c8",
                            "alpha": "80"
                        },
                        ...
                    ]
                },
                "dials": {
                    "dial": [
                        {
                            "value": value,
                            "bordercolor": "FFFFFF",
                            "bgcolor": "666666,CCCCCC,666666",
                            "borderalpha": "0",
                            "basewidth": "10"
                        }
                    ]
                },
                "annotations": {
                    "groups": [
                        {
                            "x": "128",
                            "y": "120",
                            "showbelow": "10",
                            ...
                        },
                    ]
                },
                "value": "28"
            }
        });
        csatGauge.render();
    }
```

（4）照明灯 1、照明灯 2 与水泵子界面的设计。照明灯 1、照明灯 2 与水泵子界面如图 6.24 所示，这三个子界面也是分别通过 Bootstrap 栅格系统将主体内容布局成四列（col-lg-4 col-md-4 col-sm-4 col-xs-4）的。

图 6.24　照明灯 1、照明灯 2 与水泵子界面

这三个子界面都包括标题和主体内容两个部分，其功能是：标题用于显示照明灯或水泵的状态，如“在线”或者“离线”，在标题部分，通过“id="lStatus"”“id="2Status"”改变照明灯 1 和照明灯 2 的状态，通过“id="waterStatus"”改变水泵的状态；主体内容将照明灯、水泵图片与按钮结合在一起，通过“class="btn btn-primary btn-block"”设置按钮样式。具体代码如下：

```
    <div class="col-lg-4 col-md-4 col-sm-4 col-xs-4">
        <div class="panel panel-default">
            <div class="panel-heading">照明灯 1<span id="lStatus" class="float-right text-red float-head">离
线</span></div>
            <div class="panel-body">
                <div id="level" class="dialBlock">
                    <img id="led1Status" src="img/led-off.png" alt=""><br>
                    <div class="form-group handle-btn-div">
                        <div class="col-lg-6 col-md-6 col-sm-6 col-xs-6 text-center">
                            <button id="pumpOn1" type="button" class="btn btn-primary btn-block">开启
</button>
                        </div>
                        <div class="col-lg-6 col-md-6 col-sm-6 col-xs-6 text-center" >
                            <button id="pumpOff1" type="button" class="btn btn-danger btn-block">关闭
</button>
                        </div>
                    </div>
                </div>
            </div>
        </div>
    </div>
    <div class="col-lg-4 col-md-4 col-sm-4 col-xs-4">
        <div class="panel panel-default">
            <div class="panel-heading">照明灯 2<span id="2Status" class="float-right text-red float-head">离
线</span></div>
            <div class="panel-body">
```

```
                <div class="dialBlock">
                    <img id="led2Status" src="img/led-off.png" alt=""><br>
                    <div class="form-group handle-btn-div">
                        <div class="col-lg-6 col-md-6 col-sm-6 col-xs-6 text-center">
                            <button id="pumpOn2" type="button" class="btn btn-primary btn-block">开启
</button>
                        </div>
                        <div class="col-lg-6 col-md-6 col-sm-6 col-xs-6 text-center" >
                            <button id="pumpOff2" type="button" class="btn btn-danger btn-block">关闭
</button>
                        </div>
                    </div>
                </div>
            </div>
        </div>
    </div>
    <div class="col-lg-4 col-md-4 col-sm-4 col-xs-4">
        <div class="panel panel-default">
            <div class="panel-heading">水泵<span id="waterStatus" class="float-right text-red float-head">离
线</span></div>
            <div class="panel-body">
                <div class="dialBlock">
                    <img id="wStatus" src="img/WaterPump-off.png" alt=""><br>
                    <div class="form-group handle-btn-div">
                        <div class="col-lg-6 col-md-6 col-sm-6 col-xs-6 text-center">
                            <button id="pumpOn3" type="button" class="btn btn-primary btn-block">开启
</button>
                        </div>
                        <div class="col-lg-6 col-md-6 col-sm-6 col-xs-6 text-center" >
                            <button id="pumpOff3" type="button" class="btn btn-danger btn-block">关闭
</button>
                        </div>
                    </div>
                </div>
            </div>
        </div>
    </div>
```

6.1.4 系统功能实现

1. ZXBee 数据通信协议的设计

工地系统的 ZXBee 数据通信协议如表 6.2 所示。

表 6.2　工地系统的 ZXBee 数据通信协议

设备节点	参　数	含　义	权　限	说　明
空气质量传感器	A0	CO_2 浓度	R	浮点型数据，精度为 0.1，单位为 ppm
	A1	VOC 等级	R	整型数据，取值为 0～4
	A2	湿度	R	浮点型数据，精度为 0.1，单位为%
	A3	温度	R	浮点型数据，精度为 0.1，单位为℃
	A4	PM2.5 浓度	R	整型数据，单位为 $\mu g/m^3$
	D1(OD1/CD1)	PM2.5 变送器开关	R/W	D1 的 bit0 表示 PM2.5 变送器开关，0 表示关，1 表示开
	D0(OD0/CD0)	主动上报使能	R/W	D0 的 bit0～bit4 对应 A0～A4 主动上报能，0 表示不允许主动上报，1 表示允许主动上报
	V0	主动上报时间间隔	R/W	V0 表示主动上报时间间隔，单位为 s
照明灯控制器	D1(OD1/CD1)	信号灯控制	R/W	D1 的 bit0～bit2 和 bit3～bit5 分别表示 OUT1、OUT2 的红黄绿三种颜色的开关，0 表示关闭，1 表示打开
噪声传感器	A0	噪声	R	浮点型数据，精度为 0.1，单位为 dB
	D0(OD0/CD0)	主动上报使能	R/W	D0 的 bit0 对应 A0 主动上报使能，0 表示不允许主动上报，1 表示允许主动上报
	V0	主动上报时间间隔	R/W	V0 表示主动上报时间间隔
水泵	D1(OD1/CD1)	水泵的开关	R/W	D1 的 bit1 表示水泵的开关状态，1 表示开，0 表示关

2. 云平台服务器的连接

工地系统是通过调用云平台 Web 应用实时接口来连接云平台服务器的，工地系统与云平台服务器的连接流程如图 6.25 所示。

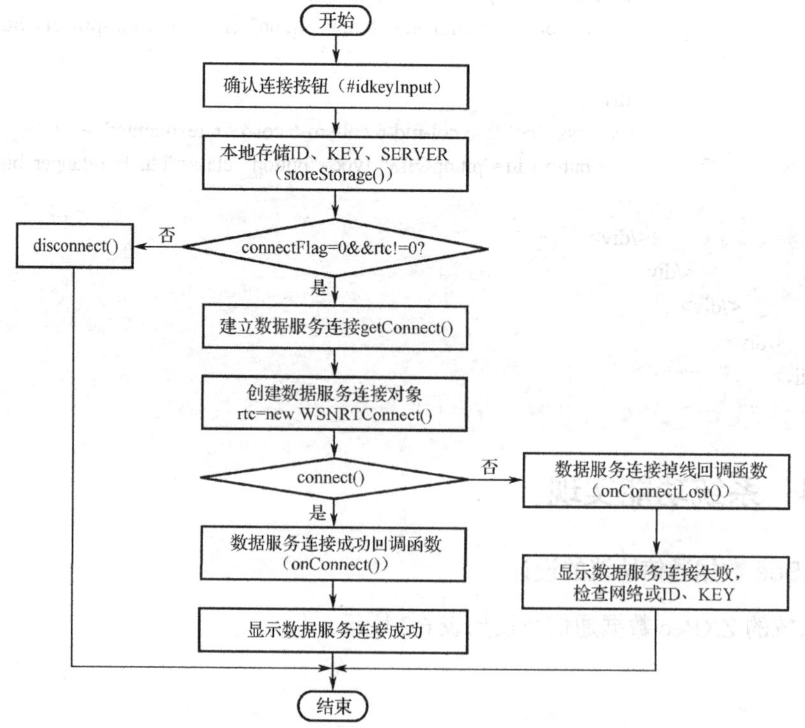

图 6.25　工地系统与云平台服务器的连接流程

3. 设备状态更新

（1）设备节点状态更新显示流程。设备节点状态更新显示流程如图 6.26 所示。通过设置设备节点的 MAC 地址，可获取传感器节点采集的数据，实现设备节点在线。

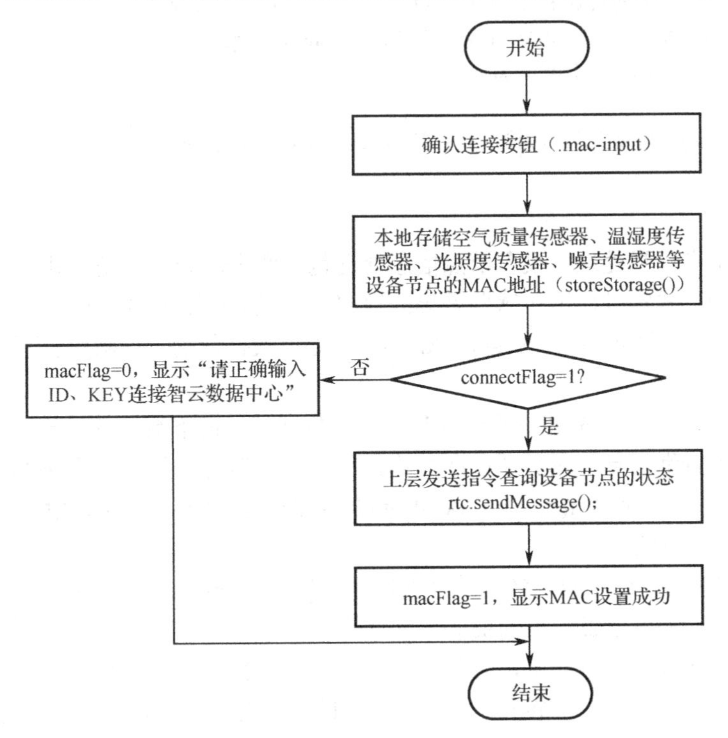

图 6.26 设备节点状态更新显示流程

当工地系统连接到云平台服务器后，云平台服务器就会进行数据推送，推送的数据包含了设备节点的 MAC 地址。当设备节点的 MAC 地址和云平台服务器的 MAC 地址匹配后，云平台服务器就可以获取传感器采集的数据，所以需要先进行设备节点 MAC 地址的输入与确认。

设备节点的连接功能是通过“确认”按钮实现的。当单击“确认”按钮时，触发“$("#macInput").click()”事件。首先通过 val()方法获取节点 MAC 地址，并调用 storeStorage() 进行本地保存，接着通过条件语句“if(connectFlag){}”判断连接标志位，如果连接标志位 connectFlag=1，则调用 WSNRTConnect.js 文件中的“rtc.sendMessage(localData.KM_PMMAC, sensor.pm.query);”发送函数对空气质量传感器状态进行查询，判断空气质量传感器是否在线，如果在线则显示“MAC 设置成功”，否则显示“请正确输入 ID、KEY 连接云平台数据中心”。

```
//节点设置确认
$("#macInput1").click(function () {
    localData['KM_PMMAC'] = $("#KM_PMMAC").val();
    localData['KM_THMAC'] = $("#KM_THMAC").val();
    localData['KM_NOISEMAC'] = $("#KM_NOISEMAC").val();
    localData['KM_LEDMAC'] = $("#KM_LEDMAC").val();
    //本地存储 MAC 地址
```

```
        storeStorage();
        if (connectFlag) {
            rtc.sendMessage(localData.KM_PMMAC, sensor.pm.query);
            rtc.sendMessage(localData.KM_THMAC, sensor.th.query);
            rtc.sendMessage(localData.KM_NOISEMAC, sensor.noise.query);
            rtc.sendMessage(localData.KM_LEDMAC, sensor.led.query);
            message_show("MAC 设置成功");
        } else {
            message_show("请正确输入 ID、KEY 连接云平台数据中心");
        }
    });
```

（2）设备节点信息处理。设备节点信息处理包括两个部分：一是更新设备节点的状态，二是通过图表的形式实时显示传感器采集的数据、切换界面的图片，以及控制底层设备节点的状态。上层应用是通过 rtc.onmessageArrive()来处理数据包的，该函数有两个参数，分别是 mac 和 dat。

参数 mac 的解析。首先过滤掉设备节点类型数据，只留下数组变量长度为 2 的 MAC 地址信息以及命令查询信息。然后通过嵌套的条件判断语句对设备节点的 MAC 地址及状态信息进行解析。例如，通过“if(mac == localData.KM_PMMAC){…}”可以解析数据包中空气质量传感器的 MAC 地址。

参数 dat 的解析。首先通过嵌套一个条件“if(t[0] == sensor.pm.tag_pm){…}”对数据包进行判断，sensor.pm.tag_pm 表示查询 sensor 对象的 tag_co2 值。然后将 tag_co2 值赋给变量 Data。最后以图表的形式进行实时显示，同时在 CO2 子界面的标题处显示“在线”。其他子界面的数据解析与此类似，如水泵子界面，底层将水泵的状态打包上报，上层应用通过“if (mac == localData.KM_NOISEMAC)”过滤掉设备节点的数据包，再解析数据，根据 ZXBee 数据通信协议可知，bit1 对应水泵的开关状态，因此可以通过位与的方式来判断水泵的开关状态，然后根据水泵的开关状态来切换水泵子界面中的图片。

```
if (mac == localData.KM_PMMAC) {//空气质量
    if (t[0] == sensor.pm.tag_co2) {//CO2
        var Data = parseInt(t[1]);
        dial3('KM_CO2', 'ppm', Data);
        $("#KM_co2Status").text("在线").css("color", "#5cadba");
    }
    if (t[0] == sensor.pm.tag_pm) {//PM2.5
        var Data = parseInt(t[1]);
        KM_data = Data;
        dial('KM_PM2.5', 'μg/m3', Data);
        $("#KM_pmStatus").text("在线").css("color", "#5cadba");
    }
    if (t[0] == sensor.pm.tag_voc) {            //VOC
        dial4('KM_VOC', '', parseInt(t[1]));
        $("#KM_vocStatus").text("在线").css("color", "#5cadba");
    }
    if (t[0] == sensor.pm.tag_tem) {//温度
```

```
            var Data = parseInt(t[1]);
            thermometer('KM_temp', '℃', '#ff7850', -20, 80, Data);
            $("#KM_temperStatus").text("在线").css("color", "#5cadba");
        }
        if (t[0] == sensor.pm.tag_hum) {//湿度
            var Data = parseInt(t[1]);
            thermometer('KM_humi', '%', '#27A9E3', 0, 100, Data);
            $("#KM_humidityStatus").text("在线").css("color", "#5cadba");
        }

    }
    if (mac == localData.KM_NOISEMAC) {
        if (t[0] == sensor.noise.tag) {//噪声
            var Data = parseInt(t[1]);
            dial2('KM_illum', 'dB', Data);
            $("#KM_noiseStatus").text("在线").css("color", "#5cadba");
        }
    }
    if (mac == localData.KM_THMAC) {//水泵
        if (t[0] == sensor.th.tag) {
            var Data = parseInt(t[1]);
            $("#waterStatus").text("在线").css("color", "#5cadba");
            if (Data & 0x02) {
                $("#wStatus").attr("src", "img/WaterPump-on.png");
            } else {
                $("#wStatus").attr("src", "img/WaterPump-off.png");
            }
        }
    }
    if (mac == localData.KM_LEDMAC) {//照明灯
        if (t[0] == sensor.led.tag) {
            $("#l1Status").text("在线").css("color", "#5cadba");
            $("#l2Status").text("在线").css("color", "#5cadba");
            if ((t[1] & 0x01) == 1) {
                $("#led1Status").attr("src", "img/led-on.png");
            } else {
                $("#led1Status").attr("src", "img/led-off.png");
            }
            if ((t[1] >> 3) & 0x01 == 1) {
                $("#led2Status").attr("src", "img/led-on.png");
            } else {
                $("#led2Status").attr("src", "img/led-off.png");
            }
        }
    }
```

通过 click()方法响应按钮事件，并调用 btnclick 方法发送照明灯、水泵的控制命令，代码如下：

```
//开启 LED1
$("#pumpOn1").click(function () { btnclick(sensor.led.on1); });
//关闭 LED1
$("#pumpOff1").click(function () { btnclick(sensor.led.off1); });
//开启 LED2
$("#pumpOn2").click(function () { btnclick(sensor.led.on2); });
//关闭 LED2
$("#pumpOff2").click(function () { btnclick(sensor.led.off2); })
$("#pumpOn3").click(function () { btnclick2(sensor.th.on); })
$("#pumpOff3").click(function () { btnclick2(sensor.th.off); })
```

上层应用通过调用云平台 API 接口 sendMessage()来控制底层硬件状态，代码如下：

```
function btnclick(cmd) {
    if (connectFlag) {
        if ($("#lStatus").text() == "在线") {
            rtc.sendMessage(localData.KM_LEDMAC, cmd);
        } else {
            message_show("节点不在线!");
        }
    } else {
        message_show("请正确输入 ID、KEY 连接云平台数据中心");
    }
}
function btnclick2(cmd) {
    if (connectFlag) {
        if ($("#waterStatus").text() == "在线") {
            rtc.sendMessage(localData.KM_THMAC, cmd);
        } else {
            message_show("节点不在线!");
        }
    } else {
        message_show("请正确输入 ID、KEY 连接云平台数据中心");
    }
}
```

6.1.5 系统部署与测试

1．系统硬件部署

（1）硬件设备连接。准备 1 个 S4418/6818 系列网关、1 个空气质量传感器、1 个噪声传感器、1 个照明灯控制器、2 个照明灯、1 个水泵控制器、3 个 ZXBeeLiteB 无线节点、1 个 ZXBeePlusB 无线节点、1 个 JLink 仿真器、1 个 SmartRF04EB 仿真器。将空气质量传感器、噪声传感器、照明灯控制器分别接到 ZXBeeLiteB 无线节点的 A 端子，将水泵传感器通过 RJ45

端口连接到 ZXBeePlusB 无线节点 C 端子。设备节点连线如图 6.27 所示。

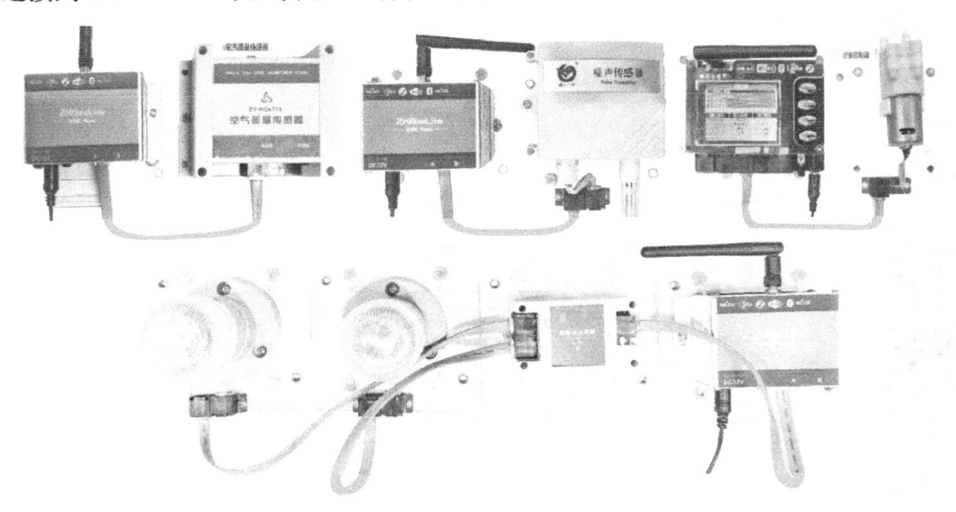

图 6.27　设备节点连线

（2）系统组网测试。

① 运行 ZCloudWebTools，打开工地系统的网络拓扑图，组网成功后的网络拓扑图如图 6.28 所示。

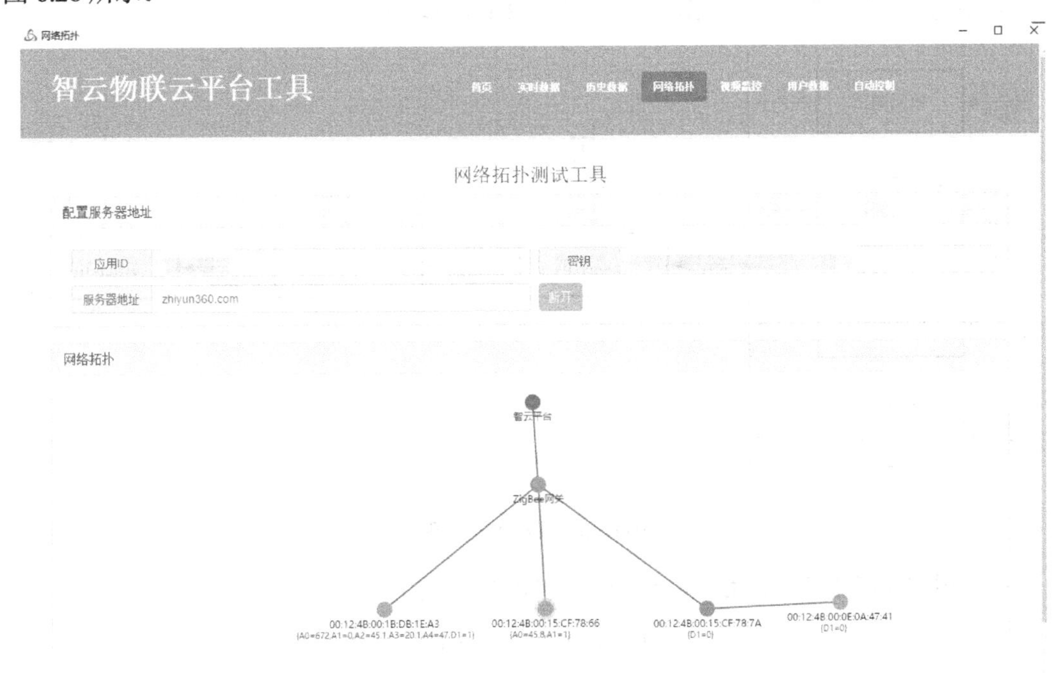

图 6.28　工地系统组网成功后的网络拓扑图

② 运行本项目的 index.html 文件，输入 ID、KEY 和 SERVER 后单击“确认”按钮，观察设备节点是否在线，若在线则说明组网成功，如图 6.29 所示。

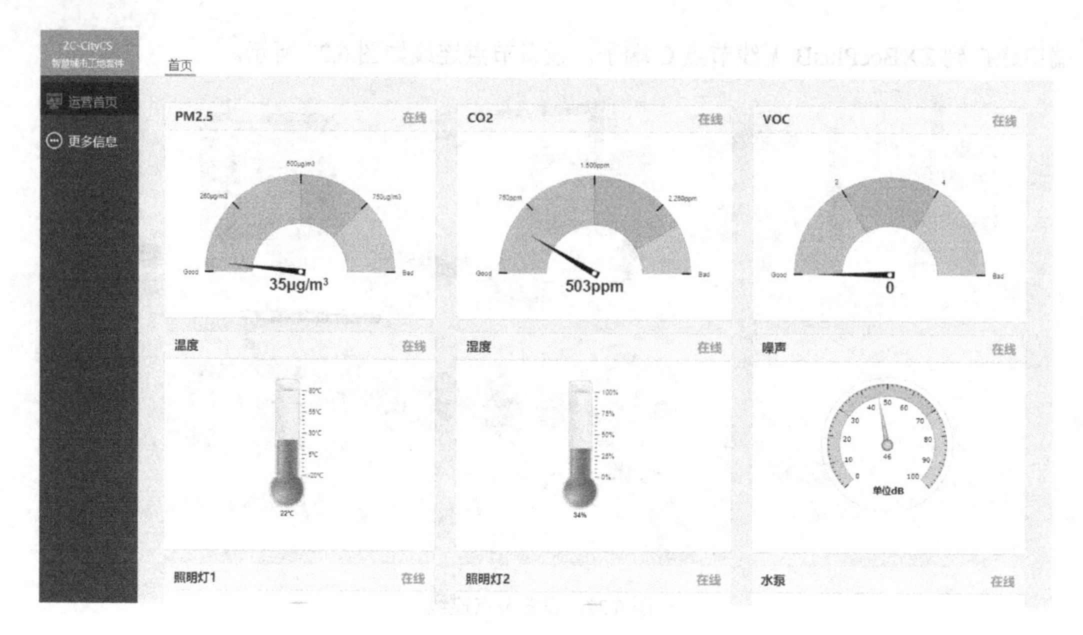

图 6.29　工地系统组网成功后的界面

2．系统测试

系统测试流程如图 6.30 所示，具体内容见 3.1.5 节。

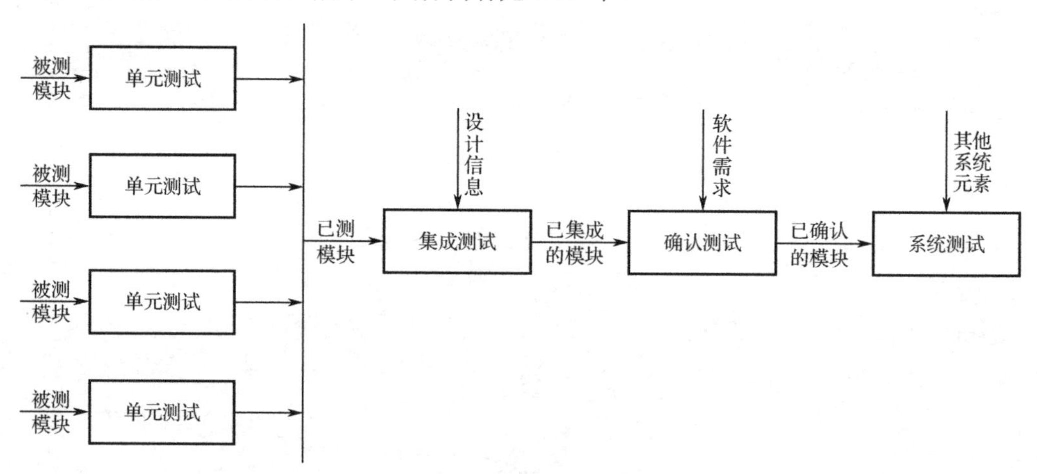

图 6.30　系统测试流程

（1）用户功能测试项。用户功能测试项如表 6.3 所示。

表 6.3　用户功能测试项

模　块	编号	测　试　项
运营首页界面	1	PM2.5 子界面：空气质量传感器检测 PM2.5 浓度并显示在仪表盘中
	2	CO2 子界面：空气质量传感器检测 CO_2 浓度并显示在仪表盘中
	3	VOC 子界面：空气质量传感器检测 VOC 浓度并显示在仪表盘中
	4	温度子界面：温湿度传感器检测温度并显示在温度计中

续表

模　块	编号	测 试 项
运营首页界面	5	湿度子界面：温湿度传感器检测湿度并显示在温度计中
	6	噪声子界面：噪声传感器检测噪声并显示在仪表盘中
	7	照明灯 1、2 子界面：通过界面按钮控制照明灯的亮灭
	8	水泵子界面：通过界面按钮控制水泵的开关
更多信息界面	1	IDKey 子界面：当用户输入正确的 ID、KEY、SERVER 后单击“连接”按钮弹出信息提示框“数据服务连接成功”，再单击“断开”按钮弹出信息提示框“数据服务连接失败，请检查网络或 ID、KEY”
	2	MAC 设置子界面：当云平台服务器连接成功且 MAC 地址已经输入时，弹出信息提示框“MAC 设置成功”。 如果智云服务器未连接，即使 MAC 地址设置正确，单击“确认”按钮也弹出信息提示框“数据服务连接失败，请检查网络或 ID、KEY”
	3	版本信息子界面：单击“版本升级”按钮弹出信息提示框“当前已是最新版本”。 单击“查看升级日志”按钮，查看版本的修改

（2）工地系统运营首页界面功能测试用例。工地系统运营首页界面功能测试用例如表 6.4 所示。

表 6.4　工地系统运营首页界面功能测试用例

测试用例描述 1		PM2.5 子界面测试	
前置条件		PM2.5 子界面标题显示“在线”	
序号	测试项	操作步骤	预期结果
1	PM2.5 浓度采集测试	将空气质量传感器放置在室内，静置一会儿	PM2.5 子界面仪表盘指针偏转，仪表盘下方显示 PM2.5 浓度的实时数据
测试用例描述 2		CO2 子界面测试	
前置条件		CO2 子界面标题显示“在线”	
序号	测试项	操作步骤	预期结果
2	CO_2浓度采集测试	将空气质量传感器放置在室内，静置一会儿	CO2 子界面仪表盘指针偏转，仪表盘下方显示 CO_2浓度的实时数据
测试用例描述 3		VOC 子界面测试	
前置条件		VOC 子界面标题显示“在线”	
序号	测试项	操作步骤	预期结果
3	VOC 采集测试	将空气质量传感器放置在室内，静置一会儿	VOC 子界面仪表盘指针偏转，仪表盘下方显示 VOC 数据
测试用例描述 4		温度子界面、湿度子界面测试	
前置条件		温度子界面、湿度子界面标题显示“在线”	
序号	测试项	操作步骤	预期结果
4	温湿度采集测试	将温湿度传感器放置在室内，静置一会儿	温度计和湿度计的液注上升或下降，并且温度计和湿度计下方显示温湿度数据

续表

测试用例描述 5		噪声子界面测试	
前置条件		噪声子界面标题显示“在线”	
序号	测试项	操作步骤	预期结果
5	噪声采集测试	将噪声传感器放置在室内	噪声子界面仪表盘指针偏转，同时仪表盘内显示噪声数据
测试用例描述 6		照明灯 1 和照明灯 2 子界面测试	
前置条件		照明灯 1 和照明灯 2 子界面标题显示“在线”	
序号	测试项	操作步骤	预期结果
6	照明灯 1、2 控制测试	单击“开启”按钮。 单击“关闭”按钮	照明灯 1 和照明灯 2 子界面图片呈开启状态。 照明灯 1 和照明灯 2 子界面图片呈关闭状态
测试用例描述 7		水泵子界面测试	
前置条件		水泵子界面标题显示“在线”	
序号	测试项	操作步骤	预期结果
7	水泵控制测试	单击“开启”按钮。 单击“关闭”按钮	水泵子界面图片呈开启状态。 水泵子界面图片呈关闭状态

（3）工地系统更多信息界面功能测试用例。工地系统更多信息界面功能测试用例如表 6.5 所示。

表 6.5　工地系统更多信息界面功能测试用例

测试用例描述 1		IDKey 子界面测试	
前置条件		获得 ID、KEY	
序号	测试项	操作步骤	预期结果
1	IDKey 模块	（1）输入账号信息单击“连接”按钮。 （2）单击“断开”按钮。 （3）单击“扫描”按钮。 （4）单击“分享”按钮	（1）弹出信息提示框“数据服务连接成功”。 （2）弹出信息提示框“数据服务连接失败，请检查网络或 ID、KEY”。 （3）弹出信息提示框“扫描只在安卓系统下可用！”。 （4）显示 IDKey 二维码模态框
测试用例描述 2		MAC 设置子界面测试	
前置条件		获得空气质量传感器、噪声传感器、照明灯控制器、水泵等设备节点的 MAC 地址	
序号	测试项	操作步骤	预期结果
2	空气质量传感器、噪声传感器、信号灯控制器、水泵传感器节点连接至云平台服务器	依次输入各设备节点的 MAC 地址，单击“确认”按钮，在 MAC 设置子界面中： （1）单击“扫描”按钮。 （2）单击“分享”按钮	弹出信息提示框“MAC 设置成功”，运营首页界面的各个子界面标题显示“在线”。 （1）弹出信息提示框“扫描只在安卓系统下可用！”。 （2）显示 MAC 设置二维码模态框

续表

测试用例描述 3		版本信息子界面测试	
前置条件		无	
序号	测试项	操作步骤	预期结果
3	版本升级	（1）单击“版本升级”按钮。 （2）单击“查看升级日志”按钮，再单击“收起升级日志”按钮。 （3）单击“下载图片”按钮	（1）弹出信息提示框“当前已是最新版本”。 （2）显示升级说明，收起升级说明。 （3）弹出下载 App 模态框

（4）工地系统性能测试用例。工地系统性能测试用例如表 6.6 所示。

表 6.6 工地系统性能测试用例

性能测试用例 1		
性能测试描述 1	浏览器兼容性	
用例目的	通过不同浏览器打开工地系统（主要测试谷歌浏览器、火狐浏览器、360 浏览器）	
前提条件	项目工程已经部署成功	
执行操作	期望的性能	实际性能（平均值）
通过不同浏览器打开	三个浏览器都能正确显示工地系统（用时 1 s）	谷歌浏览器用时 1.3 s、火狐浏览器用时 1.6 s、360 浏览器用时 1.8 s
性能测试用例 2		
性能测试描述 2	界面在线状态请求	
用例目的	界面在线更新必须快速，需要主动查询	
前提条件	数据服务连接成功且 MAC 地址设置正确	
执行操作	期望的性能	实际性能（平均值）
测试上线时间	PM2.5、CO2、VOC、温度、湿度、照明灯 1、照明灯 2、水泵等子界面标题立即显示“在线”（用时 3 s）	用时 3 s
性能测试用例 3		
性能测试描述 3	数据阻塞测试	
用例目的	测试网页各个子界面数据上传情况	
前提条件	数据服务连接成功且 MAC 地址设置正确	
执行操作	期望的性能	实际性能（平均值）
通过 ZCloudTools 同时向 PM2.5、CO2、VOC、温度、湿度子界面发送查询命令	各个子界面的指针偏转或者液注上升/下降	温湿度的检测相较于空气质量要快

（5）PM2.5、CO2、VOC 子界面功能测试。如果设备节点显示在线，说明空气质量传感器的 MAC 地址成功配对，仪表盘指针偏转以及显示数据如图 6.31 所示。运行 ZCloudWebTools，选中空气质量传感器的 MAC 地址，可在控制命令中查 A4 值（见图 6.32）、A0 值（见图 6.33）、A1 值（见图 6.34）。

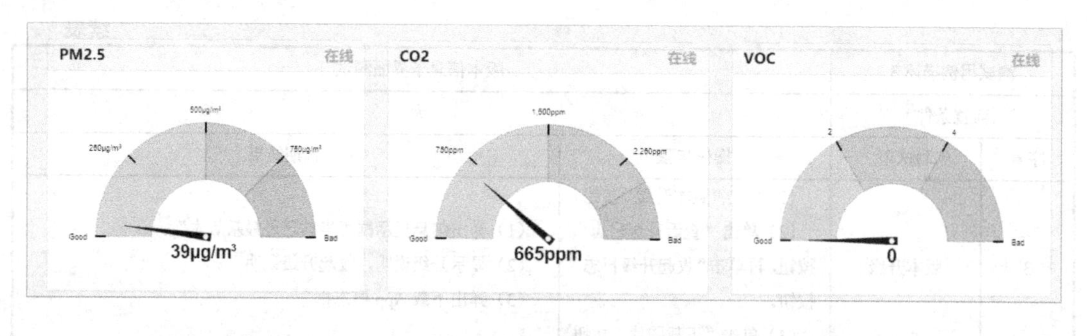

图 6.31　PM2.5、CO2、VOC 子界面的仪表盘指针偏转并显示数据

数据推送与接收

地址 00:12:4B:00:1B:DB:1E:A3　数据 {A4=?}　发送

数据过滤　所有数据　清空空数据

00:12:4B:00:1B:DB:1E:93
BLE:04:A3:16:A6:37:91
00:12:4B:00:15:CF:67:D2
00:12:4B:00:1B:DB:30:D2
00:12:4B:00:1A:BE:E2:DE
00:12:4B:00:1B:D8:75:EA
00:12:4B:00:15:CF:80:29
00:12:4B:00:1B:DB:1E:D5
00:12:4B:00:15:CF:78:66
00:12:4B:00:1B:D8:75:D1
00:12:4B:00:15:CF:78:7A
00:12:4B:00:15:D1:2D:7E
00:12:4B:00:15:CF:80:57
00:12:4B:00:1B:DB:26:22
00:12:4B:00:15:D1:2D:6F
00:12:4B:00:15:CF:80:0B
00:12:4B:00:1B:D8:75:E0
00:12:4B:00:15:CF:64:35
00:12:4B:00:1B:DB:3A:A3
00:12:4B:00:1B:DB:1E:A3

MAC地址	信息	时间
00:12:4B:00:1B:DB:1E:A3	{A4=38}	2019/12/19 10:44:43
00:12:4B:00:1B:DB:1E:A3	{A0=677,A1=0,A2=33.7,A3=22.9,A4=38,D1=1}	2019/12/19 10:44:16
00:12:4B:00:1B:DB:1E:A3	{A0=680,A1=0,A2=33.7,A3=22.8,A4=37,D1=1}	2019/12/19 10:43:46
00:12:4B:00:1B:DB:1E:A3	{A0=678,A1=0,A2=33.8,A3=22.8,A4=38,D1=1}	2019/12/19 10:43:16
00:12:4B:00:1B:DB:1E:A3	{A0=670,A1=0,A2=33.8,A3=22.8,A4=39,D1=1}	2019/12/19 10:42:46
00:12:4B:00:1B:DB:1E:A3	{A0=666,A1=0,A2=33.7,A3=22.8,A4=42,D1=1}	2019/12/19 10:42:16
00:12:4B:00:1B:DB:1E:A3	{A0=659,A1=0,A2=33.8,A3=22.8,A4=41,D1=1}	2019/12/19 10:41:46

图 6.32　在控制命令中查看 A4 值

数据推送与接收

地址 00:12:4B:00:1B:DB:1E:A3　数据 {A0=?}　发送

数据过滤　所有数据　清空空数据

00:12:4B:00:1B:DB:1E:93
BLE:04:A3:16:A6:37:91
00:12:4B:00:15:CF:67:D2
00:12:4B:00:1B:DB:30:D2
00:12:4B:00:1A:BE:E2:DE
00:12:4B:00:1B:D8:75:EA
00:12:4B:00:15:CF:80:29
00:12:4B:00:1B:DB:1E:D5
00:12:4B:00:15:CF:78:66
00:12:4B:00:1B:D8:75:D1
00:12:4B:00:15:CF:78:7A
00:12:4B:00:15:D1:2D:7E
00:12:4B:00:15:CF:80:57
00:12:4B:00:1B:DB:26:22
00:12:4B:00:15:D1:2D:6F
00:12:4B:00:15:CF:80:0B
00:12:4B:00:1B:D8:75:E0
00:12:4B:00:15:CF:64:35
00:12:4B:00:1B:DB:3A:A3

MAC地址	信息	时间
00:12:4B:00:1B:DB:1E:A3	{A0=663}	2019/12/19 10:46:15
00:12:4B:00:1B:DB:1E:A3	{A0=662,A1=0,A2=33.7,A3=22.8,A4=38,D1=1}	2019/12/19 10:45:46
00:12:4B:00:1B:DB:1E:A3	{A0=665,A1=0,A2=33.6,A3=22.8,A4=39,D1=1}	2019/12/19 10:45:16
00:12:4B:00:1B:DB:1E:A3	{A0=671,A1=0,A2=33.6,A3=22.8,A4=38,D1=1}	2019/12/19 10:44:46
00:12:4B:00:1B:DB:1E:A3	{A4=38}	2019/12/19 10:44:43
00:12:4B:00:1B:DB:1E:A3	{A0=677,A1=0,A2=33.7,A3=22.9,A4=38,D1=1}	2019/12/19 10:44:16
00:12:4B:00:1B:DB:1E:A3	{A0=680,A1=0,A2=33.7,A3=22.8,A4=37,D1=1}	2019/12/19 10:43:46
00:12:4B:00:1B:DB:1E:A3	{A0=678,A1=0,A2=33.8,A3=22.8,A4=38,D1=1}	2019/12/19 10:43:16
00:12:4B:00:1B:DB:1E:A3	{A0=670,A1=0,A2=33.8,A3=22.8,A4=39,D1=1}	2019/12/19 10:42:46
00:12:4B:00:1B:DB:1E:A3	{A0=666,A1=0,A2=33.7,A3=22.8,A4=42,D1=1}	2019/12/19 10:42:16
00:12:4B:00:1B:DB:1E:A3	{A0=659,A1=0,A2=33.8,A3=22.8,A4=41,D1=1}	2019/12/19 10:41:46

图 6.33　在控制命令中查看 A0 值

（6）温度、湿度子界面功能测试。如果温度、湿度子界面标题显示“在线”，说明设备节点的 MAC 地址成功配对，温度计和湿度计液注以及显示数据如图 6.35 所示，运行

ZCloudWebTools，选中设备节点的 MAC 地址，可在控制命令中查看 A3 值和 A2 值，分别如图 6.36 和图 6.37 所示。

数据推送与接收

地址 00:12:4B:00:1B:DB:1E:A3　数据 {A1=?}　发送

数据过滤　所有数据　清空空数据

00:12:4B:00:1B:DB:1E:93
BLE:04:A3:16:A6:37:91
00:12:4B:00:15:CF:67:D2
00:12:4B:00:1B:DB:30:D2
00:12:4B:00:1A:BE:E2:DE
00:12:4B:00:1B:D8:75:EA
00:12:4B:00:15:CF:80:29
00:12:4B:00:1B:DB:1E:D5
00:12:4B:00:15:CF:78:66
00:12:4B:00:1B:D8:75:D1
00:12:4B:00:15:CF:78:7A
00:12:4B:00:15:D1:2D:7E
00:12:4B:00:15:CF:80:57
00:12:4B:00:1B:DB:26:22
00:12:4B:00:15:D1:2D:6F
00:12:4B:00:15:CF:80:0B
00:12:4B:00:1B:D8:75:E0
00:12:4B:00:15:CF:64:35
00:12:4B:00:1B:DB:3A:A3
00:12:4B:00:1B:DB:1E:A3
00:12:4B:00:0E:0A:47:41
00:12:4B:00:15:CF:5C:C3

MAC地址	信息	时间
00:12:4B:00:1B:DB:1E:A3	{A1=0}	2019/12/19 10:47:2
00:12:4B:00:1B:DB:1E:A3	{A0=661,A1=0,A2=33.8,A3=22.8,A4=40,D1=1}	2019/12/19 10:46:46
00:12:4B:00:1B:DB:1E:A3	{A0=663,A1=0,A2=33.7,A3=22.9,A4=39,D1=1}	2019/12/19 10:46:16
00:12:4B:00:1B:DB:1E:A3	{A0=663}	2019/12/19 10:46:15
00:12:4B:00:1B:DB:1E:A3	{A0=662,A1=0,A2=33.7,A3=22.8,A4=38,D1=1}	2019/12/19 10:45:46
00:12:4B:00:1B:DB:1E:A3	{A0=665,A1=0,A2=33.6,A3=22.8,A4=39,D1=1}	2019/12/19 10:45:16
00:12:4B:00:1B:DB:1E:A3	{A0=671,A1=0,A2=33.6,A3=22.8,A4=38,D1=1}	2019/12/19 10:44:46
00:12:4B:00:1B:DB:1E:A3	{A4=38}	2019/12/19 10:44:43
00:12:4B:00:1B:DB:1E:A3	{A0=677,A1=0,A2=33.7,A3=22.9,A4=38,D1=1}	2019/12/19 10:44:16
00:12:4B:00:1B:DB:1E:A3	{A0=680,A1=0,A2=33.7,A3=22.8,A4=37,D1=1}	2019/12/19 10:43:46
00:12:4B:00:1B:DB:1E:A3	{A0=678,A1=0,A2=33.8,A3=22.8,A4=38,D1=1}	2019/12/19 10:43:16
00:12:4B:00:1B:DB:1E:A3	{A0=670,A1=0,A2=33.8,A3=22.8,A4=39,D1=1}	2019/12/19 10:42:46
00:12:4B:00:1B:DB:1E:A3	{A0=666,A1=0,A2=33.7,A3=22.8,A4=42,D1=1}	2019/12/19 10:42:16
00:12:4B:00:1B:DB:1E:A3	{A0=659,A1=0,A2=33.8,A3=22.8,A4=41,D1=1}	2019/12/19 10:41:46

图 6.34　在控制命令中查看 A1 值

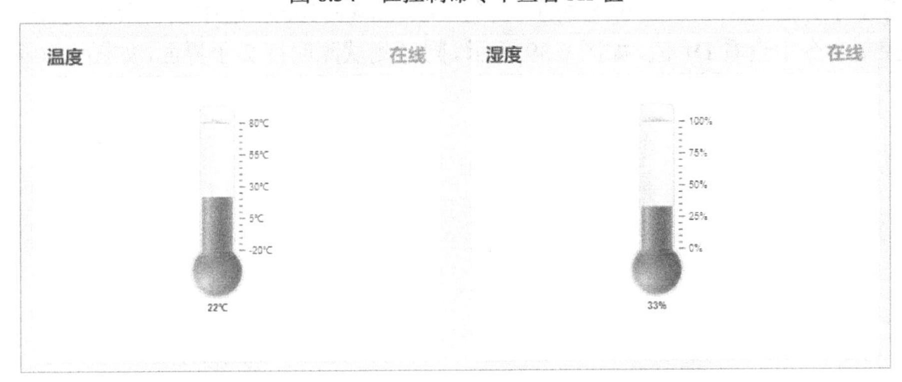

图 6.35　温度、湿度子界面的温度计和湿度计并显示数据

数据推送与接收

地址 00:12:4B:00:1B:DB:1E:A3　数据 {A3=?}　发送

数据过滤　所有数据　清空空数据

00:12:4B:00:1B:DB:1E:93
BLE:04:A3:16:A6:37:91
00:12:4B:00:15:CF:67:D2
00:12:4B:00:1B:DB:30:D2
00:12:4B:00:1A:BE:E2:DE
00:12:4B:00:1B:D8:75:EA
00:12:4B:00:15:CF:80:29
00:12:4B:00:1B:DB:1E:D5
00:12:4B:00:15:CF:78:66
00:12:4B:00:1B:D8:75:D1
00:12:4B:00:15:CF:78:7A
00:12:4B:00:15:D1:2D:7E
00:12:4B:00:15:CF:80:57
00:12:4B:00:1B:DB:26:22
00:12:4B:00:15:D1:2D:6F
00:12:4B:00:15:CF:80:0B
00:12:4B:00:1B:D8:75:E0
00:12:4B:00:15:CF:64:35
00:12:4B:00:1B:DB:3A:A3
00:12:4B:00:1B:DB:1E:A3

MAC地址	信息	时间
00:12:4B:00:1B:DB:1E:A3	{A3=23}	2019/12/19 10:56:31
00:12:4B:00:1B:DB:1E:A3	{A3=23}	2019/12/19 10:56:31
00:12:4B:00:1B:DB:1E:A3	{A3=23}	2019/12/19 10:56:31
00:12:4B:00:1B:DB:1E:A3	{A3=23}	2019/12/19 10:56:31
00:12:4B:00:1B:DB:1E:A3	{A0=708,A1=0,A2=33.9,A3=23.0,A4=33,D1=1}	2019/12/19 10:56:30
00:12:4B:00:1B:DB:1E:A3	{A0=706,A1=0,A2=33.9,A3=22.9,A4=33,D1=1}	2019/12/19 10:55:54
00:12:4B:00:1B:DB:1E:A3	{A0=706,A1=0,A2=33.9,A3=22.9,A4=34,D1=1}	2019/12/19 10:55:46
00:12:4B:00:1B:DB:1E:A3	{A0=706,A1=0,A2=33.9,A3=22.9,A4=33,D1=1}	2019/12/19 10:55:45
00:12:4B:00:1B:DB:1E:A3	{A0=708,A1=0,A2=33.9,A3=22.9,A4=33,D1=1}	2019/12/19 10:55:23
00:12:4B:00:1B:DB:1E:A3	{A2=33.9}	2019/12/19 10:53:55
00:12:4B:00:1B:DB:1E:A3	{A0=706,A1=0,A2=33.8,A3=22.9,A4=35,D1=1}	2019/12/19 10:53:46
00:12:4B:00:1B:DB:1E:A3	{A0=705,A1=0,A2=33.9,A3=22.9,A4=34,D1=1}	2019/12/19 10:53:17
00:12:4B:00:1B:DB:1E:A3	{A0=706,A1=0,A2=33.9,A3=22.8,A4=36,D1=1}	2019/12/19 10:52:46

图 6.36　在控制命令中查看 A3 值

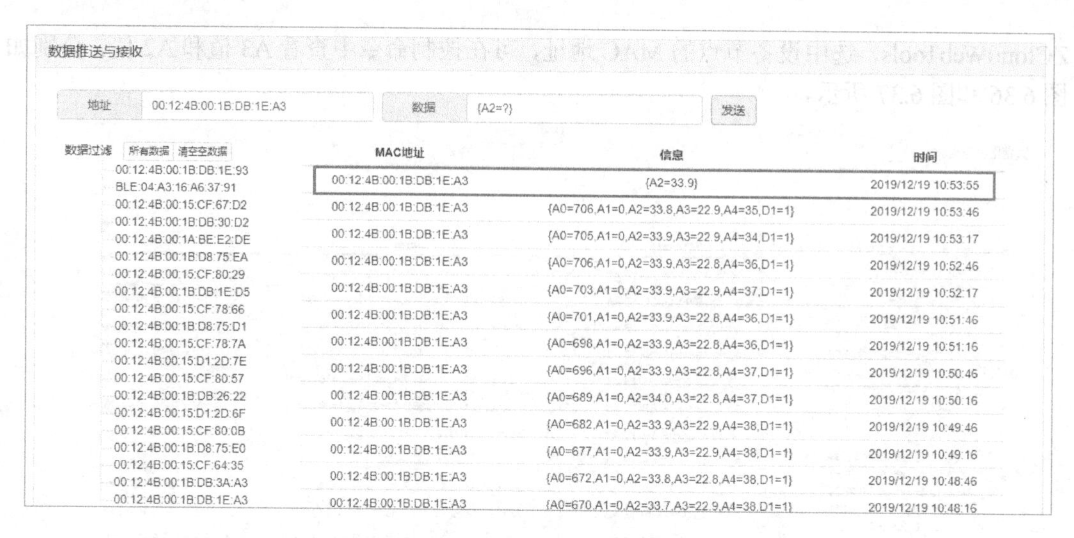

图 6.37　在控制命令中查看 A2 值

（7）照明灯 1、照明灯 2 子界面功能测试。如果照明灯 1、照明灯 2 子界面的标题显示“在线”，则说明设备节点（照明灯控制器）的 MAC 地址配对成功。单击“开启”“关闭”按钮时照明灯 1 子界面的图片如图 6.38 所示。运行 ZCloudWebTools，选中设备节点的 MAC 地址，可以在控制命令中查看 D1 值，如图 6.39 所示。同样测试照明灯 2 子界面，如图 6.40 和图 6.41 所示。

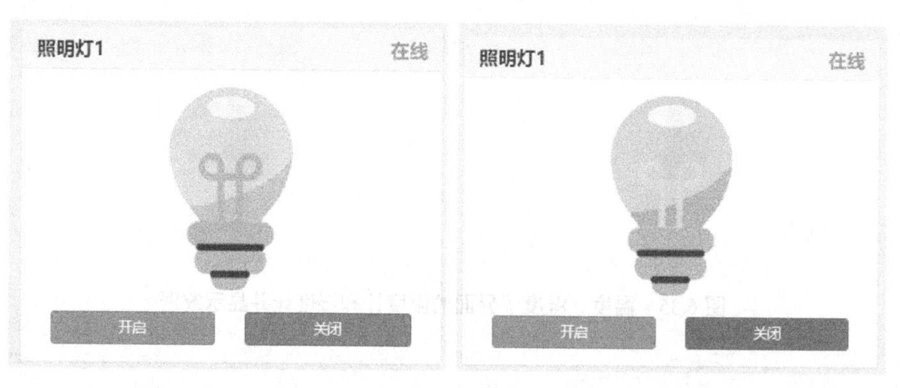

图 6.38　单击“开启”“关闭”按钮时照明灯 1 子界面的图片

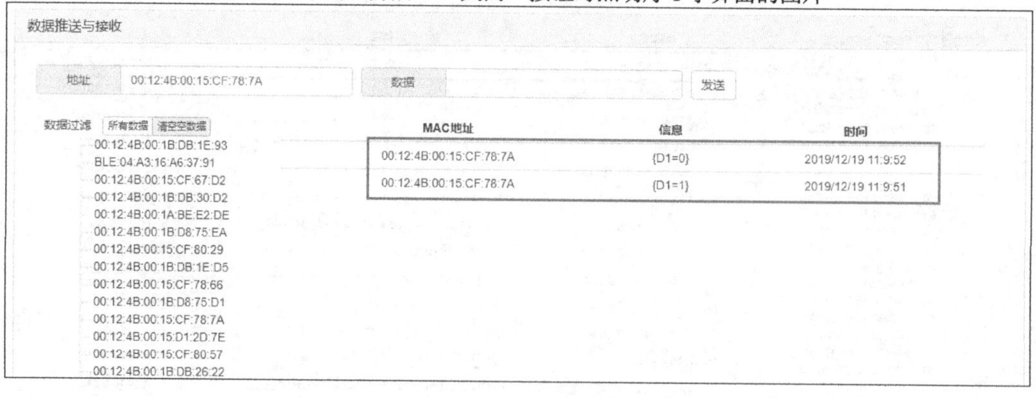

图 6.39　在控制命令中查看 D1 值（照明灯 1 子界面）

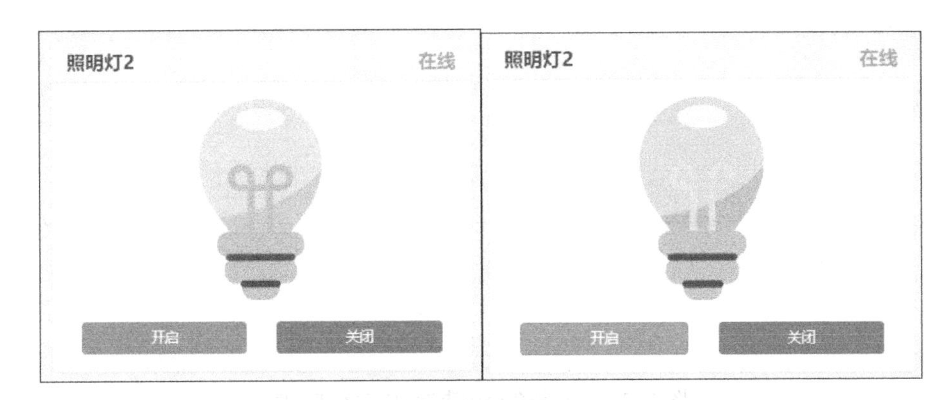

图 6.40　单击“开启”“关闭”按钮时照明灯 2 子界面的图片

数据推送与接收

地址 00:12:4B:00:15:CF:78:7A　数据　发送

数据过滤　所有数据　清空空数据

00:12:4B:00:1B:DB:1E:93
BLE:04:A3:16:A6:37:91
00:12:4B:00:15:CF:67:D2
00:12:4B:00:1B:DB:30:D2
00:12:4B:00:1A:BE:E2:DE
00:12:4B:00:1B:D8:75:EA
00:12:4B:00:15:CF:80:29
00:12:4B:00:1B:DB:1E:D5
00:12:4B:00:15:CF:78:66
00:12:4B:00:1B:D8:75:D1
00:12:4B:00:15:CF:78:7A

MAC地址	信息	时间
00:12:4B:00:15:CF:78:7A	{D1=0}	2019/12/19 11:12:21
00:12:4B:00:15:CF:78:7A	{D1=8}	2019/12/19 11:12:11
00:12:4B:00:15:CF:78:7A	{D1=8}	2019/12/19 11:11:56
00:12:4B:00:15:CF:78:7A	{D1=0}	2019/12/19 11:11:41
00:12:4B:00:15:CF:78:7A	{D1=0}	2019/12/19 11:11:11
00:12:4B:00:15:CF:78:7A	{D1=0}	2019/12/19 11:10:41
00:12:4B:00:15:CF:78:7A	{D1=0}	2019/12/19 11:10:11

图 6.41　在控制命令中查看 D1 值（照明灯 2 子界面）

（8）水泵子界面功能测试。如果水泵子界面的标题显示“在线”，则说明设备节点（水泵）的 MAC 地址配对成功。单击“开启”“关闭”按钮时水泵子界面的图片如图 6.42 所示。运行 ZCloudWebTools，选中设备节点的 MAC 地址，可以在控制命令中查看 D1 值和 D2 值，如图 6.43 所示。

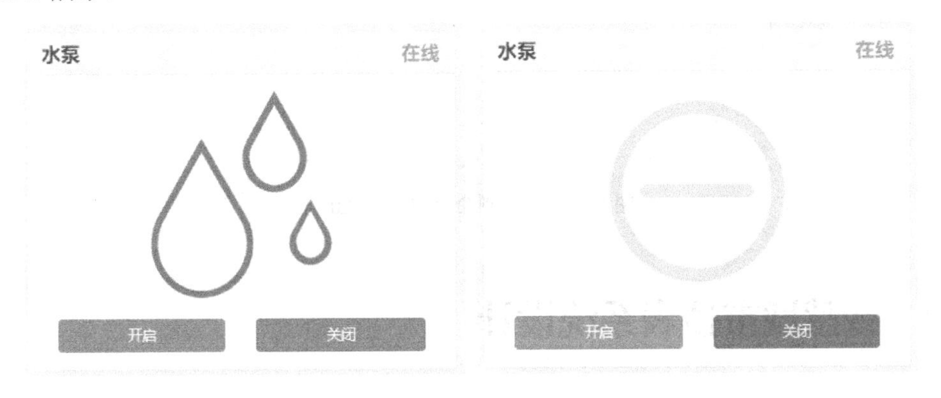

图 6.42　单击“开启”“关闭”按钮时水泵子界面的图片

（9）噪声子界面功能测试。如果噪声子界面的标题显示“在线”，则说明设备节点（噪声传感器）的 MAC 地址配对成功，仪表盘指针的偏转如图 6.44 所示。运行 ZCloudWebTools，选中设备节点的 MAC，可在控制命令中查看 A0 值，如图 6.45 所示。

图 6.43　在控制命令中查看 D1 值和 D2 值

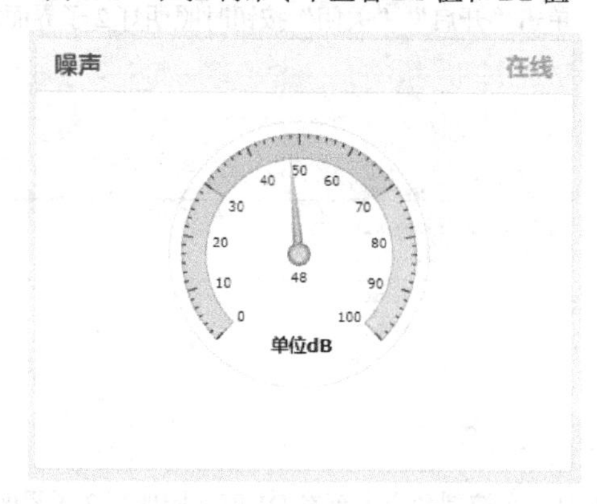

图 6.44　噪声子界面仪表盘指针的偏转

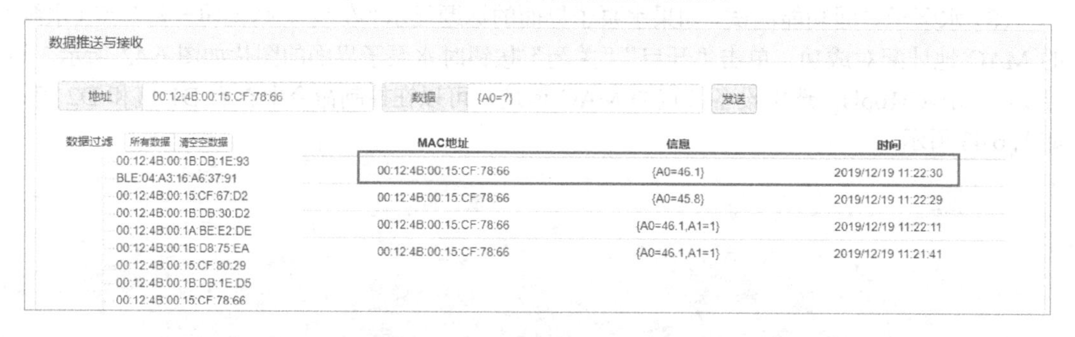

图 6.45　在控制命令中查看 A0 值

6.2　智慧城市抄表系统设计

6.2.1　系统分析

1. 系统功能需求分析

智慧城市抄表系统的功能如图 6.46 所示。

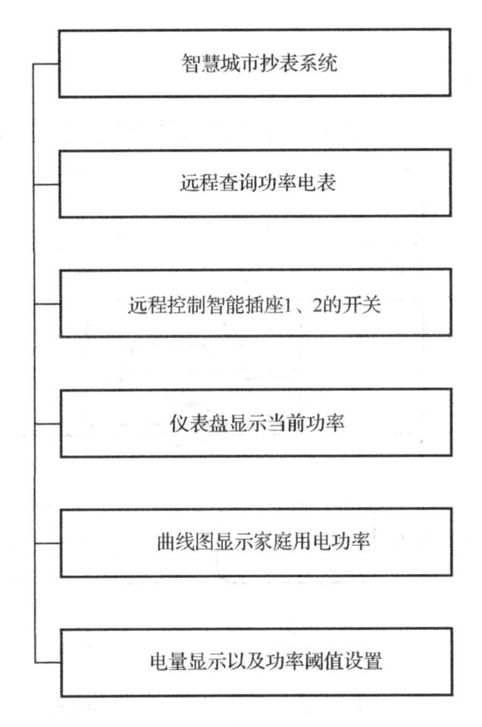

图 6.46　智慧城市抄表系统的功能

2. 系统界面分析

抄表系统界面分为三个部分，分别是运营首页界面、历史数据界面和更多信息界面，如图 6.47 所示。

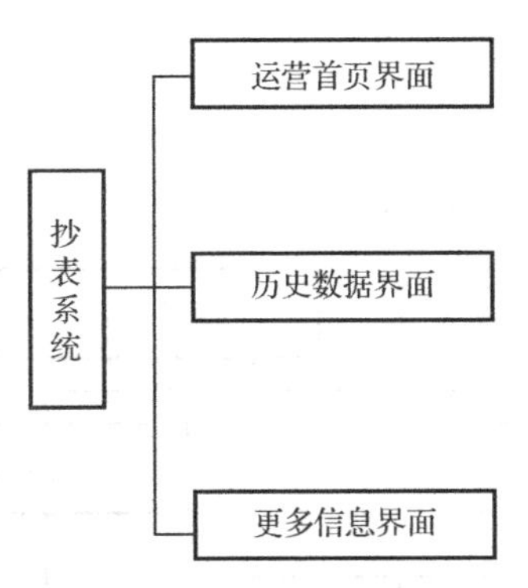

图 6.47　抄表系统界面的组成

（1）运营首页界面：该界面面向用户，主要用于智能插座和功率电表等设备节点的在线状态以及采集的数据。运营首页界面包括当前功率、智能插座 1、智能插座 2、阈值设置、当月用电量和家庭用电功率曲线子界面。

（2）历史数据界面：该界面面向用户，可通过折线图来显示家庭用电的历史数据。

（3）更多信息界面：该界面用于设置登录信息，包括 IDKey、MAC 设置和版本信息子界面。

3．系统业务流程分析

抄表系统的业务流程如图 6.48 所示，与工地系统类似，详见 6.1.1 节。

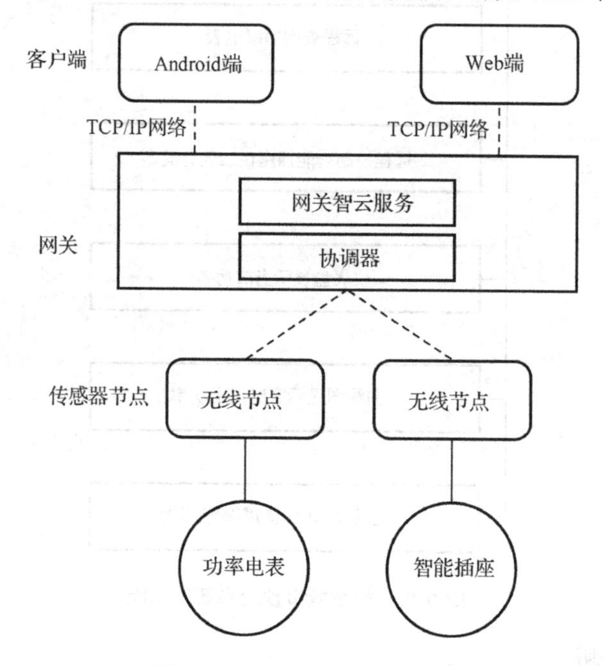

图 6.48　抄表系统的业务流程

6.2.2　系统设计

1．系统界面框架设计

抄表系统界面的结构如图 6.49 所示。

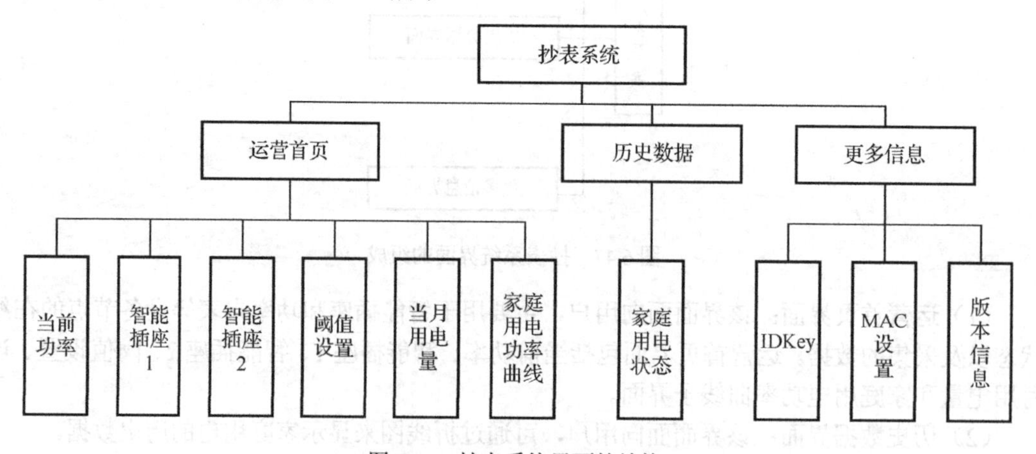

图 6.49　抄表系统界面的结构

（1）运营首页界面。抄表系统运营首页界面采用 DIV+CSS 布局，其结构如图 6.50 所示。

① 头部（div.head）：用于显示抄表系统的名称。

② 顶级导航（top-nav）：用于切换运营首页界面、历史数据界面及更多信息界面。

③ 内容包裹（wrap）：分为导航和主体 1（div.content）。

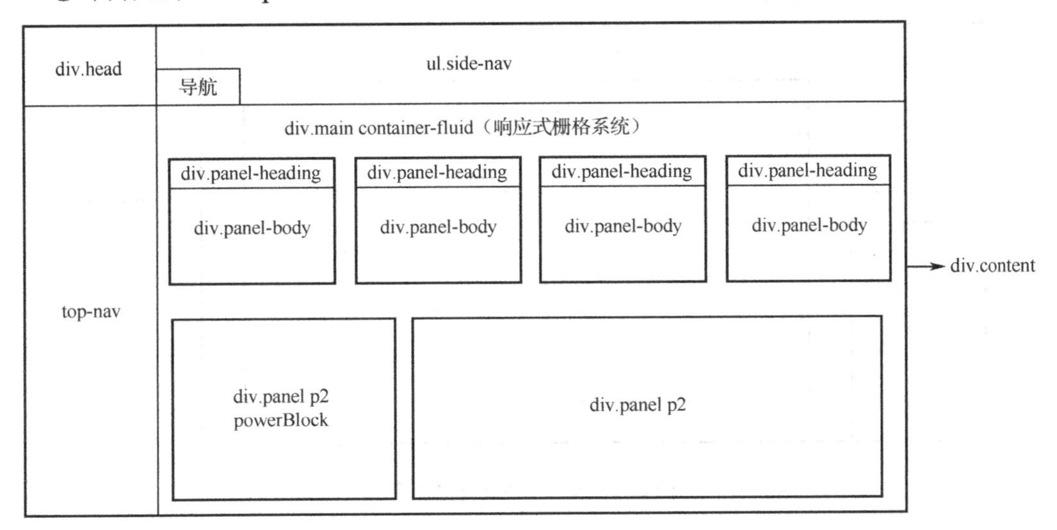

图 6.50　运营首页界面的结构

（2）历史数据界面。历史数据界面是通过 Bootstrap 进行布局的，其结构如图 6.51 所示。

① 头部（div.head）：用于显示抄表系统的名称。

② 顶级导航栏（top-nav）：用于切换运营首页界面、历史数据界面及更多信息界面。

③ 内容包裹（wrap）；分为导航和主体 2（div.content）。

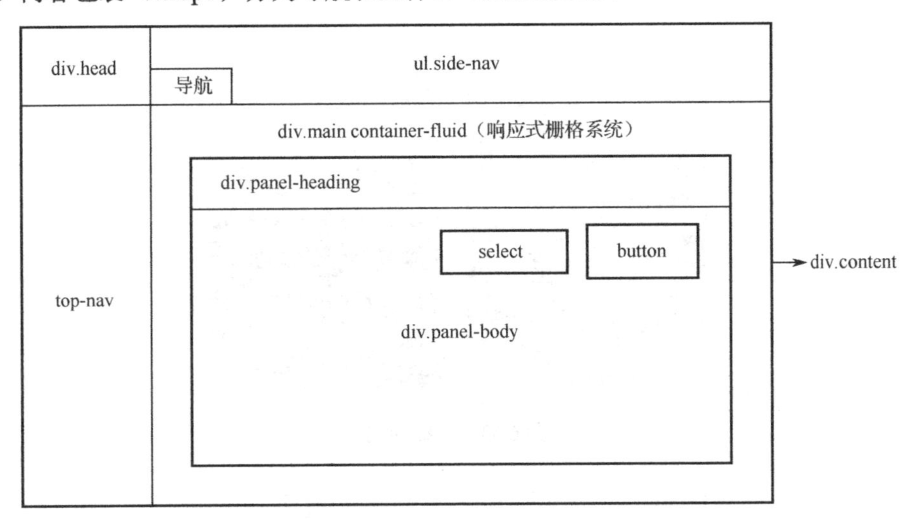

图 6.51　历史数据界面的结构

（3）更多信息界面。更多信息界面也是通过 DIV+CSS 进行布局，其结构如图 6.52 所示。

① 头部（div.head）：用于显示抄表系统的名称。

② 顶级导航栏（top-nav）：用于切换运营首页界面、历史数据界面及更多信息界面。

③ 内容包裹（wrap）：分为导航和主体 3（div.content）。

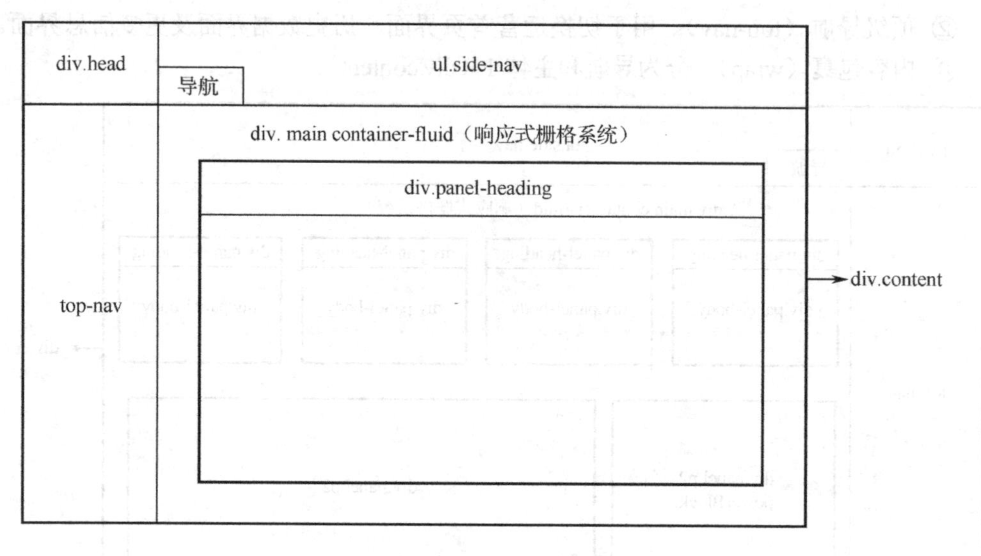

图 6.52　更多信息界面的结构

2．系统界面设计风格

系统界面设计风格请参考 6.1.2 节，相关设计如下：

（1）导航。单击一级导航（见图 6.53）时背景、字体颜色会淡化或者高亮，单击二级导航（见图 6.54）时会通过下画线来进行提示。

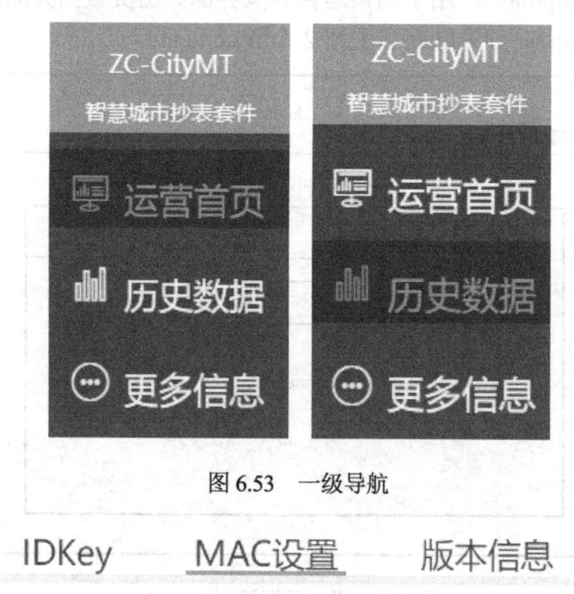

图 6.53　一级导航

图 6.54　二级导航

（2）Bootstrap 栅格系统。界面主体内容采用 Bootstrap 栅格系统进行布局，如图 6.55 所示，具体请参考 3.1.2 节。

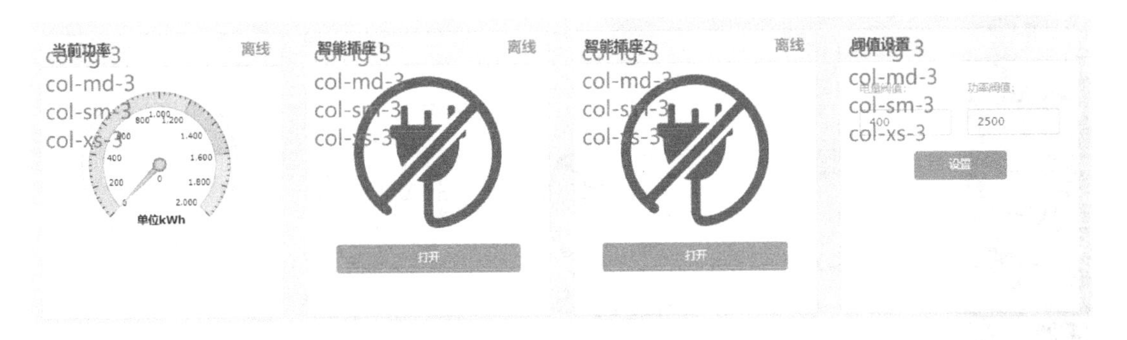

图 6.55　采用 Bootstrap 栅格系统对抄表系统界面的主体内容进行布局

（3）三色搭配风格。三色搭配风格请参考 3.1.2 节。

3. 系统界面交互设计

（1）导航界面交互设计。本项目导航分为一级导航和二级导航，一级导航用于动态切换二级导航，二级导航用于动态显示主体内容。

（2）提示信息交互式。当云平台服务器和设备节点的 MAC 地址都设置正确时，在运营首页界面的各个子界面标题处会显示设备节点处于“在线”状态。

（3）仪表盘提示信息交互设计。在运营首页界面的子界面，如当前功率子界面，当鼠标指针放在该子界面时，仪表盘会显示功率信息，如图 6.56 所示。

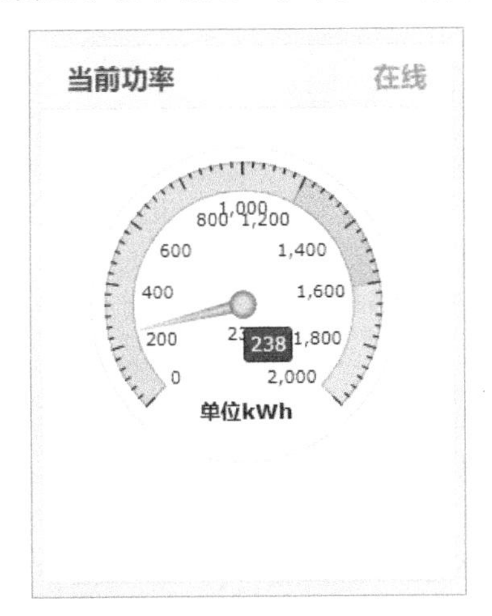

图 6.56　仪表盘提示信息交互设计

（3）按钮交互设计。按钮交互设计请参考 6.1.2 节。

6.2.3　系统界面实现

1. 系统界面的布局

（1）运营首页界面的布局如图 6.57 所示。

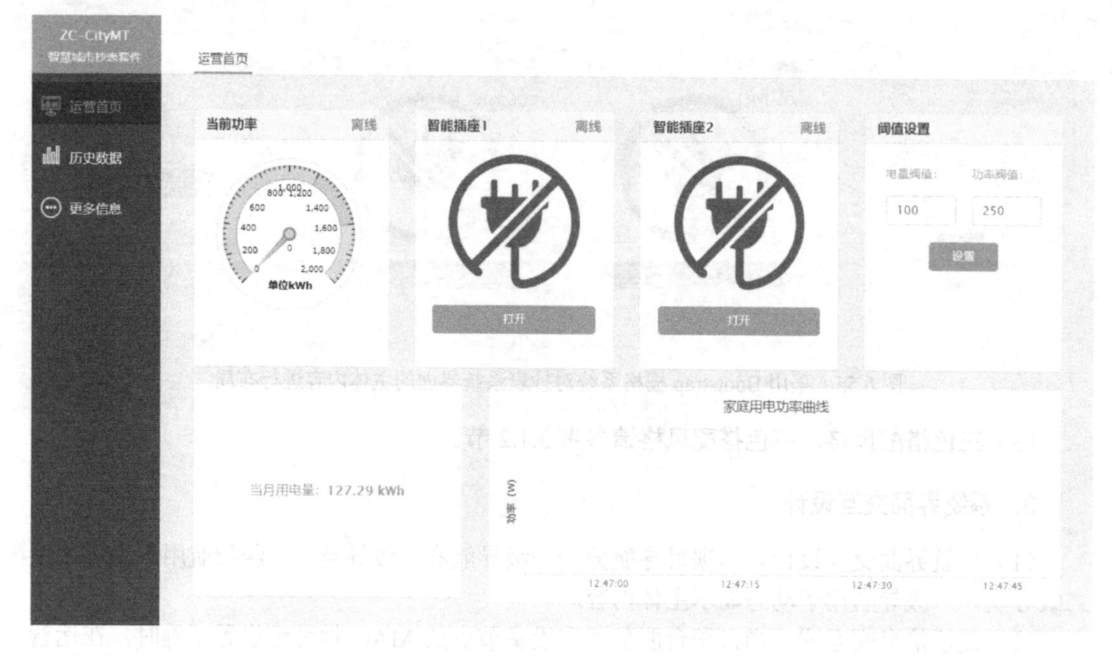

图 6.57　运营首页界面的布局

（2）历史数据界面的布局如图 6.58 所示。

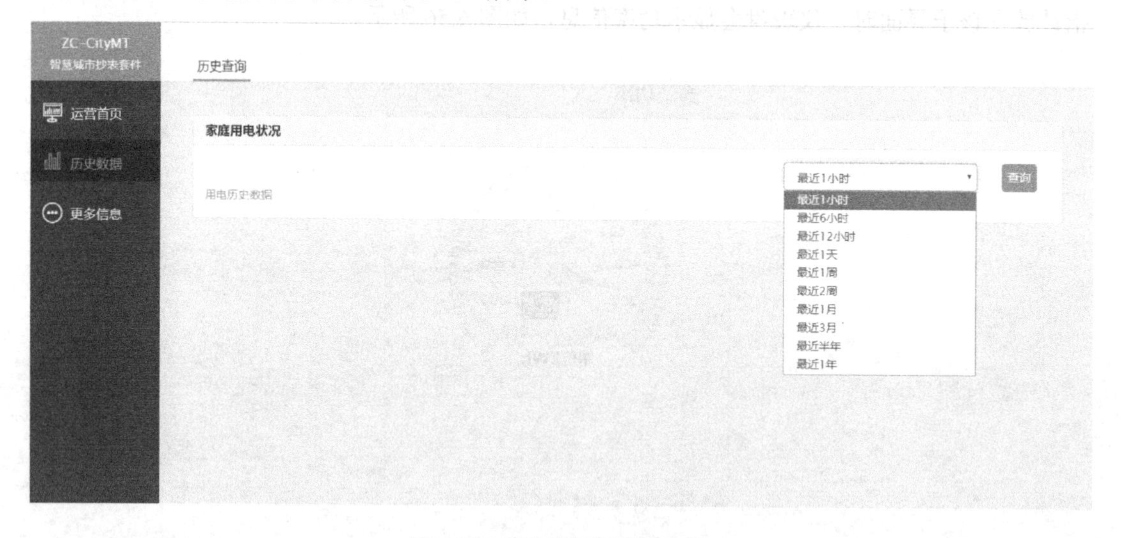

图 6.58　历史数据界面的布局

（3）更多信息界面的布局。更多信息界面包括 IDKey 子界面、MAC 设置子界面、版本信息子界面，如图 6.59 所示。

图 6.59　更多信息界面的布局

2．系统界面的设计

（1）IDKey 子界面的设计。抄表系统 IDKey 子界面的设计与工地系统类似，详见 6.1.3 节。

（2）MAC 设置子界面的设计。抄表系统 MAC 设置子界面与工地系统类似，详见 6.1.3 节。

（3）当前功率子界面的设计。当前功率子界面如图 6.60 所示，该子界面通过 Bootstrap 栅格系统进行布局，将主体内容分成四列（col-lg-3 col-md-3 col-sm-3 col-xs-3）。

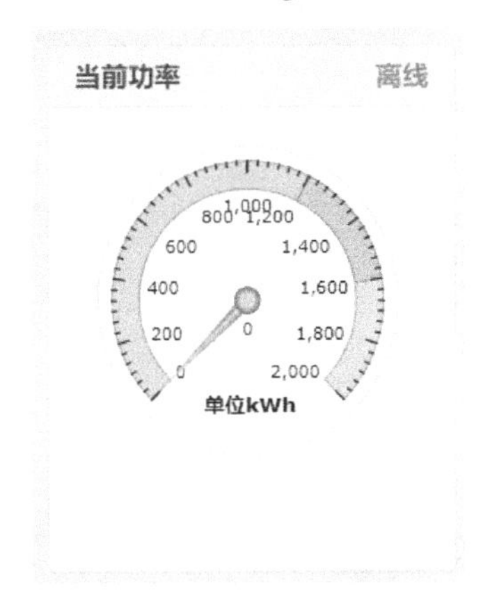

图 6.60　当前功率子界面

当前功率子界面包括标题和主体内容两个部分，其功能是：标题用于显示功率电表的状态，如“在线”或者“离线”，标题是通过“id="ammeterLink"”改变功率电表的状态的；主体内容通过使用 FusionCharts 制作的仪表盘将功率电表的数据实时地显示在界面上。具体代码如下：

```
<div class="col-lg-3 col-md-3 col-sm-3 col-xs-3">
    <div class="panel panel-default">
        <div class="panel-heading">当前功率<span id="ammeterLink" class="float-right text-red">离线
</span></div>
        <div class="panel-body text-center">
            <div id="powerCurrent" class="chartBlock chartBlock1"></div>
        </div>
```

```
        </div>
</div>
```

① 当前功率子界面仪表盘的设计。引入与 FusionCharts 图表库相关的 JS 文件，代码如下：

```
<!-- 引入 jQuery -->
<script src="js/jquery.min.js"></script>
<!—与 FusionCharts 图表库相关的 JS 文件-->
<script src="js/fusioncharts/fusioncharts.js"></script>
<script src="js/fusioncharts/fusioncharts.widgets.js"></script>
<script src="js/fusioncharts/themes/fusioncharts.theme.fint.js"></script>
```

在 index.html 文件中绑定节点，定义两个 div，代码如下：

```
<div id="powerCurrent" class="chartBlock chartBlock1"></div>
```

② 自定义仪表盘。当前功率子界面的仪表盘包括三个参数，第一个表示 ID，第二个参数表示单位，第三个参数表示功率电表的数据，代码如下：

```
function dial2(id,unit,value) {
    var csatGauge = new FusionCharts({
        "type": "angulargauge",
        "renderAt": id,
        "width": "100%",
        "height": "240",
        "dataFormat": "json",
        "dataSource": {
            "chart": {
                "manageresize": "1",
                "origw": "260",
                "origh": "260",
                ……
            },
            "colorrange": {
              ……
            },
            "dials": {
                "dial": [
                    {
                        "value": value,
                        "bordercolor": "FFFFFF",
                        "bgcolor": "666666,CCCCCC,666666",
                        "borderalpha": "0",
                        "basewidth": "10"
                    }
                ]
            },
            "annotations": {
              ……
```

```
                },
                "value": "28"
            }
        });
        csatGauge.render();
    }
```

③ 当前功率子界面仪表盘的显示，代码如下：

```
    dial2('powerCurrent','kWh',0);
```

（4）智能插座 1、智能插座 2 子界面的设计。智能插座 1、智能插座 2 子界面如图 6.61 所示，这两个子界面也是通过 Bootstrap 栅格系统进行布局的。

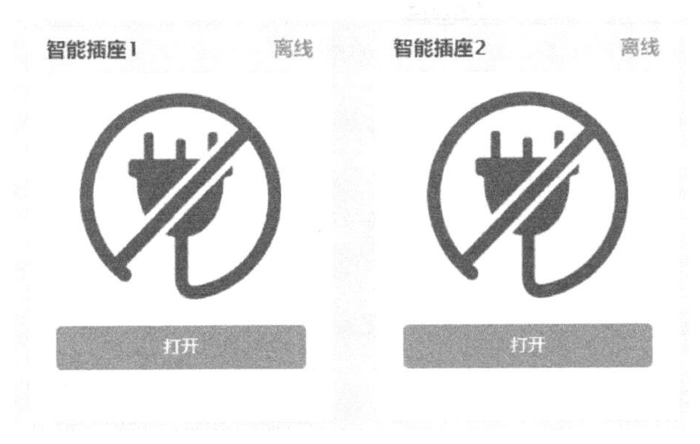

图 6.61　智能插座 1、智能插座 2 子界面

智能插座 1、智能插座 2 子界面都包括标题和主体内容两个部分，其功能是：标题用于显示智能插座的状态，如“在线”或者“离线”，标题是通过“id="socketLink"”改变智能插座的状态的；主体内容可以根据“打开”或“关闭”按钮来动态切换子界面中的图片。具体代码如下：

```
    <div class="col-lg-3 col-md-3 col-sm-3 col-xs-3">
        <div class="panel panel-default">
            <div class="panel-heading">智能插座 1<span id="socketLink" class="float-right text-red">离线
</span></div>
            <div class="panel-body">
                <div class="chartBlock">
                    <img id="socket_img"   src="img/rduankaichongdian.png" alt="">
                    <button id="socketCtrl" class="btn btn-primary btn-block">打开</button>
                </div>
            </div>
        </div>
    </div>
    <div class="col-lg-3 col-md-3 col-sm-3 col-xs-3">
        <div class="panel panel-default">
            <div class="panel-heading">智能插座 2<span id="socket2Link" class="float-right text-red">离线
</span></div>
```

```
        <div class="panel-body">
            <div class="chartBlock">
                <img id="socket2_img"   src="img/rduankaichongdian.png" alt="">
                <button id="socketCtrl2" class="btn btn-primary btn-block">打开</button>
            </div>
        </div>
    </div>
</div>
```

（5）阈值设置子界面的设计。阈值设置子界面如图 6.62 所示，该子界面也是通过 Bootstrap 栅格系统进行布局的。

图 6.62　阈值设置子界面

阈值设置子界面包括标题和主体内容两个部分，其功能是：标题用于显示“阈值设置”；主体内容部分包括“电量阈值”“功率阈值”标签及其文本输入框，以及“设置”按钮。具体代码如下：

```
<div class="col-lg-3 col-md-3 col-sm-3 col-xs-3">
    <div class="panel panel-default">
        <div class="panel-heading">阈值设置</div>
        <div class="panel-body">
            <div class="row dialBlock">
                <div class="col-xs-6 col-lg-6 col-sm-6 col-md-6">
                    <p>电量阈值：</p>
                    <input id="energyRange" class="form-control" value="100">
                </div>
                <div class="col-xs-6 col-lg-6 col-sm-6 col-md-6">
                    <p>功率阈值：</p>
                    <input id="powerRange" class="form-control" value="2500">
                </div>
                <div class="col-xs-6 col-xs-offset-3">
                    <button id="inputRange" class="btn btn-primary btn-block">设置</button>
                </div>
            </div>
```

```
            </div>
        </div>
    </div>
```

（6）当月用电量子界面的设计。当月用电量子界面如图 6.63 所示，该子界面的布局较为简单，可通过面板样式来布局。该子界面的功能是显示当月用电量，可通过“id="elect"”来获取实际的当月用电量。具体代码如下：

当月用电量：127.29 kWh

图 6.63　当月用电量子界面

```
<div class="col-lg-4 col-md-4 col-sm-4 col-xs-4">
    <div class="panel p2 powerBlock">
        <div class="nowrap">当月用电量：<strong id="elect">127.29 kWh</strong></div>
    </div>
</div>
```

（7）家庭用电功率曲线子界面的设计。家庭用电功率曲线子界面如图 6.64 所示，该子界面的功能是：通过 HighCharts 图表库设计动态折线图；动态获取时间；获取用电量历史数据，并通过折线图进行显示。该子界面的设计如下：

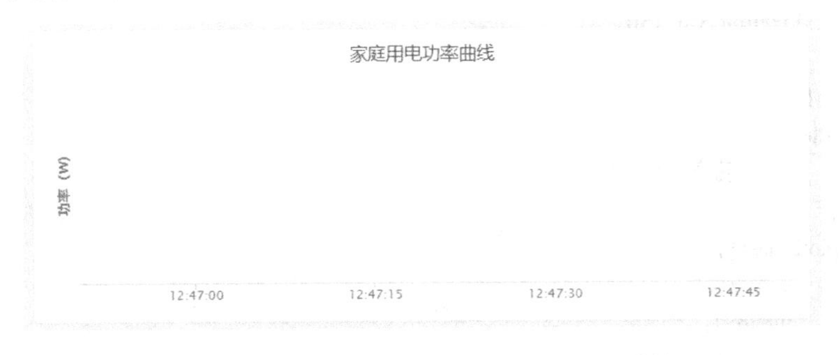

图 6.64　家庭用电功率曲线子界面

① 在 HTML 文件中绑定一个 div，代码如下：

```
<div class="col-xs-8">
    <div class="panel p2">
        <div id="powerChart"></div>
    </div>
</div>
```

② 引入 HighCharts 图表库文件，代码如下：

```
<script src="js/fusioncharts/highcharts.js"></script>
```

③ 自定义折线图，代码如下：

```
$("#powerChart").highcharts({
    chart: {
        type: 'spline',
        animation: Highcharts.svg,
        marginRight: 10,
        events: {
            load: function () {
                var series = this.series[0];
                setInterval(function () {
                    var x = (new Date()).getTime() + 28800 * 1000;
                    var y = powerNew;
                    if (flag_news == 1) {
                        series.addPoint([x, y], true, true);
                    }
                    flag_news = 0;
                }, 100);
            }
        }
    },
    title: {
        text: '家庭用电功率曲线'
    },
    xAxis: {
        type: 'datetime',
        tickPixelInterval: 150
    },
    yAxis: {
        title: {
            text: '功率（W）'
        },
        plotLines: [{
            value: 0,
            width: 1,
            color: '#808080'
        }]
    },
    tooltip: {
        formatter: function () {
            return '<b>' + this.series.name + '</b><br/>' +Highcharts.dateFormat('%Y-%m-%d %H:%M:%S',
                                    this.x) + '<br/>' + Highcharts.numberFormat(this.y, 2);
        }
    },
```

```
        legend: {
            enabled: false
        },
        exporting: {
            enabled: false
        },
        series: [{
            name: 'Random data',
            data: (function () {
                var data = [],
                time = (new Date()).getTime() + 28800 * 1000 ;
                for (i = -59; i <= 0; i += 1) {
                    data.push({
                        x: time + i * 1000,
                        y: null
                    });
                }
                return data;
            }())
        }]
});
```

（8）家庭用电状态子界面的设计。家庭用电状况子界面如图 6.65 所示。

图 6.65　家庭用电状况子界面

家庭用电状况子界面采用 Bootstrap 栅格系统进行布局，分为标题和主体内容两个部分，标题用来显示“家庭用电状况”，主体内容用来放置“用电历史数据”标签、下拉框和“查询”按钮。下拉框是通过 select 标签包裹 option 标签来实现的，需要在 option 标签中添加 value 属性值，以便获取历史时间。该子界在下拉框中选择历史时间后单击“查询”按钮，可获得用电历史数据并以折线图的形式显示出来。具体代码如下：

```
<div class="content">
<ul class="side-nav">
    <li class="active"><a>历史查询</a></li>
</ul>
<div class="main container-fluid">
```

```
<div class="row">
    <div class="col-lg-12 col-md-12 col-sm-12 col-xs-12">
        <div class="panel panel-default">
            <div class="panel-heading">家庭用电状况</div>
            <div class="panel-body">
                <ul class="historyBtn">
                    <div class="row">
                        <div class="col-lg-8 col-md-8 col-sm-8 col-xs-8"></div>
                        <div class="col-lg-3 col-md-3 col-sm-3 col-xs-3">
                            <select class="form-control" id="elecSet">
                                <option value="queryLast1H">最近 1 小时</option>
                                <option value="queryLast6H">最近 6 小时</option>
                                ......
                            </select>
                        </div>
                        <div class="col-lg-1 col-md-1 col-sm-1 col-xs-1">
                        <button id="elecHistoryDisplay" class="btn btn-primary btn-search">查询
</button>
                        </div>
                    </div>
                </ul>
                <div id="her_elec">用电历史数据</div>
            </div>
        </div>
    </div>
</div>
</div>
```

6.2.4 系统功能实现

1. ZXBee 数据通信协议设计与分析

抄表系统的 ZXBee 数据通信协议如表 6.7 所示。

表 6.7 抄表系统的 ZXBee 数据通信协议

设备节点	TYPE	参数	含义	读写权限	说明
智能插座 1	801	D1(OD1/CD1)	智能插座开关控制	R/W	D1 的 bit0 表示智能插座的开关，0 表示关闭智能插座，1 表示打开智能插座
智能插座 2	823	D1(OD1/CD1)	智能插座开关控制	R/W	
功率电表	856	A0	当月用电量	R	浮点型数据，精度为 0.1，单位为 kWh
		A1	电压值	R	浮点型数据，精度为 0.1，单位为 V
		A2	电流值	R	浮点型数据，精度为 0.1，单位为 A
		A3	功率值	R	浮点型数据，精度为 0.1，单位为 W

续表

传感器名称	TYPE	参　数	含　义	读写权限	说　明
功率电表	856	D0(OD0/CD0)	主动上报使能	R/W	D0 的 bit0～bit3 对应 A0～A3 主动上报能，0 表示不允许主动上报，1 表示允许主动上报
		V0	主动上报时间间隔	R/W	V0 表示主动上报时间间隔，单位为 s

2．云平台服务器的连接

云平台服务器的连接。抄表系统与云平台服务器的连接与工地系统类似，详见 6.1.4 节。

抄表系统涉及历史数据的查看，所以要调用云平台的 Web 编程历史接口 API 来获取历史数据。历史数据连接流程如图 6.66 所示。

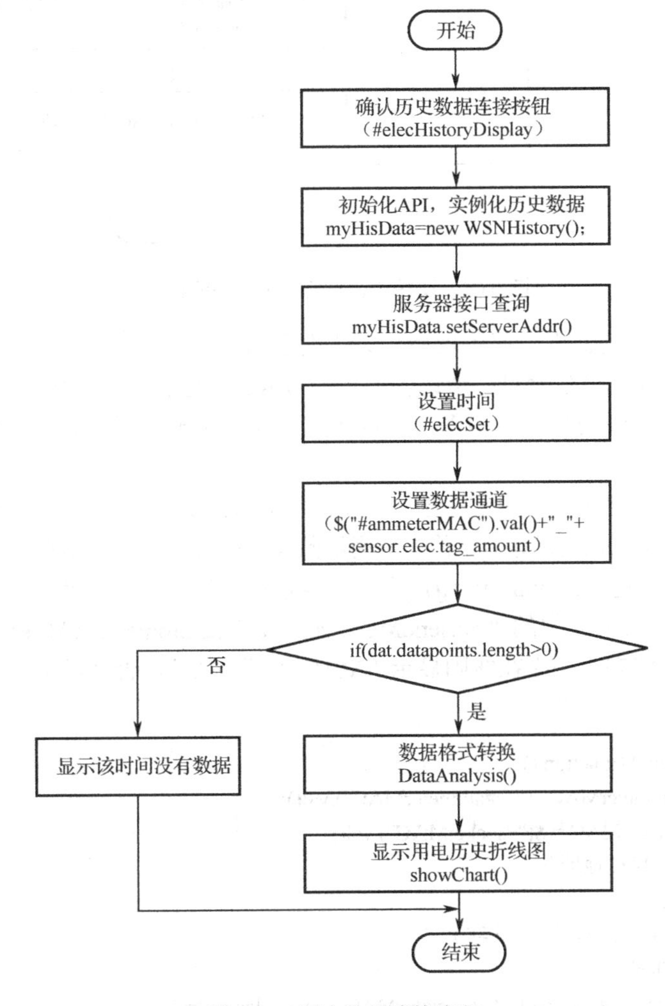

图 6.66　历史数据连接流程

3．设备节点状态更新显示

设备节点状态更新显示流程如图 6.67 所示。

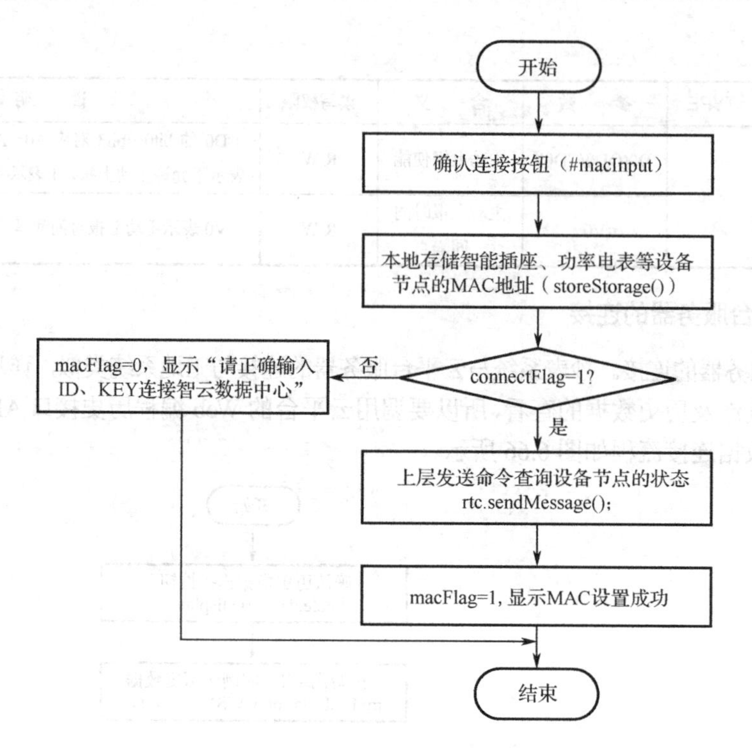

图 6.67　设备状态更新显示状态流程图

当抄表系统连接到云平台服务器后，云平台服务器就会进行数据推送，推送的数据包中包含了设备节点的 MAC 地址。当设备节点的 MAC 地址和云平台服务器的 MAC 地址匹配后，云平台服务器就可以获取设备节点的数据，所以需要先进行设备节点的 MAC 地址输入与确认。

设备节点发送查询指令的功能是通过“设置”按钮来实现的，当单击“设置”按钮时，执行“$("# macInput").click()”事件。首先调用函数 storeStorage()在本地存储设备节点的 MAC 地址，再通过条件语句“if(connectFlag){}”判断连接标志位，如果连接标志位 connectFlag=1，则调用 WSNRTConnect.js 中的“rtc.sendMessage(localData.ammeterMAC,sensor.elec.query);”来查询功率电表的状态，如果在线则显示“MAC 设置成功”，否则显示“请正确输入 ID、KEY 连接云平台数据中心”。

```
$("#macInput").click(function () {
    localData.ammeterMAC = $("#ammeterMAC").val();
    localData.socketMAC = $("#socketMAC").val();
    //本地存储 MAC 地址
    storeStorage();
    message_show("MAC 设置成功");
    if (connectFlag) {
        rtc.sendMessage(localData.ammeterMAC, sensor.elec.query);
        rtc.sendMessage(localData.socketMAC, sensor.socket.query);
        macFlag = 1;
    }
    else {
        macFlag = 0;
```

```
            message_show("请正确输入 ID、KEY 连接云平台数据中心");
        }
    });
```

4．模块功能实现

（1）当前功率子界面中仪表盘的显示。应用层与底层设备节点的通信过程是：应用层发送查询指令，底层设备节点接收到查询指令后，将更新的数据发送到云平台服务器，云平台服务器通过消息推送服务将信息发送至应用层，由应用层对数据进行处理。

云平台服务器推送的数据是通过 onmessageArrive()来处理的，代码如下：

```
rtc.onmessageArrive = function (mac, dat) {
    if (dat[0] == '{' && dat[dat.length - 1] == '}') {
        dat = dat.substr(1, dat.length - 2);
        var its = dat.split(',');
        for (var x in its) {
            var t = its[x].split('=');
            if (t.length != 2) continue;
            if (mac == localData.ammeterMAC) {
                $("#ammeterLink").text("在线").css("color", "#5cadba");
                if (t[0] == sensor.elec.tag_amount) {     //用电量
                    energyUsed = parseInt(t[1]);
                    $("#elect").text(parseInt(t[1]) + " kWh");
                    ……
                }
                ……
            }
            //更详细源代码请看工程文件
            }
        }
    }
}
```

（2）智能插座的控制及其数据的处理。

① 智能插座的控制。抄表系统是通过设置标志位来控制智能插座的开关的，当单击“打开”按钮时，通过条件判断语句判断用电量、功率、智能插座的标志位。如果三个条件都满足（用电量和功率未超，智能插座未关闭），则通过发送函数打开智能插座；如果用电量超出，则显示提示信息“本月电量已用完，请续费”；如果当功率超出，则显示提示信息“当前功率超标，请关闭部分电器”。如果仅仅是关闭智能插座，则可通过发送函数 sendMessage()关闭智能插座。

```
//打开智能插座
$("#socketCtrl").click(function () {
if (connectFlag == 1) {
    if (energyRangeOut && powerRangeOut && teachFlag) {//当用电量和功率未超，智能插座关闭时，可打开
        rtc.sendMessage(localData.socketMAC, sensor.socket.on);
```

```
            console.log(localData.socketMAC + "---" + sensor.socket.on)
        } else if (!energyRangeOut) {
            message_show("本月电量已用完，请续费")
        } else if (!powerRangeOut) {
            message_show("当前功率超标，请关闭部分电器");
        } else if (energyRangeOut && powerRangeOut && !teachFlag) {//当用电量和功率未超，智能插座打开
时，可关闭{
            rtc.sendMessage(localData.socketMAC, sensor.socket.off);
        }
    }
    else {
        message_show("请正确输入 ID、KEY 连接云平台数据中心");
    }
    });
    $("#socketCtrl2").click(function () {
    if (connectFlag == 1) {
        if ($('#socket2Link').text() == "在线") {
            if (energyRangeOut && powerRangeOut && teachFlag1) {
                //当用电量和功率未超，智能插座关闭时，可打开
                rtc.sendMessage(localData.socketMAC, sensor.socket.on1
            } else if (!energyRangeOut) {
                message_show("本月电量已用完，请续费")
            } else if (!powerRangeOut) {
                message_show("当前功率超标，请关闭部分电器");
            } else if (energyRangeOut && powerRangeOut && !teachFlag1) {
                //当用电量和功率未超，智能插座打开时，可关闭
                rtc.sendMessage(localData.socketMAC, sensor.socket.off1);
            }
        }
    }
    else {
        message_show("请正确输入 ID、KEY 连接云平台数据中心");
    }
    });
```

② 智能插座数据的处理。应用层是通过函数 rtc.onmessageArrive()来处理设备节点（如智能插座）的数据的，该函数有两个参数，分别为 mac、dat，所以需要这两个参数分别进行解析。

参数 mac 的解析。首先过滤掉设备节点类型数据，只留下数组变量长度为 2 的 MAC 地址信息以及命令查询信息。然后通过条件判断语句来对设备节点的 MAC 地址及状态信息进行解析。例如，通过“if (mac == localData.socketMAC){…}”可解析数据包中智能插座的 MAC 地址。

参数 dat 的解析。首先通过嵌套一个条件判断语句“if (t[0] == sensor.socket.tag){…}”进行判断，sensor.socket.tag 表示查询 sensor 对象（如智能插座）的 tag 值。然后根据 t[1]判断智能插座的开关状态，从而控制子界面的变化。

```
rtc.onmessageArrive = function (mac, dat) {
    if (dat[0] == '{' && dat[dat.length - 1] == '}') {
        dat = dat.substr(1, dat.length - 2);
        var its = dat.split(',');
        for (var x in its) {
            var t = its[x].split('=');
            if (t.length != 2) continue;
            ……
            if (mac == localData.socketMAC) {
                if (t[0] == sensor.socket.tag) {
                    $("#socketLink").text("在线").css("color", "#5cadba");
                    $("#socket2Link").text("在线").css("color", "#5cadba");
                    if (t[1] & 0x01) {
                        teachFlag = 0;          //智能插座 1 已打开
                        $("#socket_img").attr("src", "img/rchongdianzhong.png");
                        $("#socketCtrl").text("关闭");
                    }
                    else {
                        teachFlag = 1;          //智能插座 1 已关闭
                        $("#socket_img").attr("src", "img/rduankaichongdian.png");
                        $("#socketCtrl").text("打开");
                    }
                    if (t[1] & 0x02) {
                        teachFlag1 = 0;         //智能插座 2 已打开
                        $("#socket2_img").attr("src", "img/rchongdianzhong.png");
                        $("#socketCtrl2").text("关闭");
                    }
                    else {
                        teachFlag1 = 1;         //智能插座 2 已关闭
                        $("#socket2_img").attr("src", "img/rduankaichongdian.png");
                        $("#socketCtrl2").text("打开");
                    }
                }
            }
        }
    }
}
```

（3）阈值的设置。阈值设置子界面先通过 val()方法获取用户输入“电量阈值”“功率阈值”，然后通过条件判断语句判断阈值设置的合法性。“电量阈值”的范围是[0，500]，若用户输入的“电量阈值”不在此范围，则提示“电量阈值输入范围为0～500”。“功率阈值”的范围是[0,6000]，若用户输入的“功率阈值”不在此范围，则提示“功率阈值输入范围为0～6000”。当“电量阈值”“功率阈值”的设置都合法时，通过函数“rtc.sendMessage(localData.ammeterMAC,sensor.elec.query);”查询用电量和功率并显示“设置成功”。“电量阈值”存储（本地存储)在 localData.energyRange 变量中,“功率阈值”存储(本地存储)在 localData.powerRange 变量中。

```
//阈值设置
$("#inputRange").click(function () {
    //验证输入的合法性
    if (0 < $("#energyRange").val() && $("#energyRange").val() < 500) {
        localData.energyRange = $("#energyRange").val();
    } else {
        message_show('电量阈值输入范围为 0～500')
        $("#energyRange").val('');
        return;
    }
    if (0 < $("#powerRange").val() && $("#powerRange").val() < 6000) {
        localData.powerRange = $("#powerRange").val();
    } else {
        message_show('功率阈值输入范围为 0～6000')
        $("#powerRange").val('');
        return;
    }
    //本地存储电量阈值和功率阈值
    storeStorage();
    if (connectFlag == 1) {
        if (macFlag) {
            rtc.sendMessage(localData.ammeterMAC, sensor.elec.query);
        }
        message_show("设置成功");
    }
    else {
        message_show("请正确输入 ID、KEY 连接云平台数据中心");
    }
});
```

（4）当月用电量的显示。函数 onmessageArrive()处理云平台服务器推送的数据的顺序是：判断设备节点的 MAC 地址→判断查询命令→显示数据。当月用电量保存在变量 t[1]中，通过函数 text()可以文本的形式显示。如果当月用电量超过“电量阈值”，则关闭智能插座。

```
rtc.onmessageArrive = function (mac, dat) {
    if (dat[0] == '{' && dat[dat.length - 1] == '}') {
        dat = dat.substr(1, dat.length - 2);
        var its = dat.split(',');
        for (var x in its) {
            var t = its[x].split('=');
            if (t.length != 2) continue;
            if (mac == localData.ammeterMAC) {
                $("#ammeterLink").text("在线").css("color", "#f0ad4e");
```

```
                if (t[0] == sensor.elec.tag_amount) {     //用电量
                    energyUsed = parseInt(t[1]);
                    $("#elect").text(parseInt(t[1] + " kWh"));
                    if (parseInt(t[1]) > localData.energyRange && "智能插座在线") {
                        energyRangeOut = 0;               //超过电量阈值
                        rtc.sendMessage(localData.socketMAC, sensor.socket.off);
                        message_show("本月电量已用完，请续费");
                    }
                    else energyRangeOut = 1;              //未超过电量阈值
                }
                ……
            }
        }
}
```

（5）家庭用电功率曲线的显示。功率电表将家庭用电功率数据发送到云平台服务器后，再由云平台服务器通过数据推送服务将家庭用电功率数据发送至应用层，最后应用层通过函数 onmessageArrive()进行处理。家庭用电功率数据存储在变量 powerNew 中，可通过“dial2('powerCurrent','kWh',powerNew);”以曲线的形式显示出来。

```
rtc.onmessageArrive = function (mac, dat) {
    if (dat[0] == '{' && dat[dat.length - 1] == '}') {
        dat = dat.substr(1, dat.length - 2);
        var its = dat.split(',');
        for (var x in its) {
            var t = its[x].split('=');
            if (t.length != 2) continue;
            ……
                if (t[0] == sensor.elec.tag_power) {
                    powerNew = parseInt(t[1]);
                    dial2('powerCurrent','kWh',powerNew);
                    flag_news = 1;
                    ……
                }
            }
            //更详细的代码请查看工程文件
        }
    }
}
```

（6）家庭用电状况的查询。家庭用电状况的查询是通过调用历史数据接口来实现的，历史数据接口的调用顺序是：初始化 API→服务器接口查询→获取时间→设置通道号→获取历史数据。获取历史数据后，可通过“showChart('#her_elec', 'spline', '', false, eval(data));”来显示历史数据。

```
$("#elecHistoryDisplay").click(function () {
    //初始化 API，实例化历史数据
    var myHisData = new WSNHistory(localData.ID, localData.KEY);
    //服务器接口查询
    myHisData.setServerAddr(localData.server + ":8080");
    //设置时间
    var time = $("#elecSet").val();
    //设置数据通道
    var channel = localData.ammeterMAC + "_" + sensor.elec.tag_power;
    myHisData[time](channel, function (dat) {
        if (dat.datapoints.length > 0) {
            var data = DataAnalysis(dat);
            showChart('#her_elec', 'spline', '', false, eval(data));
        } else {
            message_show("该时间段没有数据");
        }
    });
});
```

6.2.5 系统部署与测试

1. 系统硬件部署

（1）硬件设备连接。准备 1 个 S4418/6818 系列网关、1 个功率电表、1 个智能插座、1 个 ZXBeeLiteB 无线节点、1 个 SmartRF04EB 仿真器。将功率电表接到 ZXBeeLiteB 节点的 A 端子（485），智能插座由传感器内部的继电器控制，默认控制状态为关闭。硬件连线如图 6.68 所示。

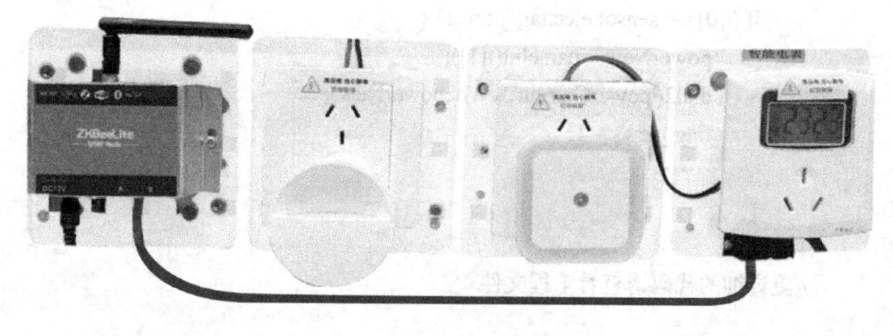

图 6.68　硬件连线

（2）系统组网测试。

① 运行 ZCloudWebTools，打开抄表系统的网络拓扑图，组网成功后的网络拓扑图如图 6.69 所示。

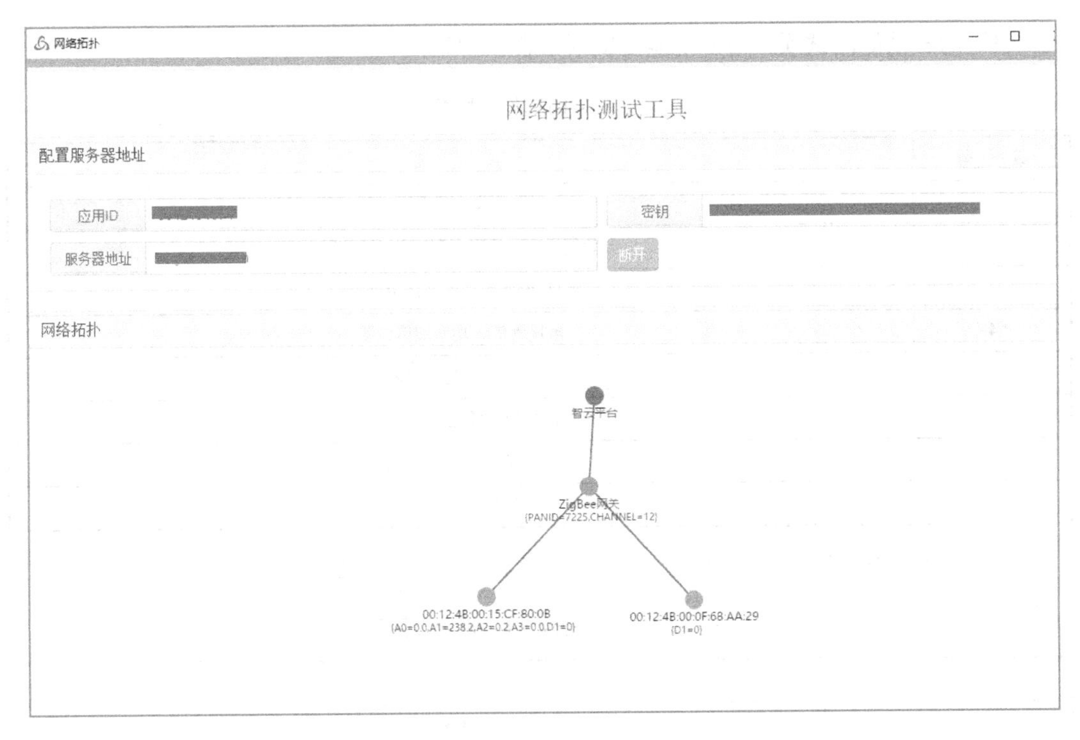

图 6.69　抄表系统组网成功后的网络拓扑图

② 运行本项目的 index.html 文件，输入 ID、KEY 和 SERVER 后单击“确认”按钮，观察设备节点是否在线，若在线则说明组网成功，如图 6.70 所示。

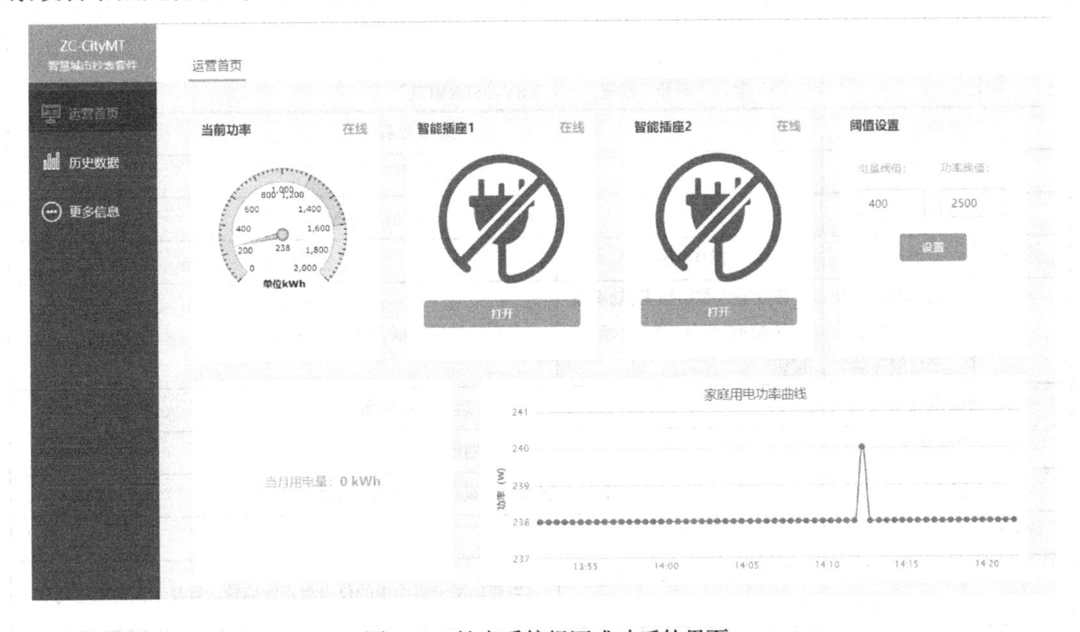

图 6.70　抄表系统组网成功后的界面

2. 系统测试

系统测试流程详见 3.1.5 节，具体测试如下所述。

（1）用户功能测试项。用户功能测试项如表 6.8 所示。

表 6.8　用户功能测试项

编　号	测 试 项
1	IDKey 设置
2	智能插座、功率电表的 MAC 设置
3	用户连接成功、当月用电量
4	电量阈值、功率阈值设置
5	当月用电总功率仪表盘
6	控制智能插座 1、2 开关
7	家庭用电功率曲线
8	家庭用电状况

（2）抄表系统功能测试用例。抄表系统功能测试用例如表 6.9 所示。

表 6.9　抄表系统功能功能测试用例

<table>
<tr><td colspan="4">功能测试用例 1</td></tr>
<tr><td colspan="2">所属模块</td><td colspan="2">更多信息界面</td></tr>
<tr><td colspan="2">测试用例描述 1</td><td colspan="2">IDKey 子界面</td></tr>
<tr><td colspan="2">前置条件</td><td colspan="2">获得 ID 和 KEY 账号</td></tr>
<tr><td>序号</td><td>测试项</td><td>操作步骤</td><td>预期结果</td></tr>
<tr><td>1</td><td>IDKey 子界面</td><td>（1）输入 ID、KEY、SERVER，单击“连接”按钮。
（2）单击“断开”按钮</td><td>（1）弹出信息提示框“数据服务连接成功”。
（2）弹出信息提示框“数据服务连接失败，请正确输入 ID、KEY、SERVER”</td></tr>
<tr><td colspan="2">所属模块</td><td colspan="2">更多信息界面</td></tr>
<tr><td colspan="2">测试用例描述 2</td><td colspan="2">MAC 设置子界面</td></tr>
<tr><td colspan="2">前置条件</td><td colspan="2">获得功率电表、智能插座的 MAC 地址</td></tr>
<tr><td>序号</td><td>测试项</td><td>操作步骤</td><td>预期结果</td></tr>
<tr><td>2</td><td>智能插座、功率电表连接至云平台服务器</td><td>依次输入智能插座、功率电表的 MAC 地址，单击“确认”按钮</td><td>弹出信息提示框“MAC 设置成功”</td></tr>
<tr><td colspan="2">所属模块</td><td colspan="2">运营首页界面</td></tr>
<tr><td colspan="2">测试用例描述 3</td><td colspan="2">当前功率子界面</td></tr>
<tr><td colspan="2">前置条件</td><td colspan="2">云平台服务器、设备节点的 MAC 地址设置正确</td></tr>
<tr><td>序号</td><td>测试项</td><td>操作步骤</td><td>预期结果</td></tr>
<tr><td>3</td><td>当前功率子界面仪表盘测试</td><td>观察当前功率子界面中的仪表盘</td><td>当前功率子界面中的仪表盘指针偏转，且显示当前用电功率</td></tr>
</table>

续表

所属模块		运营首页界面	
测试用例描述 4		智能插座 1、2 子界面	
前置条件		云平台服务器、设备节点的 MAC 地址设置正确并且标题显示“在线”	
序号	测试项	操作步骤	预期结果
4	智能插座 1、2 子界面控制测试	（1）单击“打开”按钮。 （2）单击“关闭”按钮	（1）智能插座图片切换至开启状态。 （2）智能插座图片切换至关闭状态
所属模块		运营首页界面	
测试用例描述 5		当月用电量子界面数据显示测试	
前置条件		云平台服务器、节点 MAC 的地址设置正确并且当前功率子界面标题显示“在线”	
序号	测试项	操作步骤	预期结果
5	当月用电量子界面	观察当月用电量子界面数值变化	当月用电量子界面数据从 127.29 变成 200
所属模块		运营首页界面	
测试用例描述 6		家庭用电功率曲线子界面测试	
前置条件		云平台服务器、设备节点的 MAC 地址设置正确并且标题显示“在线”	
序号	测试项	操作步骤	预期结果
6	家庭用电功率曲线子界面测试	观察家庭用电功率曲线子界面中的曲线变化	家庭用电功率曲线子界面中的曲线随时间变化而变化
所属模块		运营首页界面	
测试用例描述 7		阈值设置子界面测试	
前置条件		云平台服务器、设备节点的 MAC 地址设置正确并且当前功率、智能插座 1 或 2 子界面标题显示“在线”	
序号	测试项	操作步骤	预期结果
7	阈值设置子界面测试	（1）在“电量阈值”文本输入框输入用户自定义阈值(注意：电量阈值输入范围为 0～500）。在“功率阈值”文本输入框输入用户自定义阈值（注意：功率阈值输入范围为 0～6000），最后单击“设置”按钮。 （2）设置的值不在阈值范围内	（1）弹出信息提示框“设置成功”。 （2）弹出信息提示框“电量阈值输入范围为 0～500”或者“功率阈值输入范围为 0～6000”
所属模块		历史数据界面	
测试用例描述 8		家庭用电状况子界面测试	
前置条件		云平台服务器、设备节点的 MAC 地址设置正确	
序号	测试项	操作步骤	预期结果
8	家庭用电状况子界面测试	选中下拉框任意历史时间，接着单击“查询”按钮	家庭用电状况子界面显示用电量

（3）抄表系统性能测试用例。抄表系统性能测试用例如表 6.10 所示。

表 6.10　抄表系统性能测试用例

性能测试用例 1		
性能测试用例描述 1	浏览器兼容性	
用例目的	通过不同浏览器打开抄表系统（主要测试谷歌浏览器、火狐浏览器、360 浏览器）	
前提条件	项目工程已经部署成功	
执行操作	期望的性能	实际性能（平均值）
通过不同浏览器打开	三个浏览器都能正确显示智能抄表系统系统项目（用时 1 s）	谷歌浏览器用时 1.3 s、火狐浏览器用时 1.6 s、360 浏览器用时 1.8 s
性能测试用例 2		
性能测试用例描述 2	智能插座开关压力测试	
用例目的	测试多次打开关闭按钮控制智能插座	
前提条件	数据服务连接成功且 MAC 地址设置正确	
执行操作	期望的性能	实际性能（平均值）
连续开启关闭智能插座 20 次	智能插座图片与硬件同时切换≥18 次	智能插座图片与硬件同时切换 19 次

（4）当前功率子界面和家庭用电功率曲线子界面的功能测试。如果当前功率子界面的标题显示“在线”，则说明功率电表的 MAC 地址配对成功。当前功率子界面中仪表盘指针偏转以及显示数据如图 6.71 所示，家庭用电功率曲线子界面中的曲线如图 6.72 所示。运行 ZCloudWebTools，选中功率电表的 MAC 地址，可以在控制命令中查看 A1 值，当前功率子界面和家庭用电功率曲线子界面对应的 A1 值分别如图 6.73 和图 6.74 所示。

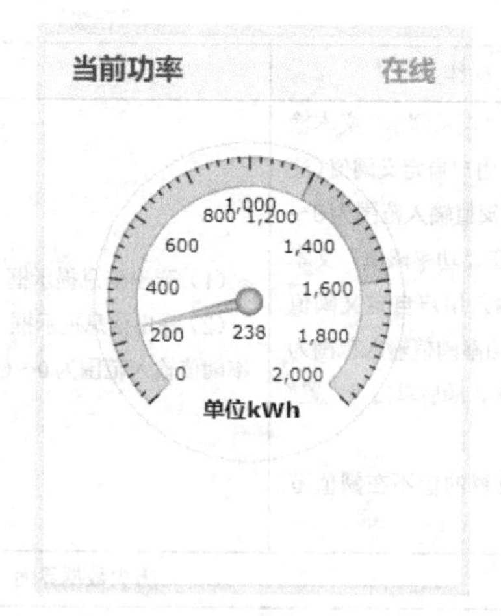

图 6.71　功率电表在线时当前功率子界面仪表盘指针偏转并显示数据

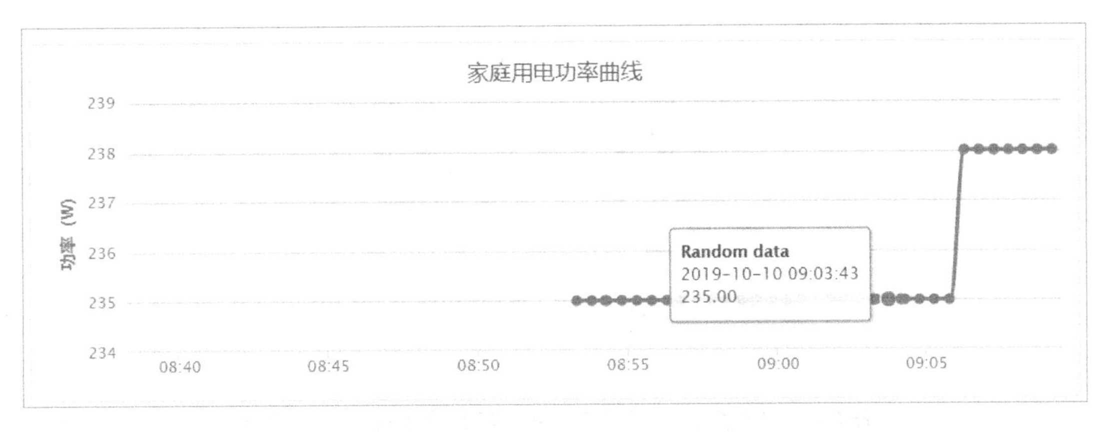

图 6.72　功率电表在线时家庭用电功率曲线子界面中的曲线

数据推送与接收

地址　00:12:4B:00:15:CF:80:0B　数据　发送

数据过滤　所有数据　清空数据

00:12:4B:00:1B:D8:75:EA
BLE:04:A3:16:A6:37:91
00:12:4B:00:15:CF:64:35
00:12:4B:00:15:CF:80:57
00:12:4B:00:1B:DB:1E:93
00:12:4B:00:15:CF:78:7A
00:12:4B:00:15:CF:78:66
00:12:4B:00:1B:DB:26:22
00:12:4B:00:1B:DB:1E:A3
00:12:4B:00:1A:BE:E2:DE
00:12:4B:00:0E:0A:47:41
00:12:4B:00:1B:D8:75:D1
00:12:4B:00:15:D1:2D:7E
00:12:4B:00:15:CF:80:0B
00:12:4B:00:1B:DB:3A:A3

MAC地址	信息	时间
00:12:4B:00:15:CF:80:0B	{PN=310C5CC375E03AA3262275D1787A,TYPE=11856}	2019/11/5 10:53:10
00:12:4B:00:15:CF:80:0B	{A0=0.0,A1=233.1,A2=0.2,A3=0.0,D1=0}	2019/11/5 10:53:9
00:12:4B:00:15:CF:80:0B	{PN=310C5CC375E03AA3262275D1787A,TYPE=11856}	2019/11/5 10:52:48
00:12:4B:00:15:CF:80:0B	{A0=0.0,A1=233.1,A2=0.1,A3=0.0,D1=0}	2019/11/5 10:52:39
00:12:4B:00:15:CF:80:0B	{PN=310C5CC375E03AA3262275D1787A,TYPE=11856}	2019/11/5 10:52:28

图 6.73　在控制命令中查看 A1 值（当前功率子界面）

数据推送与接收

地址　00:12:4B:00:15:CF:80:0B　数据　{A1=?}　发送

数据过滤　所有数据　清空数据

00:12:4B:00:15:CF:78:78
00:12:4B:00:1B:DB:1E:93
00:12:4B:00:0F:68:AA:29
00:12:4B:00:1B:DB:30:D2
BLE:04:A3:16:A6:37:91
00:12:4B:00:15:CF:80:57
LORA:E9:08
00:12:4B:00:15:CF:67:D2
00:12:4B:00:15:CF:80:29

MAC地址	信息	时间
00:12:4B:00:15:CF:80:0B	{A1=235.6}	10/10/2019 9:4:9
00:12:4B:00:15:CF:80:0B	{A1=235.6}	10/10/2019 9:4:8
00:12:4B:00:15:CF:80:0B	{A0=0.0,A1=235.6,A2=0.1,A3=0.0,D1=0}	10/10/2019 9:3:47
00:12:4B:00:15:CF:80:0B	{A1=235.6}	10/10/2019 9:3:43
00:12:4B:00:15:CF:80:0B	{A1=235.6}	10/10/2019 9:3:42
00:12:4B:00:15:CF:80:0B	{A1=235.6}	10/10/2019 9:3:42

图 6.74　在控制命令中查看 A1 值（家庭用电功率曲线子界面）

（5）智能插座 1 和智能插座 2 子界面的功能测试。如果智能插座 1 和智能插座 2 子界面的标题显示“在线”，则说明智能插座 1、2 的 MAC 地址配对成功。在两个子界面中单击“打开”或者“关闭”按钮时，这两个子界面分别如图 6.75 和图 6.76 所示。运行 ZCloudWebTools，选中智能插座 1 或 2 的 MAC 地址后，可在控制命令中查看 D1 值，分别如图 6.77 和图 6.78 所示。

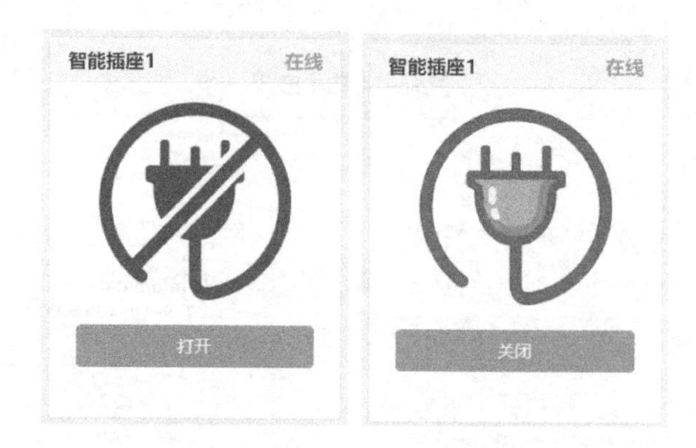

图 6.75 单击“打开”或者“关闭”按钮时的智能插座 1 子界面

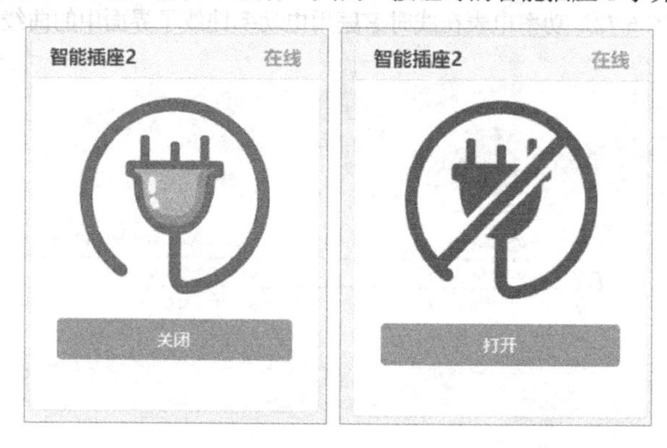

图 6.76 单击“打开”或者“关闭”按钮时的智能插座 2 子界面

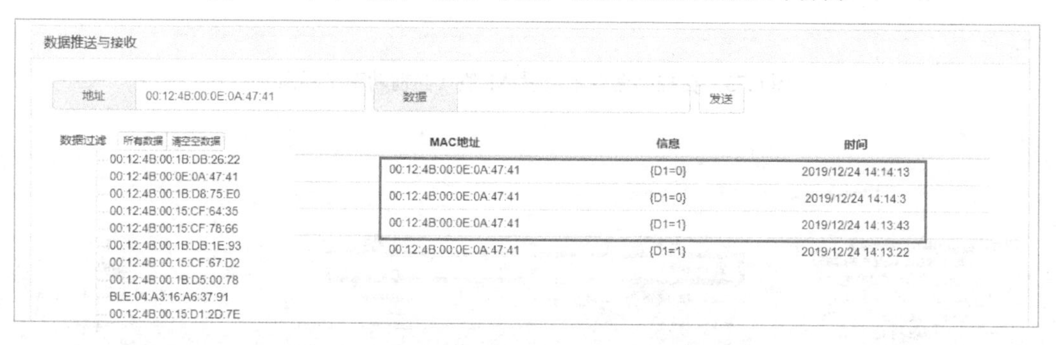

图 6.77 在控制命令中查看 D1 值（智能插座 1）

数据推送与接收

地址 00:12:4B:00:0E:0A:47:41 数据 发送

数据过滤 所有数据 清空空数据

00:12:4B:00:1B:DB:26:22
00:12:4B:00:0E:0A:47:41
00:12:4B:00:1B:D8:75:E0
00:12:4B:00:15:CF:64:35
00:12:4B:00:15:CF:78:66
00:12:4B:00:1B:DB:1E:93
00:12:4B:00:15:CF:67:D2
00:12:4B:00:1B:D5:00:78
BLE:04:A3:16:A6:37:91
00:12:4B:00:15:D1:2D:7E
00:12:4B:00:1A:BE:E2:DE

MAC地址	信息	时间
00:12:4B:00:0E:0A:47:41	{D1=0}	2019/12/24 14:15:49
00:12:4B:00:0E:0A:47:41	{D1=2}	2019/12/24 14:15:48
00:12:4B:00:0E:0A:47:41	{D1=0}	2019/12/24 14:15:47
00:12:4B:00:0E:0A:47:41	{D1=1}	2019/12/24 14:15:43
00:12:4B:00:0E:0A:47:41	{D1=1}	2019/12/24 14:15:13
00:12:4B:00:0E:0A:47:41	{D1=1}	2019/12/24 14:14:56
00:12:4B:00:0E:0A:47:41	{D1=0}	2019/12/24 14:14:43

图 6.78 在控制命令中查看 D1 值（智能插座 2）

（6）阈值设置子界面的功能测试。在阈值设置子界面的“电量阈值”“功率阈值”文本输入框中输入数据后单击“设置”按钮，系统会根据实际的数据和设置的阈值弹出信息提示框“本月电量已用完，请续费”（见图 6.79）或者“当前功率超标，请关闭部分电器”（见图 6.80）。

图 6.79　弹出信息提示框“本月电量已用完，请续费”

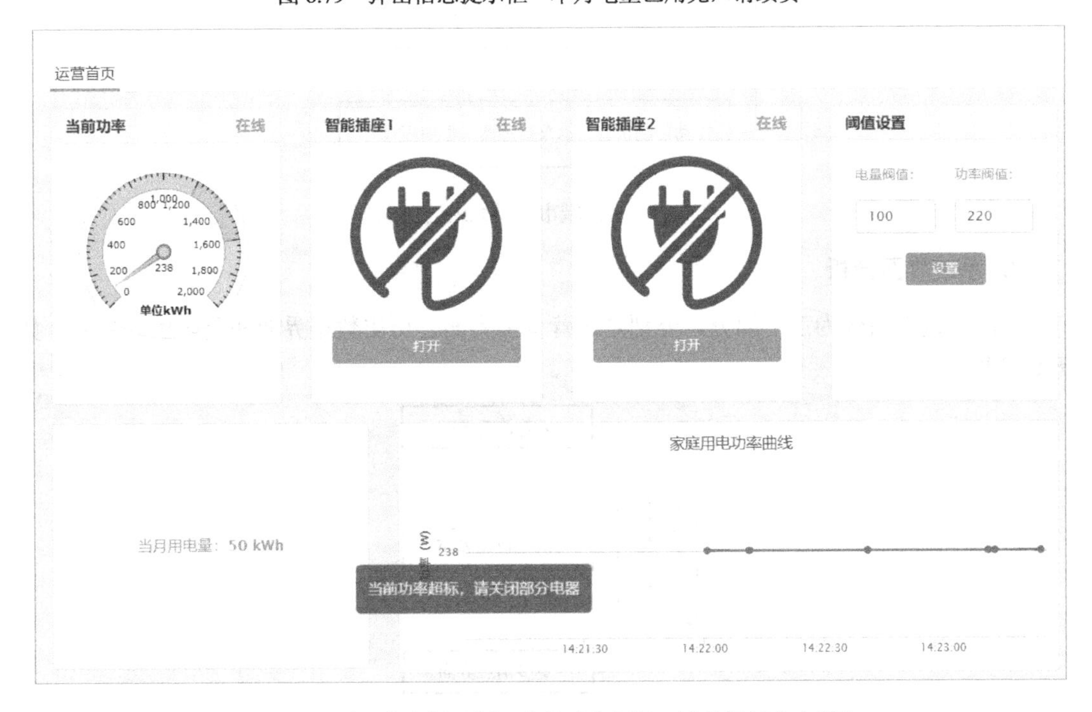

图 6.80　弹出信息提示框“当前功率超标，请关闭部分电器”

6.3 智慧城市洪涝系统设计

6.3.1 系统分析

1. 系统功能需求分析

智慧城市洪涝系统的功能如图 6.81 所示。

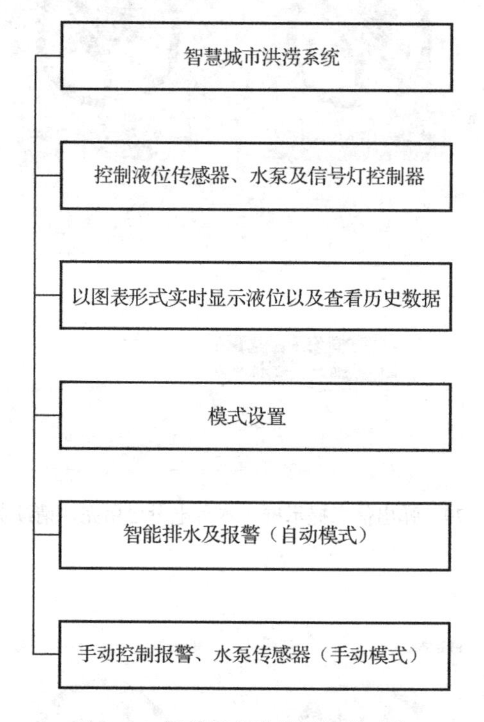

图 6.81　智慧城市洪涝系统的功能

2. 系统界面分析

洪涝系统界面分为三个部分，分别是运营首页界面、历史数据界面和更多信息界面，如图 6.82 所示。

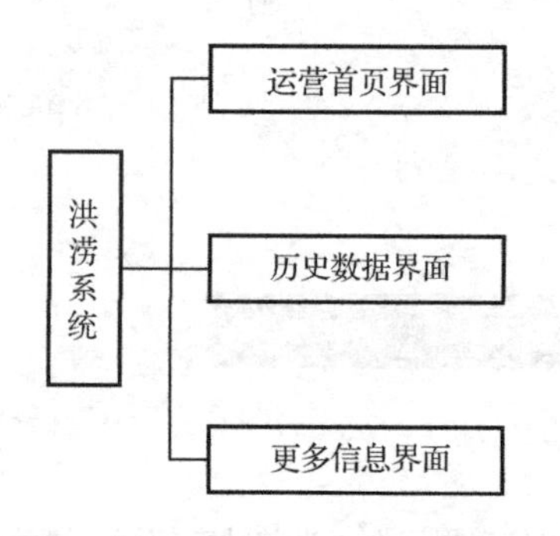

图 6.82　洪涝系统界面的组成

（1）运营首页界面：该界面面向用户，主要用于显示液位传感器、水泵、信号灯控制器等设备节点的在线状态以及采集的数据。运营首页界面包括液位、水泵、报警灯、模式设置、液位阈值设置子界面。

（2）历史数据界面：该界面面向用户，可通过折线图来显示不同历史时间液位数据。

（3）更多信息界面：该界面用于设置登录信息，包括 IDKey、MAC 设置和版本信息子界面。

3. 系统业务流程分析

洪涝系统的业务流程如图 6.83 所示，与工地系统类似，详见 6.1.1 节。

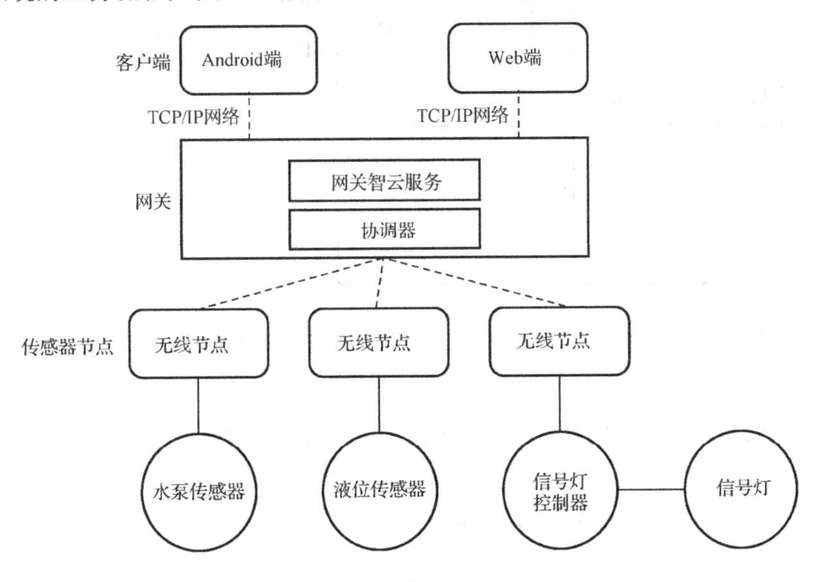

图 6.83　洪涝系统的业务流程

6.3.2　系统设计

1. 系统界面框架设计

洪涝系统界面的结构图如图 6.84 所示。

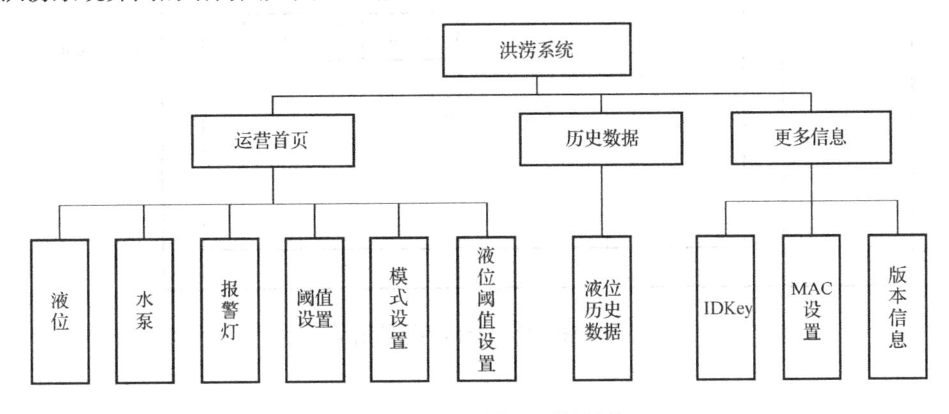

图 6.84　洪涝系统界面的结构

（1）运营首页界面。抄表系统运营首页界面采用 DIV+CSS 布局，其结构如图 6.85 所示。

① 头部（div.head）：用于显示洪涝系统的名称。

② 顶级导航（top-nav）：用于切换运营首页界面、历史数据界面及更多信息界面。

③ 内容包裹（wrap）：分为导航和主体 1（div.content）。

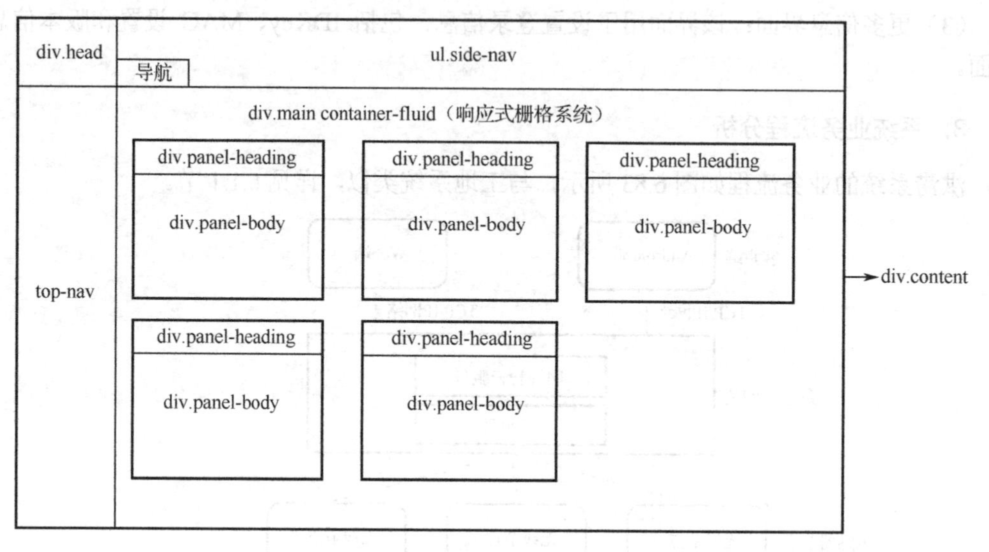

图 6.85　运营首页界面的结构

（2）历史数据界面。历史数据界面是通过 Bootstrap 框架进行布局的，其结构如图 6.86 所示。

① 头部（div.head）：用于显示洪涝系统的名称。

② 顶级导航栏（top-nav）：用于切换运营首页界面、历史数据界面及更多信息界面。

③ 包裹内容（wrap）：分为导航和主体 2（div.content）。

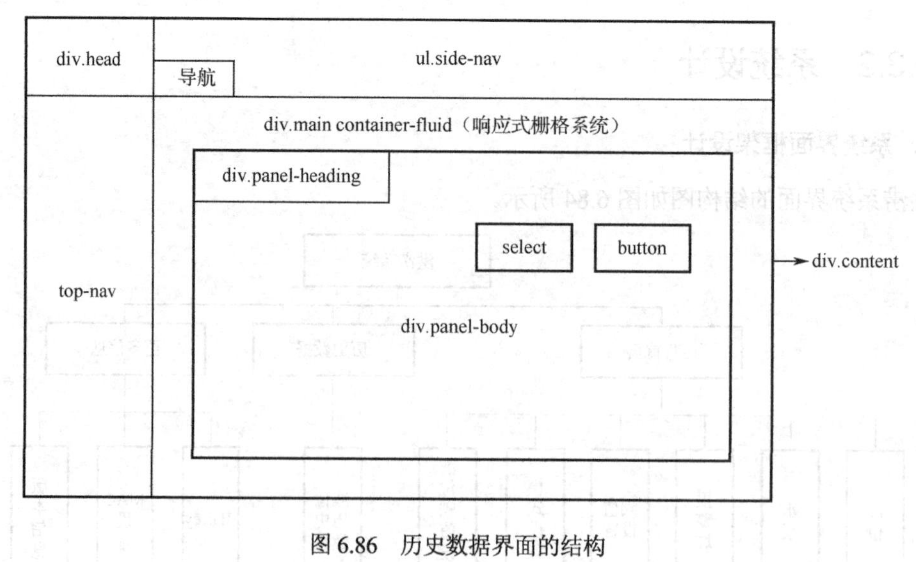

图 6.86　历史数据界面的结构

（3）更多信息界面。更多信息界面也是通过 DIV+CSS 进行布局的，其结构如图 6.87 所示。

① 头部（div.head）：用于显示洪涝系统的名称。

② 顶级导航栏（top-nav）：用于切换运营首页界面、历史数据界面及更多信息界面。

③ 包裹内容（wrap）：分为导航和主体 3（div.content）。

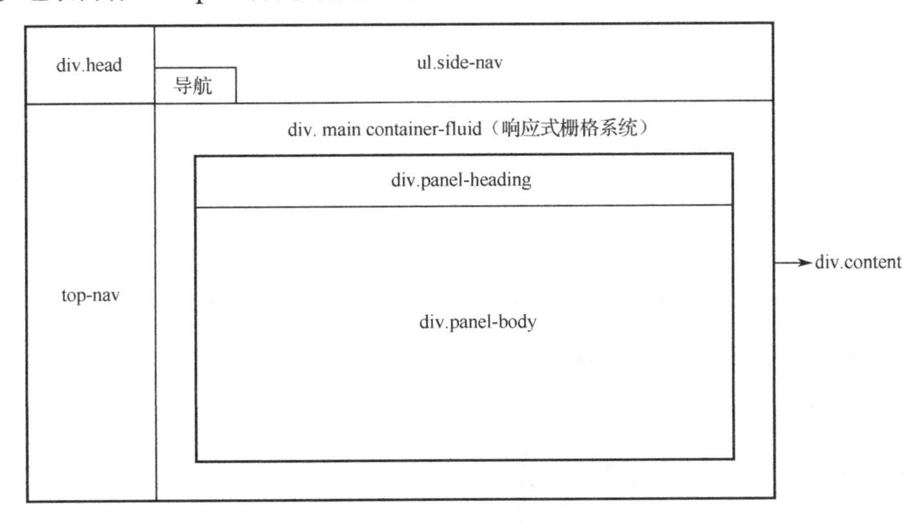

图 6.87 更多信息界面的结构

2．系统界面设计风格

系统界面设计风格请参考 6.1.2 节内容，相关设计如下：

（1）导航。单击一级导航（见图 6.88）时背景、字体颜色会淡化或者高亮，单击二级导航（见图 6.89）时会通过下画线来进行提示。

图 6.88 一级导航

图 6.89 二级导航

（2）Bootstrap 栅格系统。界面主体内容采用 Bootstrap 栅格系统进行布局，如图 6.90 所示，具体请参考 3.1.2 节。

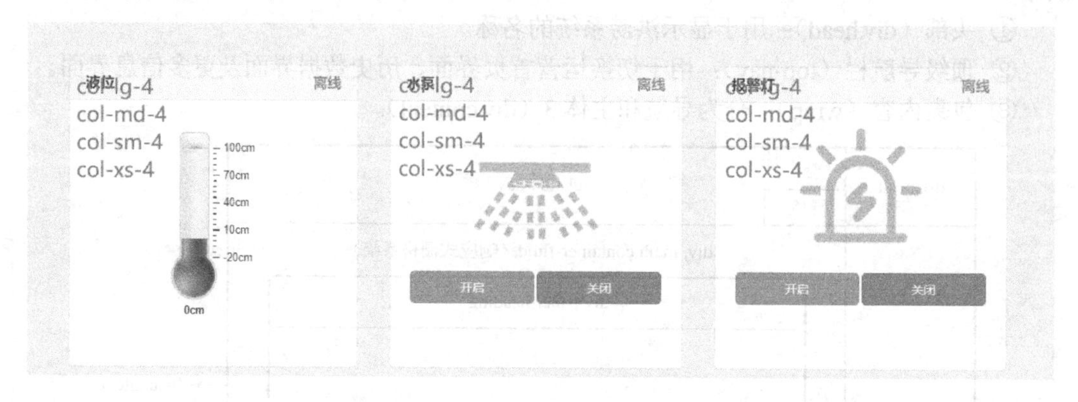

图 6.90　采用 Bootstrap 栅格系统对洪涝系统界面的主体内容进行布局

（3）三色搭配风格。三色搭配风格搭请参考 3.1.2 节。

3．系统界面交互设计

（1）导航界面交互设计。本项目导航分为一级导航和二级导航，一级导航用于动态切换二级导航，二级导航用于动态显示主体内容。

（2）提示信息交互设计。

① 在线提示信息。当云平台服务器和设备节点的 MAC 地址都设置正确时，在运营首页界面的子界面标题处会显示设备节点处于“在线”状态。

② 液位阈值提示信息。在液位阈值设置子界面中，当设置滑块时，液位阈值设置子界面会弹出提示信息，如图 6.91 所示。

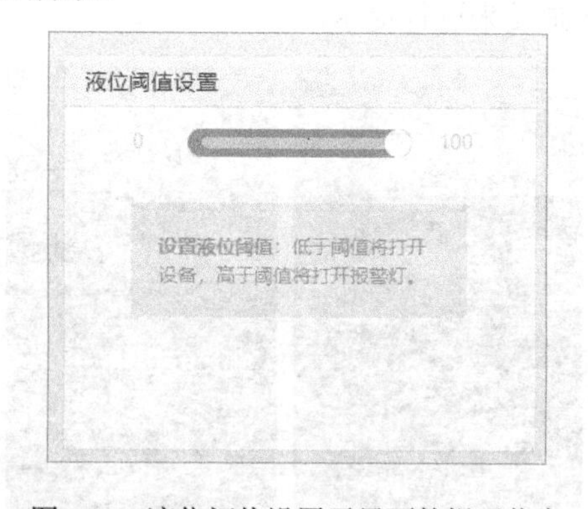

图 6.91　液位阈值设置子界面的提示信息

（3）按钮交互设计。洪涝系统的按钮交互设计与工地系统类似，请参考 6.1.2 节。

6.3.3　系统界面实现

1．系统界面的布局

（1）运营首页界面的布局如图 6.92 所示。

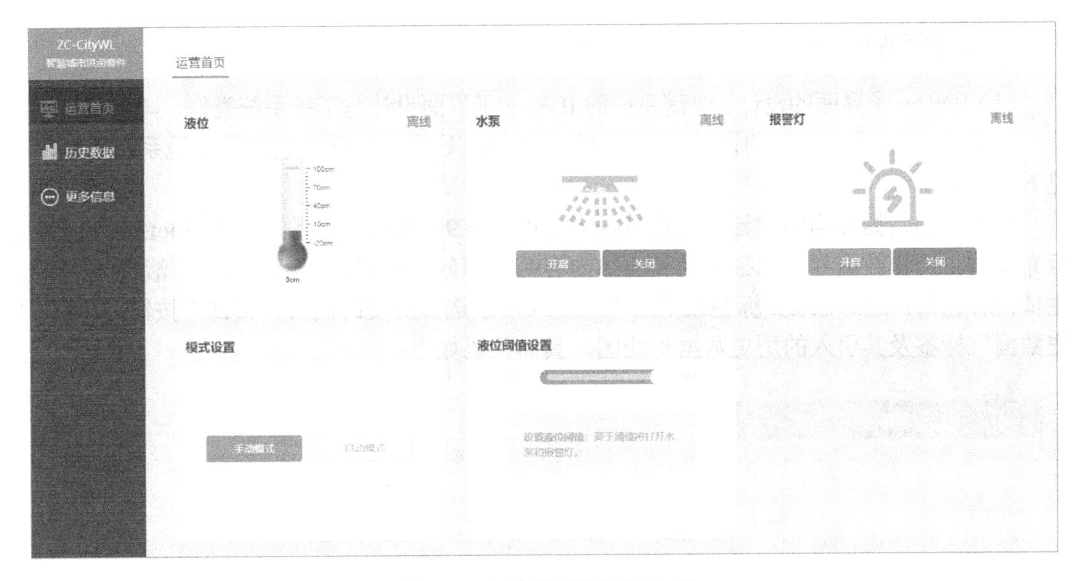

图6.92 运营首页界面的布局

（2）历史数据界面的布局如图6.93所示。

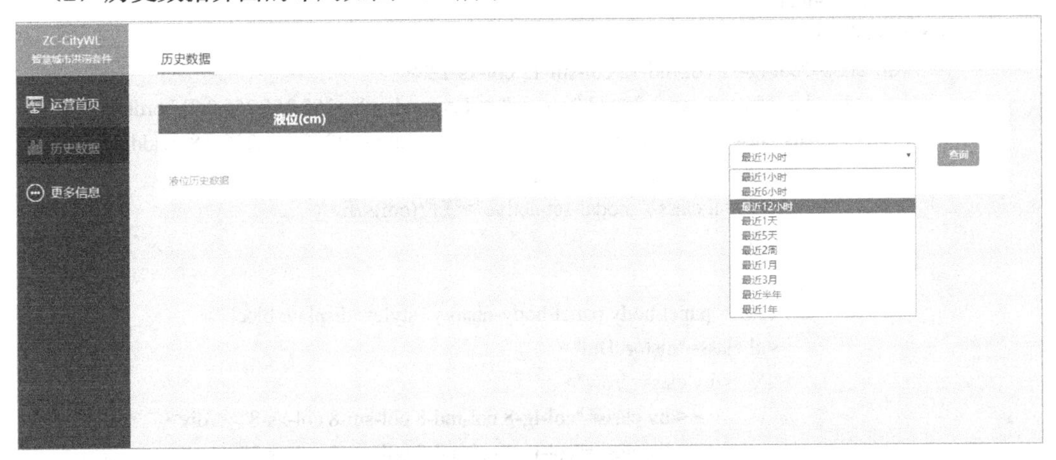

图6.93 历史数据界面的布局

（3）更多信息界面的布局如图6.94所示。

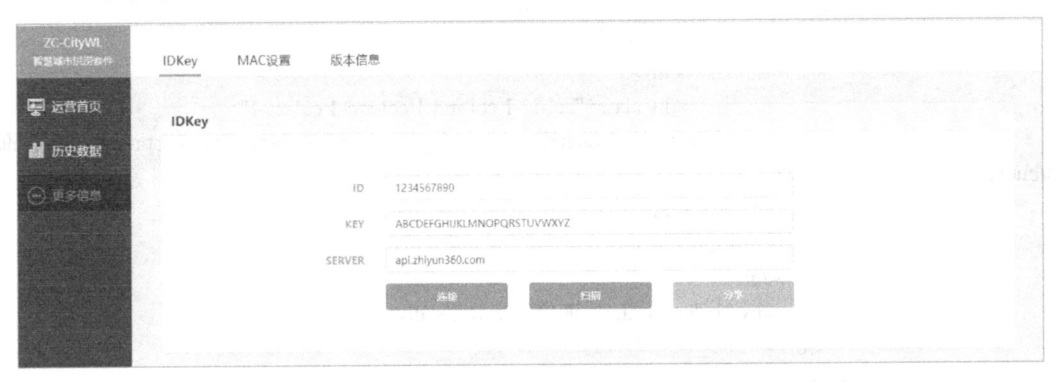

图6.94 更多信息界面的布局

2. 系统界面的设计

（1）IDKey 子界面的设计。洪涝系统的 IDKey 子界面设计与工地系统类似，详见 6.1.3 节。

（2）MAC 设置子界面的设计。洪涝系统的 MAC 设置子界面的设计与工地系统类似，详见 6.1.3 节。

（3）历史数据界面的设计。历史数据界面如图 6.95 所示，该界面通过 Bootstrap 框架进行布局的。历史数据界面包括标题和主体内容两个部分。标题部分用于显示“液位（cm）”。主体内容包括：通过 select 标签设置的下拉框（用于选择历史时间），“查询”按钮，“液位历史数据”标签及其引入的历史数据折线图。具体代码如下：

图 6.95　历史数据界面

```
<div class="main container-fluid">
    <div class="row">
        <div class="col-lg-12 col-md-12 col-sm-12 col-xs-12">
            <div class="panel panel-default" style="background: rgba(255,255,255,0.9);border: 0;">
                <div class="panel-heading" style="background: rgba(255,255,255,0.8);padding: 0;">
                    <ul class="lishi-heading-ul">
                        <li class="modal-set-active">液位(cm)</li>
                    </ul>
                </div>
                <div class="panel-body panel-body-history" style="display: block">
                    <ul class="historyBtn">
                        <div class="row">
                            <div class="col-lg-8 col-md-8 col-sm-8 col-xs-8"></div>
                            <div class="col-lg-3 col-md-3 col-sm-3 col-xs-3">
                                <select class="form-control" id="waterSet">
                                    <option value="queryLast1H">最近 1 小时</option>
                                    ……
                                </select>
                            </div>
                            <div class="col-lg-1 col-md-1 col-sm-1 col-xs-1">
                        <button id="waterHistoryDisplay" class="btn btn-primary btn-search">查询
</button>
                            </div>
                        </div>
                    </ul>
                    <div id="her_water">液位历史数据</div>
                </div>
            </div>
        </div>
```

```
        </div>
    </div>
```

液位历史数据折线是通过引入 HighCharts 图表文件来实现的，代码如下：

```
    <script src="js/charts/highcharts.js"></script>
    <script src="js/charts/drawcharts.js"></script>
    function showChart(sid, ctype, unit, step, data) {
        $(sid).highcharts({
            chart: {
                //renderTo: 'chart_1',
                type: ctype,
                animation: false,
                zoomType: 'x'
            },
            legend: {
                enabled: false
            },
            title: {
                text: ''
            },
            xAxis: {
                type: 'datetime'
            },
            yAxis: {
                title: {
                    text: ''
                },
                minorGridLineWidth: 0,
                gridLineWidth: 1,
                alternateGridColor: null
            },
            tooltip: {
                formatter: function () {
                    return '' +
                        Highcharts.dateFormat('%Y-%m-%d %H:%M:%S', this.x) + '<br><b>' + this.y + unit
+ '</b>';
                }
            },
            plotOptions: {
                spline: {
                    lineWidth: 2,
                    states: {
                        hover: {
                            lineWidth: 3
                        }
                    },
                    marker: {
```

```
                    enabled: false,
                    states: {
                        hover: {
                            enabled: true,
                            symbol: 'circle',
                            radius: 3,
                            lineWidth: 1
                        }
                    }
                }
            },
            line: {
                lineWidth: 1,
                states: {
                    hover: {
                        lineWidth: 1
                    }
                },
                marker: {
                    enabled: false,
                    states: {
                        hover: {
                            enabled: true,
                            symbol: 'circle',
                            radius: 3,
                            lineWidth: 1
                        }
                    }
                }
            }
        },
        series: [{
            marker: {
                symbol: 'square'
            },
            data: data,
            step: step
        }],
        navigation: {
            menuItemStyle: {
                fontSize: '10px'
            }
        }
    });
}
```

（4）液位子界面的设计。液位子界面如图 6.96 所示，该子界面是通过 Bootstrap 栅格系统进行布局的。液位子界面包括标题和主体内容两个部分，标题用于显示设备节点（液位传感器）的状态，主体内容通过液位计来显示液位传感器实时采集的液位数据。具体代码如下：

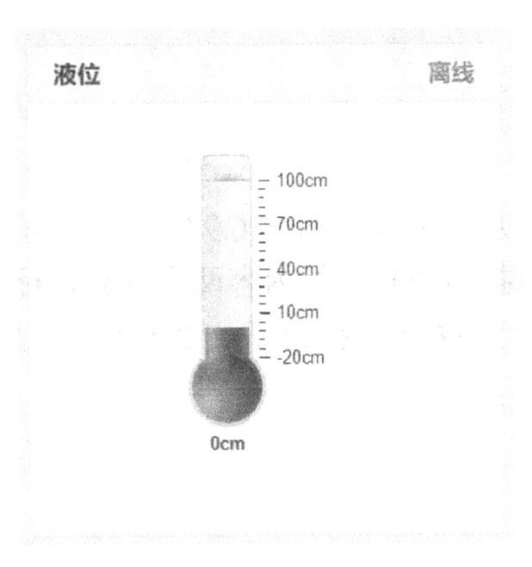

图 6.96 液位子界面

```
<div class="col-lg-4 col-md-4 col-sm-4 col-xs-4">
    <div class="panel panel-default">
        <div class="panel-heading">液位<span id="waterStatus" class="float-right text-red">离线
</span></div>
        <div class="panel-body">
            <div id="temper" class="chartBlock">液位</div>
        </div>
    </div>
</div>
```

液位计的实现代码如下：

```
function thermometer(id,unit,width,height,color, min, max, value) {
    var csatGauge = new FusionCharts({
        "type": "thermometer",
        "renderAt": id,
        "width": width,
        "height": height,
        "dataFormat": "json",
        "dataSource": {
            "chart": {
                "upperLimit": max,
                "lowerLimit": min,
                "numberSuffix": unit,
                "decimals": "1",
                "showhovereffect": "1",
                "gaugeFillColor": color,
                "gaugeBorderColor": "#008ee4",
                "showborder": "0",
                "tickmarkgap": "5",
                "theme": "fint"
```

```
                },
                "value": value
            }
        });
        csatGauge.render();
    };
```

（5）水泵子界面的设计。水泵子界面如图 6.97 所示，该子界面是通过 Bootstrap 栅格系统进行布局的。水泵子界面包括标题和主体内容两个部分，标题用于显示设备节点（水泵）的状态，主体内容包括“开启”“关闭”按钮以及该子界面的显示图片。具体代码如下：

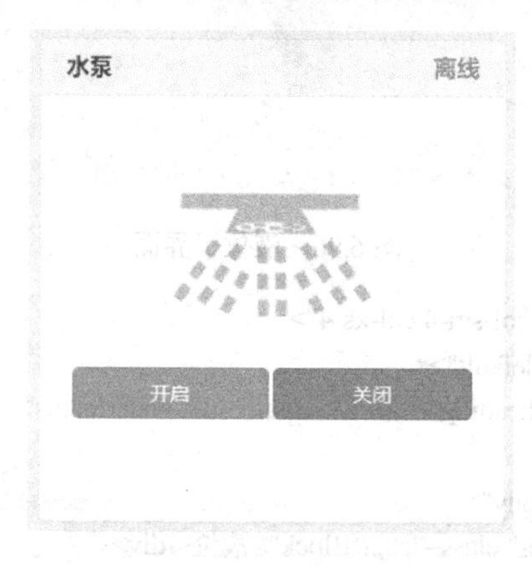

图 6.97　水泵控制界面

```
<div class="col-lg-4 col-md-4 col-sm-4 col-xs-4">
    <div class="panel panel-default">
        <div  class="panel-heading"> 水 泵 <span  id="pumpStatus"  class="float-right  text-red"> 离 线
</span></div>
        <div class="panel-body">
            <div class="chartBlock">
                <img id="pumpKeyStatus" src="img/penlin.png"><br>
                <div class="col-lg-6 col-md-6 col-sm-6 col-xs-6 text-center handle-btn-div">
                    <button id="pumpOn" class="btn btn-primary btn-big btn-block">开启</button>
                </div>
                <div class="col-lg-6 col-md-6 col-sm-6 col-xs-6 text-center handle-btn-div">
                    <button id="pumpOff" class="btn btn-danger btn-big btn-block">关闭</button>
                </div>
            </div>
        </div>
    </div>
</div>
```

（6）报警灯子界面的设计。报警灯子界面如图 6.98 所示，该子界面是通过 Bootstrap 栅格系统进行布局的。报警灯子界面包括标题和主体内容两个部分，标题用于显示设备节点（报警灯）的状态，主体内容包括“开启”“关闭”按钮以及该子界面的显示图片。具体代码如下：

图 6.98　报警灯子界面

```
<div class="col-lg-4 col-md-4 col-sm-4 col-xs-4">
    <div class="panel panel-default">
        <div class="panel-heading">报警灯<span id="ledStatus" class="float-right text-red">离线
</span></div>
            <div class="panel-body">
            <div class="chartBlock">
                <img id="ledKeyStatus" src="img/led-off.png"><br>
                <div class="col-lg-6 col-md-6 col-sm-6 col-xs-6 text-center handle-btn-div">
                    <button id="ledOn" class="btn btn-primary btn-big btn-block">开启</button>
                </div>
                <div class="col-lg-6 col-md-6 col-sm-6 col-xs-6 text-center handle-btn-div">
                    <button id="ledOff" class="btn btn-danger btn-big btn-block">关闭</button>
                </div>
            </div>
        </div>
    </div>
</div>
```

（7）模式设置子界面的设计。模式设置子界面如图 6.99 所示，该子界面是通过 Bootstrap 栅格系统进行布局的。模式设置子界面包括标题和主体内容两个部分，标题用于显示“模式设置”，主体内容包括“手动模式”“自动模式”按钮。当单击其中一个按钮时，该按钮设置为系统主色调，另一个按钮设置为默认色调 btn-default，以便用户选择。具体代码如下：

图 6.99　模式设置子界面

```
<div class="col-lg-4 col-md-4 col-sm-4 col-xs-4">
    <div class="panel panel-default mode-set">
        <div class="panel-heading">模式设置</div>
        <div class="panel-body">
            <div class="chartBlock">
                <div class="form-group  col-lg-10 col-md-10 col-sm-10 col-xs-10">
                    <div class="col-lg-6 col-md-6 col-sm-6 col-xs-6 text-center mode-set-btn-div">
                        <button  name="modelBtn"  id="handMode"  type="button"  class="btn
btn-primary btn-big btn-block" onclick="Button.modelBtn($(this))">手动模式</button>
                    </div>
                    <div class="col-lg-6 col-md-6 col-sm-6 col-xs-6 text-center mode-set-btn-div" >
                        <button name="modelBtn" id="autoMode" type="button" class="btn btn-default
btn-big btn-block" onclick="Button.modelBtn($(this))">自动模式</button>
                    </div>
                </div>
            </div>
        </div>
    </div>
</div>
```

（8）液位阈值设置子界面的设计。液位阈值设置子界面如图 6.100 所示，该子界面是通过 Bootstrap 栅格系统进行布局的。液位阈值设置子界面包括标题和主体内容两个部分，标题用于显示“液位阈值设置”，主体内容通过滑块来设置液位阈值。该滑块是通过 jQuery 插件的 nstSlider 类来实现的，滑块的区间是通过“data-range_min="0"”“data-range_max="100"”两个属性实现的，滑块形状和颜色是通过 bar 类来实现的。具体代码如下：

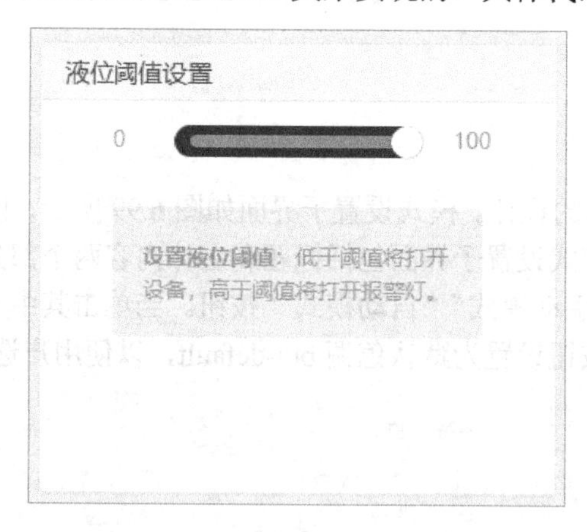

图 6.100　液位阈值设置子界面

```
<div class="col-lg-4 col-md-4 col-sm-4 col-xs-4">
    <div class="panel panel-default panel-height">
        <div class="panel-heading">液位阈值设置</div>
        <div class="panel-body">
            <div class="chartBlock" style="max-width: 100%;">
                <div class="nstSlider nst-disabled" id="nstSliderS" data-range_min="0" data-range_max=
"100"
```

```
                data-cur_min="200"   data-cur_max="0">
               <div class="bar" id="barS"></div>
               <div class="leftGrip" id="leftGripS"></div>
               <div class="leftLabel nstSlider-val" id="leftLabelS" ></div>
               <div class="rightLabel nstSlider-val" id="rightLabelS" ></div>
          </div>
           <div class="mode-text">
               <span id="mode-txt-3"><b>设置液位阈值</b>：高于阈值将打开水泵和报警灯。
</span>
           </div>
       </div>
   </div>
  </div>
</div>
```

6.3.4　系统功能实现

1．洪涝系统 ZXBee 数据通信协议设计与分析

洪涝系统 ZXBee 数据通信协议如表 6.11 所示。

表 6.11　洪涝系统 ZXBee 数据通信协议

传感器名称	参　数	含　义	读写权限	说　明
信号灯控制器（报警灯）	D1(OD1/CD1)	信号灯控制	R/W	D1 的 bit0～bit2 和 bit3～bit5 分别表示 OUT1、OUT2 的红黄绿三种颜色的开关，0 表示关闭，1 表示打开
水泵	D1(OD1/CD1)	控制水泵	R/W	D1 的 bit1 表示水泵的开关状态，1 表示开，0 表示关
液位传感器	A2	液位深度	R	浮点型，精度为 0.1，单位为 cm
	D0(OD0/CD0)	主动上报使能	R/W	D0 的 bit0～bit3 对应 A0～A3 主动上报能，0 表示不允许主动上报，1 表示允许主动上报
	V0	上报时间间隔	R/W	V0 表示主动上报时间间隔，单位为 s

2．云平台服务器连接

洪涝系统与云平台服务器的连接流程，以及通过云平台服务器查询历史数据的流程，与抄表系统类似，详见 6.2.4 节。

3．设备节点状态更新显示

（1）设备节点状态更新显示流程如图 6.101 所示。

当洪涝系统连接到云平台服务器后，云平台服务器就会进行数据推送，推送的数据包中包含了设备节点的 MAC 地址。当设备节点的 MAC 地址和云平台服务器的 MAC 地址匹配后，云平台服务器就可以获取设备节点的数据，所以需要先进行设备节点的 MAC 地址输入与确认。

设备节点发送查询指令的功能是通过“确认”按钮来实现的，当单击“确认”按钮时，执行“$("# macInput").click()”事件。首先调用函数 storeStorage()在本地存储设备节点的 MAC

地址，再通过条件语句“if(connectFlag){}”判断连接标志位，如果连接标志位 connectFlag=1，则调用 WSNRTConnect.js 中的函数 rtc.sendMessage()来查询液位传感器的状态及其采集的数据，如果在线则显示“MAC 设置成功”，否则显示“请正确输入 ID、KEY 连接云平台数据中心”。

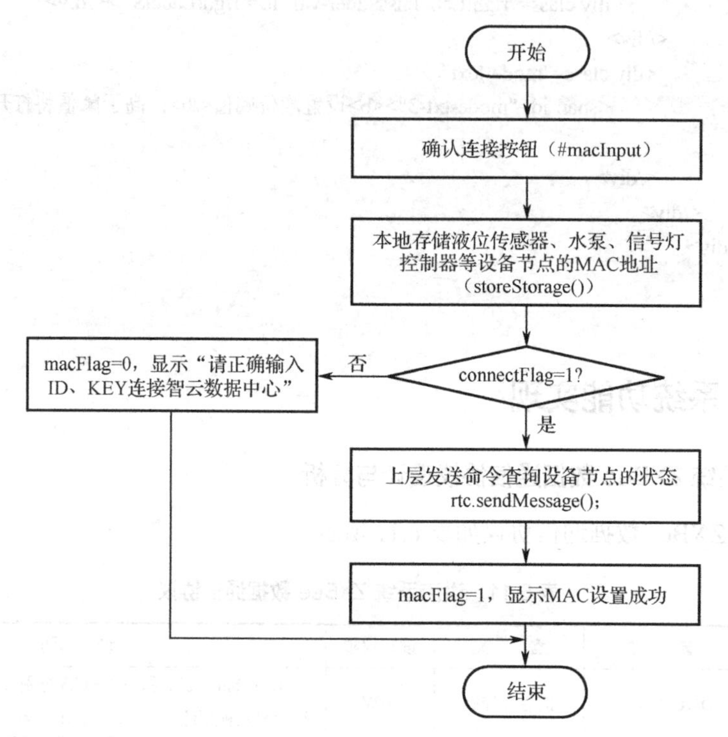

图 6.101　设备状态更新显示状态流程图

```
//输入 MAC 地址确认
$("#macInput").click(function () {
    localData.waterMAC = $("#waterMAC").val();
    localData.ledMAC = $("#ledMAC").val();
    localData.pumpMAC = $("#pumpMAC").val();
    //本地存储 MAC 地址
    storeStorage();
    if (connectFlag) {
        rtc.sendMessage(localData.waterMAC, sensor.water.query);
        rtc.sendMessage(localData.pumpMAC, sensor.pump.query);
        rtc.sendMessage(localData.ledMAC, sensor.led.query);
        macFlag = 1;
        message_show("MAC 设置成功");
    } else {
        macFlag = 0;
        message_show("请正确输入 ID、KEY 连接云平台数据中心");
    }
});
```

（2）设备节点信息处理。设备节点信息处理包括：设备节点状态的更新、手动模式的设置、自动模式的设置、液位阈值的设置。

① 设备节点状态的更新。上层应用是通过 rtc.onmessageArrive()来处理数据包的，该函数有两个参数，分别是 mac 和 dat。

参数 mac 的解析。首先过滤掉设备节点类型数据，只留下数组变量长度为 2 的 MAC 地址信息以及命令查询信息。然后通过嵌套的条件判断语句来对设备节点的 MAC 地址及状态信息进行解析。例如，通过“if(mac == localData.waterMAC){…}”可以解析数据包中水泵的 MAC 地址。

参数 dat 的解析。首先通过嵌套一个条件“if(t[0] == sensor.water.tag){…}”对数据包进行判断，sensor.water.tag 表示查询 sensor 对象的 tag 值。然后通过两层条件判断语句判断水泵的状态，若水泵在线则在液位子界面的标题处显示“在线”，并根据 tag 值动态切换水泵子界面的图片。其他设备节点的状态更新与此类似。

```
rtc.onmessageArrive = function (mac, dat) {
    if (dat[0] == '{' && dat[dat.length - 1] == '}') {
        dat = dat.substr(1, dat.length - 2);
        var its = dat.split(',');
        for (var x in its) {
            var t = its[x].split('=');
            if (t.length != 2) continue;
            if (mac == localData.waterMAC) {                    //液位
                if (t[0] == sensor.water.tag) {
                    $("#waterStatus").text("在线").css("color", "#96ba5c");
                    temperDisplay(parseInt(t[1]));
                    /*自动模式设置*/
                    .....
            }
            if (mac == localData.pumpMAC) {                     //水泵
                if (t[0] == sensor.pump.tag) {
                    pumpFlag = 1;                               //水泵在线
                    $("#pumpStatus").text("在线").css("color", "#96ba5c");
                    ……
                }
            }
            if (mac == localData.ledMAC) {
                if (t[0] == sensor.led.tag) {
                    $("#ledStatus").text("在线").css("color", "#96ba5c");
                    ledFlag = 1;                                //LED 在线
                    ……
                }
            }
        }
    }
}
```

② 手动模式的设置。手动模式的设置是通过“$("#handMode").click(function(){…}”来实现的，当单击“手动模式”按钮时，先通过 disabled 属性禁用“自动模式”按钮，再通过条件判断语句判断数据服务是否连接，即连接标志位（connectFlag）是否为 1。如果连接标志位为 1，则设置水泵的标志位（pumpModeFlag）为 0，这是区分手动模式和自动模式的关键。如果连接标志位为 0 则显示“请正确输入 ID、KEY 连接云平台数据中心”。

```
$("#handMode").click(function () {
    $('.handle-btn-div .btn').attr('disabled', false);
    $('#nstSliderS').addClass('nst-disabled');
    if (connectFlag) {
        pumpModeFlag = 0;
        message_show("手动模式设置成功！");
    } else {
        message_show("请正确输入 ID、KEY 连接云平台数据中心");
    }
});
```

水泵、报警灯的控制是通过回调函数来实现的，代码如下：

```
if (mac == localData.pumpMAC) {                    //水泵
    if (t[0] == sensor.pump.tag) {
        pumpFlag = 1;                              //水泵在线
        $("#pumpStatus").text("在线").css("color", "#96ba5c");
        if ((t[1] >> 1) & 0X01 == 1) {
            $("#pumpKeyStatus").attr("src", "img/penlin.gif");
        }
        else if (t[1] == 0) {
            $("#pumpKeyStatus").attr("src", "img/penlin.png");
        }
    }
}
if (mac == localData.ledMAC) {
    if (t[0] == sensor.led.tag) {
        $("#ledStatus").text("在线").css("color", "#96ba5c");
        ledFlag = 1;                               //报警灯在线
        if (t[1] == 1) {
            $("#ledKeyStatus").attr("src", "img/led-on.gif");
        }
        else if (t[1] == 0) {
            $("#ledKeyStatus").attr("src", "img/led-off.png");
        }
    }
}
```

③ 自动模式的设置。在自动控制模式下，会先禁用水泵子界面、报警灯子界面的“手动模式”按钮，再通过滑块设置液位阈值，具体代码如下：

```
//自动模式
$("#autoMode").click(function () {
```

```
        $('.handle-btn-div .btn').attr('disabled', 'disabled');
        $('#nstSliderS').removeClass('nst-disabled');
        if (connectFlag) {
            pumpModeFlag = 1;
            message_show("自动模式设置成功！ ");
        } else {
            message_show("请正确输入 ID、KEY 连接云平台数据中心");
        }
});
```

自动模式下水泵、报警灯的控制也是在回调处理函数中实现的，当液位超过用户设置的阈值时，打开报警灯以及水泵。具体代码如下：

```
if (connectFlag && pumpModeFlag && t[1] > localData.threshold) {
    message_show('已超过液位上限，将打开水泵和报警灯！ ')
    if (pumpFlag) {
        rtc.sendMessage(localData.pumpMAC, sensor.pump.on);          //打开水泵
    }
    if (ledFlag) {
        rtc.sendMessage(localData.ledMAC, sensor.led.on);            //打开报警灯
    }
}
```

④ 液位阈值设置的具体代码如下：

```
//阈值配置
$('#nstSliderS').nstSlider({
    "left_grip_selector": "#leftGripS",
    "value_bar_selector": "#barS",
    "value_changed_callback": function (cause, leftValue, rightValue) {
        var $container = $(this).parent();
            g = 255 - 127 + leftValue,
            r = 255 - g,
            b = 0;
        $container.find('#leftLabelS').text(rightValue);
        $container.find('#rightLabelS').text(leftValue);
        $(this).find('#barS').css('background', 'rgb(' + [r, g, b].join(',') + ')');
        localData["threshold"] = leftValue;
        storeStorage();
    }
});
```

（3）液位历史数据查询。历史数据接口的调用过程是初始化 API→查询服务器接口查询→获取时间→设置通道号→获取历史数据，可通过“showChart('# her_water ', 'spline', '', false, eval(data))”来显示历史数据，具体代码如下：

```
$("#waterHistoryDisplay").click(function () {
    //初始化 API，实例化历史数据
    var myHisData = new WSNHistory(localData.ID, localData.KEY);
```

```
        //查询服务器接口
        myHisData.setServerAddr(localData.server + ":8080");
        //设置时间
        var time = $("#waterSet").val();
        //设置通道号
        var channel = localData.waterMAC + "_" + sensor.water.tag;
        myHisData[time](channel, function (dat) {
        console.log(1);
        if (dat.datapoints.length > 0) {
            var data = DataAnalysis(dat);;
            showChart('#her_water', 'spline', '', false, eval(data));
        } else {
            message_show("该时间段没有数据");
        }
    });
```

6.3.5 系统部署与测试

1. 系统硬件部署

（1）硬件设备连接。准备 1 个 S4418/6818 系列网关、1 个水泵、1 个液位传感器、1 个信号灯控制器、2 个信号灯、2 个 ZXBeeLiteB 无线节点、1 个 ZXBeePlus 无线节点、1 个 JLink 仿真器、1 个 SmartRF04EB 仿真器。将水器通过 RJ45 端口连接到 ZXBeePlusB 无线节点 C 端子，将液位传感器通过 RJ45 端口连接到 ZXBeeLiteB 无线节点的 B 端子，将信号灯控制器通过 RJ45 端口连接到 ZXBeeLiteB 无线节点的 A 端子连接。洪涝系统硬件连线如图 6.102 所示。

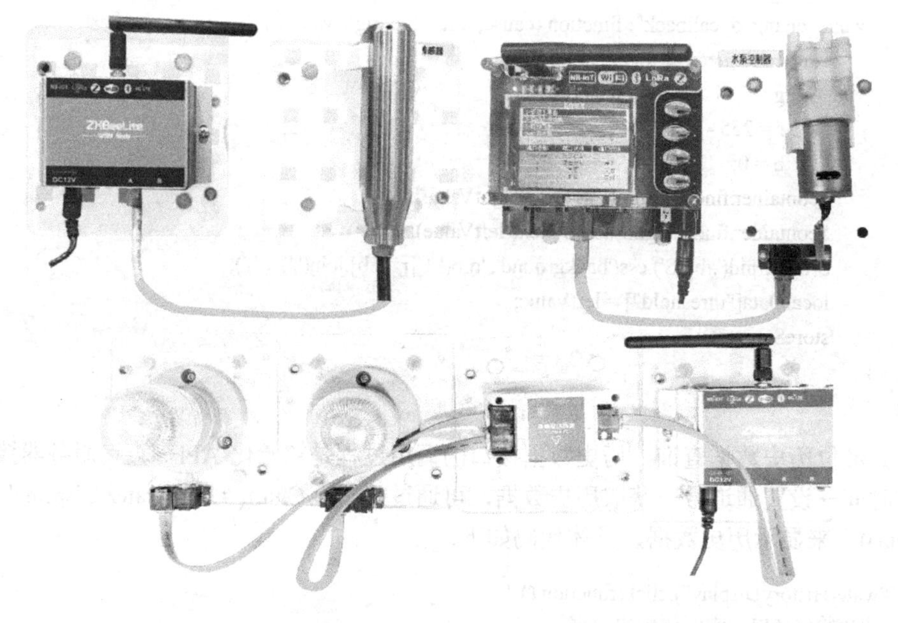

图 6.102　洪涝系统硬件连线

（2）系统组网测试。

① 运行 ZCloudWebTools，打开洪涝系统的网络拓扑图，组网成功后的网络拓扑图如图 6.103 所示。

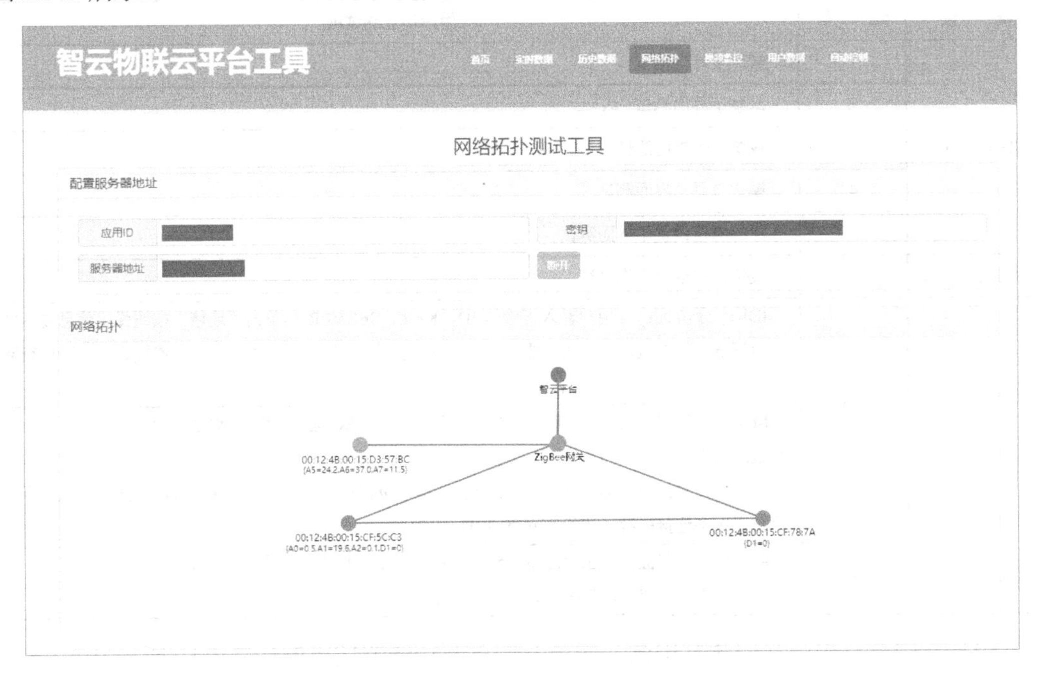

图 6.103　洪涝系统组网成功后的网络拓扑图

② 运行本项目的 index.html 文件，输入 ID、KEY 和 SERVER 后单击“确认”按钮，观察设备节点是否在线，若在线说明组网成功，如图 6.104 所示。

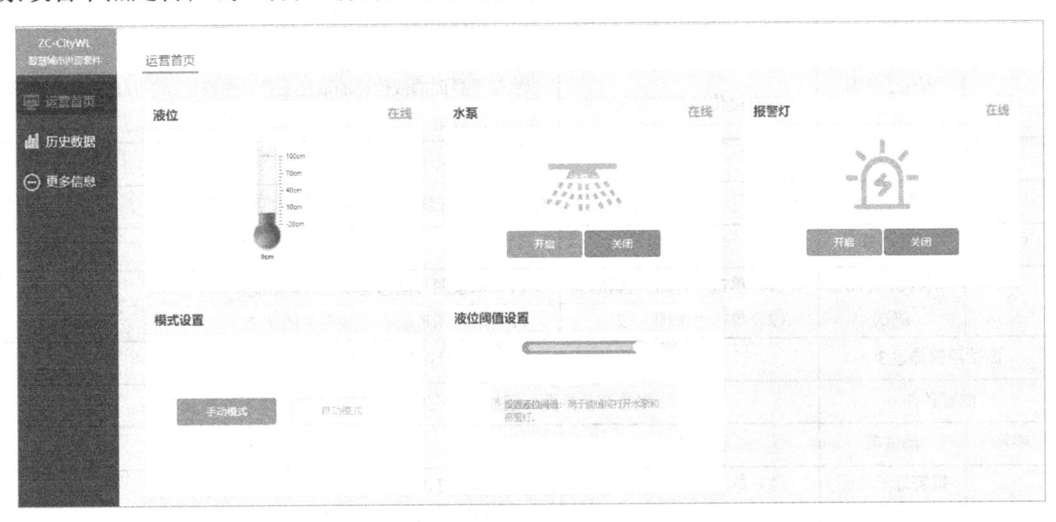

图 6.104　洪涝系统组网成功后的界面

2. 系统测试

系统测试流程详见 3.1.5 节，具体测试如下：

（1）洪涝系统用户功能测试项。洪涝系统用户功能测试项如表6.12所示。

表6.12 洪涝系统用户功能测试项

模块	编号	用户功能测试项
运营首页界面	1	液位子界面测试
	2	水泵子界面测试
	3	报警灯子界面测试
	4	模式设置子界面测试
	5	液位阈值设置子界面测试
历史数据界面	1	液位历史数据查询测试
更多信息界面	1	IDKey子界面：当用户输入正确的ID、KEY、SERVER后单击“连接”按钮弹出信息提示框“数据服务连接成功”，再单击“断开”按钮弹出信息提示框 “数据服务连接失败，请检查网络或ID、KEY”
	2	MAC设置子界面：当云平台服务器连接成功且MAC地址已经输入则弹出信息提示框“MAC设置成功”。 如果智云数据服务器未连接，即使MAC地址设置正确，单击“确认”按钮则弹出信息提示框“数据服务连接失败，请检查网络或ID、KEY”
	3	版本信息子界面：单击“版本升级”按钮弹出信息提示框“当前已是最新版本”。 单击“查看升级日志”按钮，可查看版本的修改

（2）运营首页界面功能测试用例。运营首页界面功能测试用例如表6.13所示。

表6.13 运营首页界面功能测试用例

测试用例描述1		液位子界面测试	
前置条件		液位子界面标题显示“在线”	
序号	测试项	操作步骤	预期结果
1	液位子界面测试	将液位传感器放置在水中	液位子界面的液位计的液注上升，在液位计下方显示液位传感器采集的数据
测试用例描述2		水泵子界面测试	
前置条件		水泵子界面标题显示“在线”，同时设置为“手动模式”	
序号	测试项	操作步骤	预期结果
2	水泵子界面测试	（1）单击“开启”按钮。 （2）单击“关闭”按钮	（1）水泵图片动态切换至开启状态。 （2）水泵图片动态切换至关闭状态
测试用例描述3		报警灯子界面测试	
前置条件		报警灯子界面标题显示“在线”，同时设置为“手动模式”	
序号	测试项	操作步骤	预期结果
3	报警灯子界面测试	（1）单击“开启”按钮。 （2）单击“关闭”按钮	（1）报警灯图片动态切换至开启状态。 （2）报警灯图片动态切换至关闭状态
测试用例描述4		模式设置子界面测试	
前置条件		各个子界面标题显示“在线”	

续表

序号	测试项	操作步骤	预期结果
4	模式设置子界面测试	（1）单击“手动模式”。 （2）单击“自动模式”	（1）弹出信息提示框“手动模式设置成功”，同时液位阈值设置子界面的滑块被禁用。 （2）弹出信息提示框“自动模式设置成功”，同时水泵、报警灯子界面中的按钮被禁用
测试用例描述 5		液位阈值设置子界面测试	
前置条件		各个子界面标题显示“在线”，同时设置为“自动模式”	
序号	测试项	操作步骤	预期结果
5	液位阈值设置子界面测试	滑动滑块超过设置的液位阈值	水泵、报警灯图片动态切换至开启状态

（3）历史数据界面功能测试用例。历史数据界面功能测试用例如表 6.14 所示。

表 6.14　历史数据界面功能测试用例

测试用例描述 1		历史数据界面测试	
前置条件		液位模块标题“在线”	
序号	测试项	操作步骤	预期结果
1	历史数据界面测试	在下拉框中选择任何一个时间段，接着单击“查询”按钮	历史数据界面出现各个时间段液位曲线

（4）更多信息界面功能测试用例。更多信息界面功能测试用例如表 6.15 所示。

表 6.15　更多信息界面功能测试用例

测试用例描述 1		IDKey 子界面测试	
前置条件		获得 ID、KEY	
序号	测试项	操作步骤	预期结果
1	IDKey 子界面测试	（1）输入 ID 和 KEY 后单击“连接”按钮。 （2）单击“断开”按钮。 （3）单击“扫描”按钮。 （4）单击“分享”按钮	（1）弹出信息提示框“数据服务连接成功！”。 （2）弹出信息提示框“数据服务连接失败，请检查网络或 ID、KEY”。 （3）弹出信息提示框“扫描只在安卓系统下可用！”。 （4）显示 IDKey 二维码模态框
测试用例描述 2		MAC 设置子界面测试	
前置条件		获得液位传感器、水泵、信号灯控制器等设备节点的 MAC 地址	
序号	测试项	操作步骤	预期结果
2	液位传感器、水泵、信号灯控制器等设备节点连接至云平台服务器	依次输入各设备节点的 MAC 地址，单击“确认”按钮，在 MAC 设置子界面中： （1）单击“扫描”按钮； （2）单击“分享”按钮	弹出信息提示框“MAC 设置成功”，运营首页界面各子界面的标题处显示“在线”。 （1）弹出信息提示框“扫描只在安卓系统下可用！”。 （2）显示 MAC 设置二维码模态框

续表

测试用例描述 3		版本信息子界面测试	
前置条件		无	
序号	测试项	操作步骤	预期结果
3	版本升级	（1）单击“版本升级”按钮。 （2）单击“查看升级日志”按钮再单击“收起升级日志”按钮。 （3）单击“下载图片”按钮	（1）弹出信息提示框“当前已是最新版本”。 （2）显示升级说明，收起升级说明。 （3）弹出下载 App 模态框

（5）洪涝系统性能测试用例。洪涝系统性能测试用例如表 6.16 所示。

表 6.16　洪涝系统性能测试用例

性能测试用例 1		
性能测试用例描述 1	浏览器兼容性	
用例目的	通过不同浏览器打开洪涝系统（主要测试谷歌浏览器、火狐浏览器、360 浏览器）	
前提条件	项目工程已经部署成功	
执行操作	期望的性能	实际性能（平均值）
通过不同浏览器打开	三个浏览器都能正确显示城市智能排水系统项目（用时 1 s）	谷歌浏览器用时 1.3 s、火狐浏览器用时 1.6 s、360 浏览器用时 1.8 s
性能测试用例 2		
性能测试用例描述 2	界面在线状态请求	
用例目的	界面在线更新必须快速，需要主动查询	
前提条件	数据服务连接成功且 MAC 地址设置正确	
执行操作	期望的性能	实际性能（平均值）
测试上线时间	液位、水泵、报警灯子界面标题处显示“在线”（用时 3 s）	液位子界面用时 1.4 s、水泵子界面用时 1.2 s、报警灯子界面用时 1.0 s
性能测试用例 3		
性能测试用例描述 3	水泵连续开关测试	
用例目的	测试系统中的水泵是否支持连续操作	
前提条件	数据服务连接成功、MAC 地址设置正确并且在手动模式下	
执行操作	期望的性能	实际性能（平均值）
连续单击水泵子界面开关按钮 30 次	水泵子界面图片状态切换以及底层硬件开关次数大于或等于 28	实际的图片切换和硬件开关次数 28～30

（6）液位子界面的功能测试。如果液位子界面的标题显示在线，则说明液位传感器已连接云平台服务器，此时该子界面会显示液位计及数据，如图 6.105 所示。运行 ZCloudWebTools，选中液位传感器的 MAC 地址，可在控制命令中查看 A2 值，如图 6.106 所示。

（7）水泵子界面的功能测试。如果水泵子界面标题显示“在线”，则说明水泵已连接云平台服务器，此时该子界面如图 6.107 所示。运行 ZCloudWebTools，选中水泵的 MAC 地址，可在控制命令中查看 D1 值，如图 6.108 所示。

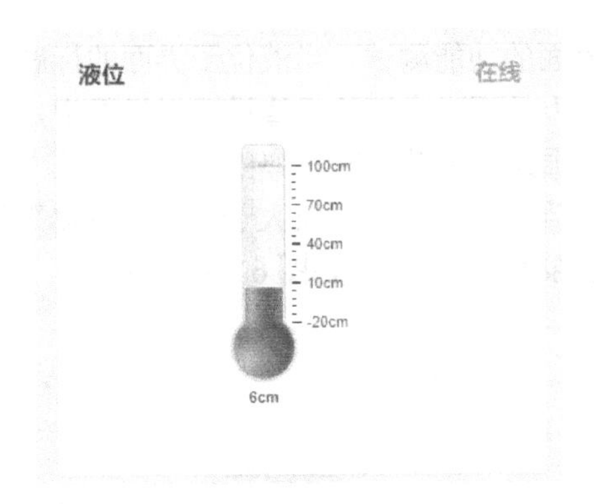

图 6.105　液位传感器连接云平台服务器时的液位子界面

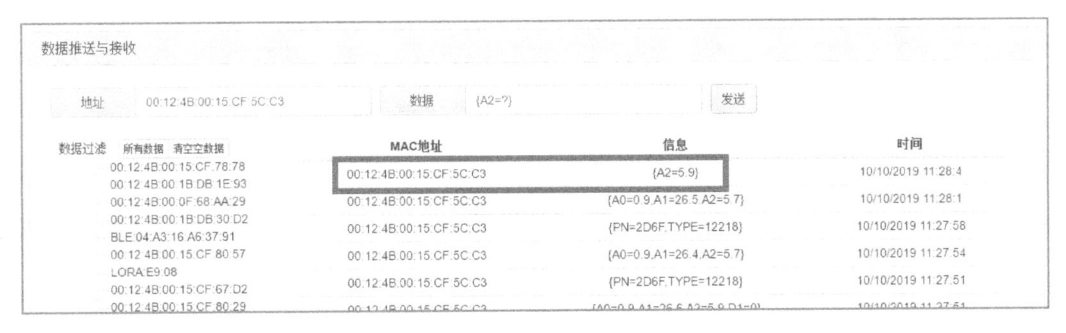

图 6.106　在控制命令中查看 A2 值

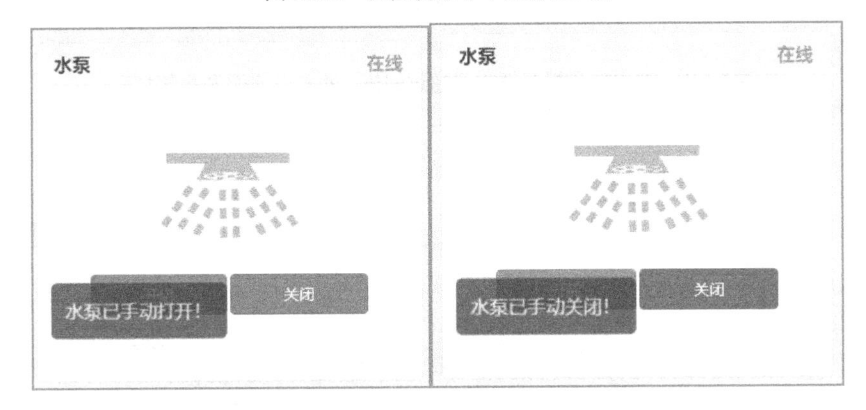

图 6.107　水泵连接云平台服务器时的水泵子界面

数据推送与接收

地址　BLE:04:A3:16:A6:37:91　数据　{D1=?}　发送

数据过滤　所有数据　清空空数据

00:12:4B:00:15:CF:78:78
00:12:4B:00:1B:DB:1E:93
00:12:4B:00:0F:68:AA:29
00:12:4B:00:1B:DB:30:D2
BLE:04:A3:16:A6:37:91
00:12:4B:00:15:CF:80:57
LORA:E9:08
00:12:4B:00:15:CF:67:D2

MAC地址	信息	时间
BLE:04:A3:16:A6:37:91	{A5=31.1,A6=45.0,A7=10.4}	10/10/2019 11:34:12
BLE:04:A3:16:A6:37:91	{D1=0}	10/10/2019 11:34:10
BLE:04:A3:16:A6:37:91	{D1=2}	10/10/2019 11:34:8
BLE:04:A3:16:A6:37:91	{A5=31.1,A6=45.0,A7=9.7}	10/10/2019 11:34:7
BLE:04:A3:16:A6:37:91	{A5=31.1,A6=45.0,A7=9.8}	10/10/2019 11:34:6

图 6.108　在控制命令中查看 D1 值

（8）液位阈值设置子界面的功能测试。当液位子界面的标题显示“在线”时，单击模式设置子界面中的“自动模式”按钮。在液位阈值设置子界面中，当滑动滑块（用于设置液位阈值）使阈值小于液位传感器采集的数据时，弹出信息提示框“已超过阈值，将打开水泵和报警灯”，如图 6.109 所示；当滑动滑块使阈值大于液位传感器采集的数据时，弹出信息提示框“已低于阈值，将关闭水泵和报警灯”，如图 6.110 所示。

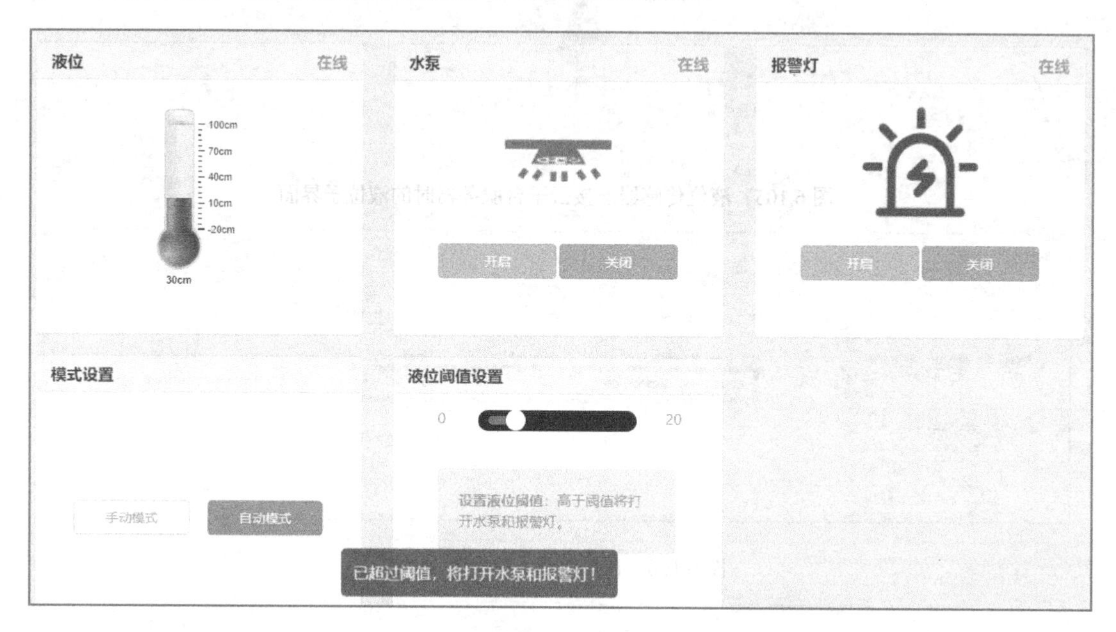

图 6.109　弹出信息提示框“已超过阈值，将打开水泵和报警灯”

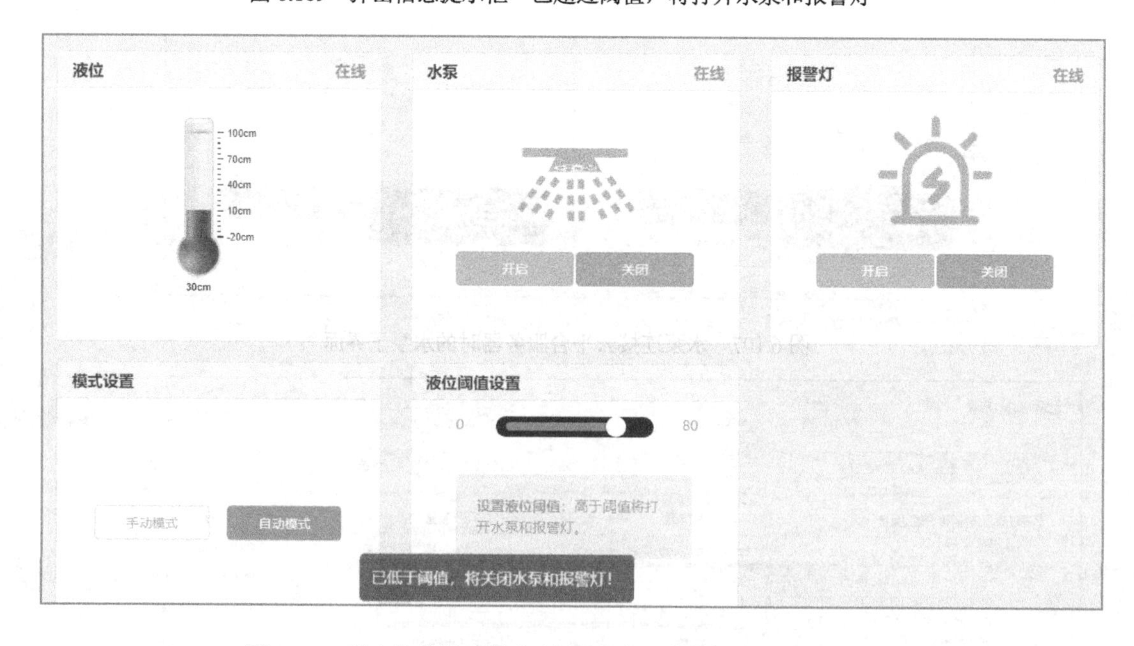

图 6.110　弹出信息提示框“已低于阈值，将关闭水泵和报警灯”

6.4　智慧城市路灯系统设计

6.4.1　系统分析

1. 系统功能需求分析

智慧城市路灯系统的功能如图 6.111 所示。

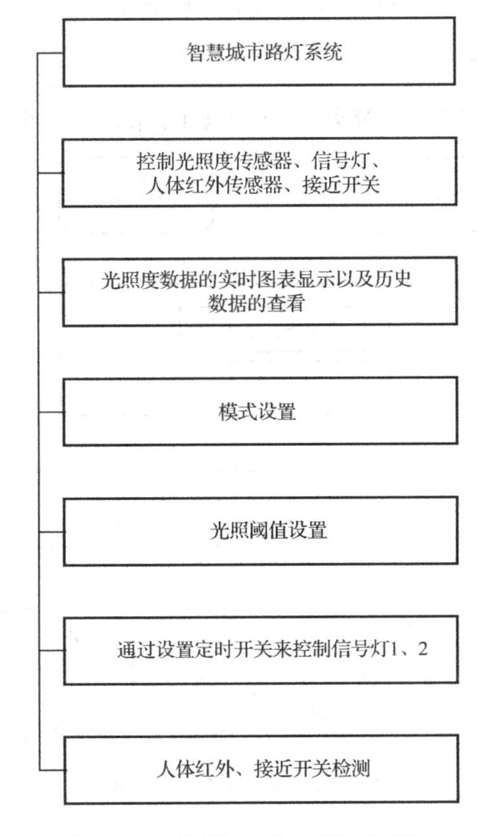

图 6.111　智慧城市路灯系统的功能

2. 系统界面分析

路灯系统界面分为三个部分，分别是运营首页界面、历史数据界面和更多信息界面，如图 6.112 所示。

（1）运营首页界面：该界面面向用户，主要用于光照度传感器、人体红外传感器、信号灯控制器、接近开关等设备节点的在线状态以及采集的数据。运营首页界面包括光照度、路灯 1、路灯 2、光照阈值、定时开关、模式设置、人体红外、接近开关子界面。

（2）历史数据界面：该界面面向用户，可通过折线图来显示光照度的历史数据。

（3）更多信息界面：该界面用于设置登录信息，包括 IDKey、MAC 设置和版本信息子界面。

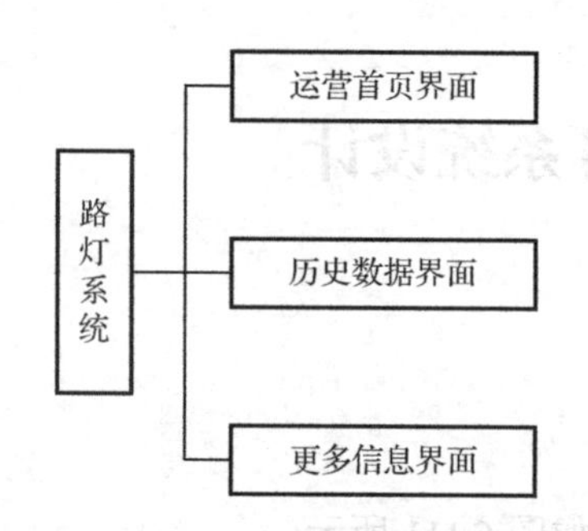

图 6.112　路灯系统界面的组成

3．系统业务流程分析

路灯系统的业务流程和工地系统类似，详见 6.1.1 节，其业务流程如图 6.113 所示。

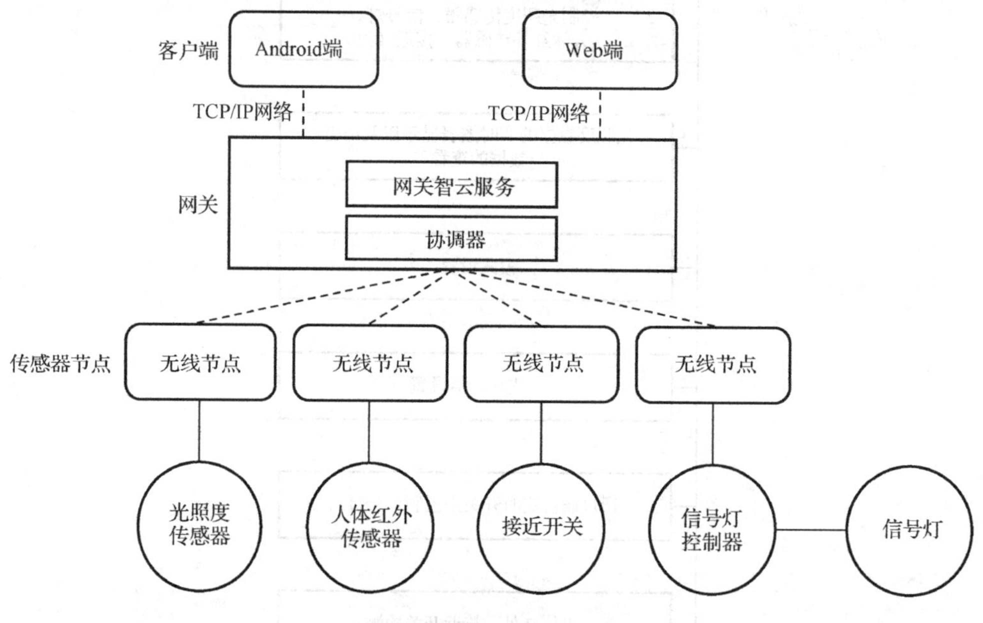

图 6.113　路灯系统业务流程

6.4.2　系统设计

1．系统界面框架设计

路灯系统界面的结构如图 6.114 所示。

(1) 运营首页界面。路灯系统运营首页界面采用 DIV+CSS 布局，其结构如图 6.115 所示。

① 头部（div.head）：用于显示路灯系统的名称。

② 顶级导航（top-nav）：用于切换运营首页界面、历史数据界面及更多信息界面。

③ 内容包裹（wrap）：分为导航和主体 1（div.content）。

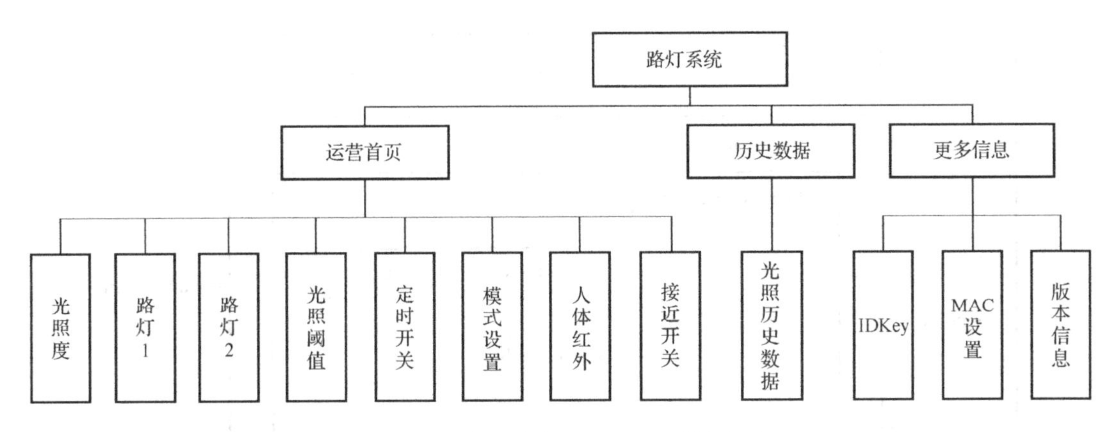

图 6.114　智慧城市路灯系统界面结构图

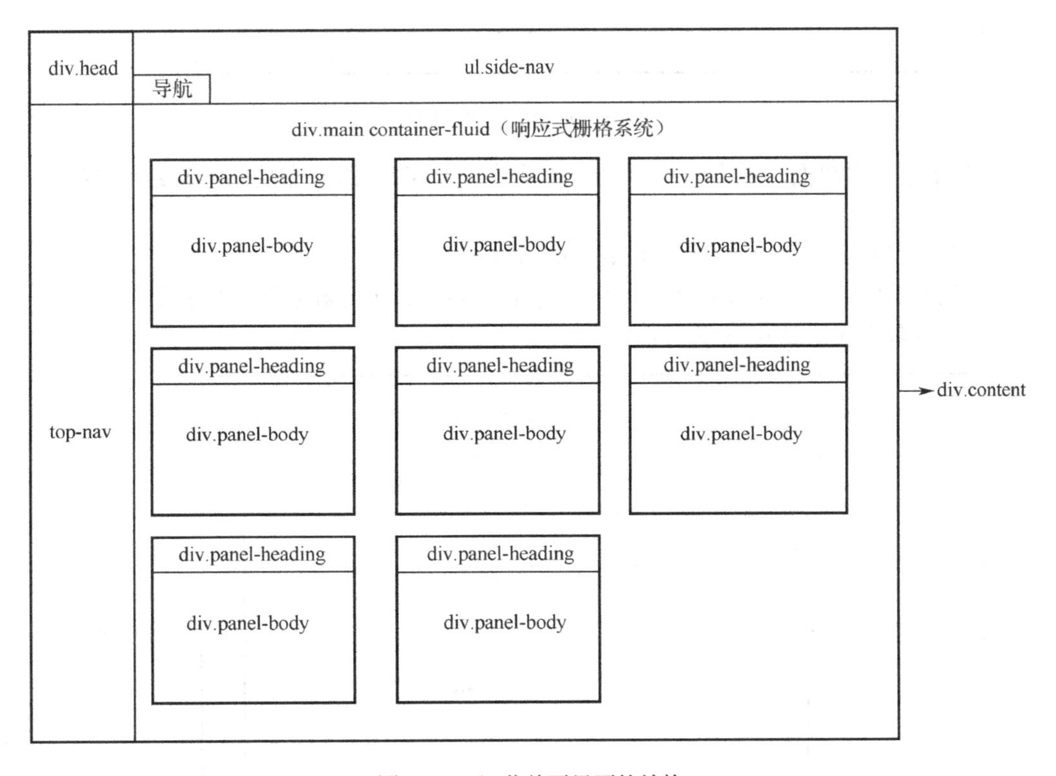

图 6.115　运营首页界面的结构

（2）历史数据界面。历史数据界面是通过 Bootstrap 框架进行布局的，其结构如图 6.116 所示。

① 头部（div.head）：用于显示路灯系统的名称。

② 顶级导航栏（top-nav）：用于切换运营首页界面、历史数据界面及更多信息界面。

③ 内容包裹（wrap）：分为导航和主体 2（div.content）。

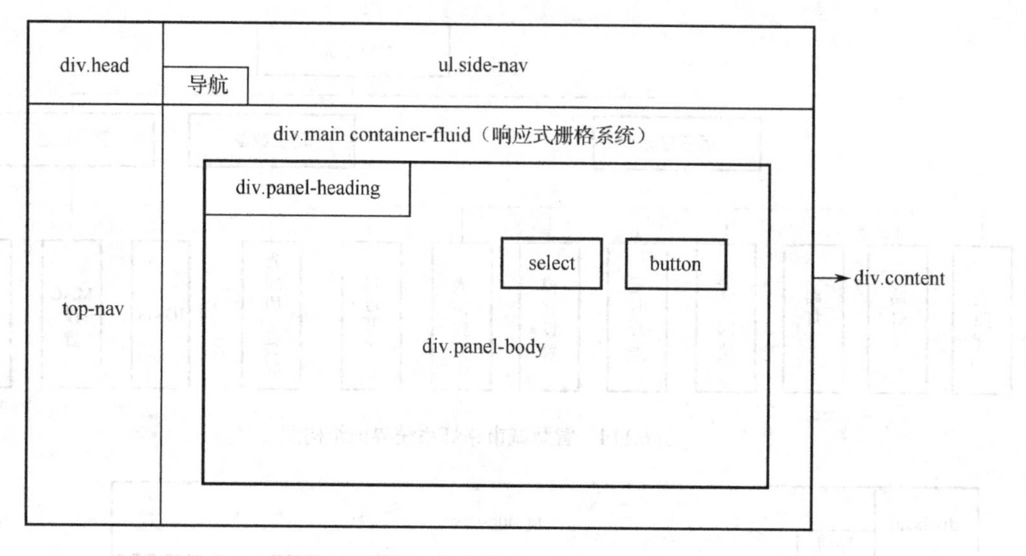

图 6.116　历史数据界面的结构

（3）更多信息界面。更多信息界面也是通过 DIV+CSS 进行布局的，其结构如图 6.117 所示。

① 头部（head）：用于显示路灯系统的名称。

② 顶级导航栏（top-nav）：用于切换运营首页界面、历史数据界面及更多信息。

③ 内容包裹（wrap）：分为导航和主体 3（div.content）。

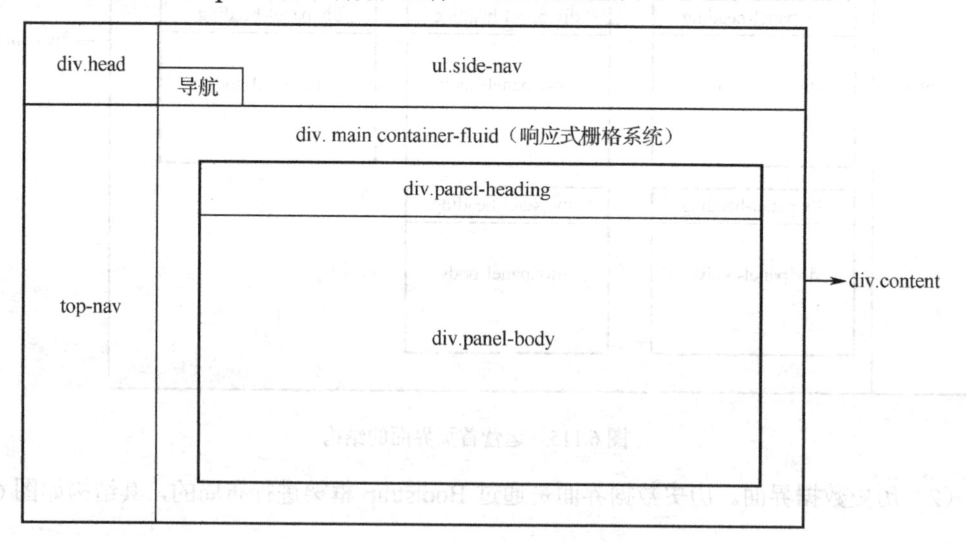

图 6.117　更多信息界面的结构

2．系统界面设计风格

系统界面设计风格请参考 6.1.2 节内容，相关设计如下：

（1）导航。单击一级导航（见图 6.118）时背景、字体颜色会淡化或者高亮，单击二级导航（见图 6.119）时会通过下画线来进行提示。

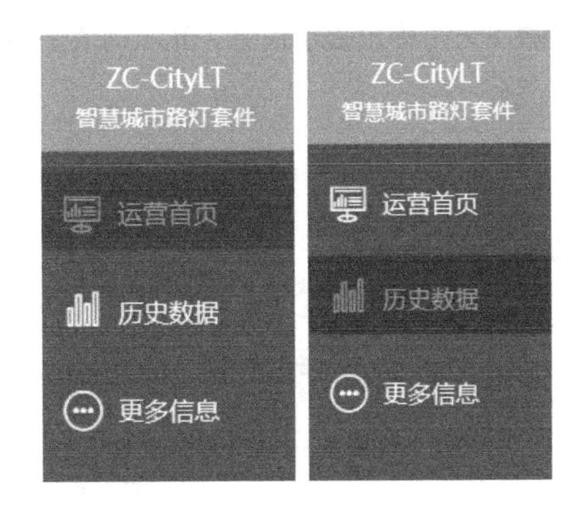

图 6.118　一级导航

图 6.119　二级导航

（2）Bootstrap 栅格系统。路灯系统界面的主体内容采用 Bootstrap 栅格系统进行布局，如图 6.120 所示，具体请参考 3.1.2 节。

图 6.120　采用 Bootstrap 栅格系统对路灯系统界面的主体内容进行布局

（3）三色搭配风格。三色搭配风格请参考 6.1.2 节。

3. 系统界面交互式设计

（1）导航界面交互设计。本项目导航分为一级导航和二级导航，一级导航用于动态切换二级导航，二级导航用于动态显示主体内容。

（2）提示信息交互设计。

① 在线提示信息。当云平台服务器和设备节点的 MAC 地址都设置正确时，在运营首页界面的各个子界面的标题会显示设备节点处于“在线”状态。

② 光照阈值子界面和定时开关子界面的提示信息。光照阈值子界面可根据用户设置的光照阈值和光照度传感器采集的数据来弹出不同的提示信息，定时开关子界面可以对路灯 1 和路灯 2 设置开启和关闭时间，并弹出相应的提示信息。设置提示信息交互式，在运营首页界

面的液位阈值、定时开关模块下方可弹出提示信息。光照阈值子界面和定时开关子界面的提示信息如图 6.121 所示。

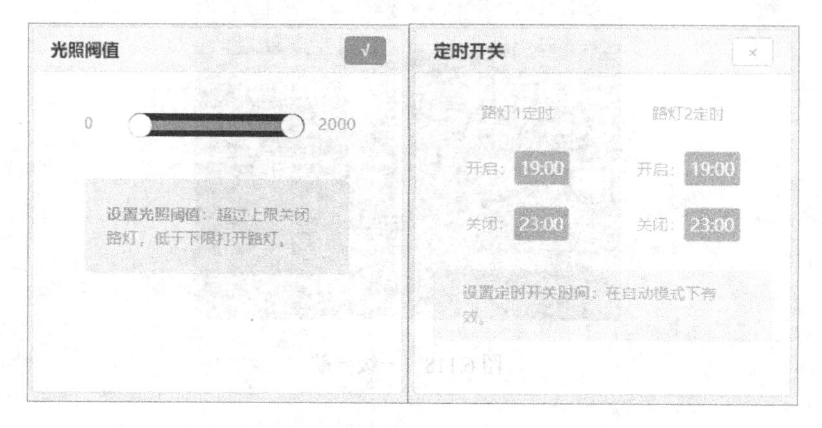

图 6.121　光照阈值子界面及定时开关子界面的提示信息

（3）按钮交互设计。路灯系统的按钮交互设计与工地系统类似，请参考 6.1.2 节。

6.4.3　系统界面实现

1. 系统界面的布局

（1）运营首页界面的布局如图 6.122 所示。

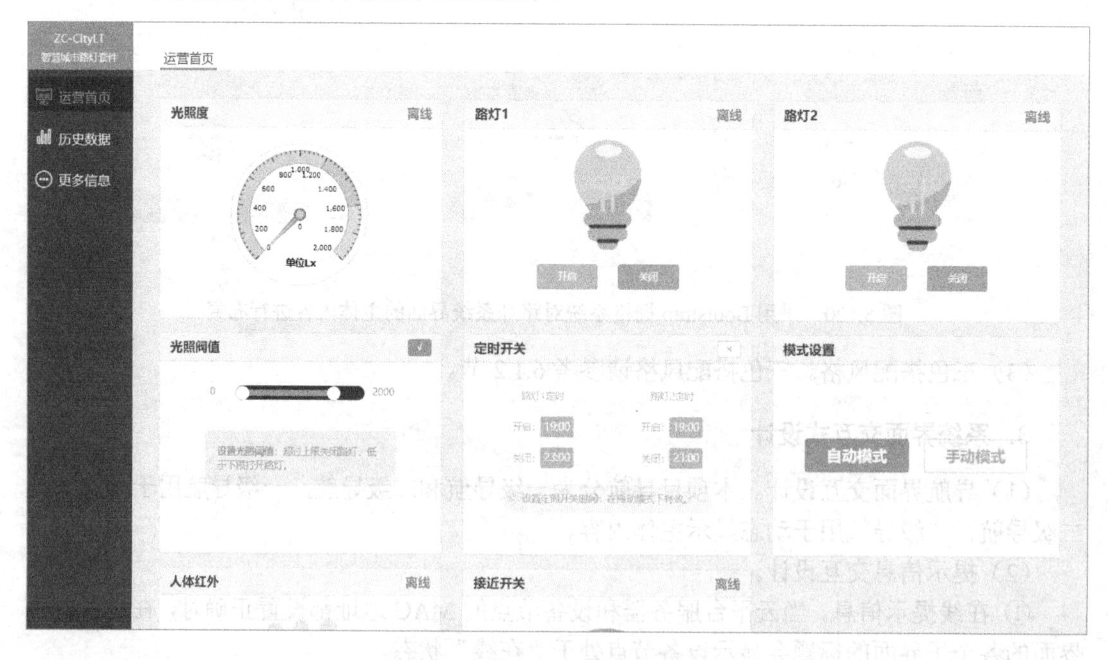

图 6.122　运营首页界面的布局

（2）历史数据界面的布局如图 6.123 所示。

图 6.123 历史数据界面的布局

（3）更多信息界面的布局如图 6.124 所示。

图 6.124 更多信息界面的布局

2. 系统界面的设计

（1）IDKey 子界面的设计。路灯系统的 IDKey 子界面的设计与工地系统类似，详见 6.1.3 节。

（2）MAC 设置子界面的设计。路灯系统的 MAC 设置子界面的设计与工地系统类似，详见 6.1.3 节。

（3）历史数据界面的设计。历史数据界面如图 6.125 所示，该界面是通过 Bootstrap 框架进行布局的。历史数据界面包括标题和主体内容两个部分。标题部分用于显示“光照”。主体内容包括：通过 select 标签设置的下拉框（用于选择历史时间段），“查询”按钮，“光照历史数据”标签及其引入的历史数据折线图。具体代码如下：

图 6.125 历史数据界面

```
<div class="main container-fluid">
    <div class="row">
        <div class="col-lg-12 col-md-12 col-sm-12 col-xs-12">
            <div class="panel panel-default">
                <div class="panel-heading">光照</div>
                <div class="panel-body">
                    <ul class="historyBtn">
                        <div class="row">
                            <div class="col-lg-8 col-md-8 col-sm-8 col-xs-8"></div>
                            <div class="col-lg-3 col-md-3 col-sm-3 col-xs-3">
                                <select class="form-control" id="lightSet">
                                    <option value="queryLast1H">最近 1 小时</option>
                                    <option value="queryLast6H">最近 6 小时</option>
                                    ……
                                </select>
                            </div>
                            <div class="col-lg-1 col-md-1 col-sm-1 col-xs-1">
                                <button id="lightHistoryDisplay" class="btn btn-primary">查询
</button>
                            </div>
                        </div>
                    </ul>
                    <div id="her_light">光照历史数据</div>
                </div>
            </div>
        </div>
    </div>
</div>
```

光照历史数据折线是通过引入 HighCharts 图表文件来实现的，代码如下：

```
<script src="js/charts/highcharts.js"></script>
<script src="js/charts/drawcharts.js"></script>
function showChart(sid, ctype, unit, step, data) {
    $(sid).highcharts({
        chart: {
            //renderTo: 'chart_1',
            type: ctype,
            animation: false,
            zoomType: 'x'
        },
        legend: {
            enabled: false
        },
        title: {
            text: ''
        },
        xAxis: {
```

```
            type: 'datetime'
        },
        yAxis: {
            title: {
                text: ''
            },
            minorGridLineWidth: 0,
            gridLineWidth: 1,
            alternateGridColor: null
        },
        tooltip: {
            formatter: function () {
                return '' +
                    Highcharts.dateFormat('%Y-%m-%d %H:%M:%S', this.x) + '<br><b>' + this.y + unit
+ '</b>';
            }
        },
        plotOptions: {
            spline: {
                lineWidth: 2,
                states: {
                    hover: {
                        lineWidth: 3
                    }
                },
                marker: {
                    enabled: false,
                    states: {
                        hover: {
                            enabled: true,
                            symbol: 'circle',
                            radius: 3,
                            lineWidth: 1
                        }
                    }
                }
            },
            line: {
                lineWidth: 1,
                states: {
                    hover: {
                        lineWidth: 1
                    }
                },
                marker: {
                    enabled: false,
                    states: {
```

```
                    hover: {
                        enabled: true,
                        symbol: 'circle',
                        radius: 3,
                        lineWidth: 1
                    }
                }
            }
        }
    },
    series: [{
            marker: {
                symbol: 'square'
            },
        data: data,
        step: step
    }]
    ,
    navigation: {
        menuItemStyle: {
            fontSize: '10px'
        }
    }
  });
}
```

（4）光照度子界面的设计。光照度子界面如图 6.126 所示，该子界面是通过 Bootstrap 栅格系统进行布局的。光照度子界面包括标题和主体内容两个部分，标题用于显示设备节点（光照度传感器）的状态，主体内容通过仪表盘来实时显示光照度传感器采集的光照度数据。具体代码如下：

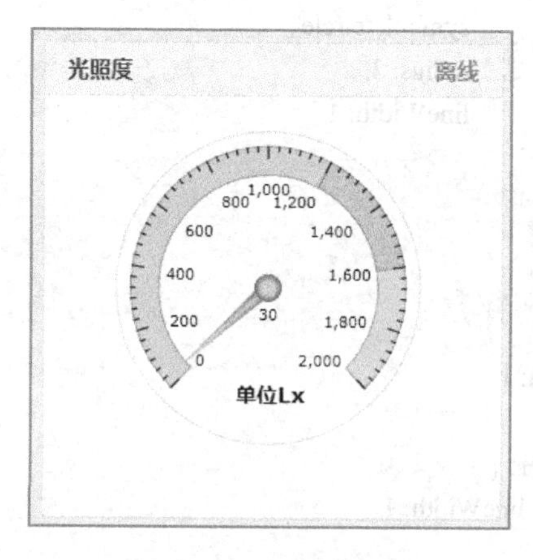

图 6.126　光照度子界面

```
<div class="col-lg-4 col-md-4 col-sm-4 col-xs-4">
    <div class="panel panel-default">
```

```
            <div class="panel-heading">光照度<span id="tStatus" class="float-right text-red float-head">离线
</span></div>
            <div class="panel-body text-center">
                <div id="light" class="chartBlock chartBlock1">光照度</div>
            </div>
        </div>
    </div>
```

（5）路灯 1 子界面和路灯 2 子界面的设计。路灯 1 子界面和路灯 2 子界面如图 6.127 所示，这两个子界面是通过 Bootstrap 栅格系统进行布局的。路灯 1 子界面和路灯 2 子界面包括标题和主体内容两个部分，标题用于显示设备节点（路灯，即信号灯控制器）的状态，主体内容包括“开启”“关闭”按钮以及子界面的显示图片。具体代码如下：

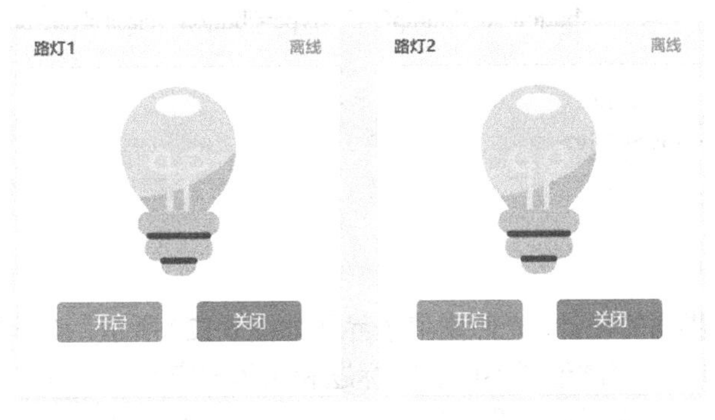

图 6.127　路灯 1 子界面和路灯 2 子界面

```
    <div class="col-lg-4 col-md-4 col-sm-4 col-xs-4">
        <div class="panel panel-default">
            <div class="panel-heading">路灯 1<span id="lStatus" class="float-right text-red float-head">离线
</span></div>
            <div class="panel-body">
                <div class="chartBlock">
                    <img id="led1Status" class="" src="img/led-off.png" alt=""><br>
                    <div class="form-group handle-btn-div">
                        <div class="col-lg-6 col-md-6 col-sm-6 col-xs-6 text-center">
                            <button id="pumpOn1" type="button" class="btn btn-primary btn-block">开启
</button>
                        </div>
                        <div class="col-lg-6 col-md-6 col-sm-6 col-xs-6 text-center" >
                            <button id="pumpOff1" type="button" class="btn btn-danger btn-block">关闭
</button>
                        </div>
                    </div>
                </div>
            </div>
        </div>
    </div>
    <div class="col-lg-4 col-md-4 col-sm-4 col-xs-4">
```

```
        <div class="panel panel-default">
            <div class="panel-heading">路灯 2<span id="l2Status" class="float-right text-red float-head">离线
</span></div>
            <div class="panel-body">
                <div class="chartBlock">
                    <img id="led2Status" class="" src="img/led-off.png" alt=""><br>
                    <div class="form-group handle-btn-div">
                        <div class="col-lg-6 col-md-6 col-sm-6 col-xs-6 text-center">
                            <button id="pumpOn2" type="button" class="btn btn-primary btn-block">开启
</button>
                        </div>
                        <div class="col-lg-6 col-md-6 col-sm-6 col-xs-6 text-center" >
                            <button id="pumpOff2" type="button" class="btn btn-danger btn-block">关闭
</button>
                        </div>
                    </div></div>
            </div>
        </div>
    </div>
```

（6）光照阈值子界面的设计。光照阈值子界面如图 6.128 所示，该子界面是通过 Bootstrap 栅格系统进行布局的。光照阈值子界面包括标题和主体内容两个部分，标题用于显示“光照阈值”，主体内容通过滑块来设置光照阈值。该滑块是双向滑块，是通过 jQuery 插件的 nstSlider 类来实现的，滑块的区间是通过“data-range_min="0"”“data-range_max="2000"”两个属性实现的，滑块形状和颜色是通过 bar 类来实现的。具体代码如下：

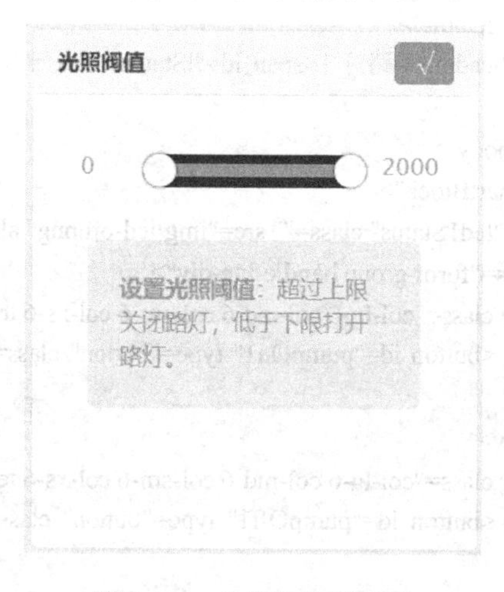

图 6.128　光照阈值子界面

```
    <div class="col-lg-4 col-md-4 col-sm-4 col-xs-4">
        <div class="panel panel-default water-range">
            <div class="panel-heading panel-check">光照阈值 <button class="btn btn-default" id=
"checkLight">×</button></div>
            <div class="panel-body">
                <div class="chartBlock" style="max-width: 100%">
```

```
                <br>
                <div class="nstSlider nst-disabled" id="nstSliderS" data-range_min="0" data-range_max=
"2000" data-cur_min="0" data-cur_max="2000">
                    <div class="bar" id="barS" style="left: 121px; width: 72px;"></div>
                    <div class="leftGrip gripHighlighted" id="leftGripS" tabindex="0" style="left:
111px;"></div>
                    <div class="rightGrip" id="rightGripS" tabindex="0" style="left: 173px;"></div>
                    <div class="leftLabel nstSlider-val" id="leftLabelS">53</div>
                    <div class="rightLabel nstSlider-val" id="rightLabelS">83</div>
                </div>
                <div class="mode-text">
                    <span id="mode-txt-3"><b>设置光照阈值</b>：超过上限关闭路灯，低于下限打
开路灯。</span>
                </div>
            </div>
        </div>
    </div>
</div>
```

滑块功能的实现代码如下：

```
//设置滑块
$('#nstSliderS').nstSlider({
    "left_grip_selector": "#leftGripS",
    "value_bar_selector": "#barS",
    "value_changed_callback": function (cause, leftValue, rightValue) {
        var $container = $(this).parent();
        g = 255 - 127 + leftValue,
            r = 255 - g,
            b = 0;
        $container.find('#leftLabelS').text(rightValue);
        $container.find('#rightLabelS').text(leftValue);
        $(this).find('#barS').css('background', 'rgb(' + [r, g, b].join(',') + ')');
        localData["threshold"] = leftValue;
        storeStorage();
    },
    "user_mouseup_callback": function (leftValue) {
        if (connectFlag) {
            rtc.sendMessage(localData.waterMAC, sensor.water.query);
        }
    },
});
```

（7）定时开关子的界面设计。定时开关子界面如图 6.129 所示，该子界面是通过 Bootstrap 栅格系统进行布局的。定时开关子界面包括标题和主体内容两个部分，标题用于显示“定时开关”和开关选项勾选按钮，主体内容用于设置路灯 1 和路灯 2 的开启时间及关闭时间。具体代码如下：

图 6.129　定时开关子界面

```
<div class="col-lg-4 col-md-4 col-sm-4 col-xs-4">
    <div class="panel panel-default handle-switch  mode-set">
        <div  class="panel-heading  panel-check"> 定 时 开 关 <button  class="btn  btn-default"
id="checkTime">×</button></div>
        <div class="panel-body">
            <div class="chartBlock panel-timer filter">
                <div class="form-group col-lg-10 col-md-10 col-sm-10 col-xs-10 text-center" >
                    <div class="col-lg-6 col-md-6 col-sm-6 col-xs-6">
                        <p>路灯 1 定时</p> 
                        <p>开启：<span class="time" data-field="time" id="open_time">19:00</span>
</p> 
                        <p>关闭：<span class="time" data-field="time" id="close_time">23:00</span>
</p>
                    </div>
                    <div class="col-lg-6 col-md-6 col-sm-6 col-xs-6">
                        <p>路灯 2 定时</p> 
                        <p>开启：<span class="time" data-field="time" id="open_time2">19:00</span>
</p> 
                        <p>关闭：<span class="time" data-field="time" id="close_time2">23:00</span>
</p>
                    </div> 
                    <div  class="col-lg-12  col-md-12  col-sm-12  col-xs-12  text-center"><p  class=
"chooseTime"><b>设置定时开关时间：</b>在自动模式下有效。<p></div>
                </div>
            </div>
        </div>
    </div>
</div>
```

定时时间是通过 jQuery 中的日期时间选择插件 DateTimePicker 来实现的，具体代码如下：

```
$("#dtBox").DateTimePicker({
    init: function () { },
```

```
        settingValueOfElement: function () {
            localData["setTime"] = [$("#open_time").text(), $("#close_time").text()];
            localData["setTime2"] = [$("#open_time2").text(), $("#close_time2").text()];
            storeStorsge();
        }
});
```

模式设置模块较为简单，只需要在主体内容添加“手动模式”按钮和“自动模式”按钮即可。具体代码如下：

```
<div class="col-lg-4 col-md-4 col-sm-4 col-xs-4">
    <div class="panel panel-default mode-set">
        <div class="panel-heading">模式设置</div>
        <div class="panel-body">
            <div class="chartBlock">
                <div class="form-group col-lg-10 col-md-10 col-sm-10 col-xs-10" >
                    <div class="col-lg-6 col-md-6 col-sm-6 col-xs-6 text-center">
                        <button id="autoMode" name="modelBtn" type="button" class="btn btn-default
btn-big btn-block" onclick="Button.modelBtn($(this))">自动模式</button>
                    </div>
                    <div class="col-lg-6 col-md-6 col-sm-6 col-xs-6 text-center">
                        <button    id="handMode"    name="modelBtn"    type="button"    class="btn
btn-primary btn-big btn-block" onclick="Button.modelBtn($(this))">手动模式</button>
                    </div>
                </div>
            </div>
        </div>
    </div>
</div>
```

（8）人体红外子界面和接近开关子界面的设计。人体红外子界面和接近开关子界面如图 6.130 所示，这两个子界面是通过 Bootstrap 栅格系统进行布局的。人体红外子界面包括标题和主体内容两个部分，标题用于显示人体红外传感器的状态，主体内容根据人体红外传感器的状态来切换图片；接近开关子界面包括标题和主体内容两个部分，标题用于显示接近开关的状态，主体内容根据接近开关的状态来切换图片。具体代码如下：

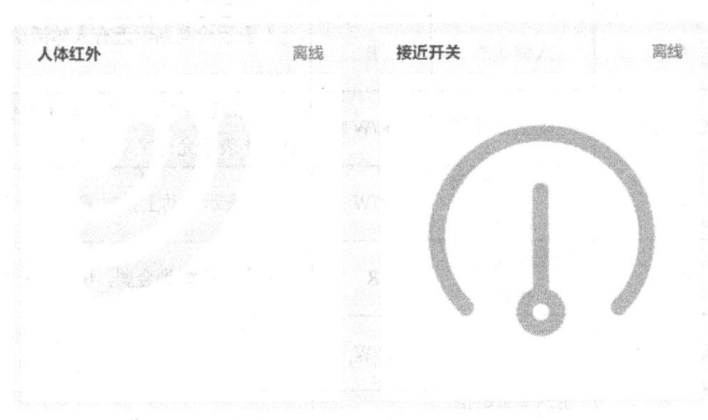

图 6.130　人体红外子界面与接近开关子界面

```
        <div class="col-lg-4 col-md-4 col-sm-4 col-xs-4">
            <div class="panel panel-default">
                <div class="panel-heading">人体红外<span id="infraredLink" class="float-right text-red">离线
</span></div>
                <div class="panel-body">
                    <img id="infraredStatus" class="chartBlock" src="img/infrared-off.png" alt="">
                </div>
            </div>
        </div>
        <div class="col-lg-4 col-md-4 col-sm-4 col-xs-4">
            <div class="panel panel-default">
                <div class="panel-heading">接近开关<span id="switchLink" class="float-right text-red">离线
</span></div>
                <div class="panel-body">
                    <img id="switchStatus" class="chartBlock" src="img/scan-off.png" alt="">
                </div>
            </div>
        </div>
```

6.4.4 系统功能实现

1. ZXBee数据通信协议

路灯系统的ZXBee数据通信协议如表6.17所示。

表6.17 路灯系统的ZXBee数据通信协议

设备节点	参数	含义	读写权限	说明
光照度传感器	A0	光照度	R	浮点型数据，精度为0.1，单位为lx
	D0(OD0/CD0)	主动上报使能	R/W	D0的bit0对应A0主动上报能，0表示不允许主动上报，1表示允许主动上报
	V0	主动上报时间间隔	R/W	V0表示主动上报时间间隔
信号灯控制器	D1(OD1/CD1)	信号灯控制	R/W	D1的bit0和bit1分别表示两路信号灯（即路灯）的开关，0表示关闭，1表示打开
人体红外传感器	A0	人体状态	R	1表示检测到附近有人体活动，0表示未检测到有人体活动
	D0(OD0/CD0)	主动上报使能	R/W	D0的bit0对应A0主动上报使能，0表示不允许主动上报，1表示允许主动上报
	V0	主动上报时间间隔	R/W	V0表示主动上报时间间隔，单位为s
接近开关	A0	接近开关检测状态	R	1表示检测到金属，0表示未检测到金属
	D0(OD0/CD0)	主动上报使能	R/W	D0的bit0对应A0主动上报使能，0表示不允许主动上报，1表示允许主动上报
	V0	主动上报时间间隔	R/W	V0表示主动上报时间间隔，单位为s

2. 云平台服务器的连接

路灯系统与云平台服务器的连接，以及通过云平台服务器查询历史数据的流程和抄表系统类似，详见6.2.4节。

3. 设备节点状态更新显示

（1）设备节点状态更新显示流程。设备节点状态更新显示流程如图6.131所示。

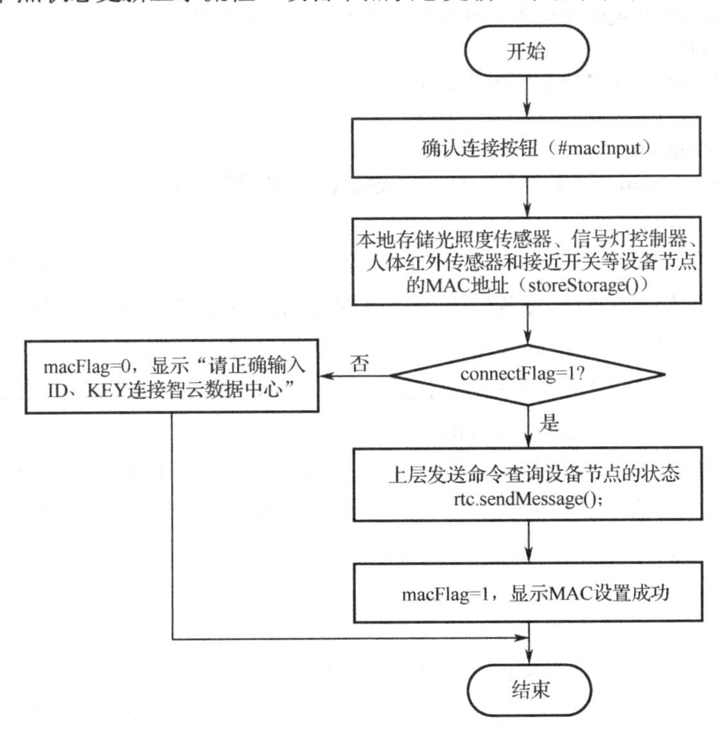

图6.131　设备状态更新显示状态流程

当路灯系统连接到云平台服务器后，云平台服务器就会进行数据推送，推送的数据包中包含了设备节点的MAC地址。当设备节点的MAC地址和云平台服务器的MAC地址匹配后，云平台服务器就可以获取设备节点的数据，所以需要先进行设备节点的MAC地址输入与确认。

设备节点发送查询指令的功能是通过“确认”按钮来实现的，当单击“确认”按钮时，执行“$("# macInput").click()”事件。首先调用函数storeStorage()在本地存储设备节点的MAC地址，再通过条件语句“if(connectFlag){}”判断连接标志位，如果连接标志位connectFlag=1，则调用WSNRTConnect.js中的函数rtc.sendMessage()来查询光照度传感器、路灯、人体红外传感器、接近开关的状态，如果在线则显示“MAC设置成功”，否则显示“请正确输入ID、KEY连接云平台数据中心”。具体代码如下：

```
$("#macInput").click(function () {
    localData.lightMAC = $("#lightMAC").val();
    localData.ledMAC = $("#ledMAC").val();
    localData.infraredMAC = $("#infraredMAC").val();
```

```
        localData.switchMAC = $("#switchMAC").val();
        //本地存储 MAC 地址
        storeStorsge();
        if (connectFlag) {
            rtc.sendMessage(localData.lightMAC, sensor.light.query);
            rtc.sendMessage(localData.ledMAC, sensor.led.query);
            rtc.sendMessage(localData.infraredMAC, sensor.infrared.query);
            rtc.sendMessage(localData.switchMAC, sensor.switch.query);
            macFlag = 1;
            message_show("MAC 设置成功");
        }else {
            macFlag = 0;
            message_show("请正确输入 IDKEY 连接云平台数据中心");
        }
    });
```

（2）设备节点信息处理。设备节点信息处理包括：设备节点状态的更新、手动模式的设置、自动模式的设置、人体红外和接近开关子界面的设置。

① 设备节点状态的更新。上层应用是通过函数 rtc.onmessageArrive()来处理数据包的，该函数有两个参数，分别是 mac 和 dat。

参数 mac 的解析。首先过滤掉设备节点类型数据，只留下数组变量长度为 2 的 MAC 地址信息以及命令查询信息。然后通过嵌套的条件判断语句来对设备节点的 MAC 地址及状态信息进行解析。例如，通过“if(mac==localData.lightMAC){…}”可以解析数据包中光照度传感器的 MAC 地址。

参数 dat 的解析。首先通过嵌套一个条件“if(t[0]==sensor.light.tag){…}”对数据包进行判断，sensor.light.tag 表示查询 sensor 对象的 tag 值。然后通过两层条件判断语句判断光照度传感器的状态，若光照度传感器在线则在光照度子界面的标题处显示“在线”，并根据 tag 值动态切换光照度子界面的图片。其他设备节点的状态更新与此类似。

```
rtc.onmessageArrive = function (mac, dat) {
    if (dat[0] == '{' && dat[dat.length - 1] == '}') {
        dat = dat.substr(1, dat.length - 2);
        var its = dat.split(',');
        for (var x in its) {
            var t = its[x].split('=');
            if (t.length != 2) continue;
            if (mac == localData.lightMAC) {
                if (t[0] == sensor.light.tag) {
                    $('#tStatus').text("在线").css("color", "#5cadba");
                    ……
                }
            }
            if (mac == localData.ledMAC) {
                if (t[0] == sensor.led.tag) {
                    $("#lStatus").text("在线").css("color", "#5cadba");
                    $("#l2Status").text("在线").css("color", "#5cadba");
```

```
                ......
            }
        }
        if (mac == localData.infraredMAC) {
            if (t[0] == sensor.infrared.tag) {
                $('#infraredLink').text("在线").css("color", "#5cadba");
                ......
            }
        }
        if (mac == localData.switchMAC) {
            if (t[0] == sensor.switch.tag) {
                $('#switchLink').text("在线").css("color", "#5cadba");
                ......
            }
        }
    }
  }
}
```

② 手动模式的设置。在手动模式下，用户可以通过路灯系统手动控制路灯 1、2 的开关。手动模式的设置是通过“$("#handMode").click(function(){…}”来实现的，单击“手动模式”按钮时，通过 disabled 属性禁用光照阈值子界面和定时开关子界面的按钮及滑块，再通过条件判断语句判断连接标志位 connectFlag 是否为 1（connectFlag=1 表示数据服务已连接），如果是则将光照度传感器的标志位 pumpModeFlag 设置为 0，这是区分手动模式和自动模式的关键。如果数据服务未连接，则显示“请正确输入 ID、KEY 连接云平台数据中心”。具体代码如下：

```
$("#handMode").click(function () {
    $('.handle-btn-div .btn').attr('disabled', false);
    $('#nstSliderS').addClass('nst-disabled');
    if (connectFlag) {
        pumpModeFlag = 0;
        message_show("手动模式设置成功！");
    } else {
        message_show("请正确输入 ID、KEY 连接云平台数据中心");
    }
});
```

路灯的控制是通过回调函数来实现的，具体代码如下：

```
if (mac == localData.ledMAC) {
    if (t[0] == sensor.led.tag) {
        $("#l1Status").text("在线").css("color", "#96ba5c");
        $("#l2Status").text("在线").css("color", "#96ba5c");
        ledFlag = 1;    //路灯在线
        if ((t[1] & 0x01) == 1) {
            $("#led1Status").attr("src", "img/led-on.png");
```

```
                led1Flag = 1;
            } else {
                $("#led1Status").attr("src", "img/led-off.png");
                led1Flag = 0;
            }
            if ((t[1] >> 3) & 0x01 == 1) {
                $("#led2Status").attr("src", "img/led-on.png");
                led2Flag = 1;
            } else {
                $("#led2Status").attr("src", "img/led-off.png");
                led2Flag = 0;
            }
            ......
        }
    }
```

③ 自动模式的设置。如果在自动模式下，有两种自动控制方式：光照阈值和定时开关，可以通过下面的程序选择一种自动控制方式。具体代码如下：

```
var choose = {
    checkL: function () {        //选中光照阈值自动控制方式
        $("#checkLight").text(" √ ").attr("class", "btn btn-primary");
        $('#nstSliderS').removeClass('nst-disabled');
        $("#checkTime").text("×").attr("class", "btn btn-default");
        $(".panel-timer").addClass("filter")
        $(".time").each(function () { $(this).attr("data-field", false) })
    },
    checkT: function () {        //选中定时开关自动控制方式
        $("#checkLight").text("×").attr("class", "btn btn-default");
        $('#nstSliderS').addClass('nst-disabled');
        $("#checkTime").text(" √ ").attr("class", "btn btn-primary");
        $(".panel-timer").removeClass("filter")
        $(".time").each(function () { $(this).attr("data-field", "time") })
    },
    chechNone: function () {        //都不选
        $("#checkLight").text("×").attr("class", "btn btn-default");
        $('#nstSliderS').addClass('nst-disabled');
        $("#checkTime").text("×").attr("class", "btn btn-default");
        $(".panel-timer").addClass("filter")
        $(".time").each(function () { $(this).attr("data-field", false) })
    },
    changeState: function (state) {        //改变标识符
        if (connectFlag) {
            if (pumpModeFlag == 1) {//自动模式
                setMode = state;
                message_show("设置成功！");
            } else { }
```

```
            } else { message_show("请先连接云平台数据中心"); }
        }
    }
    //光照阈值自动控制方式
    $("#checkLight").click(function () {
        if ($("#autoMode").hasClass("btn-primary")) {
            choose.checkL(); choose.changeState("light");
        } else {
            message_show("请在自动模式下操作！");
        }
    })
    //定时开关自动控制方式
    $("#checkTime").click(function () {
        if ($("#autoMode").hasClass("btn-primary")) {
            choose.checkT(); choose.changeState("time");
        } else {
            message_show("请在自动模式下操作！");
        }
    })
```

光照阈值自动控制方式是通过判断回调函数的返回值来实现的。首先对数据服务、光照度传感器和路灯等设备节点的状态进行判断。如果设备节点在线，则再通过条件判断语句“if(t[1]<localData.threshold[0]){..,}”来比较光照度数据和阈值下限，t[1]表示光照度传感器采集的光照度数据，localData.threshold[0]表示设置的阈值下限，若光照度数据低于阈值则通过函数“rtc.sendMessage(localData.ledMAC,sensor.led.on1)”来打开路灯。阈值上限的判断与此类似。具体代码如下：

```
    if (t[0] == sensor.light.tag) {
        ......
        if (connectFlag && pumpModeFlag && ledFlag && setMode == "light") {
            if (t[1] < localData.threshold[0]) {
                message_show('光照度数据低于阈值下限，将打开路灯');
                if (!led1Flag) rtc.sendMessage(localData.ledMAC, sensor.led.on1); //当路灯 1 关闭时，打开
                if (!led2Flag) rtc.sendMessage(localData.ledMAC, sensor.led.on2); //当路灯 2 关闭时，打开
            } if (t[1] > localData.threshold[1]) {
                message_show('光照度数据超过阈值上限，将关闭路灯');
                if (led1Flag) rtc.sendMessage(localData.ledMAC, sensor.led.off1);
                if (led2Flag) rtc.sendMessage(localData.ledMAC, sensor.led.off2);
            }
        }
    }
}
```

定时开关自动控制方式：当路灯的定时开关设置完成后，通过本地存储的路灯打开时间localData.setTime[0]、关闭时间 localData.setTime[1]与当前的时间进行比较，根据比较的结果来控制路灯的开关。具体代码如下：

```
if (mac == localData.ledMAC) {
    if (t[0] == sensor.led.tag) {
        $("#lStatus").text("在线").css("color", "#96ba5c");
        $("#l2Status").text("在线").css("color", "#96ba5c");
        ledFlag = 1;   //路灯在线
        .....
        //如果自动模式且路灯在线
        if (connectFlag && pumpModeFlag && ledFlag && setMode == "time") {
            //如果当前时间等于其中某一个，判断是谁，开关哪一个
            if (curTime() == localData.setTime[0] && !led1Flag) {
                message_show('定时开启路灯 1')
                rtc.sendMessage(localData.ledMAC, sensor.led.on1);
            }
            if (curTime() == localData.setTime[1] && led1Flag) {
                message_show('定时关闭路灯 1')
                rtc.sendMessage(localData.ledMAC, sensor.led.off1);
            }
            if (curTime() == localData.setTime2[0] && !led2Flag) {
                message_show('定时开启路灯 2')
                rtc.sendMessage(localData.ledMAC, sensor.led.on2);
            }
            if (curTime() == localData.setTime2[1] && led2Flag) {
                message_show('定时关闭路灯 2')
                rtc.sendMessage(localData.ledMAC, sensor.led.off2);
            }
        }
    }
}
```

④ 人体红外子界面与接近开关的设置。人体红外传感器与接近开关采集的数据从底层主动发送至应用层，如果检测到异常，则发送数据包，因此需要通过回调函数进行设备节点 MAC 地址的匹配以及数据包的解析。具体代码如下：

```
if (mac == localData.infraredMAC) {
    if (t[0] == sensor.infrared.tag) {
        $('#infraredLink').text("在线").css("color", "#5cadba");
        if (t[1]=="1") {
            $("#infraredStatus").attr("src", "img/infrared-on.gif");
            message_show("检测到有人");
        }
        else {
            $("#infraredStatus").attr("src", "img/infrared-off.png");
        }
    }
}
if (mac == localData.switchMAC) {
    if (t[0] == sensor.switch.tag) {
```

```
            $('#switchLink').text("在线").css("color", "#5cadba");
            if (t[1]=="1") {
                $("#switchStatus").attr("src", "img/scan-bg.png");
                message_show("检测到有物体接近");
            }
            else {
                $("#switchStatus").attr("src", "img/scan-off.png");
            }
        }
    }
```

6.4.5　系统部署与测试

1．系统硬件部署

（1）硬件设备连接。准备 1 个 S4418/6818 系列网关、1 个光照度传感器、1 个信号灯控制器、2 个信号灯、1 个人体红外传感器、1 个接近开关、3 个 ZXBeeLiteB 无线节点、1 个 ZXBeePlus 无线节点、1 个 JLink 仿真器、1 个 SmartRF04EB 仿真器。

将光照度传感器通过 RJ45 端口连接到 ZXBeeLiteB 无线节点的 A 端，将信号灯控制器通过 RJ45 端口连接到另一个 ZXBeeLiteB 无线节点的 A 端子，将人体红外传感器通过 RJ45 端口连接到 ZXBeeLiteB 无线节点的 B 端，将接近开关通过 RJ45 端口连接到 ZXBeePlusB 无线节点 D 端子。硬件连线如图 6.132 所示。

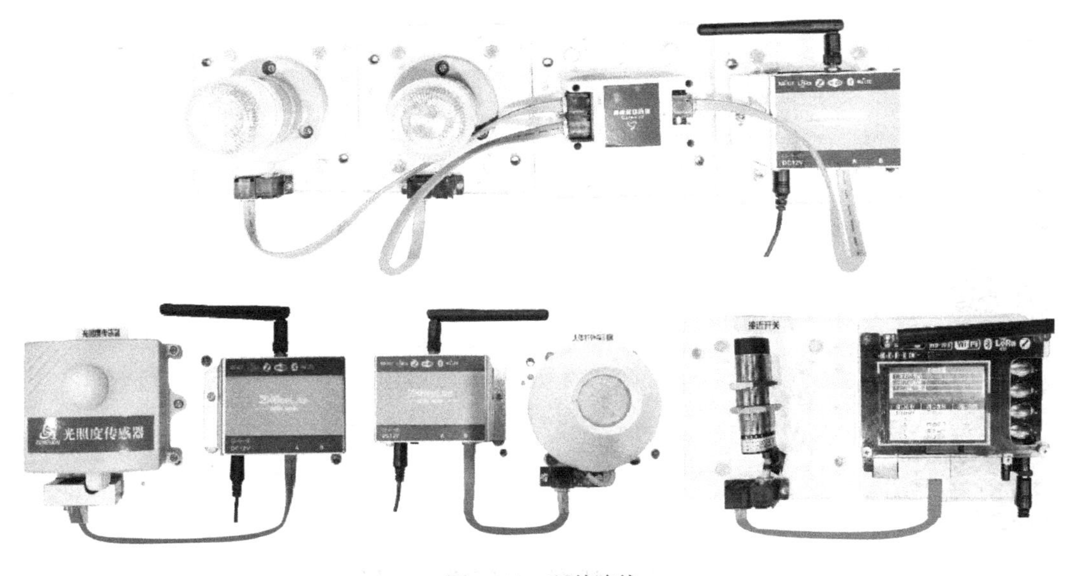

图 6.132　硬件连线

（2）系统组网测试。

① 运行 ZCloudWebTools，打开路灯系统的网络拓扑图，路灯系统组网成功后的网络拓扑图如图 6.133 所示。

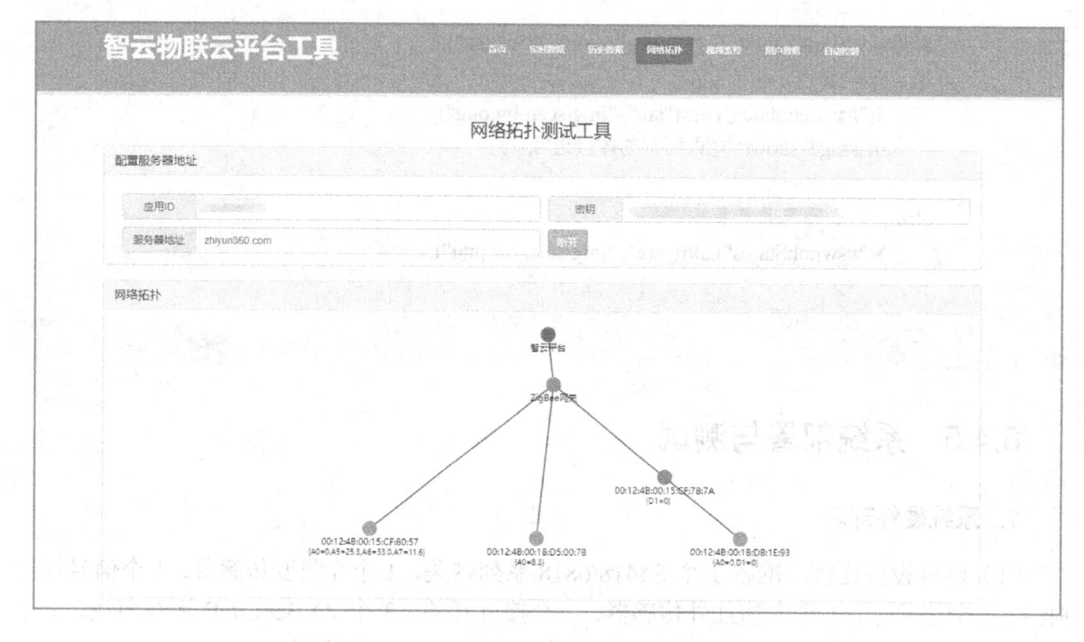

图 6.133　路灯系统组网成功后的网络拓扑图

② 运行本项目的 index.html 文件，输入 ID、KEY 和 SERVER 后单击“确认”按钮，观察设备节点是否在线，若在线则说明组网成功，如图 6.134 所示。

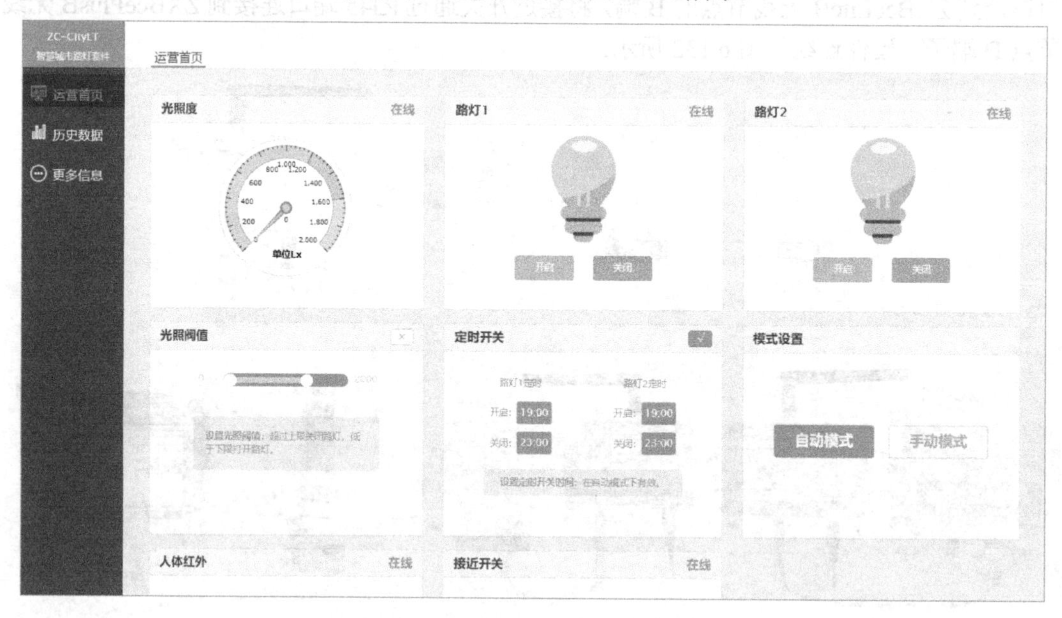

图 6.134　路灯系统组网成功后的界面

2．系统测试

系统测试流程详见 3.1.5 节，具体测试如下：

（1）路灯系统用户功能测试项。路灯系统用户功能测试项如表 6.18 所示。

表6.18　路灯系统用户功能测试项

模　块	编　号	测 试 项
运营首页界面	1	光照度子界面
	2	路灯1和路灯2子界面
	3	光照阈值子界面
	4	定时开关子界面
	5	模式设置子界面
	6	人体红外子界面
	7	接近开关子界面
历史数据界面	1	光照度历史数据查询
更多信息界面	1	IDKey子界面：当用户输入正确的ID、KEY、SERVER后单击“连接”按钮弹出信息提示框“数据服务连接成功”，再单击“断开”按钮弹出信息提示框“数据服务连接失败，请检查网络或ID、KEY”
	2	MAC设置子界面：当云平台服务器连接成功且MAC地址已经输入则弹出信息提示框“MAC设置成功”。 如果云平台服务器未连接，即使MAC地址设置正确，单击“确认”按钮则弹出信息提示框“数据服务连接失败，请检查网络或ID、KEY”
	3	版本信息子界面：单击“版本升级”弹出信息提示框“当前已是最新版本”。 单击“查看升级日志”按钮，可查看版本的修改问题

（2）运营首页界面功能测试用例。运营首页界面功能测试用例如表6.19所示。

表6.19　运营首页界面功能测试用例

测试用例描述1		光照度子界面测试	
前置条件		光照度子界面标题显示“在线”	
序号	测试项	操作步骤	预期结果
1	光照度子界面测试	将光照度传感器暴露在光照下	光照度子界面中的仪表盘指针偏转，在仪表盘下方显示光照度传感器采集数据
测试用例描述2		路灯1和路灯2子界面测试	
前置条件		路灯1和路灯2子界面标题显示“在线”，并且模式设置为“手动模式”	
序号	测试项	操作步骤	预期结果
2	路灯1和路灯2子界面测试	（1）单击路灯1和路灯2子界面“开启”按钮。 （2）单击路灯1和路灯2子界面“关闭”按钮	（1）路灯1和路灯2子界面中的图片动态切换至开启状态。 （2）路灯1和路灯2子界面中的图片动态切换至关闭状态
测试用例描述3		光照阈值子界面测试	
前置条件		光照度子界面标题显示“在线”，并且设置为“自动模式”	
序号	测试项	操作步骤	预期结果
3	光照阈值子界面测试	（1）滑动滑块的左端，使当前光照度数据低于光照阈值下限。 （2）滑块滑动的右端，使当前光照度数据高于光照阈值上限	（1）路灯1和路灯2图片切换至开启状态，同时弹出信息提示框“光照低于阈值下限，将打开路灯”。 （2）路灯1和路灯2图片切换至关闭状态，同时弹出信息提示框“光照超过阈值下限，将关闭路灯”

续表

测试用例描述 4		定时开关子界面测试	
前置条件		路灯 1 和路灯 2 子界面标题显示“在线”，同时设置为“自动模式”	
序号	测试项	操作步骤	预期结果
4	定时开关子界面测试	（1）单击定时开关标题“✓”。 （2）单击时间，单击“+”“-”改变时间，接着单击“保存”按钮，最后单击“×”	（1）定时开关启用模式开始，弹出信息提示框“设置成功”。 （2）到达开启时间时开启路灯 1、2，到达关闭时间时关闭路灯 1、2
测试用例描述 5		模式设置子界面测试	
前置条件		光照度子界面标题显示“在线”	
序号	测试项	操作步骤	预期结果
5	模式设置子界面测试	（1）单击“手动模式”按钮。 （2）单击“自动模式”按钮	（1）弹出信息提示框“手动模式设置成功”，同时禁用光照阈值滑块子界面以及定时开关子界面。 （2）弹出信息提示框“自动模式设置成功”，同时禁用路灯 1 和路灯 2 子界面的按钮
测试用例描述 6		人体红外子界面测试	
前置条件		人体红外子界面标题显示“在线”	
序号	测试项	操作步骤	预期结果
6	人体红外子界面测试	（1）靠近人体红外传感器。 （2）远离人体红外传感器	（1）弹出信息提示框“检测到有人”，同时切换人体红外子界面图片。 （2）切换人体红外子界面图片
测试用例描述 7		接近开关子界面测试	
前置条件		接近开关子界面标题显示“在线”	
序号	测试项	操作步骤	预期结果
7	接近开关子界面测试	（1）将金属靠近接近开关。 （2）将金属远离接近开关	（1）弹出信息提示框“检测到有物体接近”，同时切换接近开关子界面图片。 （2）切换接近开关子界面图片

（3）历史数据界面功能测试用例。历史数据界面功能测试用例如表 6.20 所示。

表 6.20 历史数据界面功能测试用例

测试用例描述 1		光照度历史数据查询测试	
前置条件		光照度子界面标题显示“在线”	
序号	测试项	操作步骤	预期结果
1	光照度历史数据查询测试	单击下拉框选择任何一个时间段，接着单击“查询”按钮	历史数据界面以曲线的形式显示选定时间段光照度传感器采集的数据曲线

（4）更多信息界面功能测试用例。更多信息界面功能测试用例如表 6.21 所示。

表 6.21　更多信息界面功能测试用例

测试用例描述 1		IDKey 子界面测试	
前置条件		获得 ID、KEY	
序号	测试项	操作步骤	预期结果
1	IDKey 子界面测试	(1)输入 ID、KEY 后单击“连接”按钮。 (2) 单击“断开”按钮。 (3) 单击“扫描”按钮。 (4) 单击“分享”按钮	(1) 弹出信息提示框“数据服务连接成功”。 (2) 弹出信息提示框“数据服务连接失败，请检查网络或 ID、KEY”。 (3) 弹出信息提示框“扫描只在安卓系统下可用”。 (4) 显示 IDKey 二维码模态框
测试用例描述 2		MAC 设置子界面测试	
前置条件		获得光照度传感器、信号灯控制器、人体红外传感器、接近开关等设备节点的 MAC 地址	
序号	测试项	操作步骤	预期结果
2	光照度传感器、信号灯控制器、人体红外传感器、接近开关节点连接至云平台服务器	依次输入设备节点的 MAC 地址，单击“确认”按钮，在 MAC 设置子界面中： (1) 单击“扫描”按钮。 (2) 单击“分享”按钮	弹出信息提示框“MAC 设置成功”，运营首页界面的子界面标题显示“在线”。 (1) 弹出信息提示框“扫描只在安卓系统下可用！”。 (2) 显示 MAC 设置二维码模态框
测试用例描述 3		版本信息子界面测试	
前置条件		无	
序号	测试项	操作步骤	预期结果
3	版本信息子界面测试	(1) 单击“版本升级”按钮。 (2) 单击“查看升级日志”按钮，再单击“收起升级日志”按钮。 (3) 单击“下载图片”按钮	(1) 弹出信息提示框“当前已是最新版本”。 (2) 显示升级说明，收起升级说明。 (3) 弹出下载 App 模态框

（5）路灯系统性能测试用例。路灯系统性能测试用例如表 6.22 所示。

表 6.22　路灯系统性能测试用例

性能测试用例 1		
性能测试用例描述 1	浏览器兼容性	
用例目的	通过不同浏览器打开路灯系统（主要测试谷歌浏览器、火狐浏览器、360 浏览器）	
前提条件	项目工程已经部署成功	
执行操作	期望的性能	实际性能（平均值）
使用不同浏览器打开	三个浏览器都能正确显示路灯系统（用时 1 s）	谷歌浏览器用时 1.3 s、火狐浏览器用时 1.6 s、360 浏览器用时 1.8 s
性能测试用例 2		
性能测试用例描述 2	界面在线状态请求	
用例目的	界面在线更新必须快速，需要主动查询	
前提条件	数据服务连接成功且 MAC 地址设置正确	

续表

执行操作	期望的性能	实际性能（平均值）
测试上线时间	光照度、路灯 1、路灯 2 子界面标题显示“在线”（用时 2 s）	用时 2 s
性能测试用例 3		
性能测试用例描述 3	界面在线状态请求	
用例目的	界面在线更新必须快速，需要主动查询	
前提条件	数据服务连接成功且 MAC 地址设置正确	
执行操作	期望的性能	实际性能（平均值）
测试上线时间	光照度、路灯 1、路灯 2 子界面标题显示“在线”	光照度子界面用时 1.8 s、路灯 1 和路灯 2 子界面用时 1.0 s
性能测试用例 4		
性能测试用例描述 4	路灯 1 或路灯 2 子界面连续开关测试	
用例目的	测试路灯 1 或路灯 2 子界面是否支持连续操作	
前提条件	数据服务连接成功且 MAC 地址设置正确且为手动模式	
执行操作	期望的性能	实际性能（平均值）
连续单击路灯 1 或路灯 2 子界面中的按钮 30 次	大于 28 次、小于或等于 30 次	27 次

（6）光照度子界面的功能测试。如果光照度子界面标题显示“在线”，则说明光照度传感器已连接云平台服务器，此时该子界面中的仪表盘指针会偏转，如图 6.135 所示。运行 ZCloudWebTools，选中光照度传感器的 MAC 地址，可在控制命令中查看 A0 值，如图 6.136 所示。

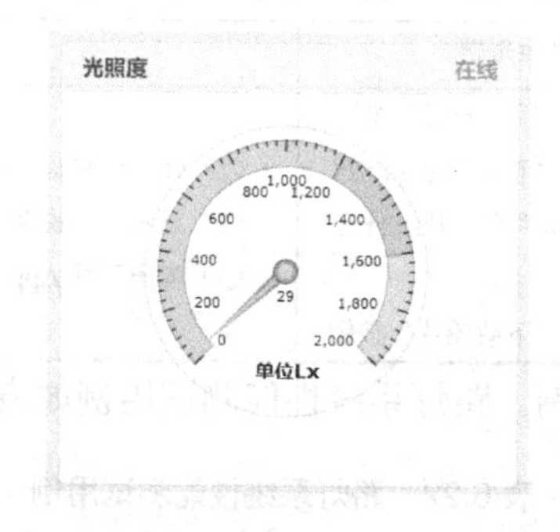

图 6.135　光照度传感器连接云平台服务器时的光照度子界面

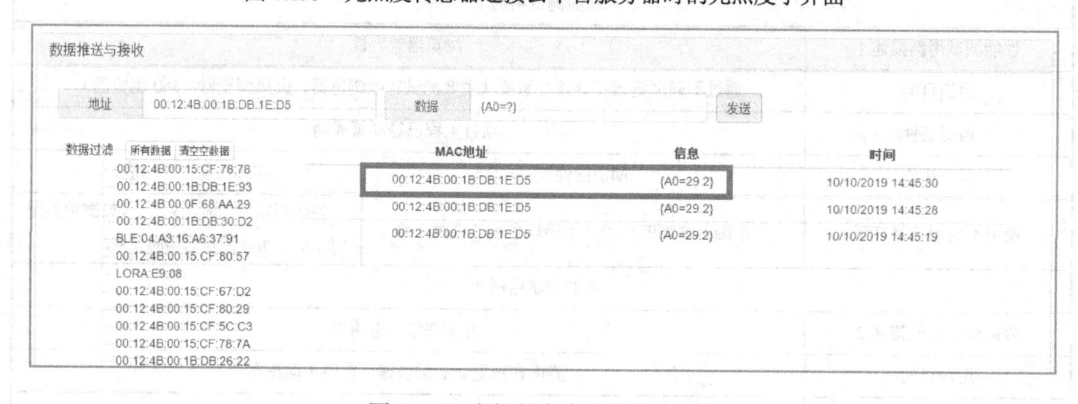

图 6.136　在控制命令中查看 A0 值

（7）路灯 1 和路灯 2 子界面的功能测试。如果路灯 1 和路灯 2 子界面的标题显示“在线”，则说明信号灯控制器已连接云平台服务器。在模式设置子界面中单击“手动模式”按钮，单击路灯 1 和路灯 2 子界面中的“开启”按钮，如图 6.137 所示。运行 ZCloudWebTools，选中信号灯控制器的 MAC 地址，可在控制命令中查看 D1 值，如图 6.138 所示。

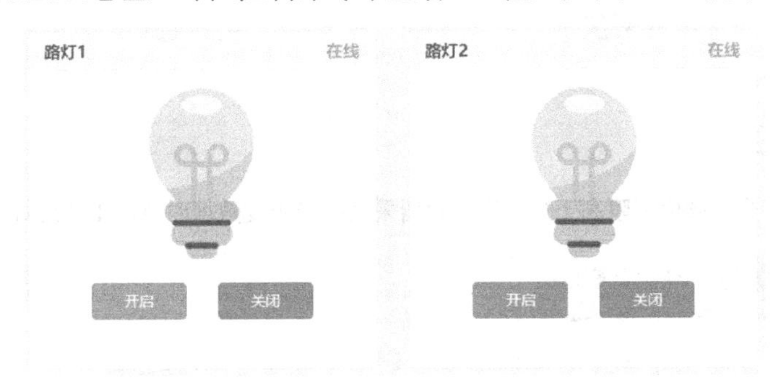

图 6.137　信号灯控制器连接云平台服务器时的路灯 1 和路灯 2 子界面

数据推送与接收

地址 00:12:4B:00:15:CF:78:7A　数据 {D1=?}　发送

数据过滤　所有数据　清空空数据

00:12:4B:00:15:CF:78:78
00:12:4B:00:1B:DB:1E:93
00:12:4B:00:0F:68:AA:29
00:12:4B:00:1B:DB:30:D2
BLE:04:A3:16:A6:37:91
00:12:4B:00:15:CF:80:57
LORA:E9:08
00:12:4B:00:15:CF:67:D2

MAC地址	信息	时间
00:12:4B:00:15:CF:78:7A	{D1=9}	10/10/2019 14:55:56
00:12:4B:00:15:CF:78:7A	{D1=9}	10/10/2019 14:55:53
00:12:4B:00:15:CF:78:7A	{PN=2D6F,TYPE=12217}	10/10/2019 14:55:47
00:12:4B:00:15:CF:78:7A	{PN=2D6F,TYPE=12217}	10/10/2019 14:55:41
00:12:4B:00:15:CF:78:7A	{PN=2D6F,TYPE=12217}	10/10/2019 14:55:29

图 6.138　在控制命令中查看 D1 值

（8）光照阈值子界面的功能测试。滑动滑块使光照阈值下限高于光照度传感器采集的光照度数据（见图 6.139），滑动滑块使光照阈值上限低于光照度传感器采集的光照度数据（见图 6.140），路灯 1、路灯 2 子界面分别如图 6.141 和图 6.142 所示。运行 ZCloudWebTools 软件，选中光照度传感器的 MAC 地址，可在控制命令中查看 A0 值，如图 6.143 所示。

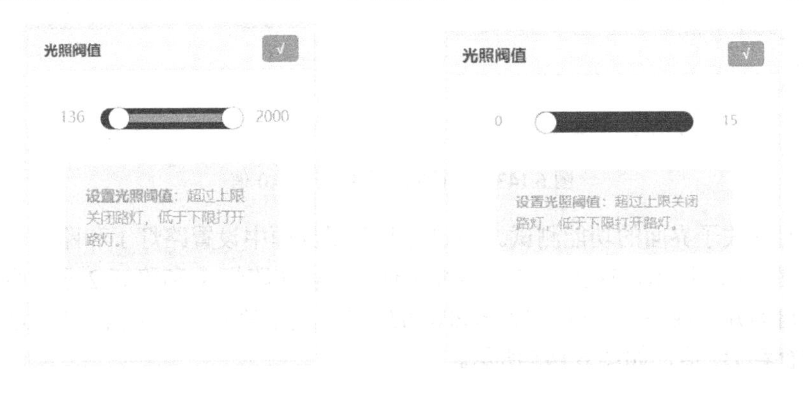

图 6.139　光照阈值下限高于光照度传感器采集的光照度数据

图 6.140　光照阈值上限低于光照度传感器采集的光照度数据

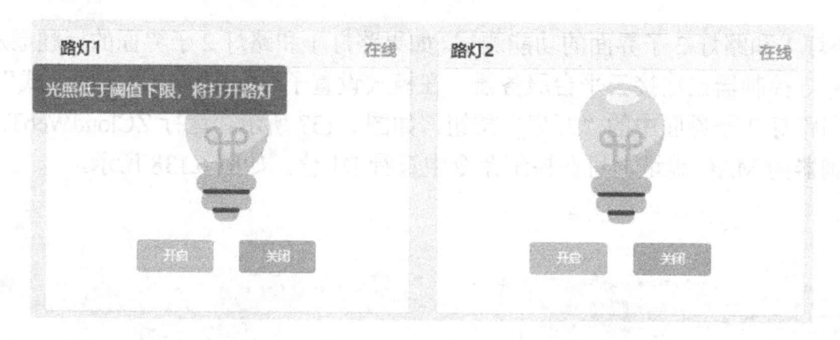

图 6.141　光照阈值下限高于光照度传感器采集的光照度数据时路灯 1 和路灯 2 子界面

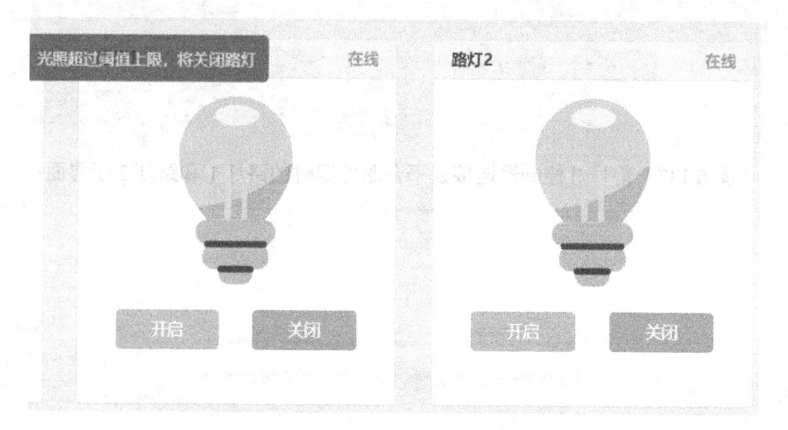

图 6.142　光照阈值上限低于光照度传感器采集的光照度数据时路灯 1 和路灯 2 子界面

数据推送与接收

地址 00:12:4B:00:1B:DB:1E:D5　数据 {A0=?}　发送

数据过滤　所有数据　清空空数据

00:12:4B:00:15:CF:78:78
00:12:4B:00:1B:DB:1E:93
00:12:4B:00:0F:68:AA:29
00:12:4B:00:1B:DB:30:D2
BLE:04:A3:16:A6:37:91
00:12:4B:00:15:CF:80:57
LORA:E9:08
00:12:4B:00:15:CF:67:D2
00:12:4B:00:15:CF:80:29
00:12:4B:00:15:CF:5C:C3
00:12:4B:00:15:CF:78:7A
00:12:4B:00:1B:DB:26:22
00:12:4B:00:1B:DB:1E:D5

MAC地址	信息	时间
00:12:4B:00:1B:DB:1E:D5	{A0=29.2}	10/10/2019 15:24:3
00:12:4B:00:1B:DB:1E:D5	{A0=29.2}	10/10/2019 15:24:3
00:12:4B:00:1B:DB:1E:D5	{A0=29.2}	10/10/2019 15:24:3
00:12:4B:00:1B:DB:1E:D5	{A0=29.2}	10/10/2019 15:24:3
00:12:4B:00:1B:DB:1E:D5	{A0=29.2}	10/10/2019 15:24:2
00:12:4B:00:1B:DB:1E:D5	{PN=310C,TYPE=12001}	10/10/2019 15:24:0

图 6.143　在控制命令中查看 A0 值

（9）定时开关子界面的功能测试。在定时开关子界面中设置路灯 1 和路灯 2 的开启与关闭时间，如图 6.144 所示，在到达设定的时间时，可以在路灯 1 和路灯 2 子界面看到路灯 1 和路灯 2 会自动开启或关闭。运行 ZCloudWebTools，选中信号灯控制器的 MAC 地址，可在控制命令中查看 D1 值，如图 6.145 所示。

图 6.144　定时开关子界面中设置路灯 1 和路灯 2 的开启与关闭时间

00:12:4B:00:15:CF:78:7A	{D1=0}	10/10/2019 15:42:27
00:12:4B:00:15:CF:78:7A	{D1=8}	10/10/2019 15:42:26
00:12:4B:00:15:CF:78:7A	{PN=2D6F,TYPE=12217}	10/10/2019 15:42:17
00:12:4B:00:15:CF:78:7A	{PN=2D6F,TYPE=12217}	10/10/2019 15:41:57
00:12:4B:00:15:CF:78:7A	{D1=8}	10/10/2019 15:41:56
00:12:4B:00:15:CF:78:7A	{PN=2D6F,TYPE=12217}	10/10/2019 15:41:53
00:12:4B:00:15:CF:78:7A	{PN=2D6F,TYPE=12217}	10/10/2019 15:41:48
00:12:4B:00:15:CF:78:7A	{PN=2D6F,TYPE=12217}	10/10/2019 15:41:28
00:12:4B:00:15:CF:78:7A	{D1=8}	10/10/2019 15:41:27
00:12:4B:00:15:CF:78:7A	{D1=0}	10/10/2019 15:41:26
00:12:4B:00:15:CF:78:7A	{PN=2D6F,TYPE=12217}	10/10/2019 15:40:58

00:12:4B:00:15:CF:78:7A	{D1=0}	10/10/2019 15:44:27
00:12:4B:00:15:CF:78:7A	{D1=1}	10/10/2019 15:44:26
00:12:4B:00:15:CF:78:7A	{PN=2D6F,TYPE=12217}	10/10/2019 15:44:20
00:12:4B:00:15:CF:78:7A	{PN=2D6F,TYPE=12217}	10/10/2019 15:44:0
00:12:4B:00:15:CF:78:7A	{D1=1}	10/10/2019 15:43:56
00:12:4B:00:15:CF:78:7A	{PN=2D6F,TYPE=12217}	10/10/2019 15:43:32
00:12:4B:00:15:CF:78:7A	{D1=1}	10/10/2019 15:43:27
00:12:4B:00:15:CF:78:7A	{D1=0}	10/10/2019 15:43:26
00:12:4B:00:15:CF:78:7A	{PN=2D6F,TYPE=12217}	10/10/2019 15:43:12

图 6.145　在控制命令中查看 D1 值

第7章 智慧城市系统工程测试与总结

本章介绍智慧城市系统工程的测试与总结，共4个模块：

（1）系统集成与部署：包括硬件连线和设置、硬件网络设置与部署，以及智慧城市上层应用部署。

（2）系统综合测试：包括系统综合组网测试和系统综合功能测试。

（3）项目运行与维护：包括运行与维护的基本任务和基本制度。

（4）项目总结与汇报：包括项目总结与汇报概述、项目开发总结报告和项目汇报。

7.1 系统集成与部署

在完成智慧城市系统各个功能模块的开发后，还需要进行整个系统的集成与部署。系统集成与部署的步骤详见4.1节。

7.1.1 硬件连线与设置

项目总体硬件部署图（灰色部分是智慧城市系统中不使用的节点）如图7.1所示。

智慧城市各个子系统的硬件连线如表7.1所示。

表7.1 智慧城市各个子系统的硬件连线

系统名称	连线示意图
工地系统	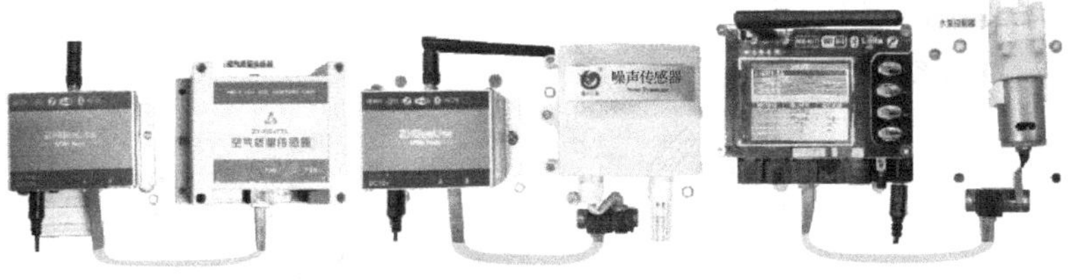

续表

工地系统	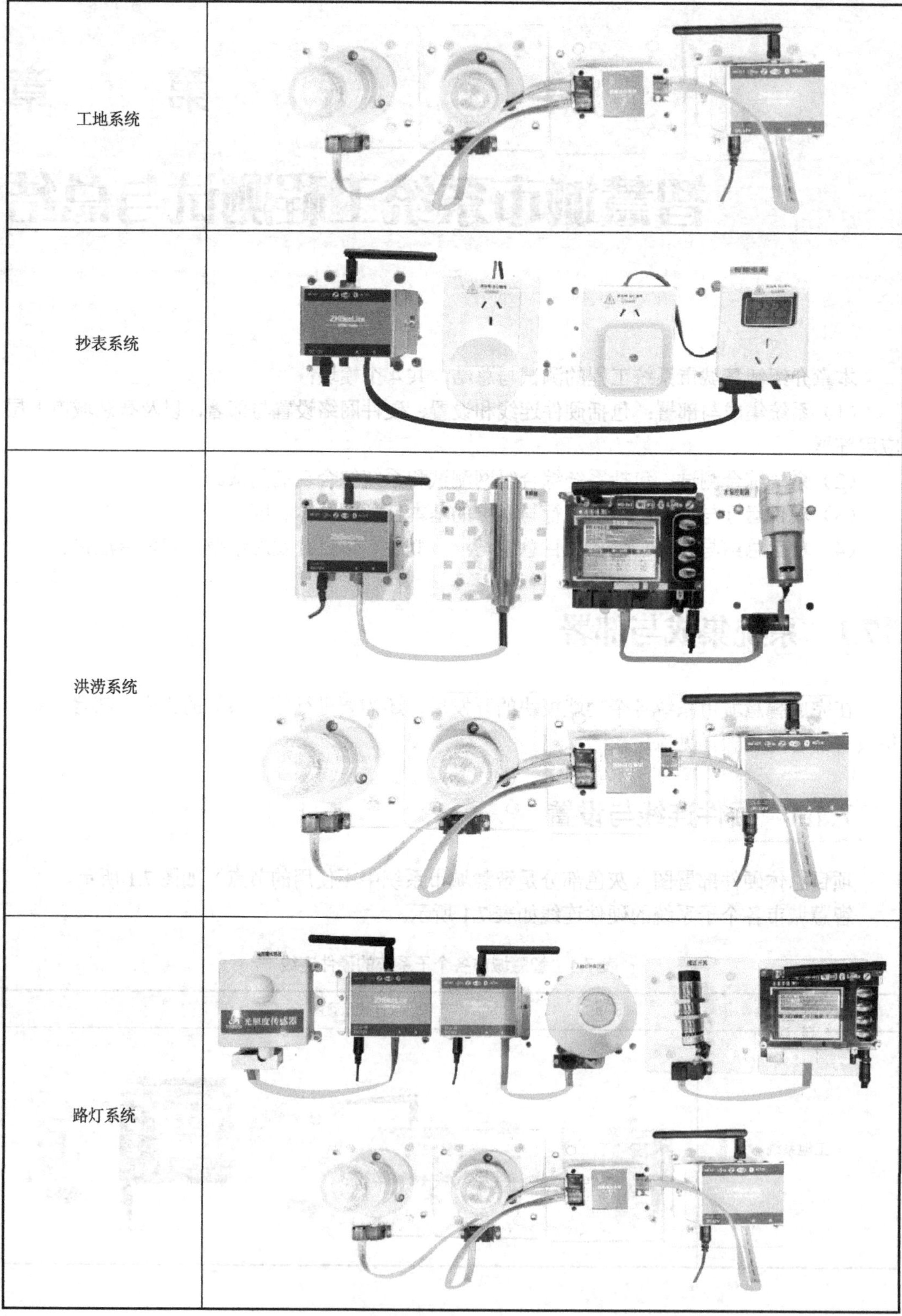
抄表系统	
洪涝系统	
路灯系统	

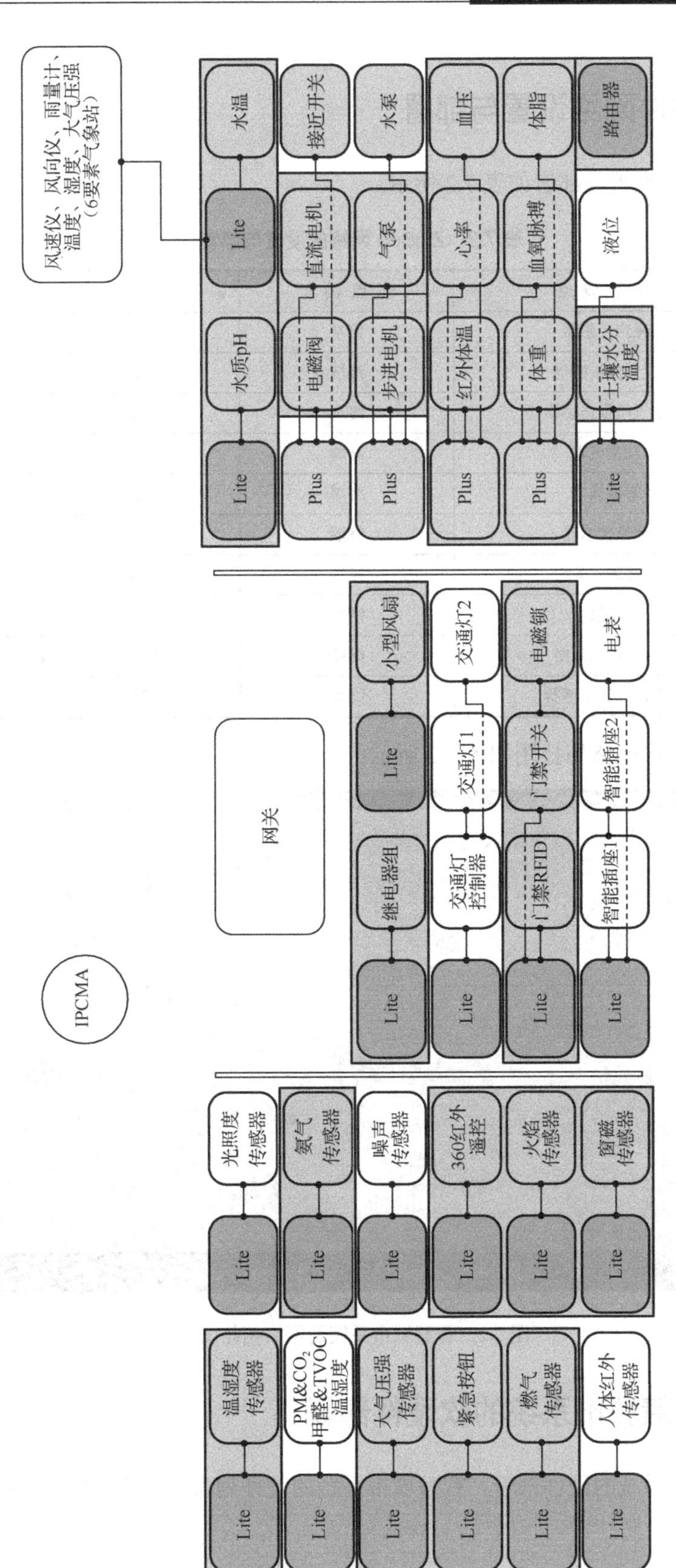

图7.1 项目总体硬件部署图

7.1.2 硬件网络设置与部署

ZigBee 网络的设置与部署如表 7.2 所示。

表 7.2 ZigBee 网络的设置与部署

序 号	设 备 节 点	节 点 类 型	PANID	Channel
1	噪声传感器	终端	7724	11
2	光照度传感器	终端	7724	11
3	空气质量传感器	终端	7724	11
4	功率电表	终端	7724	11
5	智能插座	终端	7224	11
6	液位传感器	终端	7724	11
7	接近开关	终端	7724	11
8	水泵	终端	7724	11
9	信号灯控制器	终端	7724	11
10	人体红外传感器	终端	7724	11

智慧城市系统的网络拓扑图如图 7.2 所示。

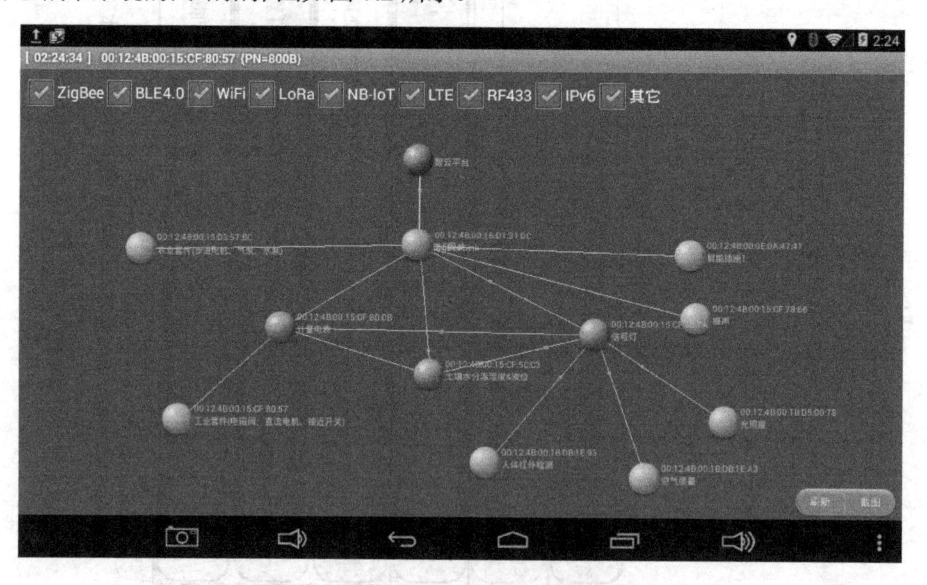

图 7.2 智慧城市系统的网络拓扑图

7.1.3 智慧城市系统的软硬件部署

（1）智慧城市系统的硬件部署。智慧城市系统的硬件列表如表 7.3 所示。

表 7.3　智慧城市系统的硬件列表

序　号	设备节点类列	设 备 节 点	设备节点的 MAC 地址
1	ZXBeeLiteB 无线节点	噪声传感器：ZY-ZSx485	00:12:4B:00:15:CF:78:66
2	ZXBeeLiteB 无线节点	空气质传感器：ZY-KQxTTL	00:12:4B:00:1B:D5:00:78
3	ZXBeeLiteB 无线节点	光照度传感器：ZY-GZx485	00:12:4B:00:1B:DB:1E:D5
4	ZXBeeLiteB 无线节点	功率电表：ZY-DBx485	00:12:4B:00:15:CF:80:0B
5	ZXBeeLiteB 无线节点	智能插座：ZY-CPxIO	00:12:4B:00:0E:0A:47:41
6	ZXBeeLiteB 无线节点	液位传感器：ZY-SWSWxIO	00:12:4B:00:15:CF:5C:C3
7	ZXBeePlus 无线节点	水泵：ZY-SBxIO	00:12:4B:00:15:D3:57:C3
8	ZXBeeLiteB 无线节点	信号灯控制器：ZY-XHKZx485	00:12:4B:00:15:CF:78:7A
9	ZXBeeLiteB 无线节点	人体红外传感器：ZY-RTHWxIO	00:12:4B:00:1B:DB:1E:93
10	ZXBeePlus 无线节点	接近开关：ZY-JJKGxIO	00:12:4B:00:15:CF:80:57

（2）智慧城市系统的软件部署。图 7.3 所示为智慧城市系统的软件部署，通过超链接可集成各个子系统。

```
index.html
31    <div class="main">
32        <div class="info flex">
33            <a href="src/ZC-CityCS-web/index.html" target="_blank"><img src="img/changjing.png"
      alt=""></a>
34            <img src="img/huanjing.png" alt=""> <img src="img/chuchen.png" alt="">
35        </div>
36    </div>
37    <div class="main">
38        <div class="info flex">
39            <a href="src/ZC-CityMT-web/index.html" target="_blank"><img src="img/changjing.png"
      alt=""></a>
40            <img src="img/zidongduandian.png" alt=""> <img src="img/yongdianchaxun.png" alt="">
41        </div>
42    </div>
43    <div class="main">
44        <div class="info flex">
45            <a href="src/ZC-CityWL-web/index.html" target="_blank"><img src="img/changjing.png"
      alt=""></a>
46            <img src="img/shuiwei.png" alt=""> <img src="img/zidongpaishui.png" alt="">
47        </div>
html › body › div.main
```

图 7.3　智慧城市系统的软件部署

运行本项目的 index.html 文件可运行智慧城市系统，其运行界面如图 7.4 所示。

图 7.4　智慧城市系统的运行界面

7.2 系统综合测试

7.2.1 系统综合组网测试

运行 ZCloudWebTools，选择“网络拓扑”后在“应用 ID”和“密钥”文本输入框中输入相关信息后，单击“连接”按钮可观察到系统的网络拓扑图，如图 7.5 所示；选择“实时数据”后单击“连接”按钮可以根据实时数据（见图 7.6）和控制命令来控制和查询设备节点的状态，如通过控制命令“{OD1=1}”来控制信号灯控制器。

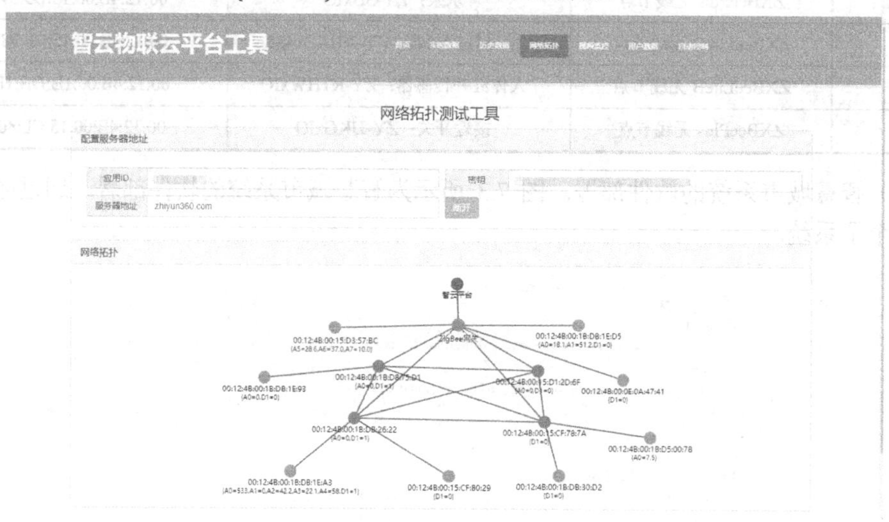

图 7.5　智慧城市系统的网络拓扑图

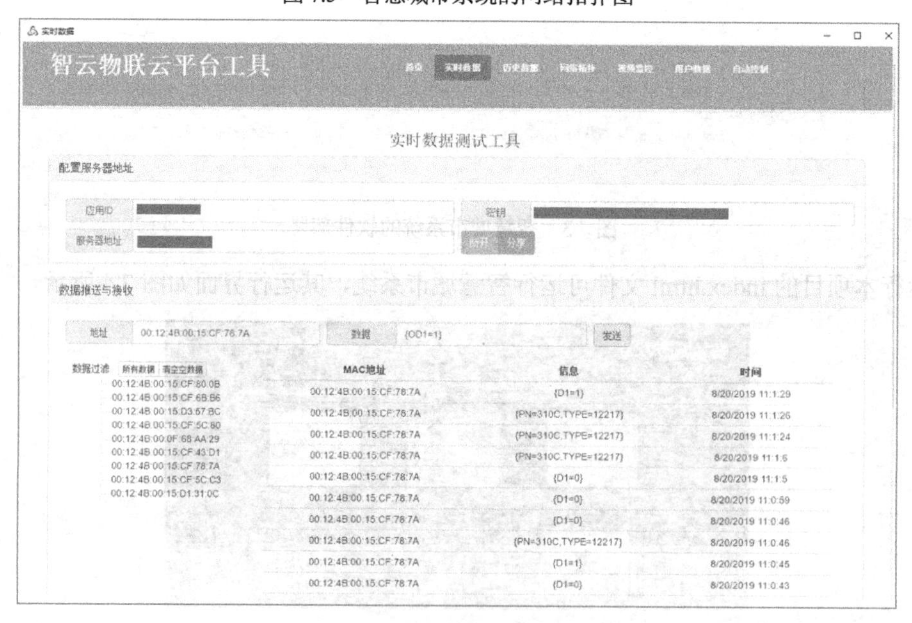

图 7.6　实时数据

7.2.2　系统综合功能测试

1. 工地的功能测试系统

（1）工地系统组网测试：输入 ID、KEY 和 SERVER 后单击“确认”按钮，观察设备节点是否在线，若在线则说明工地系统组网成功，如图 7.7 所示。

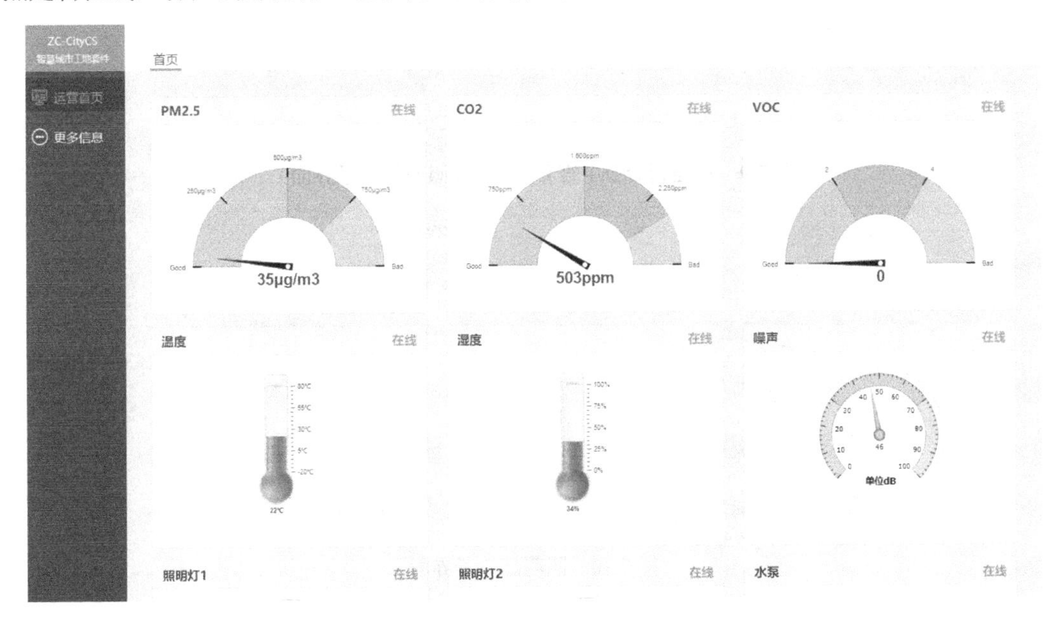

图 7.7　工地系统组网成功后的界面

（2）照明灯 1 和照明灯 2 子界面的功能测试。如果照明灯 1 子界面的标题显示“在线”，则说明信号灯控制器的 MAC 地址配对成功，可在照明灯 1 子界面中单击“开启”按钮和“关闭”按钮进行功能测试，如图 7.8 所示。运行 ZCloudWebTools，选中信号灯控制器的 MAC 地址，可在控制命令中查看 D1 值，如图 7.9 所示。按照上述方法对照明灯 2 子界面进行功能测试，其结果如图 7.10 和图 7.11 所示。

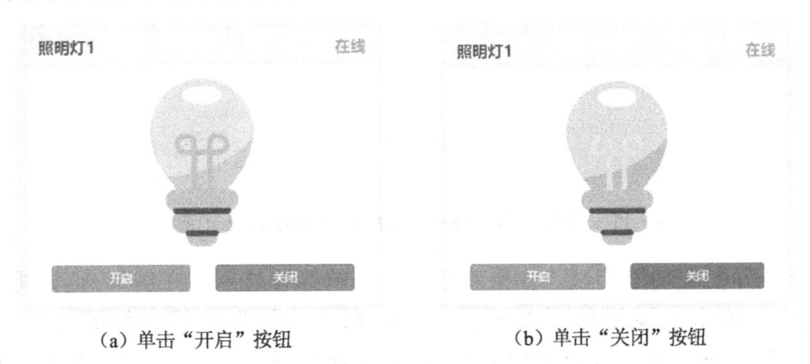

（a）单击“开启”按钮　　（b）单击“关闭”按钮

图 7.8　照明灯 1 子界面

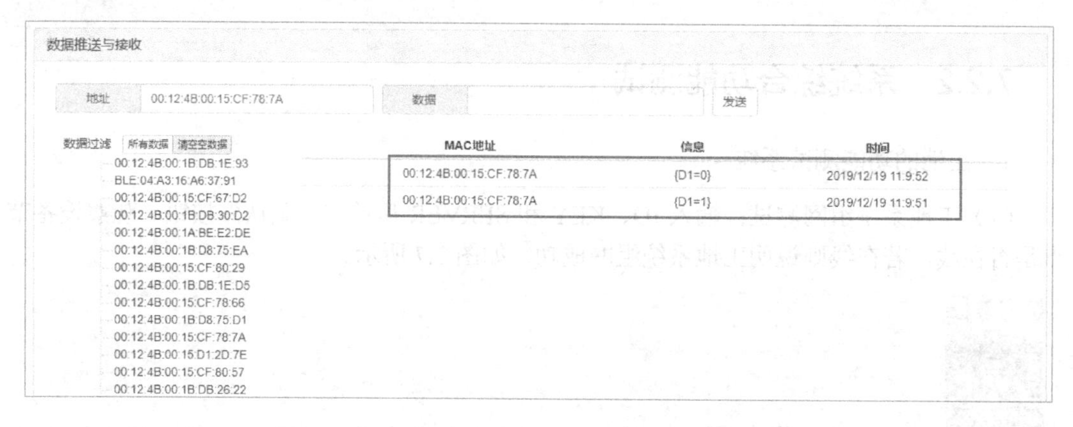

图 7.9　在控制命令中查看 D1 值（照明灯 1 子界面）

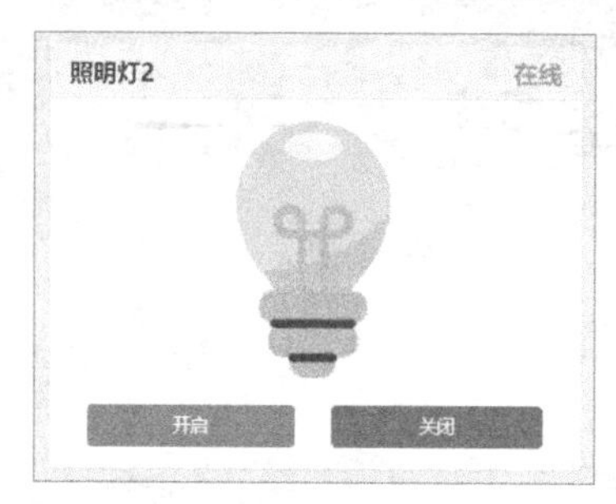

（a）单击“开启”按钮

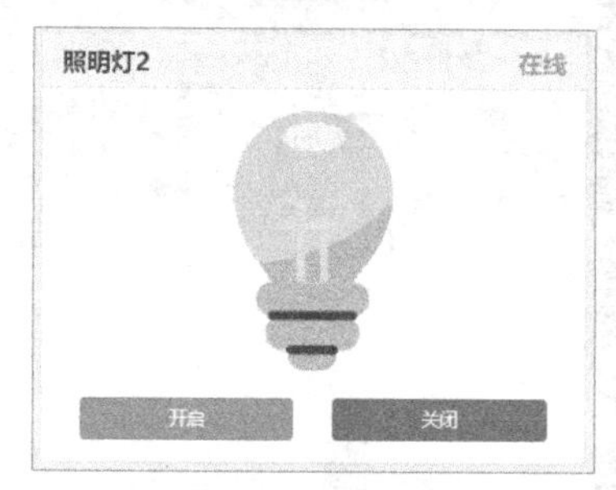

（b）单击“关闭”按钮

图 7.10　照明灯 2 子界面

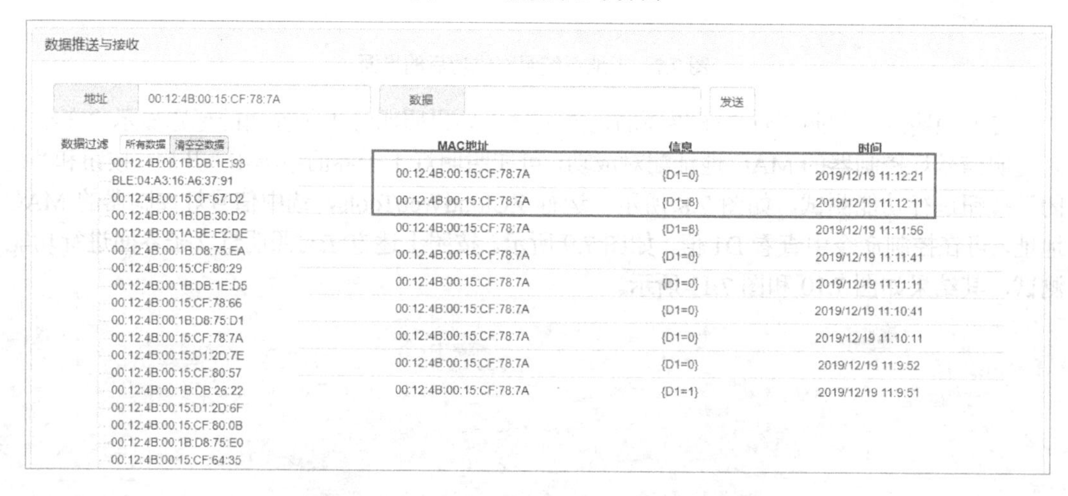

图 7.11　在控制命令中查看 D1 值（照明灯 2 子界面）

（3）水泵子界面的功能测试。如果水泵子界面的标题显示“在线”，则说明水泵的 MAC 地址配对成功。单击水泵子界面“开启”按钮和“关闭”按钮，如图 7.12 所示。运行 ZCloudWebTools，选中水泵的 MAC 地址，可在控制命令中查看 D1 值，如图 7.13 所示。

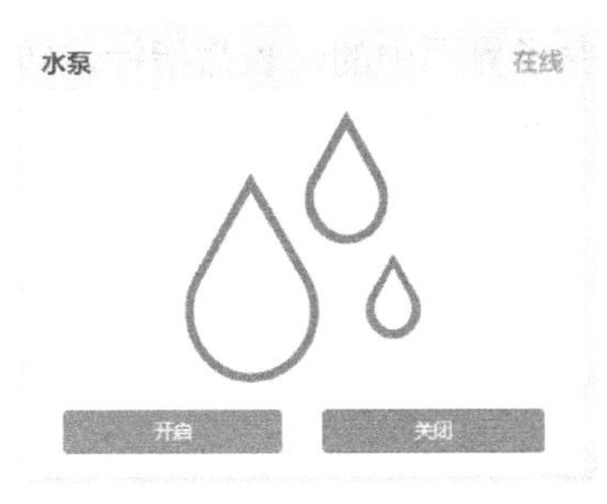

（a）单击“开启”按钮

（b）单击“关闭”按钮

图 7.12 关闭子界面

数据推送与接收

地址 BLE 04 A3 16 A6 37 91 数据 发送

数据过滤 所有数据 清空空数据

00:12:4B:00:1B:DB:26:22
00:12:4B:00:0E:0A:47:41
00:12:4B:00:1B:D6:75:E0
00:12:4B:00:15:CF:64:35
00:12:4B:00:15:CF:78:66
00:12:4B:00:1B:DB:1E:93
00:12:4B:00:15:CF:67:D2
00:12:4B:00:1B:D5:00:78
BLE:04:A3:16:A6:37:91
00:12:4B:00:15:D1:2D:7E
00:12:4B:00:1A:BE:E2:DE
00:12:4B:00:1B:DB:3A:A3
00:12:4B:00:1B:DB:1E:D5
00:12:4B:00:15:D1:2D:6F
00:12:4B:00:1B:D8:75:EA
00:12:4B:00:15:CF:78:7A
00:12:4B:00:15:CF:80:57

MAC地址	信息	时间
BLE:04:A3:16:A6:37:91	{A5=24.6,A6=35.0,A7=11.4}	2019/12/24 16:40:44
BLE:04:A3:16:A6:37:91	{D1=0}	2019/12/24 16:40:43
BLE:04:A3:16:A6:37:91	{A5=24.6,A6=35.0,A7=11.3}	2019/12/24 16:40:39
BLE:04:A3:16:A6:37:91	{D1=2}	2019/12/24 16:40:37
BLE:04:A3:16:A6:37:91	{A5=24.6,A6=35.0,A7=11.4}	2019/12/24 16:40:34
BLE:04:A3:16:A6:37:91	{A5=24.6,A6=35.0,A7=11.4}	2019/12/24 16:40:29
BLE:04:A3:16:A6:37:91	{A5=24.6,A6=35.0,A7=11.4}	2019/12/24 16:40:24

图 7.13 在控制命令中查看 D1 值

2. 抄表系统的功能测试

（1）抄表系统组网测试：输入 ID、KEY 和 SERVER 后单击“确认”按钮，观察设备节点是否在线，若在线则说明抄表系统组网成功，如图 7.14 所示。

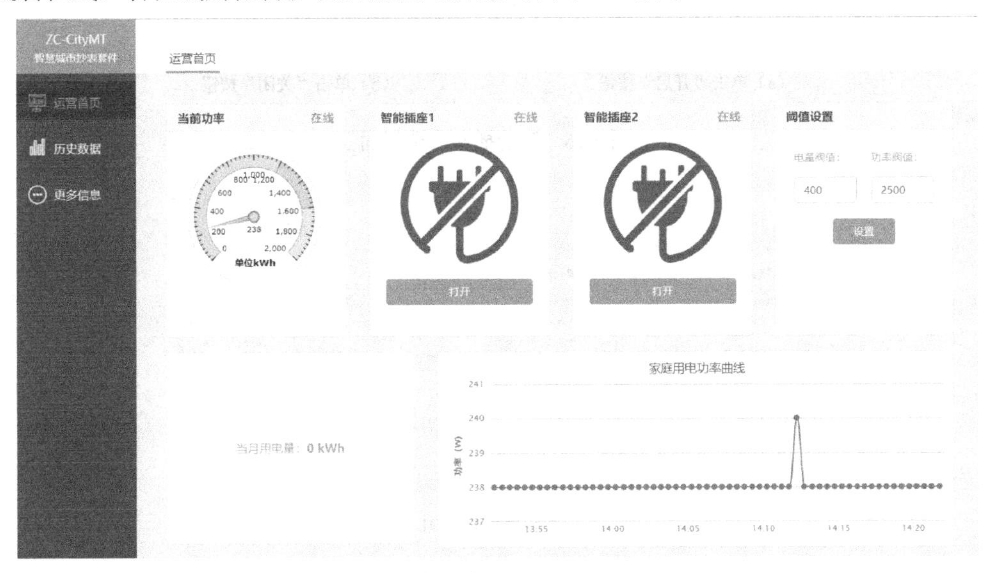

图 7.14 抄表系统组网成功后的界面

（2）当前功率子界面的功能测试。如果当前功率子界面中的仪表盘指针偏转并显示实际的数据，如图 7.15 所示，则说明当前功率子界面的功能正常。

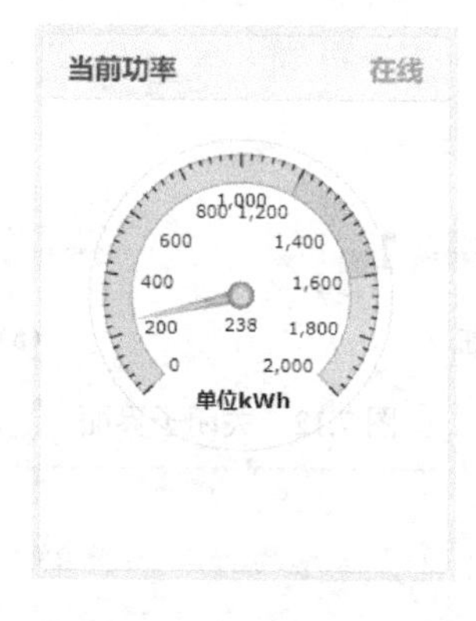

图 7.15　当前功率子界面

（3）智能插座 1 和智能插座 2 子界面的功能测试。如果智能插座 1 子界面的标题显示“在线”，则说明智能插座 1 的 MAC 地址配对成功，可在智能插座 1 子界面中单击“开启”按钮和“关闭”按钮进行功能测试，如图 7.16 所示。运行 ZCloudWebTools，选中智能插座 1 的 MAC 地址，可在控制命令中查看 D1 值，如图 7.17（a）所示。按照上述方法对智能插座 2 子界面进行功能测定，其结果如图 7.18 和图 7.17（b）所示。

（a）单击“开启”按钮

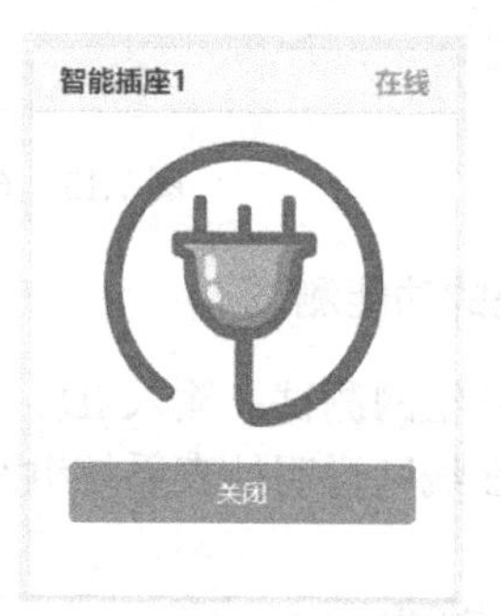

（b）单击“关闭”按钮

图 7.16　智能插座 1 子界面

（a）智能插座 1 的 D1 值

图 7.17　在控制命令中查看 D1 值

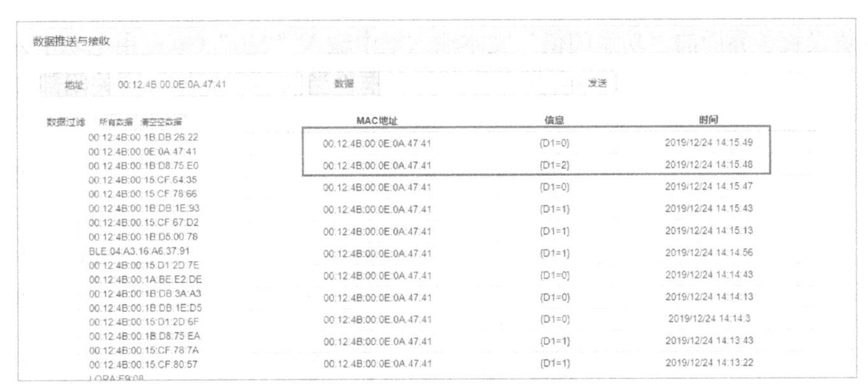

（b）智能插座 2 的 D1 值

图 7.17　在控制命令中查看 D1 值（续）

（a）单击“开启”按钮

（b）单击“关闭”按钮

图 7.18　智能插座 2 子界面

（4）阈值设置子界面的功能测试。在阈值设置子界面的“电量阈值”文本输入框中输入“20”（当月用电量为 50，使输入值小于当前用电量），此时会弹出信息提示框“本月电量已用完，请续费”，如图 7.19 所示。

图 7.19　信息提示框“本月电量已用完，请续费”

在阈值设置子界面的“功率阈值”文本输入框中输入“220”（家庭用电功率为 238，使输入值小于家庭用电功率），此时会弹出信息提示框“当前功率超标，请关闭部分用电器”，如图 7.20 所示。

图 7.20 信息提示框“当前功率超标，请关闭部分电器”

（5）家庭用电功率曲线子界面的功能测试。如果家庭用电功率曲线子界面可以显示出用电功率曲线（见图 7.21），则说明该子界面正常。

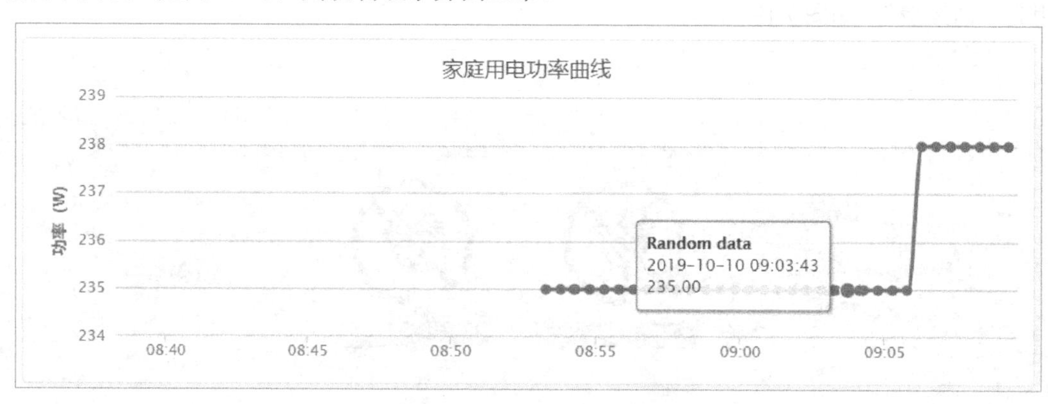

图 7.21 家庭用电功率曲线子界面

3. 洪涝系统的功能测试

（1）洪涝系统组网测试：输入 ID、KEY 和 SERVER 后单击“确认”按钮，观察设备节点是否在线，若在线则说明洪涝系统组网成功，如图 7.22 所示。

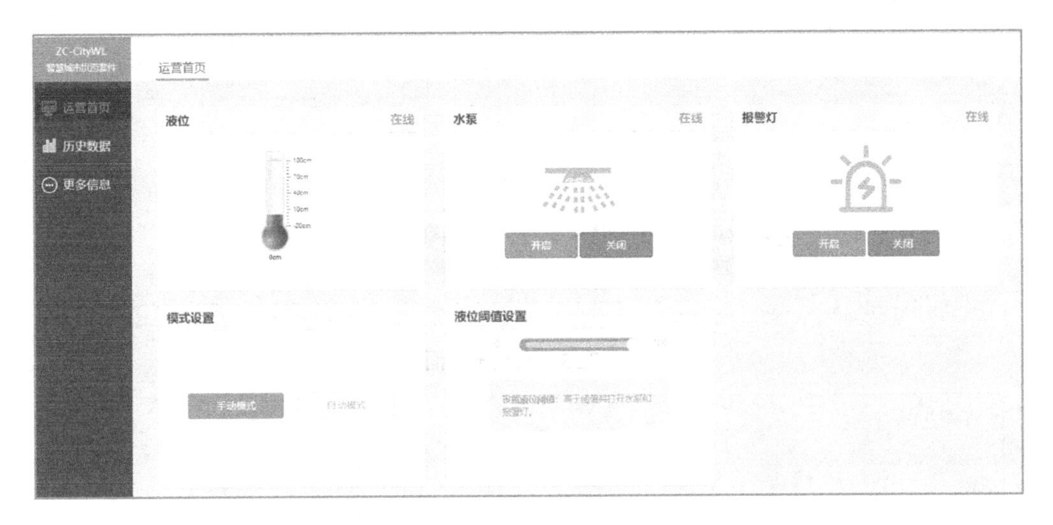

图 7.22　洪涝系统组网成功后的界面

（2）液位子界面的功能测试。当液位子界面的标题显示“在线”后，该子界面会通过液位计的形式显示液位传感器采集的数据，并在液位计下方显示数值，如图 7.23 所示。运行 ZCloudWebTools，选中液位传感器的 MAC 地址，可在控制命令中查看 A2 值，如图 7.24 所示。

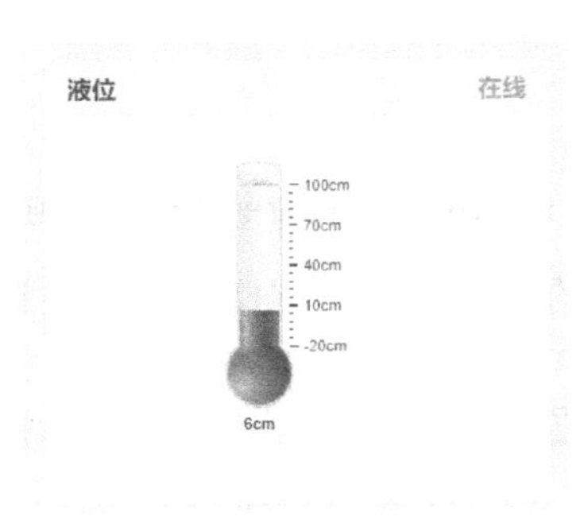

图 7.23　液位子界面

数据推送与接收

地址　00:12:4B:00:15:CF:5C:C3　数据　{A2=?}　发送

数据过滤　所有数据　清空空数据

00:12:4B:00:15:CF:78:78
00:12:4B:00:1B:DB:1E:93
00:12:4B:00:0F:68:AA:29
00:12:4B:00:1B:DB:30:D2
BLE:04:A3:16:A6:37:91
00:12:4B:00:15:CF:80:57
LORA:E9:08
00:12:4B:00:15:CF:67:D2
00:12:4B:00:15:CF:80:29

MAC地址	信息	时间
00:12:4B:00:15:CF:5C:C3	{A2=5.9}	10/10/2019 11:28:4
00:12:4B:00:15:CF:5C:C3	{A0=0.9,A1=26.5,A2=5.7}	10/10/2019 11:28:1
00:12:4B:00:15:CF:5C:C3	{PN=2D6F,TYPE=12218}	10/10/2019 11:27:58
00:12:4B:00:15:CF:5C:C3	{A0=0.9,A1=26.4,A2=5.7}	10/10/2019 11:27:54
00:12:4B:00:15:CF:5C:C3	{PN=2D6F,TYPE=12218}	10/10/2019 11:27:51

图 7.24　在控制命令中查看 A2 值

（3）水泵子界面和报警灯子界面的功能测试。单击水泵子界面中的“开启”按钮和“关闭”按钮，可弹出相应的信息提示框，如图 7.25 所示。运行 ZCloudWebTools，选中水泵的 MAC 地址，可在控制命令中查看 D1 值，如图 7.26 所示。报警灯子界面的功能测试与此类似，这里不再累赘述了。

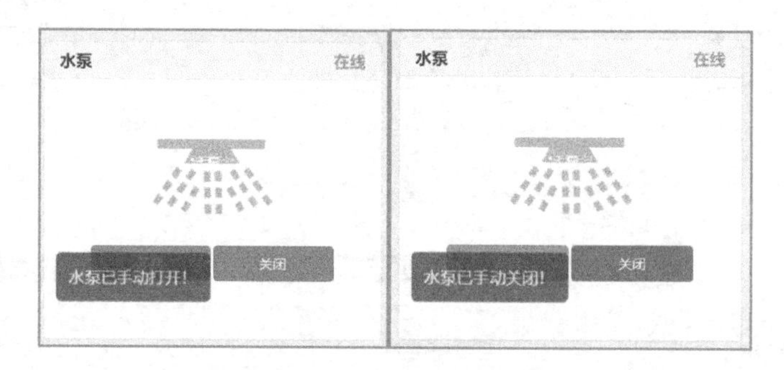

图 7.25　水泵子界面

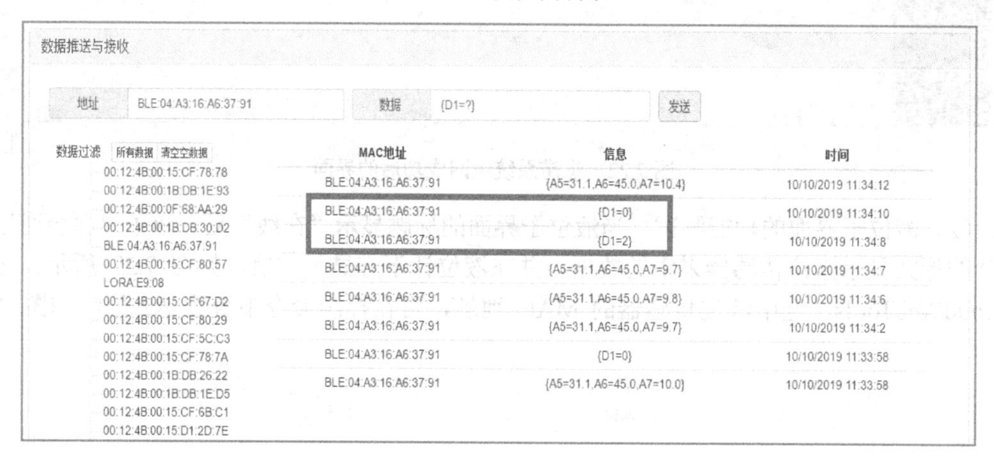

图 7.26　在控制命令中查看 D1 值

（4）液位阈值设置子界面的功能测试。在自动模式下，设置液位阈值低于实际的液位数据，此时系统会弹出信息提示框“已超过阈值，将打开水泵和报警灯！”，如图 7.27 所示。设置液位阈值高于实际的液位数据，此时系统会弹出信息提示框“已低于阈值，将关闭水泵和报警灯！”，如图 7.28 所示。

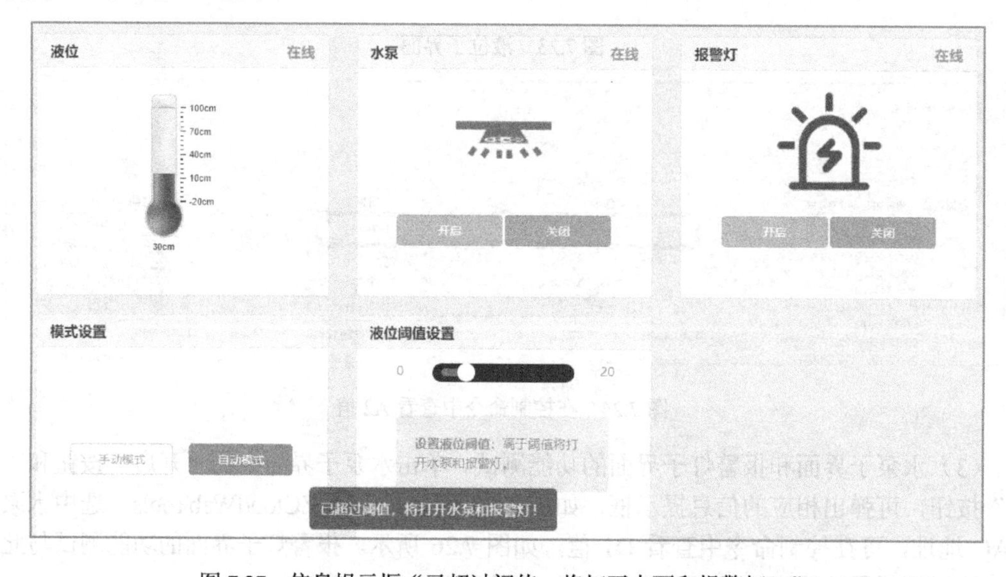

图 7.27　信息提示框“已超过阈值，将打开水泵和报警灯！”

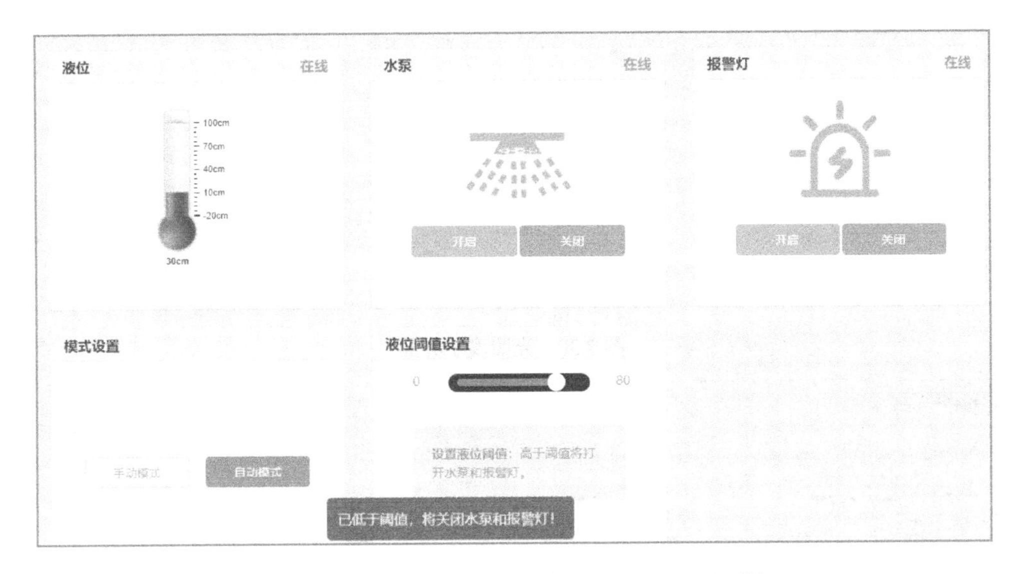

图 7.28　信息提示框“已低于阈值，将关闭水泵和报警灯！”

4．路灯系统的功能测试

（1）路灯系统组网测试：输入 ID、KEY 和 SERVER 后单击“确认”按钮，观察设备节点是否在线，若在线则说明路灯系统组网成功，如图 7.29 所示。

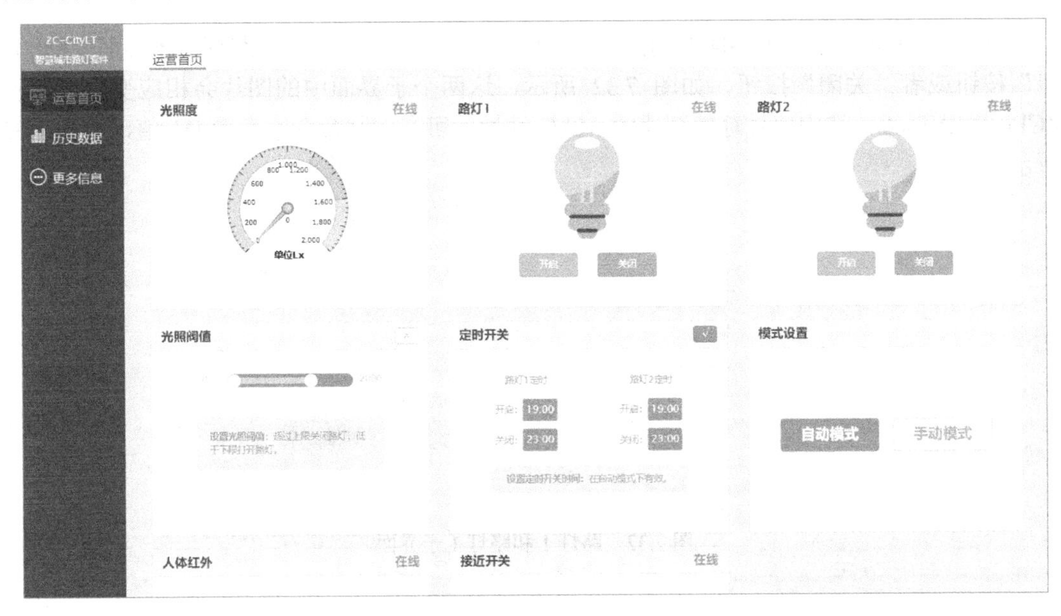

图 7.29　路灯系统组网成功后的界面

（2）光照度子界面的功能测试。在光照度子界面标题显示“在线”后，如果光照度子界面中的仪表盘指针偏转，并显示光照度传感器采集的光照度数据，如图 7.30 所示，则说明光照度子界面正常。运行 ZCloudWebTools，选中光照度传感器的 MAC 地址，可在控制命令中查看 A0 值，如图 7.31 所示。

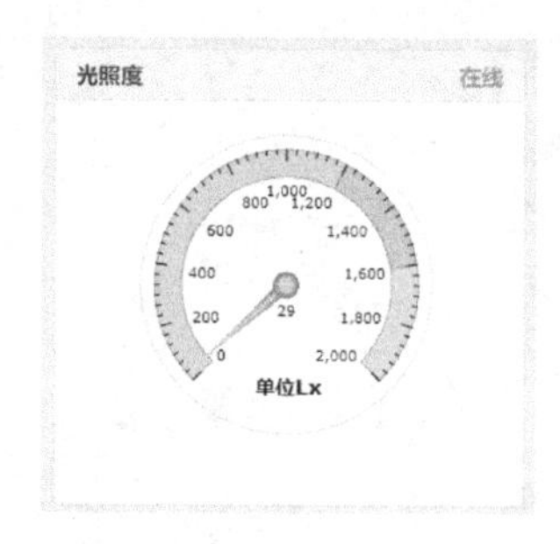

图 7.30　光照度子界面

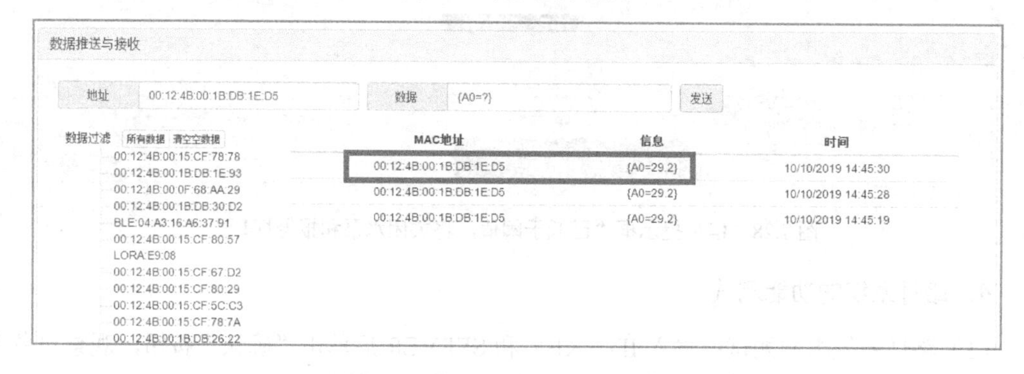

图 7.31　在控制命令中查看 A0 值

（3）路灯 1 和路灯 2 子界面的功能测试（手动模式）。单击路灯 1 和路灯 2 子界面中的“开启”按钮或者“关闭”按钮，如图 7.32 所示，这两个子界面中的图片会相应变化。运行 ZCloudWebTools，选中信号灯控制器的 MAC 地址，可在控制命令中查看 D1 值，如图 7.33 所示。

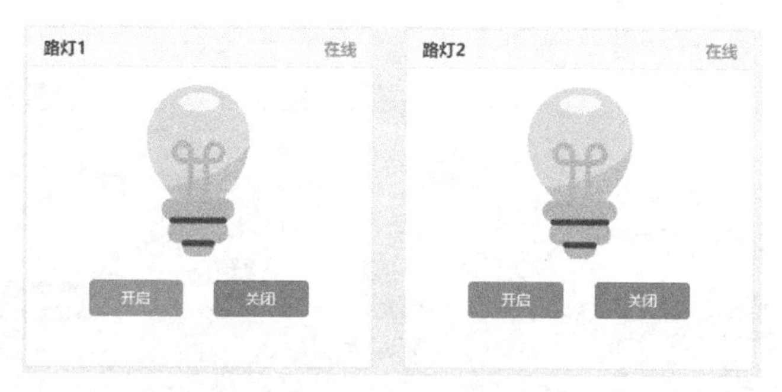

图 7.32　路灯 1 和路灯 1 子界面

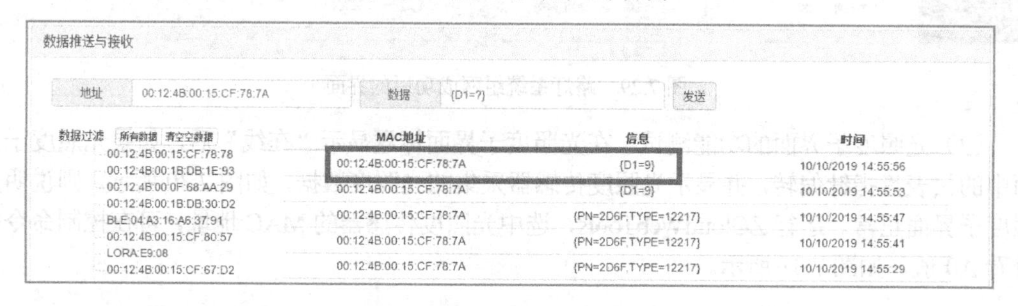

图 7.33　在控制命令中查看 D1 值

（4）光照阈值子界面的功能测试（自动模式）。在光照阈值子界面中，滑动滑块的左端，使设置的光照阈值高于实际的光照度数据，如图 7.34 所示，此时会弹出信息提示框“光照低于阈值下限，将打开路灯”，如图 7.35 所示。滑动滑块的右端，使设置的光照阈值低于实际的光照度数据，如图 7.36 所示，此时会弹出信息提示框“光照超过阈值上限，将关闭路灯”，如图 7.37 所示。运行 ZCloudWebTools，选中光照度传感器的 MAC 地址，可在控制命令中查看 A0 值，如图 7.38 所示。

图 7.34　滑动滑块的左端使设置的光照阈值高于实际的光照度数据

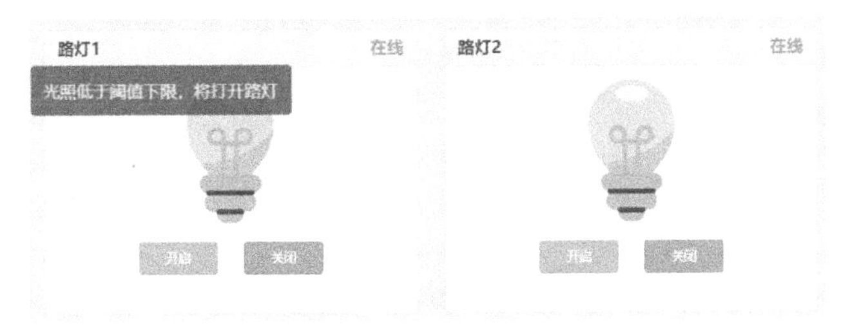

图 7.35　光照度数据低于设置的光照阈值下限时打开路灯

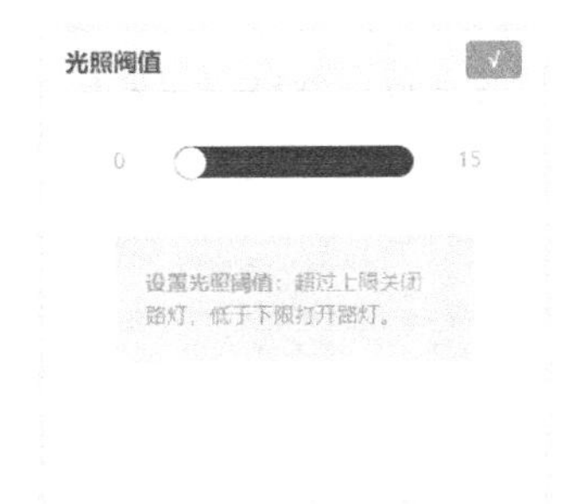

图 7.36　滑动滑块的右端使设置的光照阈值低于实际的光照度数据

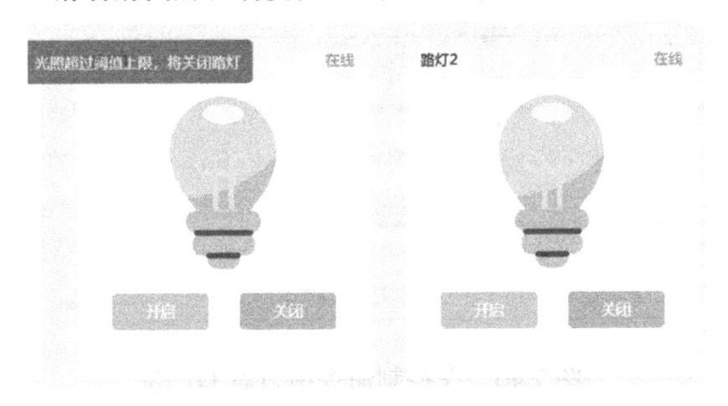

图 7.37　光照度数据超过设置的光照阈值上限时关闭路灯

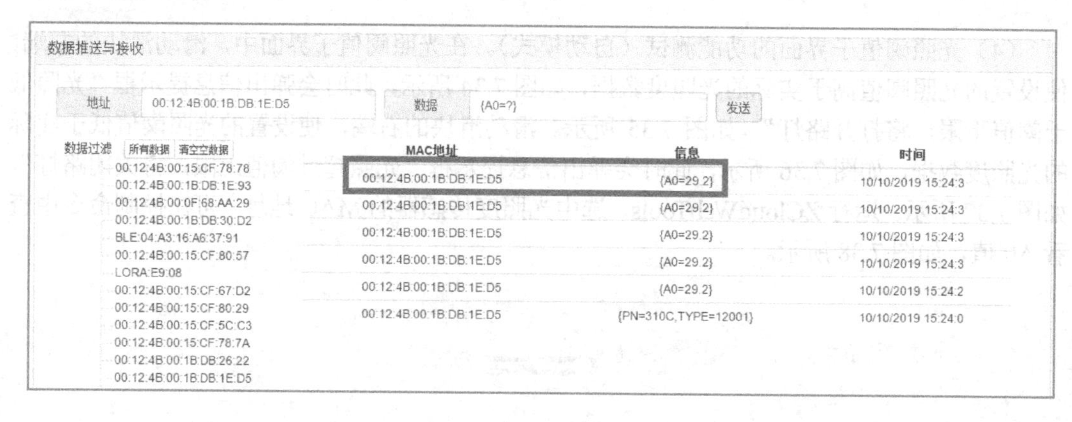

MAC地址	信息	时间
00:12:4B:00:1B:DB:1E:D5	{A0=29.2}	10/10/2019 15:24:3
00:12:4B:00:1B:DB:1E:D5	{A0=29.2}	10/10/2019 15:24:3
00:12:4B:00:1B:DB:1E:D5	{A0=29.2}	10/10/2019 15:24:3
00:12:4B:00:1B:DB:1E:D5	{A0=29.2}	10/10/2019 15:24:3
00:12:4B:00:1B:DB:1E:D5	{A0=29.2}	10/10/2019 15:24:2
00:12:4B:00:1B:DB:1E:D5	{PN=310C,TYPE=12001}	10/10/2019 15:24:0

图 7.38　在控制命令中查看 A0 值

（5）定时开关子界面的功能测试（自动模式）。在定时开关子界面中设置路灯 1 和路灯 2 的开启与关闭时间，如图 7.39 所示，在到达设定的时间时，可以在路灯 1 和路灯 2 子界面看到路灯 1 和路灯 2 会自动开启或关闭。运行 ZCloudWebTools，选中信号灯控制器的 MAC 地址，可在控制命令中查看 D1 值，如图 7.40 所示。

图 7.39　定时开关子界面

00:12:4B:00:15:CF:78:7A	{D1=0}	10/10/2019 15:42:27
00:12:4B:00:15:CF:78:7A	{D1=8}	10/10/2019 15:42:26
00:12:4B:00:15:CF:78:7A	{PN=2D6F,TYPE=12217}	10/10/2019 15:42:17
00:12:4B:00:15:CF:78:7A	{PN=2D6F,TYPE=12217}	10/10/2019 15:41:57
00:12:4B:00:15:CF:78:7A	{D1=8}	10/10/2019 15:41:56
00:12:4B:00:15:CF:78:7A	{PN=2D6F,TYPE=12217}	10/10/2019 15:41:53
00:12:4B:00:15:CF:78:7A	{PN=2D6F,TYPE=12217}	10/10/2019 15:41:48
00:12:4B:00:15:CF:78:7A	{PN=2D6F,TYPE=12217}	10/10/2019 15:41:28
00:12:4B:00:15:CF:78:7A	{D1=8}	10/10/2019 15:41:27
00:12:4B:00:15:CF:78:7A	{D1=0}	10/10/2019 15:41:26
00:12:4B:00:15:CF:78:7A	{PN=2D6F,TYPE=12217}	10/10/2019 15:40:58

00:12:4B:00:15:CF:78:7A	{D1=0}	10/10/2019 15:44:27
00:12:4B:00:15:CF:78:7A	{D1=1}	10/10/2019 15:44:26
00:12:4B:00:15:CF:78:7A	{PN=2D6F,TYPE=12217}	10/10/2019 15:44:20
00:12:4B:00:15:CF:78:7A	{PN=2D6F,TYPE=12217}	10/10/2019 15:44:0
00:12:4B:00:15:CF:78:7A	{D1=1}	10/10/2019 15:43:56
00:12:4B:00:15:CF:78:7A	{PN=2D6F,TYPE=12217}	10/10/2019 15:43:32
00:12:4B:00:15:CF:78:7A	{D1=1}	10/10/2019 15:43:27
00:12:4B:00:15:CF:78:7A	{D1=0}	10/10/2019 15:43:26
00:12:4B:00:15:CF:78:7A	{PN=2D6F,TYPE=12217}	10/10/2019 15:43:12

图 7.40　在控制命令中查看 D1 值

7.3　项目运行与维护

系统测试完成后即可交付，为确保系统的安全可靠运行，切实提高运行效率和服务质量，还需要制定一系列的运行与制度。智慧城市系统的运行与维护和智慧家居类似，详见 4.3 节。

7.4　项目总结与汇报

7.4.1　项目开发总结报告

1．项目总体概述

（1）项目概述。智慧城市系统利用各种信息技术来提升资源的使用效率、优化城市的管理和服务、改善市民的生活质量。

本系统主要通过计算机或手机来控制整个系统的运行。在硬件方面，需要由专业人士进行安装和调试；在软件方面，需要采用计算机相关技术来实现。用户只需要通过简单的操作界面即可方便地使用本系统。

根据系统的设计，智慧城市系统分为工地系统、抄表系统、洪涝系统和路灯系统。

（2）项目时间。智慧城市系统的整个开发周期计划为 25 个工作日。

（3）项目开发与实施内容。智慧城市系统的项目开发与实施内容和智慧家居类似，详见 4.4.2 节。

2．项目进度情况

整个项目开发与实施分为 5 个阶段，与智慧家居项目类似，详见 4.4.2 节。

3．项目过程中遇到的常见问题

项目问题 1：在进行项目测试整合的过程中，在系统的某些子界面上，存在设备节点（如燃气传感器、火焰传感器等）未检测到异常，但相应的图片却处于开启状态（开启状态通常表示检测到异常）。

问题总结 1：首先通过 ZCloudWebTools 查看设备节点的状态，以便检查是硬件问题还是软件问题，同时向开发人员反馈该问题。

项目问题 2：在项目测试整合的过程中，未在系统界面填写 MAC 地址，单击“确认”按钮，会提示输入 ID、KEY 和 MAC 地址来连接云平台服务器，同时“连接/断开”按钮上显示的是“连接”。

项目总结 2：开发人员应充分考虑功能模块之间的联动性。

项目问题 3：在云平台服务器和 MAC 地址设置成功后，设备节点过一段时间才会显示为在线。

问题总结 3：底层的设备节点在上传数据时有时间设置，超出设置的时间后设备节点不会再上传数据。在连接云平台服务器之后应用层应主动查询设备节点的状态。

项目问题 4：在测试阶段，更改代码之后，测试功能无法实现。

问题总结 4：建议刷新界面后再进行功能测试。

项目问题 5：进行项目整合测试时，网络拓扑图上存在一些无法连网的设备节点，系统组网不完整。解决方案是先启动协调器，再启动设备节点。

问题总结 5：在 ZigBee 网络中，协调器连接网络后，路由节点与终端节点才能连网。

4．项目建议

根据项目的实施情况，提出以下建议：

在项目实施前，应重点做好用户需求分析调研，编写的需求说明文档应有明确的需求目标。需求说明文档的内容应包括：功能需求、总体框架、开发框架、云平台服务器接口函数、智慧城市 ZXBee 数据通信协议、硬件安装连线图、网络连通性测试手册、功能及性能测试手册等。

在项目实施中，项目负责人应当与开发人员充分沟通可能出现的问题，并做出相应的解决方案，这样可以加快项目开发进度，避免后期因交流不充分而造成项目返工。

在项目交付后，项目负责人应做好项目的问题以及优化问题的总结，以便后期进一步优化，也可为新项目的开展打下基石。

7.4.2 项目汇报

项目汇报通常是通过 PPT 的形式进行的，智慧城市项目汇报如图 7.41 所示。

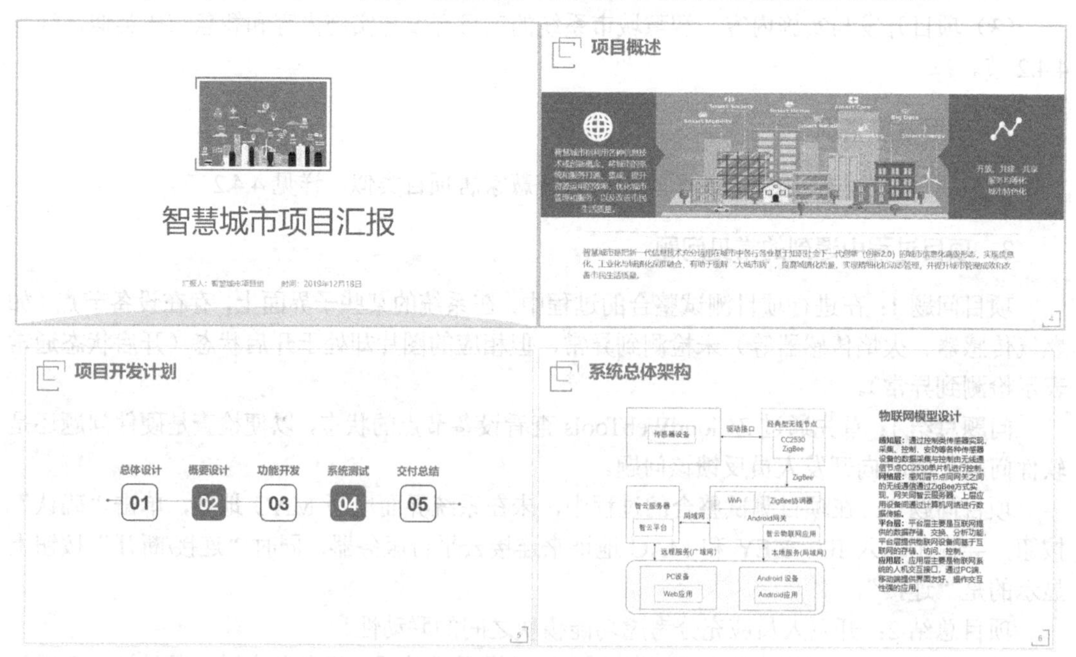

图 7.41　智慧城市项目汇报

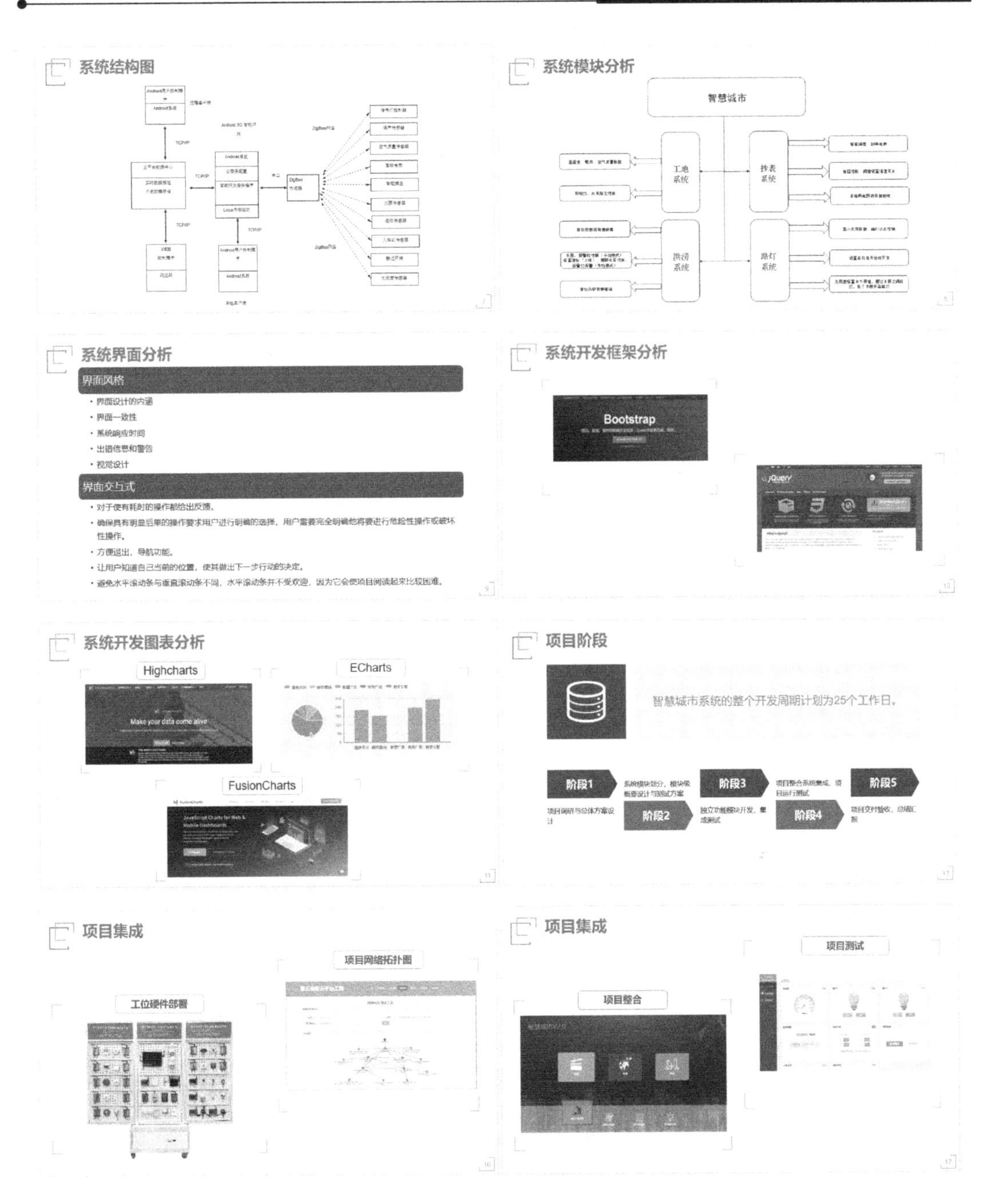

图 7.41　智慧城市项目汇报（续）

参考文献

[1] 黄传河，等．物联网工程设计与实施[M]．北京：机械工业出版社，2015．

[2] 王志玉．基于微信控制的智能家居系统[D]．哈尔滨：黑龙江大学，2019．

[3] 未来科技．HTML5+CSS3+JavaScript 从入门到精通（实例版）[M]．北京：中国水利水电出版社，2019．

[4] 刘云山．物联网导论[M]．北京：科学出版社，2010．

[5] 廖建尚．物联网平台开发及应用——基于 CC2530 和 ZigBee[M]．北京：电子工业出版社，2016．

[6] 樊明如．基于 ZigBee 的无人值守的酒店门锁系统研究[D]．淮南：安徽理工大学，2014．

[7] 廖建尚．物联网短距离无线通信技术应用与开发[M]．北京：电子工业出版社，2019．

[8] 石焘．HTML5 下监控视频安全播放系统的研究与实现[D]．西安：西安理工大学，2019．

[9] 镇咸舜．蓝牙低功耗技术的研究与实现[D]．上海：华东师范大学，2013．

[10] 徐昊．BLE 将大行其道[J]．计算机世界，2013（41）．

[11] 林海龙．基于 Wi-Fi 的位置指纹室内定位算法研究[D]．上海：华东师范大学，2016．

[12] 物联网云平台简要介绍[EB/OL]．（2018-08-10）[2020-6-30]https://baijiahao.baidu.com/s?id=1608333625538427581&wfr=spider&for=pc．

[13] 沈寿林．基于 ZigBee 的无线抄表系统设计与实现[D]．南京：南京邮电大学，2016．

[14] 金海红．基于 Zigbee 的无线传感器网络节点的设计及其通信的研究[D]．合肥：合肥工业大学，2007．

[15] 彭瑜．低功耗、低成本、高可靠性、低复杂度的无线电通信协议——ZigBee[J]．自动化仪表，2005（05）：1-4．

[16] 王福刚，杨文君，葛良全．嵌入式系统的发展与展望[J]．计算机测量与控制，2014,22(12):3843-3847+3863．

[17] 郝玉胜．μC/OS-Ⅱ嵌入式操作系统内核移植研究及其实现[D]．兰州交通大学，2014．

[18] 工业和信息化部．信息化和工业化深度融合专项行动计划（2013—2018）．工信部信〔2013〕317 号．

[19] 国家发展和改革委员会等 10 个部门．物联网发展专项行动计划．发改高技〔2013〕1718 号．

[20] 工业和信息化部．物联网“十二五”发展规划．

[21] 刘艳来．物联网技术发展现状及策略分析[J]．中国集体经济，2013(09):154-156．

[22] 国务院．国务院关于印发“十三五”国家信息化规划的通知．国发〔2016〕73 号．

[23] 住房和城乡建设部办公厅．关于开展国家智慧城市试点工作的通知．建办科〔2012〕42 号．

[24] 国家发展和改革委员会．关于印发促进智慧城市健康发展的指导意见的通知．发改

高技〔2014〕1770号.

[25] 孙优宁. 公众视角下智慧城市建设水平评价研究[D]. 北京：北京建筑大学，2019.

[26] 唐睿卿. 我国智慧城市建设评价研究[D]. 上海：华东理工大学，2019.

[27] ZigBee Alliance. ZigBee Specification[EB/OL]. [2020-6-23]https://zigbeealliance.org/wp-content/uploads/2019/12/docs-05-3474-21-0csg-zigbee-specification.pdf.

[28] Texas Instrument. Z-Stack Compile Options[EB/OL]. [2020-6-23]https://wenku.baidu.com/view/c67db86648d7c1c708a1451c.html.

[29] Texas Instrument. Z-StackDeveloper's Guide[EB/OL]. [2020-6-30]https://wenku.baidu.com/view/54fc09d2d1f34693daef3e8f.html.

[30] Texas Instrument. CC2540/41 System-on-Chip Solution for 2.4- GHz Bluetooth® low energy Applications[EB/OL]. [2020-6-28] https://www.ti.com/lit/ug/swru191f/swru191f.pdf?ts=1592913388519.

[31] 测试开发探秘 如何做项目总结与汇报[EB/OL].（2018-11-27）[2020-6-30] https://testerhome.com/articles/17041.

[32] 物联网的三层架构[EB/OL].（2018-11-09）[2020-6-30]https://blog.csdn.net/pc9319/article/details/83895241.

[33] 什么是项目里程碑，项目里程碑为什么如此重要？[EB/OL].（2019-09-19）[2020-6-30]https://www.sohu.com/a/341944478_100251158.